普通高等教育通识类课程"十四五"系列教材

水文化概论

主　编　温乐平
副主编　沈　薇　肖冬华

U0294271

中国水利水电出版社
www.waterpub.com.cn
·北京·

内 容 提 要

本书以马克思主义理论为指导，贯彻习近平新时代中国特色社会主义思想，构建了以适应新时代经济社会发展和传承弘扬优秀传统文化为目标、以突出水文化理论结构整体性为特征的内容体系，重点探讨水文化结构体系中物质水文化、精神水文化、制度水文化、行为水文化、河流水文化、湖泊水文化、海洋水文化的发展演变及其规律性认识，探讨水文化遗产保护利用的现状、存在问题及对策建议，分析水文化创意产品设计的要素、特征、原则、路径与方法及实践案例。

全书以问题为导向，突出重点与特色，引发启示与思考，目的是保护好、传承好和利用好优秀的传统水文化，助推优秀传统水文化创造性转化、创新性发展，展示中华民族独特的水文化精神标识，助力构筑中国精神、中国价值、中国力量。

本书既可以作为水利院校专科、本科生和研究生的教材或参考书，也可以供相关专业的科研人员、社会学者和水利系统职工参考。

图书在版编目（CIP）数据

水文化概论 / 温乐平主编. -- 北京 ： 中国水利水
电出版社, 2022.12（2024.1重印）
普通高等教育通识类课程"十四五"系列教材
ISBN 978-7-5226-1441-0

Ⅰ. ①水… Ⅱ. ①温… Ⅲ. ①水－文化－中国－高等
学校－教材 Ⅳ. ①K928.4

中国国家版本馆CIP数据核字(2023)第037836号

书　　名	普通高等教育通识类课程"十四五"系列教材 **水文化概论** SHUIWENHUA GAILUN
作　　者	主　编　温乐平 副主编　沈　薇　肖冬华
出版发行	中国水利水电出版社 （北京市海淀区玉渊潭南路 1 号 D 座　100038） 网址：www.waterpub.com.cn E - mail：sales@mwr.gov.cn 电话：（010）68545888（营销中心）
经　　售	北京科水图书销售有限公司 电话：（010）68545874、63202643 全国各地新华书店和相关出版物销售网点
排　　版	中国水利水电出版社微机排版中心
印　　刷	清淞永业（天津）印刷有限公司
规　　格	184mm×260mm　16 开本　22.5 印张　404 千字
版　　次	2022 年 12 月第 1 版　2024 年 1 月第 2 次印刷
印　　数	4001—8000 册
定　　价	**69.00 元**

前言

　　文化是一个国家与民族的灵魂，文化兴则国运兴，文化强则民族强。中华优秀传统文化是中华民族的根和魂，是中华民族的精神命脉，是中华文明的智慧结晶和精华所在，是涵养社会主义核心价值观的重要源泉。党中央和国家领导人高度重视中华优秀传统文化的挖掘、保护、利用、传承和弘扬。2016 年 5 月 17 日，习近平总书记在哲学社会科学工作座谈会上提出："要加强对中华优秀传统文化的挖掘和阐发，使中华民族最基本的文化基因与当代文化相适应、与现代社会相协调，把跨越时空、超越国界、富有永恒魅力、具有当代价值的文化精神弘扬起来。要推动中华文明创造性转化、创新性发展，激活其生命力，让中华文明同各国人民创造的多彩文明一道，为人类提供正确精神指引。"2022 年 5 月 27 日，习近平总书记在中共中央政治局第三十九次集体学习时进一步指出："要坚持守正创新，推动中华优秀传统文化同社会主义社会相适应，展示中华民族的独特精神标识，更好构筑中国精神、中国价值、中国力量。"这为当今水文化教学科研与实践活动指引了方向。

　　水是生命之源、生产之要、生态之基。人类在长期的兴水利、除水害、涉水活动过程中积淀了丰厚的物质财富和精神财富，物质财富和精神财富的总和就是水文化。水文化的历史悠久，源远流长，博大精深，是优秀传统文化的重要组成部分，具有民族性、社会性、地域性、时代性、涉水性等基本属性，孕育和发展了人类文明，促进和维护人类文化的多样性，凝聚民心和塑造民族精神，推进当代水利事业建设，承载水生态文明，助力生态文明建设。

　　我们要加强对优秀传统水文化的挖掘与阐释，既要保护好、传承好、弘扬好、利用好优秀传统水文化，也要使之适宜当代文化事业发展需要，助推国家经济社会现代化发展；既要将优秀传统水文化与马克思主义基本原理相结合，又要不断推动中华优秀传统水文化创造性转化、创新性发展，激活其生命力，展示中华民族独特的水文化精神标识，助力构筑中国精神、中国价值、中国力量。

水文化是一门新兴的交叉学科，涉及面极其广泛，内容十分庞杂，全书集中讨论十大主题，共分十章：第一章绪论，主要讨论水文化的概念、体系、本质、特征及功能等理论性认知；第二、三、四、五章分别讨论物质水文化、精神水文化、制度水文化、行为水文化四个理论层面内容，构架了水文化结构中核心理论内容；第六、七、八、九、十章分别讨论河流水文化、湖泊水文化、海洋水文化、水文化遗产、水文化创意产品及其设计五大专题层面内容，构建了水文化结构中专题内容。全书不仅注重水文化学科体系健全、结构完整，而且强调水文化的系统思维，要求逻辑紧凑，层次分明，布局合理，资料丰富，图文并茂，具有较强的实用性和操作性。

本书是在原水文化慕课辅导讲义的基础上修订完成，全书由温乐平拟订编写大纲并负责整编统稿。各章节的执笔人如下：第一章、第二章、第九章由温乐平执笔，第三章由肖冬华执笔，第四章第一节由李学荣执笔，第四章第二节第一、二部分和第三节第一、二部分由颜玲执笔，第四章第二节第三部分和第三节第三部分由颜玲、温乐平执笔，第五章第一、二、三节由沈薇执笔，第五章第四节由温乐平执笔，第六章第一、二节由肖冬华执笔，第六章第三节由肖冬华、程宇昌执笔，第七章第一、三、四节由沈薇、程宇昌执笔，第七章第二节由沈薇执笔，第八章由沈薇执笔，第十章由段鹏程执笔。全书所用资料，一是来源于我们多年的教学积累和科研心得以及社会调查；二是来源于公开出版物和网络媒体，相关参考资料已经列入书后的参考文献中，在此特向各位作者鞠躬致谢！

本书在编写过程中，一是注重吸收前人的研究成果，特别是李水弟、高週全主编的《大学生水文化教育》、中国水利文学艺术协会编的《中华水文化概论》、靳怀堾主编的《中华水文化通论》、李可可编著的《水文化研究生读本》等水文化教材成果，为本书编写提供了十分重要的参考；二是注重梳理水文化的历史脉络，注重突出水利文化的主体地位，加重了水利历史的分量；三是注重水文化理论与实践相结合，突出水文化理论知识点的应用性和操作性，服务于经济社会现代化发展，为当前水文化建设实践提供有益指导。

本书编写过程中，备受南昌工程学院校领导的重视和关注，得到教务处、马克思主义学院等部门的大力支持，出版过程中又得到中国水利水电出版社领导的支持，编辑为本书的审校、出版付出了辛勤的劳动。在此一并表示诚挚的感谢！

在本书编写与出版过程中，我们虽然勉力而作，但是限于各个执笔者自身的学识水平和专业素养，仍不可避免存在瑕疵与不足之处，敬请各位专家、同仁和读者不吝赐教！

编者

2022 年 10 月 30 日

目 录

第一章 绪 论

文化是一个民族的灵魂，是一个民族素养的标志，体现着一个民族的精神风貌、价值取向、道德规范及行为特征。文化具有巨大的吸引力和向心力，吸引具有共同信仰、伦理道德、生活习俗的人群组成一个族群，文化认同才是民族认同的核心。本章从理解文化概念入手，逐步讲解水文化概念，掌握水文化体系、本质、特性和功能，从而达到认知并理解水文化的内涵。

第一节 文 化 的 内 涵

"文化"一词是一个历史概念，近代以来社会各界高度关注并热衷学习和研究它，归纳起来"文化"概念都有数百种之多，百花争艳；现代社会各界更加重视文化建设和文化交流。本节着重梳理文化的起源、概念、结构、实质以及与文明的关系等内容，为理解和掌握水文化内涵铺垫理论基础。

一、文化的概念

文化起源于何时？根据马克思主义学说，苏联哲学家普列汉诺夫说过："社会的人是动物长期发展的产物。但是，只有当人不满足于坐享大自然的赐予，而开始亲自生产他所需要的消费品时，人类的文化史才开始了。"❶ 人类脱离纯粹动物阶段，开始真正从事生产劳动并生产消费品时，人类的文化就诞生了，揭开了人类文化史发展的新篇章。因此，文化起源于早期人类与生产劳动实践的结合，人类能够亲自生产自己所需要的产品，满足自己的生存需要。当然，人类的生存及其劳作实践活动离不开水，人类通过一定的劳动技能和器具来饮水、用水、引水、浇水、戏水、治水等达到生产、生活实践的目的，于是水文化由此诞生了。

---

❶ 《普列汉诺夫哲学著作选集》，第二卷，三联书店 1961 年，第 227 页。

1

　　"文化"一词，源于近代学人翻译西方词汇 culture❶ 时，借用中国古籍中"文"、"化"与"文化"三个词的意思而创造出来，并赋予了新的内涵。❷

　　在中国古代文献典籍中，常见"文"与"化"的用词。首先来看"文"字的用意。

　　《易·系辞下》："物相杂，故曰文。"孔颖达注："言万物递相错杂，若玄黄相同，故谓之文也。"❸《说文解字》："文，错画也，象交文。"注："错当作逪，逪画者，逪逪之画也。""像两纹交互也。纹者，文之俗字。"❹ 这里的"文"都是指色彩斑驳交错形成的纹饰。

　　孔安国作《尚书序》："古者伏牺氏之王天下也，始画八卦，造书契，以代结绳之政，由是文籍生焉。"❺ 这里的"文"是指文章典籍。《论语·学而》："行有余力，则以学文。"❻ 如果做事还有多余的精力，就可以学习文章典籍。

　　《论语·雍也》："质胜文则野，文胜质则史，文质彬彬，然后君子。"❼ 前一个"文"指纹彩，后一个"文"指人的外貌品行。《礼记·乐记》："礼减而进，以进为文"。注："文犹美也，善也。"❽"文"也是指人的德行。

　　由此而见，"文"起始是指颜色交错而形成的纹理，引申为文物典籍、礼乐和德行。

　　其次来看"化"字的意思，与"文"字一样，也有一个演化历程。

　　《易·系辞下》："天地絪缊，万物化醇。男女构精，万物化生。"❾"化生"是指万物化育生长。《礼记·中庸》："唯天下至诚，为能尽其性。……能尽物

　　❶　西方国家原拉丁文 culture，原义是指耕种、居住、练习、留心或注意、敬神等多重意义，包含着通过人为努力而摆脱自然状态的意味。英文与法文 culture 和德文 kulture，逐渐由耕种引申为对植物禾苗、树木的培育，后转化为指对人们心灵、知识、情操、风尚的化育。从人类的物质生产活动逐渐转引到精神生活活动，与中国古代"文化"早期概念"文治教化"含义相近。

　　❷　冯天瑜、何晓明、周积明：《中华文化史》，上海人民出版社 1998 年，第 12 页。

　　❸　[魏] 王弼、[晋] 韩康伯注，[唐] 孔颖达疏，于天宝点校：《宋本周易注疏》，中华书局 2018 年，第 465 页。

　　❹　[汉] 许慎撰，[清] 段玉裁注：《说文解字注》，上海古籍出版社 1981 年，第 425 页。

　　❺　[汉] 孔安国传，[唐] 孔颖达正义，黄怀信整理：《尚书正义》卷一《尚书序》，十三经注疏，上海古籍出版社 2007 年，第 2 期。

　　❻　程树德撰，程俊英、蒋见元点校：《论语集释》（第一册），中华书局 1990 年，第 27 页。

　　❼　程树德撰，程俊英、蒋见元点校：《论语集释》（第二册），中华书局 1990 年，第 400 页。

　　❽　[汉] 郑玄注，[唐] 孔颖达疏：《礼记正义》卷下，李学勤主编：《十三经注疏》（标点本），北京大学出版社 1999 年，第 1142 页。

　　❾　[魏] 王弼、[晋] 韩康伯注，[唐] 孔颖达疏，于天宝点校：《宋本周易注疏》，中华书局 2018 年，第 453 页。

之性，则可以赞天地之化育。可以赞天地之化育，则可以与天地参矣。"❶ "化育"即万物化生，与前面的"化生"同义。《庄子·刻意》："上际于天，下蟠于地，化育万物，不可为象。"❷ 意思是说，上接近苍天，下遍及大地，化生万物，却又无法看到它的迹象。

《说文解字》："化，教行也。"注："教行于上，则化成于下。"❸ 这里"化"是指教化的意思。

《荀子·不苟》："诚心守仁则形，形则神，神则能化矣。"❹ 意思是说诚心守仁义，就会体现在言行外表，进而上升到心神境界，达到心神境界后就能够转化事物。

《易·恒卦》："圣人久于其道而天下化成。"❺ 意思是说，圣人能长久地恒守其道，天下之风俗才能化育而成。

由此可见，"化"有化生、化育、教化等意思。

至战国时，古人将"文"与"化"联系一起使用，出现在先秦典籍中。《易·贲卦》："文明以止，人文也。观乎天文，以察时变；观乎人文，以化成天下。"❻ "天文"是指天体自然运行规律，"人文"是指人类社会发展规律，其中主要是指人与人之间的社会关系。通过观察天文气象了解日月星辰时序的变化规律；通过观察人类社会的风俗现象，明确使用教化手段来治理天下。

至西汉，"文化"一词正式出现并使用。刘向《说苑·指武》："圣人之治天下也，先文德而后武力。凡武之兴为不服也。文化不改，然后加诛。夫下愚不移，纯德之所不能化而后武力加焉。"❼ 这里的"文化"与"武力"是相对立的概念，即文教治内，武力对外。古人以诗书礼乐体现政治、社会、道德伦理来教化世人，从此，"文化"一词明确是指礼教、伦理、文学、艺术等，既包括制度层面的礼制，又包括精神层面的文学艺术。

---

❶ 〔汉〕郑玄注，〔唐〕孔颖达疏：《礼记正义》卷下，李学勤主编：《十三经注疏》（标点本），北京大学出版社 1999 年，第 1448 页。

❷ 〔清〕王先谦、刘武著：《庄子集解·庄子集解内篇补正》，新编诸子集成，中华书局 2012 年，第 133 页。

❸ 〔汉〕许慎撰，〔清〕段玉裁注：《说文解字注》，上海古籍出版社 1981 年，第 384 页。

❹ 王先谦著：《荀子集解》，诸子集成本第二册，中华书局 1986 年，第 28 页。

❺ 〔魏〕王弼、〔晋〕韩康伯注，〔唐〕孔颖达疏，于天宝点校：《宋本周易注疏》，中华书局 2018 年，第 216 页。

❻ 〔魏〕王弼、〔晋〕韩康伯注，〔唐〕孔颖达疏，于天宝点校：《宋本周易注疏》，中华书局 2018 年，第 160 页。

❼ 〔汉〕刘向撰，卢元骏注译：《说苑今注今译》，商务印书馆 1977 年，第 517 页。

时至当代，"文化"一词的概念，众说纷纭，百花齐放，已有数百种的说法，令人眼花缭乱。但是，从总体上看学术界已经形成了一个相对稳定的共识，认为文化的概念具有广义和狭义之分。

从广义上说，《辞海》（第六版）将"文化"定义为"人类在社会实践过程中所获得的物质、精神的生产能力和创造的物质、精神财富的总和"。❶《现代汉语词典》（第7版）把"文化"定义为："人类在社会历史发展过程中所创造的物质财富和精神财富的总和。"❷ 前者比后者多一个"物质、精神的生产能力"的说法，与物质财富和精神财富并列提出，其实这种生产能力是包括在物质财富与精神财富之内。因此，广义的"文化"是指人类创造的一切物质财富和精神财富的总和。

从狭义上说，《辞海》将"文化"定义为"精神生产能力和精神产品，包括一切社会意识形式：自然科学、技术科学、社会意识形态。有时又专指教育、科学、文学、艺术、卫生、体育等方面的知识与设施。""中国古代封建王朝所施的文治和教化的总称。"❸ 而《现代汉语词典》把"文化"定义为："特指精神财富，如文学、艺术、教育、科学等。"❹ 显然前者比后者多一个"精神生产能力"的说法，其实这个抽象的"精神生产能力"需要具体的精神产品来体现，所以往往将之归结为精神财富的一部分。

西方著名人类学家泰勒在1871年出版的《原始文化》中说："文化，或文明，就其广泛的民族学意义来说，是包括全部的知识、信仰、艺术、道德、法律、风俗以及作为社会成员的人所掌握和接受的任何其他的才能和习惯的复合体。"❺ 这一定义长期被视作文化的经典概念，泰勒只强调了文化的精神方面，而物质方面只是文化行为的产物，并不是文化本身。因此，狭义的"文化"是指人类创造的一切意识形态成果，主要是指精神创造活动及其成果，如社会意识、社会制度、风俗习惯、生活方式、行为规范等。简而言之，是指人类社会的意识形态，即观念形态的文化。

中华人民共和国成立后，国内曾经有一批文化学者热烈讨论过"文化"的概念，提出大量的真知灼见。冯天瑜先生认为，"中国古代的'文化'概

---

❶❸　中华书局辞海编辑所主编：《辞海》（第六版），上海辞书出版社2009年，第2379页。

❷　中国社会科学院语言研究所词典编辑室编：《现代汉语词典》（第7版），商务印书馆2018年，第1371－1372页。

❹　中国社会科学院语言研究所词典编辑室编：《现代汉语词典》（第7版），商务印书馆2018年，第1372页。

❺　［英］泰勒著，连树声译：《原始文化：神话、哲学、宗教、语言、艺术和习俗发展之研究》，广西师范大学出版社2005年，第1页。

念，基本属于精神文明（或狭义文化）范畴，大约指文治教化的总和，与天造地设的自然相对称（'人文'与'天文'相对），与无教化的'质朴'和'野蛮'形成反照（'文'与'质'相对，'文'与'野'相对）。"❶ 人类创造了灿烂的文化，同样文化也创造了人类的自身。人类的以意识为主导的生产活动直接把人类跟动物的区分开来，于是文化成为人类社会的特殊标志。"简言之，凡是超越本能的、人类有意识地作用于自然界和社会的一切活动及其产品，都属于广义的文化；或者说，'自然的人化'即是文化。"❷

二、文化与文明的关系

"文化"与"文明"有何关系？一直令许多人迷惑、混淆，甚至误解其中含义。现从中国古代文献典籍来梳理二者关系，主要如下：

《易传·乾·文言》："见龙在田，天下文明。"疏："'天下文明'者，阳气在田，始生万物，故天下有文章而光明也。"❸ 这里的"文明"是指文采光明。《尚书·舜典》："濬哲文明，温恭允塞。"孔颖达疏："经天纬地曰文，照临四方曰明。"❹ 这里的"文明"是指自然文明，地球表面的高山大川是经天纬地之文，天上的太阳和明月就是照临四方之明。当前所指的"文明"固然不是指"自然文明"，人类社会的"文明"一词是受自然界的"文明"启发而来。焦赣《易林·节之颐》："文明之世，销锋铸镝。"这里"文明"是指文教昌明。"文明"被赋予了较之"文化"一词更高层次的内涵，是文化发展到一定高级的阶段，从而形成的文明社会。

现在许多人都把"文明"当作"文化"使用，认为人类社会有了文化就等于有了文明，其实"文明"不能等同于"文化"。"文明"确实包含了文化、思想、制度、伦理、道德、技术和社会结构等因素，但是文明仅仅是指人类社会的文化、思想、制度、伦理、道德、技术和社会结构等因素的进步状态，而不是原始意义上的文化、思想、制度、伦理、道德、技术和社会结构等。❺

---

❶ 冯天瑜、何晓明、周积明：《中华文化史》，上海人民出版社 1998 年，第 14 页。

❷ 冯天瑜、何晓明、周积明：《中华文化史》，上海人民出版社 1998 年，第 26 页。

❸ ［魏］王弼、［晋］韩康伯注，［唐］孔颖达疏，于天宝点校：《宋本周易注疏》，中华书局 2018 年，第 31 页。

❹ 《尚书正义》卷三《舜典》，上海古籍出版社 2007 年，第 72 页。

❺ 关于文明的起源，参见王震中：《中国文明起源研究的现状与思考》，《中国史前考古学研究——祝贺石兴邦先生考古半世纪暨八秩华诞文集》，三秦出版社 2004 年，第 446－449 页。

19 世纪美国的摩尔根在《古代社会》一书中把人类从低级阶段到高级阶段的发展划分为"蒙昧""野蛮""文明"三个时期，认为文明时代的一夫一妻制家庭取代了蒙昧时代群婚制和野蛮时代对偶婚制，阶级的产生，政治组织取代了氏族组织，是文明时代的鲜明标志和特征。恩格斯在《家庭、私有制和国家的起源》指出："国家是文明社会的概括，它在一切典型的时期毫无例外地都是统治阶级的国家，并且在一切场合在本质上都是镇压被压迫被剥削阶级的机器。"❶ 国家的出现是人类由野蛮时代进入文明时代的标志，这是国内外学者所公认的国家文明学说，但是"文明"并不能等同于"国家"，虽然二者有交叉重叠的部分，但仍是两个不同的概念，不能混淆。国家是文明的政治表现，属于文明中社会组织、机构、制度等社会属性内容。因此，国内学者对文明有比较详细的准确表述：

有学者认为，文明可以分为或可称文化意义的文明和社会意义的文明两个方面。前者是文化发展的高度阶段，一般包括：①文字的使用；②手工业技术的进步，通常以冶金术的出现为代表；③精神世界的丰富，如原始宗教的发展以及与之相关的祭祀礼仪的程式化，以及伦理道德规范，也就是文明教化。后者包括社会的复杂化达到新的阶段——社会内部出现阶段、等级制度强化并渗透到社会生活的各个方面、神权与军权结合构成王权并世袭化，作为王权统治工作的官僚机构、军队出现——国家的形成，进入文明社会。❷

将国家的出现作为文明社会到来的标志，并不是把"文明"等同于"国家"，以"国家"作为文明社会的标志是侧重研究文明的社会现象、社会功能、社会组织等社会属性，而未能深入研究文明的文化现象、文化功能、文化结构等文化属性。如果从文化意义来界定文明的概念，那是国内外众说纷纭、莫衷一是的说法，如"史前文明""早期文明""青铜文明""农业文明""工业文明""城市文明""制度文明""技术文明"等用语，以至于现在许多人都分不清楚"文明"与"文化"两个概念。

从广义文化意义上讲，文明指人类在改造客观世界和主观世界活动中的全部成果。恩格斯在《家庭、私有制和国家的起源》认为人类社会创造的一

---

❶《马恩选集》第四卷，人民出版社 1995 年，第 176 页。

❷ 王巍：《谈谈文明与国家的异同》，转引王震中《中国文明起源研究的现状与思考》，《中国史前考古学研究——祝贺石兴邦先生考古半世纪暨八秩华诞文集》，三秦出版社 2004 年，第 447 页。

切物质财富和精神财富都是文明时代的内容。❶ 如果要从文化意义上界定文明的标志，学术界常见这几种说法：一是文字的出现是人类进入文明时代的标志，二是青铜器铸造技术的发明是人类进入文明时代的标志，三是城市的出现是人类进入文明时代的标志。不管文明的标志如何变化，但是文明始终是指文化发展到一定的高级阶段的状态，而不是一种静止状态。

三、文化结构与实质

文化概念太宽泛，内涵又十分丰富，不容易被人理解和掌握，学术界为进一步明确界定文化的概念及具体对象，运用结构理论专门划分文化结构体系，主要有以下几种观点：

二层说：将文化结构划分为物质文化与精神文化。这是马克思主义文化理论的重要内容，马克思将世界划分为物质与精神两个维度，延伸到文化研究，同时将文化结构划分为物质文化与精神文化两大部分，突破了前人仅限于精神文化一个维度的观念，开创了文化研究新理论。

三层说：将文化结构划分为物质文化、精神文化与制度文化。在文化结构二层说的基础上，西方学术界提出了三层说，马林诺夫斯基文化理论认为文化结构包括了物质、精神与人群三大方面，其中人群的组织单位及其规范体系就是制度。制度文化是人类生产、生活所结成的各种社会关系的总和，包括政治制度、经济制度、法律制度、礼仪制度、乡规民约以及行为准则等。作为物质文化与精神文化的中介，制度文化既是物质文化的工具，又是精神文化的产物，协调人与社会、人与自然、人与人的复杂关系，保障经济正常发展和社会井然有序，时刻影响着社会的物质生产与精神生活。

四层说：将文化结构划分为物质文化、精神文化、制度文化与行为文化。在文化结构三层说的前提下，在制度文化研究基础上进一步提出与人类行为最直接关联的行为文化。行为文化是指人类在日常生产、生活秩序中遵循的特定行为方式及社会关系，是受制度规范的导向和约束，体现了人们的价值取向和思想观念。

六大子系统说：西方社会学家在前人文化理论研究基础上，对文化结构提出不同的看法，认为文化是一个庞大的系统，可以分为六大子系统，即物

---

❶ 恩格斯：《家庭、私有制和国家的起源》："蒙昧时代是以获取现成的天然产物为主的时期；人工产品主要是用作获取天然产物的辅助工具。野蛮时代是学会畜牧和农耕的时期，是学会靠人的活动来增加天然产物生产的方法的时期。文明时代是学会对天然产物进一步加工的时期，是真正的工业和艺术的时期。"《马恩选集》第四卷，人民出版社 1995 年，第 24 页。

质、社会关系、精神、艺术、语言符号、风俗习惯。这六大子系统有利于研究具体的族群、社群文化发展演变及其个性特征，从某种程度上讲无疑是文化层次结构理论的创新。

国内著名文化学者冯天瑜先生主张将文化结构划分为四个层次，即物态文化层、制度文化层、行为文化层和心态文化层。

"由人类加工自然创造的各种器物，即'物化的知识力量'构成的物态文化层，它是人的物质生产活动方式和产品的总和，是可触知的具有物质实体的文化事物，构成整个文化创造深刻的物质基础；

由人类在社会实践中组建的各种社会规范构成的制度文化层；

由人类在社会实践，尤其是人际交往中约定俗成的习惯性定势构成的行为文化层，它是一种以礼俗、民俗、风俗形态出现的见之于动作的行为模式。一个时代的文化集中体现在该时代的思想理论体系中，却更广泛地活跃在各种社会风尚间；

由人类在社会实践和意识活动中长期絪蕴化育出来的价值观念、审美情趣、思维方式等主体因素构成的心态文化层，这是文化的核心部分。"❶

以上四个层次，在社会结构—功能系统中融合为一个系统的整体，这个系统的整体具有种族性、层积性、稳定性、传承性、变异性等诸多特征。

文化是一个系统的整体，学习和研究文化需要有一个系统的整体思维，不可割裂整体、偏颇固执地分析文化现象。在这个系统的整体中，有显性文化与隐性文化之分。显性文化是指具有外观符号特征的文化，包括物质文化、制度文化、行为文化和物化的精神文化，可看见可欣赏可触摸；隐性文化是指隐藏在文化现象背后的知识、意识、态度、价值观等，看不见摸不着。前者是后者的外在表现，后者是前者的内在本质，二者对立统一。文化研究的精要是透过外在的显性文化去认识内在精深的隐性文化，即透过现象看本质，把握文化的内在规定和灵魂。

国内所界定的"文化"概念，受苏联学者对"文化"概念界定的影响，强调物质决定意识，强调文化的物质动因，强调社会需求是文化发展的动力，重视文化的主体具有能动性、社会性和创造性，强调人类是文化财富的创造者，认为文化是人类社会所创造的一切物质财富和精神财富的总和。这个概念的界定，既忽视了自然客体在文化发生中的地位与作用，也忽视了人类本

---

❶ 冯天瑜先生说："这里所谓的'心态文化'，大体相当于'精神文化'或'社会意识'这类概念。而'社会意识'又可区分为社会心理和社会意识形态两个层次。"（冯天瑜、何晓明、周积明：《中华文化史》，上海人民出版社1998年，第31页。）

身的自然性。国内有专家认为，劳动是创造一切财富的源泉，劳动是创造一切文化的源泉。这种说法强调人类的主体活动能够创造财富是对的，但是忽视劳动的客观对象——自然和社会是片面的，单纯地将文化视作人类主观活动的产物。实际上，自然界一切物质是文化产生的基础，而社会是文化发展变化的环境，人类的劳动与劳动的对象、自然和劳动的环境、社会三者是密不可分的，共同形成了文化产生和发展的源头。因此，文化的创造是人类的劳动与自然及社会相互作用、影响的过程，在这个过程中人类不但改造自然、征服自然，而且不断改造人类自身的精神世界，诸如心理、观念、思想、行为与能力等。所以，"在文化的创造与发展中，主体是人，客体是自然，而文化便是人与自然、主体与客体在实践中的对立统一物。这里所谓的'自然'，不仅指存在于人身之外并与之对立的外在自然界，也指人类的本能、人的身体的各种性质内在的自然性。文化的出发点是从事改造自然进而改造社会的实践着活动的人。"[1] 人类是历史发展的主体，也是文化创造的主体。

文化研究既要研究文化主体，也要研究文化客体；既是研究人类活动的结果，也是研究人类活动的主观能动性。研究人类作用于自然与社会的活动过程，创造物化产品，改造外部世界，并使其不断"人化"的过程，即是文化的"外化过程"研究；研究人类自身在创造文化的实践过程中不断被文化塑造和改善的过程，即是文化的"内化"过程；还要研究文化"外化过程"与"内化过程"相互渗透、相互影响、相互作用，共同促进人类文化机体不断进步、不断臻善。

文化的实质是什么？冯天瑜先生认为"文化的实质含义是'人类化'，是人类价值观念在社会实践过程中的对象化，是人类创造的文化价值，经由符号这一介质在传播中的实现过程，而这种实现过程包括外在的文化产品的创制和人自身心智的塑造。"[2]文化的实质含义是"自然的人化"和"文化的化人"，前者是人类改造自然界而逐步实现自身价值观念的过程，后者是人类改造自然所创造文化产品及价值系统塑造和培育人类的心智、形象和行为。

---

[1][2]　冯天瑜、何晓明、周积明：《中华文化史》，上海人民出版社 1998 年，第 26 页。

第二节 水文化的内涵

"水文化"一词出现较晚，其概念和内容的界定有一个逐步认识深入的过程，为今后学习与研究水文化提供了理论指导。

一、水文化概念

"水文化"作为专业术语出现比较晚，是 20 世纪 80 年代末才出现的。1989 年，水文化研究开拓者李宗新最早发文提出"水文化"概念："我们可以把水文化理解为人们在从事水事活动中必须共同遵循的价值标准、道德标准、行为取向等一系列共有观念的总和。或者说，是从事水事活动的人们所共有的向心力、凝聚力、归宿感、荣誉感等精神力量的总和。"❶ 同年吴宗越亦发文说："我们在认识水、治理水、开发利用水和保护节约水的过程中，发现有一种文化现象贯穿其始终"，这种文化现象称为"水文化"。❷ 从此，开启了水文化研究的序幕。

1990 年，范友林认为水文化隶属意识形态，"所谓'水文化'，是指水利界根据本民族的传统和本行业的实际，长期形成的共同文化观念、传统习惯、价值准则、道德规范、生活信念和进取目标。"❸ 这是狭义的水文化概念。

1994 年，冯广宏认为"水文化不能全部覆盖整个水利科学原理和工程技术，以及水利经济、政治、法律等方面的学理，也不能与自然科学、社会科学中的水分支相混淆，而应侧重于人类开发、利用、保护、控制、管理水资源的过程中产生出的精神文明方面"。❹ 这也是狭义的水文化概念。

2000 年，李宗新对水文化概念进一步界定："水文化是人们在从事水事活动中创造的以水为载体的各种文化现象的总和。"并进一步解释："水事活动是指人们在认识、治理、开发、利用、配置、节约、管理、保护、观赏、表现水以及协调水与人关系的各种活动。这些是水文化的本和源。"❺

2008 年，中国水利文学艺术协会编写《中华水文化概论》一书对水文化

---

❶ 李宗新：《应该开展对水文化的研究》，《治淮》1989 年第 4 期，第 37 页。

❷ 吴宗越：《漫谈水文化》，《水利天地》1989 年第 5 期，第 11 页。

❸ 范友林：《从水文化的实质谈起》，《治淮》1990 年第 4 期，第 55 页。

❹ 冯广宏：《何谓水文化》，《中国水利》1994 年第 3 期，第 50 页。

❺ 李宗新：《生命之源的精灵——水文化》，《华北水利水电学院学报》2000 年第 1 期，第 26 页。

的界定，"关于水文化的概念，最简明的说法是有关水的文化或是人与水关系的文化。再进一步也可以说水文化是人们在水事活动中，以水为载体创造的各种文化现象的总和，或是说民族文化中以水为轴心的文化集合体。本书对水文化作如下界定：广义的水文化是人们在水事活动中创造物质财富和精神财富的能力与成果的总和；狭义的水文化是指观念形态的文化，主要包括与水有密切关系的思想意识、价值观念、精神成果等。"❶

2013年，郑晓云认为"水文化是人类认识水、利用水、治理水的相关文化。它包括了人们对水的认识与感受、关于水的观念；管理水的方式、社会规范、法律；对待水的社会行为、治理水和改造水环境的文化结果等。"❷

2014年，李水弟、高週全主编《大学生水文化教育》一书认为"水文化是以水为载体创造的各种文化现象，是人类在认识水、治理水、利用水、爱护水、欣赏水的过程中形成的物质和精神的文化总和"。❸

2015年，靳怀堾主编《中华水文化通论》一书认为"水文化，是指人类在生存生活过程中与水发生关系所生成的各种文化现象的总和，是民族文化以水为载体的文化集合体。"❹ 水文化有广义和狭义之分，"广义的水文化是指人们在社会实践中，以水为载体创造的物质财富和精神财富的总和。狭义的水文化是指通过对水的认知和涉水实践活动所形成的各种意识形态，包括政治、法律思想和科学、哲学、文学、艺术、宗教以及伦理道德、风俗习惯等。"❺ 这里"与水发生关系""以水为载体"的提法超越了"水事活动"的提法，涉及对象更广泛，内涵更丰富。

综上所述，水利系统和学术界对水文化概念的认知与界定是有一个发展变化的过程，虽然存在一些分歧，但是大同小异。有的从广义上界定，有的从狭义上界定，有的专指精神文化，然而都是紧扣"水事活动""以水为载体""物质财富""精神财富""总和"等关键词，主旨表述是一致的。

对于"水事活动"，有必要进一步明确"水事"关键词内涵，才能掌握水文化的基本内涵。1984年商务印书馆出版的《辞源》（修订本）第三册"水"

---

❶　中国水利文学艺术协会编：《中华水文化概论》，黄河水利出版社2008年，第2页。

❷　郑晓云：《水文化的理论与前景》，《思想战线》2013年第4期，第2页。

❸　该书"前言"中提出，李水弟、高週全主编：《大学生水文化教育》，中国水利水电出版社2014年。

❹　靳怀堾主编：《中华水文化通论》，中国水利水电出版社2015年，第5页。

❺　靳怀堾主编：《中华水文化通论》，中国水利水电出版社2015年，第6页。

部字词中没有收录"水事"一词❶，2009 年上海辞书出版社出版的《辞海》（第六版）也没有收录"水事"一词❷，两本最权威词典中居然没有"水事"一词解释，实属罕见。在古籍文献中多有记载"水事"，具体如下：

《吕氏春秋·上农》："夺之以水事，是谓篿，丧以继乐，四邻来虚。"❸ 这里的"水事"是指兴修水利工程。

《淮南子·原道训》："九疑之南，陆事寡而水事众，于是民人被发文身，以像鳞虫，短绻不绔，以便涉游，短袂攘卷，以便刺舟，因之也。"❹ 这里的"水事"是相对农牧业而言，是指渔业。

《新论·离事》："韩牧，字子台，善水事。"❺ 这里的"水事"是指兴修水利和治水除害。

《晋书·傅玄列传》："以魏初未留意于水事，先帝统百揆，分河堤为四部，并本凡五谒者，以水功至大，与农事并兴，非一人所周故也。今谒者一人之力，行天下诸水，无时得遍。"❻ 这里的"水事"是指兴水利、除水害。

综上所述，古籍文献中"水事"一词，既是指水利事业，兴水利，除水害，也是指渔业、水运等，不是当今有人所说的"水利事业"简称。但是，随着时代发展，唐代以后"水事"基本是指治水事业，水事活动是指兴水利、除水害的涉水实践活动。

因此，对于水文化概念，不宜单纯以"水事活动"关键词来界定，不宜局限在水利文化，而应当以"以水为载体""与水发生关系""涉水活动"关键词来界定。广义的水文化是指人类以水为载体创造的物质财富和精神财富的总和；狭义的水文化是指人类以水为载体创造的所有精神财富。

虽然明确了水文化概念，但是这个概念较为抽象，难以理解。如何来理解这个概念？从以下几方面来解释：

一是涉水实践是水文化的源泉。人类在长期的涉水实践活动中，积累了丰富的治水经验，提高了生产能力，形成了以水为载体的独特的文化现象。这些文化现象的总和构成了水文化。

二是水文化是人类对涉水实践的理性思考。人类对涉水实践的认识有一

---

❶ 广东、广西、湖南、河南辞源修订组、商务印书馆编辑部编：《辞源》（修订本）第三册，商务印书馆 1984 年，第 1707 - 1714 页。

❷ 中华书局辞海编辑所主编：《辞海》（第六版），上海辞书出版社 2009 年，第 2109 - 2121 页。

❸ ［秦］吕不韦撰，［汉］高诱注：《吕氏春秋》，诸子集成本第六册，中华书局 1986 年，第 333 页。

❹ ［汉］高诱注：《淮南子》，诸子集成本第七册，中华书局 1986 年，第 6 页。

❺ ［汉］桓谭：《新论》，中华书局 1976 年，第 43 页。

❻ ［唐］房玄龄等撰：《晋书》卷四十七《傅玄列传》，中华书局 2012 年，第 1321 页。

个从感性到理性的认识过程，在长期的的历史积淀和探求思考中，逐渐认识治水、管水、用水、护水的历史经验及规律。

三是水文化是反映涉水实践的社会意识。涉水实践是一种客观的社会存在，人们对涉水实践的理性思考，必然形成与之相适应的社会意识。这些社会意识，都是人类精神财富宝库中的灿烂明珠。

四是水利文化是水文化的主体。人类在除水害、兴水利的实践过程中兴建了不计其数的水利工程及其附属设施，造就了具有水利行业特征的精神、思维及其行为方式等，必然使水利文化成为水文化的主体部分。

五是水文化是民族文化的重要组成部分。水文化是民族文化中以水为轴心的文化集合体，作为历史的积淀和社会意识的清泉，渗入社会心里的深层，构成民族文化园中的一枝奇葩。❶

水文化的产生取决于两大决定性因素：一是水文化主体是人，人是水文化产生的核心要素，人类始终是一切涉水实践活动的主体，只有人类参加了涉水实践活动，才能生成水文化。二是水文化客体是水及与水相关事物，水是生命之源、生产之要、生态之基，只有以水为载体的实践活动，才能生产水文化；水是水文化产生的关键要素，不是唯一要素，仅有水一元要素是不够的，无法产生丰富多彩的水文化；只有与水相关的事物共同参与实践活动，才能产生丰富多彩的水文化。因此，与水相关的事物也是水文化生成的重要因素。

二、水文化、水利文化与水利行业文化

有些水文化研究专家认为水文化是一种行业文化，就是水利文化。其实，水文化与水利文化是既相联系又有区别的两个概念。

"水利"一词，最早见于《吕氏春秋·孝行览·慎人》记载："舜之耕渔，其贤不肖与为天子同。其未遇时也，以其徒属堀地财，取水利，编蒲苇，结罘网，手足胼胝不居，然后免于冻馁之患。"❷ 其中"水利"是指水产品，用于饮食温饱，并非后世的水利意思。至西汉时，司马迁在《史记·河渠书》中记载自己随从汉武帝参加修筑黄河瓠子决口工程，"而梁、楚之地复宁，无水灾。自是之后，用事者争言水利。"❸ 其中"水利"一词是指兴水利、除水

---

❶ 参考中国水利文学艺术协会编：《中华水文化概论》，黄河水利出版社 2008 年，第 3 - 4 页。

❷ ［秦］吕不韦撰，［汉］高诱注：《吕氏春秋》，诸子集成本第六册，中华书局 1986 年，第 150 - 151 页。

❸ ［汉］司马迁撰：《史记》卷二十九《河渠书》，中华书局 1982 年，第 1413 - 1414 页。

害的意思，这是中国历史上最早提出具有现代意义的"水利"一词，沿用至今。

在古代社会，水利的内涵主要体现在三大方面：一是修筑堤防，防御洪灾；二是修建灌溉渠道，保障农业生产；三是挖掘河道，确保漕运通畅。

在近代工业社会，水利的内涵已经拓展到城市给排水、水力发电、水土保持等方面；随着工业污染与水环境问题日益突出，当代社会中水利的内涵已经扩展到水污染防治、水环境改善、水资源保护、水生态修复、水景观营造、河湖岸线美化等。2009年上海辞书出版社出版的《辞海》对水利内涵的界定，是指"采取人工措施控制、调节、治导、利用、管理和保护自然界的水，以减轻或免除水旱灾害，并开发利用水资源，适应人类生产、满足人类生活、改善生活和环境需要的活动"。❶ 既重视开发利用水资源，又重视保护水资源，还强调"改善生活与环境需要"，突出了当代民生水利、生态水利的理念与思想。

2011年，中共中央一号文件《关于加快水利改革发展的决定》指出："水利是现代农业建设不可或缺的首要条件，是经济社会发展不可替代的基础支撑，是生态环境改善不可分割的保障系统，具有很强的公益性、基础性、战略性。加快水利改革发展，不仅事关农业农村发展，而且事关经济社会发展全局；不仅关系到防洪安全、供水安全、粮食安全，而且关系到经济安全、生态安全、国家安全。"

有专家认为"水利文化发轫于人类开始形成除水患、兴水利的意识的时候，它是人类在兴水利、除水害的过程中所创造出的物质和精神财富的总和。""水利文化源于人类兴利除害的实践，同时这些实践活动所积淀升华出的理念、精神和科学方法、技术手段等，又指导和帮助人类在更高层上从事水利活动。"❷

水文化与水利文化之间，既有联系又有区别。在相同点方面：一是母体相同。水文化与水利文化都是来源于人类文化这个共同的母体，是人类文化的重要组成部分。二是实质相同。水文化与水利文化都是人类生产、生活实践与水发生关系而产生的文化，尽管各自范围不一样，但是都反映了人水关系的本质。三是载体相同。水文化与水利文化都是以水为载体或者是人类的涉水活动而产生的文化。在相异点方面：一是文化生成时间不一样。水文化

---

❶ 中华书局辞海编辑所主编：《辞海》（第六版），上海辞书出版社2009年，第2114页。

❷ 靳怀堾主编：《中华水文化通论》，中国水利水电出版社2015年，第8页。

的生成，可以追溯到"人猿相揖别"的人类起源初期，人类开始有利用水的意识的时候，至少距今 150 万年以上；水利文化的生成是人类发展进入定居和农耕时代，有挖井、防潮、排涝、防洪等社会实践，据当前考古发掘成果，距今约六七千年的河姆渡文化遗址发现早期的水井、防潮、排涝、防洪等水利实践遗迹，证明水利文化已经产生。二是内涵不一样。水文化内涵十分丰富，非常广泛，包罗万象，博大精深；水利文化内涵比较狭小，主要指兴水利、除水害的意思，仅仅是水文化内涵中的一部分；水利作为水文化的核心要素，水利文化在水文化中居于核心的主体地位。❶

水利文化与水利行业文化之间，既有联系又有区别。"所谓水利行业文化，是指水利行业内部的从业人员在长期的工作实践过程中形成的行业价值观念、行业标准、行业规范、行业道德、行业传统、行业习惯、行业礼仪等，是水利行业内部成文或不成文的规定、规则、习惯等。"❷ 相比之下，水利行业文化只是水利文化的重要组成部分，水利文化比水利行业文化具有更加丰富的内涵、更加广阔的外延，包含着水利行业文化。

因此，水文化泛指一切与水有关的文化，其内涵与外延都比水利文化更为宽泛。水利文化是人们在兴水利、除水害过程中创造的具有水利特质的水文化，是水文化的主体部分。水利行业文

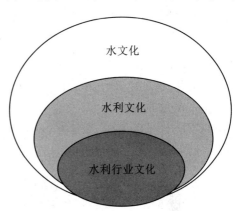

图 1-1　水文化、水利文化和
水利行业文化三者关系图

化是水利行业内部职工创造的具有水利行业特性的行业文化，是水利文化的主体部分。水文化、水利文化和水利行业文化三者之间存在着包含与被包含的关系，水文化包含水利文化和水利行业文化，水利文化又包含水利行业文化，形成从大到小的从属关系（图 1-1）。

---

❶　关于水文化、水利文化与水利行业文化三者关系，参见靳怀堾主编：《中华水文化通论》，中国水利水电出版社 2015 年，第 8-9 页。

❷　靳怀堾主编：《中华水文化通论》，中国水利水电出版社 2015 年，第 8 页。

第三节　水文化的体系与本质

水文化内容与文化内容同样博大精深，具有相对稳定的结构体系，这是水文化研究的基础构架。通过这个基础框架可以发现水文化的本质是人水关系，这是研究水文化的关键所在和目标指向。

一、水文化的体系

根据系统理论，学术界将文化视作一个有机整体的系统，通常称"文化系统"，就是"由互相区别、互相联系的诸文化要素构成的集合体。它不是文化诸要素的简单总和，而是一个有机的整体。强调各种文化要素的相互关系和整合度。任何一个文化系统必须同时具有四个特征：①集合性；②相关性；③目的性；④环境适应性。此词相对于社会系统而言，两者合在一起称为'社会文化系统'。"❶

水文化是文化系统中的一部分，本身是一个有机整体的文化系统，其内容丰富，包罗万象，有一个庞大复杂的文化体系。水文化体系是指各种水文化内容之间相互关联而形成的系统的文化结构。

依据马克思主义文化理论，水文化结构划分为物质水文化与精神水文化两大部分，物质水文化包括水利工程、水利遗址遗物、水利工具、水利器械、水景观、水环境等，精神水文化包括水精神、水观念、水习俗、水心态、水制度、水法规、水著作、水作品等。

靳怀堾等"把水文化的基本结构界定为物质水文化、制度水文化、精神水文化三个层次"，"物质的——经过人工打造的水环境、水工程、水工具等；制度的——人们对水的利用、开发、治理、配置（分配）、节约、保护以及协调水与经济社会发展关系过程中所形成的法律法规、规程规范以及组织形态、管理体制、运行机制等；精神的——人类在与水打交道过程中创造的非实在性财富，包括水科学、水哲学、水文艺、水宗教等"。❷

郑大俊等将水文化结构划分为五个层次："依据实践形式和成果载体不同，可以将水文化划分为物质形态内蕴的水文化、生产生活方式的水文化、制度形态的水文化、精神产品的水文化、观念形态的水文化。"❸

---

❶ 中华书局辞海编辑所主编：《辞海》（第六版），上海辞书出版社 2009 年，第 2380 页。
❷ 靳怀堾主编：《中华水文化通论》，中国水利水电出版社 2015 年，第 6 页。
❸ 郑大俊等：《传承、发展和弘扬水文化的若干思考》，《水利发展研究》2009 年第 8 期，第 43 页。

毛春梅等认为水文化是人们通过与水密不可分的生产、生活活动所创造的以水为载体的各种物质、精神、制度与行为的总和。❶ 郑晓云认为"水文化作为一种文化现象，贯穿了人类从精神、行为、制度到物质建设的各个层面，影响到了人类的生产方式和生活方式，甚至带来人类社会的冲突和社会的融合，由此而形成了人类社会中丰富多彩的相关文化。"❷ 实际上，他们都是把水文化结构划分为物质水文化、精神水文化、制度水文化与行为水文化四个层级。

关于水文化体系，是由不同民族、不同层面、不同地域和不同时代的水文化彼此交错、互相联系形成的一种系统的水文化结构。如何理解水文化体系？详见以下分析：

1. 不同民族的水文化（文化主体）

前文多次提出水文化是民族文化的重要组成部分，水文化的主体是民族，民族的差异直接决定了水文化的个性差异，所以，不同民族具有不同的水文化。例如：亚洲各民族具有不同的民族水文化，中华民族有自己独特的水文化，其中傣族的泼水节独具特色；日本人有自己独特的泡温泉水文化，印度人的恒河沐浴习俗独具风格；又如欧洲英格兰民族水文化、欧洲法兰西民族水文化、欧洲日耳曼民族水文化、非洲埃及民族水文化、美洲印第安人民族水文化等各具特色。因此，民族因素是决定水文化结构差异的首要因素。

2. 不同层面的水文化（文化客体）

依据文化的四层次说，将水文化结构划分为四个层次，即物质水文化、精神水文化、制度水文化和行为水文化。物质水文化包括水形态（江河、湖泊、泉水、瀑布与海洋）、水工程、水工具、水环境等；精神水文化包括与水有关的社会意识，如宗教信仰、思想观念、文学艺术、审美价值等；制度水文化包括治水制度、管水政策、水利法规、水利机构、民间水利组织及制度等；行为水文化包括爱水、护水、节水、治水、管水、亲水等行为文化。这四个层面将在后面章节有详细讲述。

3. 不同时代的水文化（时间纵向）

时间是文化形成、传承、积淀的重要因素，任何文化都是历史的传承和积淀。不同时代具有不同的水文化，是水文化在时间上存在的基本形式，不同历史时代的水文化各具不同的时代特征，反映了不同时代水文化的发展特征与历史轨迹，通常划分为古代水文化、近代水文化、现代水文化、当代水

---

❶ 毛春梅等：《新时期水文化的内涵及其与水利文化的关系》，《水利经济》2011 年第 4 期，第 64 页。

❷ 郑晓云：《水文化的理论与前景》，《思想战线》2013 年第 4 期，第 6 页。

文化。如果细分一下，以中国为例，可以划分为先秦时代水文化、秦代水文化、汉代水文化、三国水文化、晋代水文化、南北朝水文化、隋代水文化、唐代水文化、宋代水文化、元代水文化、明代水文化、清代水文化、民国水文化和新中国水文化。

4. 不同地域的水文化（空间横向）

地理环境是影响文化差异的重要因素，不同地理环境具有不同的族群、不同民风民俗，决定了水文化在空间上形式差异。古人云：十里不同风，百里不同俗。不同地域形成了各种各样独具特色的文化个体。从地域来看，有陆地水文化与海洋水文化之分，有亚洲、欧洲、非洲、大洋洲、北美洲、南美洲、南极洲七大洲水文化和太平洋、大西洋、印度洋、北冰洋四大洋水文化之分，在中国就有北京、黑龙江、吉林、河北、河南、江苏、浙江、江西、湖南、湖北、福建、广东、广西、云南、四川、贵州、西藏、青海、新疆等地区水文化之分；从水系来讲，黄河、长江、两河流域、亚马孙河、多瑙河以及众多的内陆河等流域具有不同的流域水文化。不同地域的水文化，不仅突出了水域、水系的特点，而且反映了各地域水与流域社会经济的关系，体现了各地域水文化的特征。

以上四大类型的水文化都是以人为主体、以水为客体串连在一起，并不是各自独立、相互割裂，而是相互渗透、内在联系，呈现出彼此交错联系的密切关系。水文化体系是以水文化的基本观点为支撑，以四大类型的水文化为主要内容，构架起水文化体系，该体系是一种开放式、发展式的体系，随着研究的深入，水文化内容不断丰富，水文化体系的基本结构也会随之发展、充实和完善。

二、水文化的本质

明确水文化体系之后，那水文化的本质是什么呢？水文化的本质是水文化质的规定性，是区别于其他各种文化形态不同的特征。学术界对水文化的本质已有相关论述，主要如下：

李宗新认为水文化的实质是人与水关系的文化。[1]

孟亚明、于开宁认为水文化的本质是通过人与人的关系反映人与人关系的变化。[2]

---

[1] 李宗新：《浅议中国水文化的主要特性》，《华北水利水电学院学报》2005年第1期，第112页。

[2] 孟亚明、于开宁：《浅谈水文化内涵、研究方法与意义》，《江南大学学报》2008年第4期，第65页。

　　李可可认为"水文化的本质，应是因水而产生的'化人'的过程，或因水而形成的'自然的人化'，这里的'自然'，既包括与人对立的自然，也包括自然状态的人本身，即人类身心的自然属性。"❶

　　靳怀堾认为"水文化的实质是人在涉水活动中所产生的人与水的关系，以及人水关系影响下人与人之间的关系。人水关系不但伴随着人类发展的始终，而且几乎涉及社会生活的各个方面。经济、政治、科学、文学、艺术、宗教、民俗、军事、体育等各个领域，无不蕴含着丰富的文化因子，因而水文化具有深厚的内涵和广阔的外延。"❷"水文化的实质是人与水的关系，以及人水关系影响下人与人之间、人与社会之间的关系。"❸

　　水，作为一种自然资源，无意识，无主动性，自身不可能产生文化。然而，水一旦与人类活动发生了联系，人类一旦对用水、治水、管水有了认识，有了思考，就形成了以人为文化主体、以水为文化客体的水文化。所以说，在表面上看，水文化本质是人与水的关系，即人水和谐；其实深层次上看，水文化本质是透过人与水的关系揭示人与人的复杂社会关系。

　　从人类历史发展进程来看，人与水之间关系经历了三个不同阶段：

　　第一阶段是近代工业革命以前，人类社会生产力极其低下，人类的生产、生活往往受自然所支配，面临洪水滔天，无能为力；面对干旱无雨，往往束手无策；水利落后，靠天吃饭；人类从属于水，水居主体地位的时代。

　　第二阶段是近代工业革命以来至 20 世纪 60 年代，工业革命推动了生产技术革命，给人类带来了水利技术革命，人类开始无限制的兴修水利工程，与水争空间；为了工业发展，人类肆意浪费水、污染水、破坏水生态系统；水从属于人类，人类居主体地位，是以人为本的时代。

　　第三阶段是 20 世纪 70 年代以来，水危机、水污染、水短缺等水资源危机爆发以后，人类开始审视工业革命以来人水关系问题，开始重视和尊重自然，提出保护水资源就是保护人类自己的主张，认为人与水在自然界都具有同样重要的地位，人水平等，不存在以谁为本、以谁为主的关系问题，提出人水和谐、人水平等的生命共同体的主张。

　　因此，当前社会大力提倡"人水和谐"，这就是抓住了水文化的本质，以此规范社会的爱水、用水、管水、节水、治水、护水、亲水等行为，最终规范人与水的关系以及人与人之间的社会关系。

❶ 李可可编著：《水文化研究生读本》，中国水利水电出版社 2015 年，第 33 页。
❷ 靳怀堾主编：《中华水文化通论》，中国水利水电出版社 2015 年，第 5 页。
❸ 靳怀堾：《漫谈水文化内涵》，《中国水利》2016 年第 11 期，第 61 页。

第四节 水文化的属性与功能

人类历史悠久，文化源远流长，博大精深，水文化作为人类文化结构中重要组成部分，独具特色和魅力，在人类历史进程和社会经济发展中具有不可替代的地位和作用。

一、水文化的属性

世界上文化形态千差万别，主要是由文化特质所决定。所谓文化特质，"指一种文化的基本特征和最小分析单位。它既可以是物质的，也可以是非物质的或抽象的。一定的文化可看作是诸文化特质的总和。每一文化特质都有其特殊的意义、历史或社会背景以及在整个文化系统中的功能。对文化特质的研究有助于理解一个群体或社会的文化。"[1] 水文化也不例外，有其独特的文化特质。

根据唯物主义认识论，属性是指事物固有的特定性质，认识事物的属性就是认识事物的特质。

关于水文化的属性，学术界有不同的认识与说法。有专家认为水文化具有广泛的社会性、历史渊博的悠久性、丰富内容的精博性、前进方向的先进性等特性。[2] 也有专家认为水文化具有科学性、行业性和社会性三大特性。[3] 有的认为水文化作为一种文化现象贯穿了人类从精神、行为、制度到物质建设的各个层面，"水文化具有民族性、地方性、不同文化背景及时代性等特征"。[4] 还有的专家认为水文化的属性"至少有社会属性、地域属性、民族属性、时代属性、政治属性等方面"。[5]

根据水文化体系和内容，水文化的基本属性主要有如下 5 点。

1. 民族性

民族是人类共同体形式之一，"是在一定历史阶段形成的有共同语言、共

---

[1] 中华书局辞海编辑所主编：《辞海》（第六版），上海辞书出版社 2009 年，第 2380 页。

[2] 李宗新：《浅议中国水文化的主要特性》，《华北水利水电学院学报》2005 年第 1 期，第 112 页。

[3] 孟亚明、于开宁：《浅谈水文化内涵、研究方法与意义》，《江南大学学报》2008 年第 4 期，第 65 页。

[4] 郑晓云：《水文化的理论与前景》，《思想战线》2013 年第 4 期，第 6 页。

[5] 靳怀堾主编：《中华水文化通论》，中国水利水电出版社 2015 年，第 17 页。

同地域、共同经济生活和表现为共同文化特点基础上的共同心理素质的稳定的共同体"。❶ 民族的基本要素包括语言、地域（聚居地）、生产方式、文化传统和价值观念等同一性，是伴随着国家权力结构的出现而形成的，是人类社会进入阶段社会的产物。

不同的民族生活在不同的地理环境下，形成了不同的生活方式和生产方式，形成了不同的宗教信仰、风俗习惯、思想观念等，因而他们在利用水、治理水、除水害、兴水利等过程中形成了不同的敬水、爱水、护水、亲水、治水、用水、节水、管水等方面的社会意识、行为规范和风俗习惯，比如说傣族的泼水节、纳西族的水井文化、回族的沐浴节、印度恒河沐浴节等，这些水文化节庆既有情趣、令人愉悦，而且还有教化大众、崇尚真善美的积极作用。

2. 社会性

根据马克思主义理论，社会是人与人之间通过交往形成的社会关系的总和，是人类生存、生产、生活的共同体。社会学理论认为社会是由有一定联系、相互依存的人群组成的超乎个人的、有机的共同体，是一个有文化、有组织的系统。在这个系统里，涵盖了政治、经济、军事、意识形态、宗教信仰、民风民俗等方面，几乎无所不包，无所不含，涉及面十分宽广。

水是生命之源、生产之要、生态之基，人类的生产、生活等社会活动及行为基本直接或间接涉水，蕴藏着丰富的水文化元素，因此，水文化具有典型的社会属性。

在政治领域，治水与治国关系密切，治水是治国安邦之本，江河安澜，国家才安定。兴水利、除水害，历来是治国安邦的大事。水能载舟，亦能覆舟，善治国者必先治水。从大禹治水开始，无论是古代的秦皇汉武、唐宗宋祖、清康熙乾隆，还是近代林则徐、孙中山，或是现代中华人民共和国成立后毛泽东、周恩来等老一辈革命家、政治家等都十分重视治水，把治理水旱灾害作为治国的基本国策。从某种程度上讲，中华民族五千年文明史，就是一部治水史；人类文明的发展史，就是人与水的关系史。

水利兴则人心安，人心安则百业兴，百业兴则天下兴。以史为镜，可以知兴替。在总结中华人民共和国成立以来治水经验教训的基础上，明确治水得水利，不治水得水害，政府已经将水资源提升到国家战略资源的高度地位，要求尊重自然、顺应自然、科学治水，尽快转变治水思路，实现人与自然和

---

❶　中华书局辞海编辑所主编：《辞海》（第六版），上海辞书出版社 2009 年，第 1583 页。

谐共生的治水之道，实现国家长治久安、民族永续发展、人民幸福安康的战略目标。

在经济领域，水是生产之要，具有规律性的普遍认识。水是农业生产的命脉。毛泽东主席早在红色故都瑞金革命时就提出"水利是农业的命脉"。农业领域基本上是"靠天吃饭"，只有风调雨顺的年份才有五谷丰登，一旦遇上水旱灾害，农业就歉收，甚至颗粒无收，农民颠沛流离，饿殍遍野。水是工业的血液。近代以来，水是近代工业生产活动中不可或缺的介质或原料，如水电、造纸、化工、冶金、油漆、医用输液等大多数行业无不以水为"原料"。在交通方面，水是水路交通的载体。《史记·夏本纪》："陆行乘车，水行乘船。"❶《庄子·天运》："夫水行莫如用舟，而陆行莫如用车。"❷ 在古代社会，水运是古代社会的主要交通方式之一，长途跨区域运输主要是靠水路运输，而陆路容易因大山脉隔离且运输能力较弱。时至近代，大江大河和海洋仍然发挥着重要的水路航运功能，促进了地区经济发展。

在思想领域，古人认为水是世界万物的本原，早在古希腊的泰勒斯（约公元前 624 年—前 547 年）曾提出"水生万物，万物复归于水"，主张水是万物的本原。无独有偶，中国在春秋时期管子亦提出同样的主张，《管子·水地》记载管子说："水者，何也？万物之本原也，诸生之宗室也。"❸ 认为水是万物的本原，是一切生物的来源，"万物莫不以生"❹。道家始祖老子说："上善若水，水利万物而不争，处众人之所恶，故几于道。"❺ "上善若水"是老子的人生哲学的总纲，提倡人的最高尚品格就像水一样，善利万物，善于处下，而不与人相争，这是接近道的最佳途径，因为水最接近道；同时高度赞赏水的"不争""处下"的高尚品德，要求人类效法水的处世观——谦卑、宽容、不争。儒家始祖孔子曰："知者乐水，仁者乐山。知者动，仁者静。"❻ 意思是说，聪明人喜爱水，有德者喜爱山。"智者"和"仁者"都是指有修养的君子，水是多变的，善恶无常，深不可测，而聪明人应像水一样随机应变，洞察事物的发展变化，因时获取成功。

在社会风俗领域，水与人们的日常生产、生活息息相关。在古代社会，

---

❶　［汉］司马迁撰：《史记》卷二《夏本纪》，中华书局 1982 年，第 51 页。

❷　［清］王先谦、刘武著：《庄子集解·庄子集解内篇补正》，新编诸子集成，中华书局 2012 年，第 126 页。

❸❹　尹知章注，戴望校正：《管子校正》，诸子集成本第五册，中华书局 1986 年，第 237 页。

❺　陈鼓应：《老子今注今译》，商务印书馆 2003 年，第 102 页。

❻　《论语·雍也》，程树德撰，程俊英、蒋见元点校：《论语集释》，新编诸子集成本，中华书局 1990 年，第 408 页。

每年春耕时节，官府率众举行祭祀龙王的仪式，在官府修建的龙王庙举办盛大隆重的祭祀活动，祈求主管降雨的龙王保佑民间苍生，风调雨顺，没有水旱灾害。在当今社会，老百姓已经掌握了农业生产的季节性科学知识，因季风气候变化及其降水情况熟练安排农作物的播种、育苗、移栽、灌溉、除草、施肥和收获等生产活动，已无此迷信祭祀活动。从先秦沿袭至今的民间节庆如正月初一春节、正月十五元宵节、二月二龙抬头节、三月三上巳节、五月初五端午节、七月初七七夕节、七月十五中元节等都体现了水与农事之间的密切关系，反映了古人的水崇拜、水神崇拜的思想。春节和元宵节期间舞龙灯，龙是主雨水神，舞龙灯是祈求风调雨顺、五谷丰登、国泰民安。农历二月二的龙抬头节是祭祀龙王的节庆，意思是主雨龙王从蛰伏的冬眠中苏醒过来开始播云降雨，滋润土地，助农作物生产，所以这一天有祭龙、汲水、理发等涉水活动。三月三上巳节沐浴祛邪仪式，端午节期间民间举办最兴盛最隆重的划龙舟比赛活动，向龙王水神祈福；七夕节（俗称乞巧节）汲圣水沐浴活动，驱邪除病；七月十五的中元节（俗称鬼节、盂兰盆节）民间举行放河灯（放荷灯）活动，以顺水漂流的河灯来祭奠先人、缅怀亲人，表达人们祈求幸福平安、祛病除灾的心理与思想。此外，还有立春、籍田（抬土牛）、春社等节庆习俗都反映了水、农事与民间信仰三者的关系，是传统水文化的表现形式之一。

3. 地域性

地域是文化地理学、经济地理学、历史地理学等学科中常使用的一个概念，是指特定的区域空间，是区域内外自然要素与人文因素相互作用形成的综合体。

地域是相对地区而提出的一个概念，地域表达了文化上有密切关系的区域，淡化了行政区划上的地区概念❶。地域与地理环境的概念更相近，既包括了地形地貌、天文气象、水文水资源、植被、动物等自然环境因素，又包括民族、生产方式、民风民俗、历史遗址等人文因素。近代西方学者提出"地理环境决定论"是有一定的合理性，在一定程度上，地理环境对人文因素有着决定性影响。

人是自然环境的产物，地形地貌、天象水文、生物种群以及生产方式直接决定了地域文化的形成，因此，地域具有区域性、自然性、人文性和系统

---

❶　地区是指省、自治区人民政府设立行政公署作为派出机关所管理的区域，包括若干个县、市的范围，不是一级行政区域。［中华书局辞海编辑所主编：《辞海》（第六版），上海辞书出版社2009年，第444页。］

性四大特征，在不同的地域形成不同的地域文化。地域文化是指人们在相同或相似的自然环境条件下创造了具有相对稳定的思想观念、风俗习惯、审美方式、宗教信仰等。正所谓"一方水土养一方人""一方水土孕育一方文化"。

水是自然环境的关键要素，是一切生物生存和发展的前提条件。水是构成生物体的基础，是生物新陈代谢的介质。有水才有生物，有生物才生成一个系统完整的自然环境。水量和水质决定了自然生态系统的完整性和类型。居处西北地区，干旱少雨，以畜牧业为主，古代游牧民族"逐水草迁徙，毋（无）城郭常处耕田之业"❶；而东南地区雨水充足，水系发达，农耕百姓日出而作，日入而息，"凿井而饮，耕田而食"❷。北方地区缺水，在日常生产、生活中普遍十分重视蓄水和节水；而南方地区水多，在日常生产、生活中更容易存在浪费水资源的现象。即使在同一区域，各乡镇、村落因所处的山脉、水系不同而形成了不同的治水、节水、爱水、护水、用水等地域水文化理念与方式。地域水文化是水文化在地理空间上的分布与分类，在不同的流域具有更加鲜明特色的水文化。

4. 时代性

水文化是人类历史积淀的产物，是人类涉水实践活动的结果，是人类社会继承、发展与创新涉水实践活动的产物。由于不同时代所处的生产力水平不一样，水文化发展历程呈现出不同的时代特征。时代特征是水文化的基本属性之一。

对于水文化的产生，有专家认为"水文化是一个非常古老而又十分新颖的文化形态。说它非常古老，是因为自从我们这个星球上有了人类的活动，有了人类与水打交道的'第一次'，就有了水文化；说它十分新颖，是因为在中国把水文化作为一种相对独立的文化形态提出来进行研究，是 20 世纪 80 年代末期以后的事。"❸ 在水文化概念提出之前，水文化与其他文化一样客观存在，只是作为水利文化及其他传统文化的一部分，并没有专门单列水文化名目。

在原始社会时期，人类的智力开发十分有限，社会生产能力十分低下，人类只能因自然条件而过着采集、渔猎的生活，维持人类的生存与繁衍，面对风雨雷电、洪水泛滥等自然现象人们极度恐惧，只能被动地顺从自然，接受自然，明显自然强势、人类弱势。人类为了生存，既要利用水，也要了解

---

❶ ［汉］司马迁：《史记》卷一百一十《匈奴列传》，中华书局 1982 年，第 2879 页。

❷ ［汉］高诱注：《淮南子》卷十一《齐俗训》，诸子集成本第七册，中华书局 1982 年，第 169 页。

❸ 靳怀堾主编：《中华水文化通论》，中国水利水电出版社 2015 年，第 5 页。

水，掌握水的性能，但是在人弱水强的自然状态下，人类是被动地利用水、适应水，甚至与水抗争谋取生存的机会。

当生产力发展到一定阶段，人类脱离了原始状态，进入农业定居社会时期，农业生产和定居生活改变了人类的智力结构，也改变了人与自然的关系，使人类在敬畏自然的同时逐步有较强的能力去改造自然、征服自然。早在春秋时期荀子提出"人定胜天"的主张，说明此时古人已经具有征服自然的信心。人们面对洪水滔天、泛滥成灾并不是束手无策，而是大肆兴修水利工程，疏导洪水，消除水患；面对干旱少雨并不是坐以待毙，而是修渠灌溉，确保农业生产；同时，还会利用江河湖泊运输物资，贸易有无，促进商业经济发展；甚至是通过漕运转输，保障粮草物资供应不断。因此，在这个时期人类学会了利用水，学会与水斗争的手段与方式，人与水处于孰强孰弱的对势状态。

随着时代的进步和生产力的发展，人们对水的运动规律有更深的科学认识并加以利用，不同时代兴建了不同的除水害、兴水利的治河防洪工程、修建陂塘水渠的灌溉工程和疏浚河道的水运工程，还推出了不同时代的因水而赋的诗歌文学、书画艺术等名作名篇，丰富了古代水文化内容，增厚了水文化的历史积淀。

自从水文化概念的提出，人们就开始着手探讨水文化的时代特征，讨论古代水文化、近代水文化、现代水文化、当代水文化的时代特征及要求。

5. 涉水性

从水文化概念中就界定了水文化的属性特征——涉水性。水文化是以水为载体或因水而产生的各种文化现象的总和，水利文化是水文化的核心和主体，水利文化的主体是水工程，而水工程所依托的就是水体或者水域。因此，从水利行业属性来讲，水文化不仅具有涉水属性，而且还具有工程属性。水文化是离不开水的，离开了水的属性，那就不是水文化，而是其他类质的文化。

二、水文化的功能

文化是一个国家、一个民族的灵魂。文化兴国运兴，文化强民族强。没有高度的文化自信，没有文化的繁荣兴盛，就没有中华民族的伟大复兴。中华文化是中华民族的精神命脉，中华民族有着强大的文化创造力。中华文化既坚守本根又不断与时俱进，使中华民族保持了坚定的民族自信和强大的修复能力，培育了共同的情感和价值、共同的理想和精神。

　　文化有民族之分，文化有精华与糟粕之分，文化有发展水平高低之分。人类是文化的创造者，也是文化的改造者。人类创造出了丰富多彩的文化，文化也不断地滋润人类、改造人类，激发人类改造世界的创造力。马克思指出："人们自己创造自己的历史，但是他们并不是随心所欲地创造，并不是在他们自己选定的条件下创造，而是在自己直接碰到的、既定的、从过去继承下来的条件下创造。"❶

　　《孟子·告子章句下》提出"人皆可以为尧舜"❷的命题，说明人们只要不断改造自我、完善自我，都可以做尧舜一样的贤人。改造人类的思维与行为、激发人类的热情与创新是文化"化人"的终极目标，这是文化发展的最高境界。

　　宋代理学家张载（1020—1077 年）曾有一句千古名言："为天地立心，为生民立道，为去圣继绝学，为万世开太平。""为天地立心"是一种世界观，"为生民立道"是一种民生观，"为去圣继绝学"是一种学术观，"为万世开太平"是一种价值观，反映了张载的继承传统与发展文化的辩证认识，特别是他所秉持的为人类未来谋幸福的文化理想激励了无数后人。

　　历史和现实都证明，在当今世界，文化是一个国家的软实力，在综合国力中占有十分重要的位置。历史发展证明：谁占领了文化的制高点，谁就掌握了发展的主动权和话语权。一个民族、一个国家，只有先进文化的积极引领，才能屹立于世界先进民族之林！

　　中华民族有着深厚文化传统，形成了富有特色的思想体系，体现了中国人几千年来积累的知识智慧和理性思辨。发展中国特色社会主义文化，就是以马克思主义为指导，坚守中华文化立场，立足当代中国现实，结合当今时代条件，发展面向现代化、面向世界、面向未来的、民族的、科学的、大众的社会主义先进文化，推动社会主义精神文明和物质文明协调发展。要坚持为人民服务、为社会主义服务，坚持百花齐放、百家争鸣，坚持创造性转化、创新性发展，不断铸就中华文化新辉煌。要坚定中国特色社会主义道路自信、理论自信、制度自信，说到底是要坚定文化自信。文化自信是更基本、更深沉、更持久的力量。要加强对中华优秀传统文化的挖掘和阐发，使中华民族最基本的文化基因与当代文化相适应、与现代社会相协调，把跨越时空、超越国界、富有永恒魅力、具有当代价值的文化精神弘扬起来。要推动中华优

---

❶　马克思、恩格斯著：《马克思恩格斯全集》第八卷，人民出版社 1956 年，第 21 页。
❷　焦循著：《孟子正义》，诸子集成本第一册，中华书局 1986 年，第 477 页。

秀传统文化创造性转化、创新性发展，激活其生命力，让中华文化同各国人民创造的多彩文化一道，为人类社会发展提供正确精神指引。

学术界普遍认为水文化是民族文化的重要组成部分，有人提出"中国的文化是从水文化开始的，水文化是中国文化的母体文化"。[1] "水文化是人类文化的源泉"[2]，都认识到水文化在人类文化、中国文化的历史发展中重要地位和作用。水文化功能就是指水文化在发展水利事业，推动经济发展和社会进步等方面所发挥的特殊作用和功效。将从以下五个方面来讲：

（1）孕育和发展了人类文明。水是生命之源，是人类文明的发祥与发展的必要条件。中国的黄河、长江孕育了中华文明，中华文明因治水而兴盛发达；尼罗河孕育了古埃及文明，古埃及文明因水而兴；两河流域幼发拉底河和底格里斯河哺育了古巴比伦文明，古巴比伦文明因缺水而衰亡；印度河哺育了古印度文明，古印度文明因水而绵延流长。

（2）促进和维护人类文化的多样性。河流是独特的人文地理单元，是联系上下游地区社会经济发展与文化传播的重要通道。流域内往往分散或聚集着不同的民族，他们既有着共同的普世价值，又保留了各自的文化认同和文化传承，而不同民族的文化特征、风俗习惯、宗教信仰基本都与水、河流、湖泊、海洋等联系在一起。以中华民族文化为例，傣族、阿昌族的泼水节、藏族的沐浴节、背吉祥水，苗族的杀鱼节，壮族的汲新水，白族的春水节，傈僳族的澡堂会等，这些民族还有敬水、祭水、放河灯、迎河神、龙王庙祭、洞祭、龙潭祭等宗教信仰仪式活动，抛舟（高山族）、淋更（壮族）、抢头水（湘西苗族）、担血水（湘西苗族）、喝伶俐水（壮族）等民俗活动，都与水有着密切关系。各民族的用水、治水、管水、护水等活动创造了丰富多彩的水文化，成了中华民族文化的重要组成。

（3）凝聚民心和塑造民族精神。历史上涌现出无数的治水英雄人物，集中体现了各民族的高超智慧、优秀品质和创新能力，许多治水英雄都转化为"水神"而被民众顶礼膜拜。在当代，红旗渠精神、抗洪精神、三峡移民精神、水利行业精神等水精神，丰富和发展了中华民族的精神内涵。

（4）借鉴治水经验，促进水利建设。人类在长期治水实践中，饱尝无数失败的艰辛和教训，创造了无数灿烂的文明成果，其中许多处理人水关系的经验教训非常值得学习和借鉴。如大禹的"疏导"治水方法，李冰父子因势

---

[1] 潘杰：《以水为师：中国水文化的哲学启蒙》，《中国水利》2006 年第 5 期，第 49 页。
[2] 张盛文：《探析生态文明视野下的水文化建设》，《华北水利水电学院学报》2012 年第 2 期，第 12 页。

利导修建都江堰技术，贾让的"治河三策"，潘季驯的"筑堤束水、以水攻沙"治河方略，古今中外各国的水利管理制度等，都为当今的水利建设、水利管理、水利自治提供了重要借鉴。

（5）承载水生态文明，教育社会大众。水文化内涵十分丰富，包罗万象，承载着优秀的水生态文明，发挥着教育社会大众的积极作用。水生态文明是指人类遵循人水和谐理念，实现水资源可持续利用，支撑经济社会和谐发展，保障生态系统良性循环，是生态文明的重要部分和基础内容。

第二章 物 质 水 文 化

物质是构成一切物体的实物和场，一切实体都是物质。物质是不依赖人类的意识而独立存在，并能够为人类的意识所反映的客观存在。物质性质多种多样，种类形态万千，决定了物质水文化类型众多、内容丰富。中国水利文学艺术协会编《中华水文化概论》教材中将物质水文化分为水形态文化、水工程文化两章内容，其中水形态文化包括江河文化、湖泊文化、泉水文化、瀑布文化、海洋文化、水环境的文化意义；水工程文化重点讲述京杭大运河文化、都江堰文化、小浪底文化、南水北调工程文化、水利工具中的水文化。靳怀堾主编的《中华水文化通论》认为"物质形态水文化，指的是以直观形态存在的水体以及与水事活动有关的实物形象所体现的文化内容，主要包括水工程、水环境、水景观及水工具等，它们都具有可视、可触的物质实体，又融入了人类的体力和智力劳动，是水文化最直观的表现。"❶ 我们赞同这一提法，其实物质形态水文化可以简称为物质水文化或者物态水文化。物质水文化是指与涉水实践活动相关的实物和空间所表现的文化总和，其中水利工程、水利器械、水景观、水环境是最常见的物态水文化。

第一节 水 利 工 程

水利是指"采取人工措施控制、调节、治导、利用、管理和保护自然界的水，以减轻或免除水旱灾害，并开发利用水资源，适应人类生产、满足人类生活、改善生活和环境需要的活动。"❷ 水利工程是指"对地表水和地下水进行控制、治理、调配、保护和开发利用，以兴利除害为目的而兴建的各项工程的总称。一般指防洪、农田水利、水力发电、航运（航道整治、河流渠

---

❶ 靳怀堾主编：《中华水文化通论》，中国水利水电出版社 2015 年，第 72 页。

❷ 中华书局辞海编辑所主编：《辞海》（第六版），上海辞书出版社 2009 年，第 2114 页。

化、港口建设）等工程，也包括城市给排水、抗洪排涝，以及海岸防护、海塘、潮汐能发电、海水淡化、水资源保护和环境保护等工程。"❶ 历史上任何水利工程都是历史条件下社会经济发展的产物，在水利工程范围内满足社会经济发展和人民生活的需要，既展现了水利工程组织者、设计者、施工者和维护者等先辈们的聪明才智和高超技术，又承载着当时历史背景下的水利精神和思想文化。这里将着重讨论防洪工程、灌溉工程、水工建筑三大内容，至于航运工程、海塘工程在后面章节讨论。

一、防洪工程

防洪工程是古今水事活动中最重要的内容，是水利科学技术发展成就的最重要标志，是水文化中历史最久远的水利事业。从传说的大禹治水开始，中华民族在与洪水作斗争的漫长历史过程中形成了科学的防洪思想，创造了类型越来越多、规模越来越大的防洪工程，积淀了丰富而深厚的水文化。

（一）堤防工程

自江河堤防工程产生以来，历代兴筑不断，规模越来越大，遍及全国主要的江河水系。修筑起黄河大堤、长江大堤、淮河大堤、珠江大堤、辽河大堤、海河大堤等一道道雄伟的江河防洪"长城"，成为数千年来堤防工程建设的重要标志，是历代劳动人民智慧和血汗的结晶。

1. 堤防工程的发展历程

从文献记载来看，全国江河堤防工程中，以黄河流域的堤防工程发展较早，堤防工程规模最大，堤防系统最完善，其他江河堤防系统稍晚。以黄河堤防工程的发展为例，大体经历了五个发展阶段❷，主要如下：

（1）初创期。从鲧障洪水起到西周，是堤防的初创阶段。这一时期，虽然在黄河流域已有不少堤防工程，但都是局部堤防，主要集中在京城附近和重要的居民聚集地区。

（2）第一个高潮。春秋战国时期，是历史上堤防建设的第一个高潮，黄河下游齐、赵、魏等各诸侯国纷纷沿黄筑堤，以邻为壑，使堤防工程出现规格不一、堤距不一的状况。所以西汉贾让说"盖堤防之作，近起战国，壅防

---

❶ 中华书局辞海编辑所主编：《辞海》（第六版），上海辞书出版社 2009 年，第 2114 页。

❷ 关于堤防工程发展历程内容，参见郭涛：《中国古代水利科学技术史》，中国建筑工业出版社 2013 年，第 86 - 87 页。

百川，各以自利"❶，是指这一时期的堤防建设情况。从整体上讲，许多堤防工程不尽合理，但是，为黄河下游形成系统的堤防工程奠定了基础。

（3）第二个高潮。秦汉时期，江河堤防建设进入历史上的第二个高潮。秦统一六国以后，为加强中央集权的管理能力和畅通国内一切水陆交通，实行"决通川防，夷去险阻"❷政策，对不合理的江河堤防进行整改和修建。至汉代，为促进黄河流域社会经济发展，进一步加强了黄河堤防工程，把许多河段修成了坚固的石料工程，被称为"金堤"。特别是东汉王景治河以后，在新河道两旁再次修筑了系统堤防工程，"自荥阳东至千乘海口千余里"❸，使黄河下游河道获得了相对的稳定。

（4）第三个高潮。北宋时期，江河堤防工程建设进入历史上的第三个高潮。唐末以来社会动乱不安，江河堤防事务被废弛，河患逐渐严重起来，迄宋代更是决口频繁，所以，北宋时期治河修堤、防洪排涝的事务十分繁重。然而，这一时期的堤防工程建设的重点已经由堤防的大规模兴筑转向堤防的加固修守，特别是以埽工为主的险工防守和决口的堵塞。埽工和堵口的发展和成熟是北宋时期堤防工程建设的基本特点。

（5）第四个高潮。明代后期至清代前期，江河堤防工程建设进入历史上的第四个高潮。金初黄河南流后，经过一段时间多支分流、主流摆动之后，从明代后期开始，转为全力固定下游河槽，实行"束水攻沙"的方策，推动了大规模的堤防建设。经过两百多年的努力，特别是潘季驯、靳辅的大力兴筑，在黄河下游南道形成了历史上最完善坚固的堤防系统，这就是当今在地图上依然清晰可见的"明清黄河故道"。堤防和各种堤工建筑已成配套，形成体系，是这一时期堤防建设的重要特点。

2. 堤防工程的种类

历史上堤防工程类型多种多样，以工程建筑材料划分，主要有土堤、石堤、土石混合堤三类；以修守责任划分，主要有官堤和民埝两类；以其不同位置及用途划分，主要类型如下（图2-1）❹：

（1）遥堤。又称大堤，始见于宋代《宋史·河渠志》记载。遥堤是防御洪水、稳定河道的主堤，堤距较宽，堤防断面较大。

---

❶　［汉］班固：《汉书》卷二十九《沟洫志》，中华书局1962年，第1692页。

❷　［汉］司马迁撰：《史记》卷六《秦始皇本纪》，中华书局1982年，第252页。

❸　［宋］范晔：《后汉书》卷七十六《循吏列传·王景传》，中华书局1965年，第2465页。

❹　关于堤防工程类型的内容和图，参见郭涛：《中国古代水利科学技术史》，中国建筑工业出版社2013年，第86-87页。

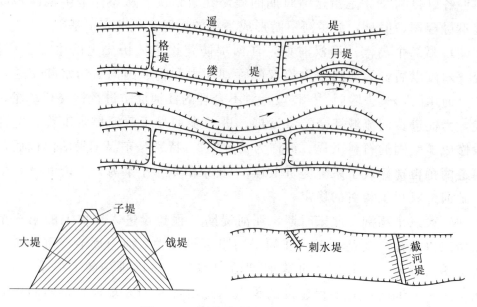

图 2-1　历史上堤防类型示意图

（2）缕堤。始见于元代《至正河防记》。缕堤依河势修筑，离河道主槽较近，用以约束水流，防御一般大水。缕堤距较窄，堤防断面较遥堤小，比较容易决坏，岁修、维护工程量较大。

（3）格堤。又称隔堤，明代《河防一览》中对格堤有专门论述。它是沿河床横断面方向，在遥、缕二堤间修筑，垂直于遥、缕二堤，所以有时又称为横堤。它的作用，是把遥、缕二堤间的滩地分隔为长格，阻止漫过缕堤的洪水冲刷遥堤堤根；同时又可以使洪水中挟带的大量泥沙在滩地上落淤，淤高滩地，巩固堤防。与格堤类似的还有撑堤。

（4）月堤。又称越堤，始见于明代。修筑在遥堤或缕堤的危险地段，两头仍弯接大堤，堤形弯曲如月，对大堤起保护作用，以备不测。同时还可利用月堤对大堤背面低洼地区进行放淤。与此类似的，还有围堤、套堤等。

（5）子堤。又称子埝，是在大堤顶上加筑的小堤，不让洪水漫过大堤，是防洪的非常措施。

（6）戗堤。该堤帮贴在险工地段的大堤背后，低于正堤，是保护大堤的辅助堤防。

（7）刺水堤。该堤始见于元代《至正河防记》，类似现代河工上的丁坝，用以挑水、逼溜、保护堤岸等。

（8）截河堤。该堤始见于元代《至正河防记》，相当于拦河坝，截断河流，壅水旁出。

此外，还有长江、珠江等其他江河堤防工程，受历史文献资料记载与考古发掘的限制，这些堤防工程出现的历史时间先后不一。

从史料与工程遗存来看，长江中下游最早出现的堤防工程是荆江河段，即东晋时期"万城堤"，以后长江堤防工程逐渐向长江下游发展。五代十国时期，修筑了江陵的"寸金堤"。宋代江陵县新筑黄潭堤和沙市附近的长堤。这一时期堤防时坏时修，陆游在《入蜀记》中记载了这一情况"堤防数坏，岁岁增筑不止"。嘉靖中期，堵塞郝穴口，加固新开堤。于是，荆江大堤从堆金台到拖茅埠连成一线，形成整体，长达124km。

自明初开始，在今武汉市区开始筑堤，正德年间开始在城区沿江段筑驳岸。明代后期，今武汉三镇江汉沿岸基本形成堤防系统，清代进一步完善加固，但防洪标准较低。

明清时期在长江中下游的北岸逐步兴筑了黄广大堤（湖北黄梅、广济两县境内，长87km）、同马大堤（安徽宿松、望江、怀宁县境内同仁堤与马华堤的合称，现长175km）、无为大堤（安徽无为、和县境内，堤长125km）、归江十坝以及一些支流、湖区堤院、圩垸等防洪工程。清代中期以后，长江中下游干支流的堤防系统开始形成了。

珠江流域的防洪堤防工程始见于宋代，多在珠江下游三角洲地区，如东江下游东莞市境内北宋元祐二年（1087年）兴建的福隆堤、博罗县境内南宋淳祐年间（1241—1252年）兴建的随龙堤、西北江下游佛山市南海区境内北宋兴建的桑园围堤、高要区境北宋至道二年（996年）兴建的金西堤等。这些都是局部地区的堤防，比较大规模的堤防工程建设还是在明清时期。珠江水系东、西、北三江都缺乏湖泊调蓄水量，下游三角洲平原受洪水威胁较大。所以，两岸修筑堤围保护农田。这些堤防称为基围或堤围，其临江一面堤防即是珠江防洪堤，这是珠江下游堤防的特点。❶

历史上受堤防材料和技术以及社会动荡不安等因素影响，江河堤防工程容易被洪水冲毁，时毁时修，工程坚固性、持久性、安全性仍然不尽人意。

中华人民共和国成立后，以毛泽东为核心的党中央和国家领导人极其重视水利建设。为治理淮河水患，毛泽东主席亲自做过三个批示督促治理淮河。1951年在中央治淮视察团赴治淮工地检查工作时，他亲笔题词："一定要把淮河修好。"从此掀开了淮河、黄河、长江等江河堤防工程、分洪工程建设的

---

❶ 关于长江、珠江堤防工程内容，参见郭涛：《中国古代水利科学技术史》，中国建筑工业出版社2013年，第87-88页。

序幕，时至当今中心城市、乡镇和江边乡村基本建设了 10 年一遇或者 30 年一遇以上洪水堤防工程。2000 年以来，县城、乡镇所在地江河堤防工程建设与工程文化、水文化建设有机融合起来，打造成为现代城镇"一江两岸"水美、景美、岸美的风光带，助推周边房地产、商业中心及旅游产业的快速发展。

（二）护岸工程

护岸工程，是保护江河堤防本体的沿岸工程，防止江河流水侵蚀、渗漏和洪水冲刷、冲决的工程，是防洪工程的基本内容和重要措施。护岸工程，早在春秋战国已经出现。至西汉时期，普遍采用石工护岸。东汉时，还出现了用挑溜工程护岸。

1. 埽工护岸

埽工是中国特有的一种用于江河、湖泊、海洋护岸、筑堤、堵口、抢险等工程的水工建筑物。埽工技术是中国传统水利工程技术的一项新发明。

埽，就是用梢茭、薪柴、竹本等软料，夹以土石，卷制捆扎而成的水工建筑构件。每一个构件叫埽捆，简称埽，小的又叫埽由或由。[1] 将若干个埽捆连接修筑成护岸、筑堤、堵口、抢险等工程就称作"埽工"。埽工技术起源较早，春秋战国时期有类似埽工。《慎子·逸文》记载"治水者，茨防决塞。九州四海，相似如一。学之于水，不学之于禹也。"《淮南子·泰族训》亦记载"掘其所流而深之，茨其所决而高之，使得循势而行，乘衰而流"。[2] "茨"是芦苇、茅草之类的植物，"茨防"是用来堵塞决口的工程措施，这可能是最早的草埽。汉代黄河瓠子堵口，汉武帝亲自指挥并督促瓠子决口复堤工程，就是运用了埽工技术。

宋代以后，在江河、湖泊沿岸险要地段或者堤防薄弱地段修建埽工护岸。因沿岸险要程度不同，各处埽工护岸规模大小不一，范围长短不一。宋代，沿河埽工护岸规模大者多达五十九座；金初，黄河南移后埽工护岸规模大者仍有大埽二十五座。元明时期，修筑埽工护岸的事例较少记载。清代前期，修防护岸工程仍以埽工为主。由于埽工易腐烂，耗费又大，后世逐渐改用砖石工和其他护岸工程代替。[3] 至近代，水利工程技术的进步，特别是近代水泥、砂浆技术的引进，埽工护岸完全淡出历史舞台。

2. 木龙护岸

木龙护岸，是北宋时期首创的一种护岸工程。天禧五年（1021 年），滑

---

[1] 郭涛：《中国古代水利科学技术史》，中国建筑工业出版社 2013 年，第 90 页。

[2] 何宁撰：《淮南子集释》，新编诸子集成本，中华书局 1998 年，第 1402 页。

[3] 郭涛：《中国古代水利科学技术史》，中国建筑工业出版社 2013 年，第 99 页。

州知州陈尧佐因州城"西北水坏，城无外御，筑大堤，又叠埽于城北，护州中居民，复就凿横木，下垂木数条，置水旁以护岸，谓之'木龙'，当时赖焉"❶。这开创了江河沿岸以横木＋木桩的木龙防御河水冲刷的先例。在航运工程上，由于船只航行频繁，水浪不断冲刷运河沿岸并侵蚀沿岸土壤，为了保护河堤土壤采用以木桩护岸的工程技术——"木岸狭河"。为了防止河流泥沙淤积，提出缩窄河床断面，以增大流速，冲走泥沙，这就是"狭河"措施。然则，单纯靠修建土堤来缩窄河床断面，显然是不抗河水冲刷，于是采用"木岸狭河"的办法。《宋史·河渠志》记载：嘉祐六年（1061年），"汴水浅涩，常稽运漕。都水奏：'河自应天府抵泗州，直流湍驶无所阻。惟应天府上至汴口，或岸阔浅漫，宜限以六十步阔，于此则为木岸狭河，扼束水势令深驶。梢，伐岸木可足民。"❷ 这种"木岸狭河"工程既能束水冲沙，清淤河床，又能有护岸固岸的功效。

清代，在木龙护岸技术的基础上，发展木龙挑溜护岸工程。据《清史稿·河渠志一》记载：乾隆五年（1740年），"黄溜仍南逼清口，仿宋陈尧佐法，制设木龙二，挑溜北行。"❸《清史稿·完颜伟传》又载：乾隆三十四年（1769年），"自清口迤西黄河南岸设木龙挑溜，使渐趋而北。"❹ 乾隆年间，因黄河淤积严重，多次决口，于是在清口黄河南岸修建木龙挑溜工程，逼水北向，收效显著。

3. 挑溜护岸

挑溜护岸，早在东汉时，在黄河与汴渠的接口处修建八激堤，用于护岸。据《水经注·河水》记载："（东汉）汉安帝永初七年，令谒者太山于岑，于石门东积石八所，皆如小山，以捍冲波，谓之八激堤。"❺ 这里东汉时期在荥口石门东兴筑挑溜石坝的护岸工程，功效显著。

宋代，挑溜护岸工程已经种类增多，出现了"马头""锯牙"之类的挑溜建筑护岸。《宋史·河渠志》："凡埽下非积数叠，亦不能遏其迅湍，又有马头、锯牙、木岸者，以蹙水势护堤焉。"❻ 据专家分析，"马头""锯牙"建筑都类似刺水堤，在河堤内激流顶冲之处修筑一系列挑水堤挑溜护岸。高空俯

---

❶ ［元］脱脱等：《宋史》卷九十一《河渠志一》，中华书局2013年，第2264页。

❷ ［元］脱脱等：《宋史》卷九十三《河渠志三》，中华书局2013年，第2322－2323页。

❸ ［清］赵尔巽等撰：《清史稿》卷一百二十六《河渠志一》，中华书局1977年，第3726页。

❹ ［清］赵尔巽等撰：《清史稿》卷三百一十《完颜伟传》，中华书局1977年，第10636－10637页。

❺ ［北魏］郦道元著，陈桥驿校证：《水经注校证》，中华书局2007年，第132页。

❻ ［元］脱脱等：《宋史》卷九十一《河渠志一》，中华书局2013年，第2266页。

视下，这些挑溜工程沿河堤分布，类似锯齿排列；单个的挑溜建筑伸入河水，状似马头，河堤似马脖。

明清时期，挑溜护岸应用非常普遍。明代，多用顺坝挂淤护岸固堤，也常用"鸡嘴坝"挑溜（图2-2）。❶

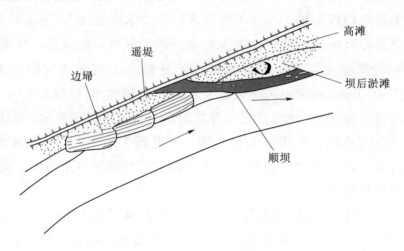

图2-2　顺坝挂淤护岸示意图

清代后期，挑溜护岸越来越得到朝廷的重视并运用于治水实践。光绪十四年（1888年），河道总督吴大澂就认为"筑堤无善策，镶埽非久计，要在建坝以挑溜、逼溜以攻沙。溜入中洪，河不著堤，则堤身自固，河患自轻"。❷还说："咸丰初荥泽尚有砖石坝二十余道，堤外皆滩，河溜离堤甚远，就坝筑埽以防险，而堤根埽工甚少。自旧坝失修，不数年废弃殆尽，河势愈逼愈近，埽数愈添愈多，厅员救过不遑，顾此失彼，每遇险工，辄成大患。"❸

4. 抛石护岸

抛石护岸，起源不详，乾嘉年间普及推广，用于治理黄河堤防工程。道光元年（1821年）河道总督黎世序在《复奏碎石坦坡情形疏》云："自间段抛护碎石，上下数段，均倚以为固。且埽段陡立，易致激水之怒，是以埽前往往刷深至四五丈，并有至六七丈者，而碎石则铺有二收坦坡（即一比二坦坡），水遇坦坡即不能刷。且碎石坦坡，黄水泥浆灌入，凝结坚实，愈资巩固。"❹意思是说，凡是埽工前面抛有碎石护岸之处，工程愈为坚固；如果埽工段陡立处，容易导致激水冲击，则运用抛碎石铺平陡坡为一比二的坦坡，

❶　郭涛：《中国古代水利科学技术史》，中国建筑工业出版社2013年，第100-101页。

❷❸　赵尔巽：《清史稿·河渠志一》，周魁一等《二十五史河渠志注释》，中国书店1990年，第548页。

❹　中国水科院水利史研究室编：《再续行水金鉴·黄河一》，湖北人民出版社2004年，第20页。

水遇坦坡则不能冲刷。同时，在碎石坦坡中灌注黄水泥浆，凝结碎石缝隙，使其更加坚固。这项工程技术至今仍在江河护岸工程中广泛使用，并赋予了生态护岸的内涵。

5.植树护岸

植树护岸，是在河堤沿岸种植树木（榆柳），通过其根茎固结沿岸泥土，减缓被河水冲刷和侵蚀的风险。植树护岸技术起源较早，从文献记载来看，隋代以后常见并出现沿堤岸大规模植树。隋炀帝为开凿大运河，"又发淮南民十余万开邗沟，自山阳至杨子入江。渠广四十步，渠旁皆筑御道，树以柳"❶。南方柳生长速度快，根多繁密，当根深入堤岸时可以使堤岸更加牢固。同时，柳梢又是防汛抢险做埽工的优质材料。因此，后世历朝历代都重视植物护岸工程措施，用于加固堤防。

宋代，建隆三年（962年）十月，宋太祖颁布诏令："缘汴河州县长吏，常以春首课民夹岸植榆柳，以固堤防。"❷ 开宝五年（972年）正月，宋太祖又颁布诏令："应缘黄、汴、清、御等河州县，除准旧制种蓺桑枣外，委长吏课民别种榆柳及土地所宜之木，仍案户籍高下，定为五等：第一等岁树五十本，第二等以下递减十本。民欲广树蓺者听，其孤、寡、惸、独者免。"❸ 诏令沿黄河、汴河、清河、御河等州县，除原种植蓺桑枣以外，要求地方长吏督促家家户户百姓皆增种榆柳以及土地所宜生长的林木，并且按户分配任务，一等户每年种五十株，以下各等递减十株。百姓民打算广泛种蓺者可以超过规定株数，至于孤寡鳏独者，可以免除。谢德权为加固京城汴河沿岸，责令植树护岸，"植树数十万以固岸"❹。以后历代都继承了这一传统。

在以往植物护岸的基础上，明代刘天和进一步总结出"植柳六法"的护岸技术，即为卧柳、低柳、编柳、深柳、漫柳、高柳六法。卧柳，是春初筑堤时每添加一层土，在堤内外各横铺如钱如指的柳枝一层，自堤根栽至堤顶；低柳，是初春于新旧堤内外自堤根至堤顶栽种柳如钱如指大的柳枝；编柳，在河堤险要堤段栽种如鸡蛋大小、四小尺长的柳桩，从堤根密栽一层且入土三小尺，并栽一层小柳卧；然后用柳条编篱法编织柳桩，篱内用土筑实平满，配栽一层小卧柳，自堤根栽至堤顶；深柳，前三种方法只可以防止一般洪水冲刷河堤，但不能防止急猛洪水冲毁河堤，故凡河堤险要处，要求距堤远处

---

❶ ［宋］司马光：《资治通鉴》卷一百八十《隋纪四》，中华书局 1963 年，第 5618 页。

❷ ［元］脱脱等：《宋史》卷九十三《河渠志三》，中华书局 2013 年，第 2317 页。

❸ ［元］脱脱等：《宋史》卷九十一《河渠志一》，中华书局 2013 年，第 2257 页。

❹ ［元］脱脱等：《宋史》卷三百零九《谢德权列传》，中华书局 2013 年，第 10166 页。

栽种柳树，要求深；漫柳，凡堤坡是常水位处，难以筑堤，于是在沿河两岸密集栽种柳树；高柳，在堤内外用高大柳桩，成行种植。❶

古人对刘天和的"植柳六法"有不同看法，虽然对植树护岸是赞同的，但是在具体栽法上则有不同认识。明代潘季驯就不主张在堤身栽种柳树，而认为应栽种在堤基附近。他说："卧柳、长柳须相兼栽植。卧柳须用核桃大者，入地二尺余，出地二三寸许，柳去堤址约二三尺，密栽，俾枝叶挡御风浪。长柳须距堤五六尺许，既可捍水，且每岁有大枝，可供埽料。俱宜于冬春之交，津液含蓄之时栽之，仍须时常浇灌。"❷ 清代刘永锡也不主张在堤身栽种柳树。刘永锡《河工蠡测》认为堤身栽柳"俱能攻松土脉，堤反不坚"。

在古代生产技术落后的情况下，采用植树护岸工程是积极的工程措施，并且在护岸、防汛中起了良好作用，所以为历代堤防护岸工程所运用。当今护岸工程，植物护岸技术一般运用于堤外，不在堤身，只有水流平缓且不易发生洪水的河流、水渠岸边采用植物护岸，起着生态、景观的功能。

（三）防洪抢险工程

防洪抢险工程，是每年江河汛期随时准备应对各种险情且一旦发生险情必须立即采取正确的抢险措施，避免发生大灾难。为此，历史上治水先辈们积累了丰富的防洪抢险经验，沉淀了丰富的水文化。

1. 抢险堵漏

抢险堵漏是一项紧急危险的工程，是历年汛期防洪抢险的重要内容。《韩非子·喻老篇》云："千丈之堤，以蝼蚁之穴溃。"❸ 洪水涨临，千里河堤却因蝼蚁之穴遗漏而发生溃口洪灾，酿成无法挽回的巨大经济损失。这充分说明洪水汛期抢险堵漏工程的重要性。

《宋史·河渠志》记载："凡移锐横注，岸如刺毁，谓之'箭岸'。涨溢逾防，谓之'抹岸'。埽岸故朽，潜流漱其下，谓之'塌岸'。浪势旋激，岸土上溃，谓之'沦捲'。水侵岸逆涨，谓之'上展'；顺涨，谓之'下展'。或水乍落，直流之中，忽屈曲横射，谓之'径突'。水猛骤移，其将澄处，望之明白，谓之'拽白'，亦谓之'明滩'。湍怒略渟，势稍洄起，行舟值之多溺，谓之'薦浪水'。"❹ 意思是说，凡洪水顶冲堤岸，大堤冲塌，谓之"箭岸"；洪水漫过堤顶，谓之"抹岸"；埽岸腐朽，洪水淘空堤脚，造成堤岸陷塌，谓

---

❶ ［明］刘天和撰，卢勇校注：《〈问水集〉校注》，南京大学出版社 2016 年，第 21 页。

❷ ［明］潘季驯：《河防一览》卷四《修守事宜》，乾隆十三年河道总督衙门重镌本，第 9—10 页。

❸ ［清］王先慎撰，钟哲点校：《韩非子集解》，中华书局 1998 年，第 160 页。

❹ ［元］脱脱等：《宋史》卷九十一《河渠志一》，中华书局 2013 年，第 2265 页。

之"塌岸";水浪漩急,堤岸损坏,谓之"沧捲";河弯处受水顶冲,回溜逆水上壅,谓之"上展";顺直河岸受水顶冲,顺流下注,谓之"下展";河水骤落,被河心滩所阻,行成斜河,横射堤岸,谓之"径窜";大水之后,主溜外移,原河槽变为沙滩,谓之"拽白",也叫作"明滩"。水流湍急,波浪又大,行舟危险,谓之"薦浪水"。根据不同的水情和不同的河势,分析判断其产生的不同结果,在防洪抢险中能够充分掌握水情、河势的不同特征,以便做好相应的防洪抢救准备工作。

清代,古人治水对江河堤防溃口的原因有比较科学认识和总结,靳辅云:"窃惟修防河堤,有堤漫溢之患,有风浪击堤之患,有鼠獾穴隙渗水之患,有堤被浸久忽然坐陷之患,有大溜奔注、塌岸坍堤、顶冲扫湾、上提下坐、迁变非常、危险莫测之患。凡此者虽为害有重轻之不同,而皆足溃堤成决,阻运殃民。是以修防必期缜密,而不宜稍有疏忽也。"❶ 这里详细地分析江河堤防溃口的复杂因素,反映了古人对防洪抢险的科学认识和经验总结。

清代《安澜纪要·堵漏子说》详细记载了防洪抢险堵漏的具体方法:堵漏分为外堵、内堵等诸方法。凡是一般漏水,首先要掌握"堤身是淤土是沙,离河远近,有无顺堤河形"等实际情况。其次是测量河堤根的水深。其三是若发现堤外水面上有漩涡,即是发生进水漏洞,应立即下水探摸清楚。若发现漏洞为圆方形,可以马上用大铁锅扣住,"四面浇土,即可断流"。若发现洞穴为斜长形,"一锅不能扣住者,应用棉袄等物,细细填塞,或用布袋装土一半,两人抬下",随漏洞形状进行加料堵塞,仍然用土"四面浇筑,亦可堵住"。这种抢险堵漏方法称为外堵法。其四是若发现"临河不见进水形象,无从下手,只得于里坡抢筑月埝。先以底宽一丈为度,两头进土,中留一沟出水,俟月埝周身高出外滩水面二尺,然后赶紧抢堵",夯打坚实,俟里外水位相平时,即不进水。这种抢险堵漏方法称为内堵法。其五是若江河堤顶宽阔,可以在发现漏水堤段的中心处挖出一条沟,沟的坡度要大一些,发现漏水点即用棉袄等物进行堵塞,则可以堵漏断流。❷ 防洪抢险堵漏工程贵在神速,人力、材料、资金必须一一备齐,方可一气呵成,化险为夷,乡村平安。

---

❶ 〔清〕靳辅:《请添河员疏》,《靳文襄公奏疏》卷四,北京:中国水科院馆藏线装善本,康熙年间刊本,第52页。

❷ 〔清〕徐瑞:《安调纪要》卷上《堵漏子说》,《中国水利志丛刊》(第20册),扬州广陵书社2005年,第130-131页。

2. 抛砖石护堤

在洪水汛期根据险情需要在迎溜顶冲的河堤段抛下大量的砖石，保护河堤基底，这是防洪抢险中常见的工程技术。因此，在汛期之前就应当视险情地段提前准备好大量的砖石，以便救危应急，保护堤防安全。

据《清史稿·河渠志》记载：道光十五年（1835 年），栗毓美任东河总督，"时原武汛串沟受水宽三百余丈，行四十余里，至阳武汛沟尾复入大河，又合沁河及武陟、荥泽诸滩水毕注堤下。两汛素无工，故无稽料，堤南北皆水，不能取土筑堤。毓美试用抛砖法，于受冲处抛砖成坝。六十余坝甫成，风雨大至，支河首尾决，而坝如故。屡试皆效。遂请减秸石银兼备砖价，令沿河民设窑烧砖，每方石可购二方砖。行之数年，省帑百三十余万，而工益坚。"❶ 栗毓美为堵塞原武至阳武的串沟，保护黄河大堤不被冲毁，尝试运用抛砖法，数年间工程费用减省 130 余万元，而且更加坚固。同书又载：道光十九年（1839 年），"毓美复以砖工得力省费为言，乃允于北岸之马营、荥原两堤，南岸之祥符下汛、陈留汛，各购砖五千方备用。"栗毓美以砖工得力省费为由，在黄河北岸马营、荥原两堤防、南岸祥符下汛、陈留汛四处各购买砖五千方，作为防洪抢险备急物资。

光绪十四年（1888 年），河道总督吴大澂详细奏请抛石护堤的功效。据《清史稿·河渠志》记载大澂上书奏请：

"筑堤无善策，镶埽非久计，要在建坝以挑溜，逼溜以攻沙。溜入中洪，河不著堤，则堤身自固，河患自轻。厅员中年久者，佥言咸丰初荥泽尚有砖石坝二十余道，堤外皆滩，河溜离堤甚远，就坝筑埽以防险，而堤根之埽工甚少。自旧坝失修，不数年废弃殆尽，河势愈逼愈近，埽数愈添愈多，厅员救过不遑，顾此失彼，每遇险工，辄成大患。河员以镶埽为能事，至大溜圈注不移，旋镶旋垫，几至束手。臣亲督道厅赶抛石垛，三四丈深之大溜，投石不过一二尺，溜即外移，始知水深溜激，惟抛石足以救急，其效十倍埽工，以石护溜，溜缓而埽稳。历朝河臣如潘季驯、靳辅、栗毓美，皆主建坝朱溜，良不诬也。现以数十年久废之要工，数十道应修之大坝，非一旦所能补筑竣工。惟有于郑工款内核实撙节，省得一万，即多购一万之石垛，省得十万，即多做十万之坝工，虽系善后事宜，趁此乾河修筑，人力易施，否则郑工合龙后，明年春夏出险，必至措手不及。虽不敢谓一治而病即愈，特愈于不治而病日增。果能对症发药，一年而小效，三五年后必有大效。"大澂又言："向来修筑坝垛，皆用条砖碎石，

---

❶ 赵尔巽：《清史稿·河渠志一》，周魁一等《二十五史河渠志注释》，中国书店 1990 年，第 526 页。

每遇大汛急溜，坝根淘刷日深，不但砖易冲散，重大石块亦即随流坍塌。闻西洋有塞门德土，拌沙黏合，不患水侵。趁此引河未放，各处须筑挑坝，正在河身乾涸之时，拟于砖面石缝，试用塞门德土涂灌，敛散为整，可使坝基做成一片，足以抵当河溜，用石少而工必坚，似亦一劳永逸之法。"❶

这种抛石救急是防洪抢险护堤的有效办法之一。在险情堤段事前准备大量石块，一旦发生溜势刷岸溃涌现象，立即抛掷大量的石块，稳定江河堤脚，保护江河堤基，通过挑溜外移水势达到护堤的作用。至今防洪抢险工程仍然沿用此方法，但是，除了准备大量的砖石以外，还准备沙袋、卵石、钢架、救生衣等防洪抢险应急物资。

3. 放淤固堤

放淤固堤，是在容易发生险情的堤段内侧放入泥沙以达到加宽堤体、巩固堤防的工程措施，在汛期是防洪抢险过程中以备非常的重要手段。有专家认为，放淤固堤办法是先在大堤背河作越堤，夯打坚实，或加帮戗堤，然后在堤外滩面上挑挖倒沟（图2-3）。如果"遇大水溢涌，缕堤著重时，开倒沟放水入越堤，灌满堤内，回流漾出，丁溜开行，塘内渐次填淤平满"❷。经过一两个汛期，即能将越堤内低洼地区完全淤平。由此，不仅加宽了堤身，还可降低临背悬差，减轻大堤水压力，巩固了险工段堤防，同时又有效地利用了水沙资源。❸ 在险工堤段出现堤防内外河水高差悬殊、险情异常严重时，常用这种工程措施化险为夷。

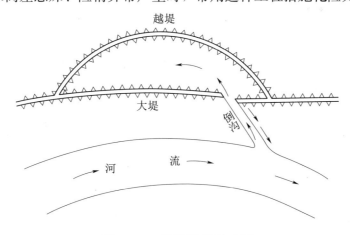

图2-3　放淤固堤示意图

❶　赵尔巽：《清史稿·河渠志一》，周魁一等《二十五史河渠志注释》，中国书店1990年，第548页。

❷　［清］康基田：《河渠纪闻》卷十八，雍正三年，中国水利工程学会1936年，第28页。

❸　关于防洪抢险工程及图内容，参见郭涛：《中国古代水利科学技术史》，中国建筑工业出版社2013年，第104页。

4. 沉船堵口

1998 年夏秋之交，江西先后两次发生强降雨过程，加上长江中上游大洪水的影响，全省江湖水位全面超历史。长江九江段和鄱阳湖水位维持在警戒线以上达两个多月之久，超历史最高洪水位达一个多月，堤防浸泡时间超长，严重威胁堤防安全。长江流域特大洪水来势之猛、水位之高、范围之广、时间之长，均为历史所罕见。九江站出现了历史最高水位 23.03m（吴淞高程，下同），8 月 7 日 13 时 10 分，九江市长江城防堤 4～5 号通道闸堤段出现重大险情，从基础渗漏发展到堤身塌陷导致决口，决口最大宽度达 61m，最大水头差 3.4m，洪水以近 400m³/s 的流量直冲市郊，外部洪水涌入，加上严重内涝的夹击，造成九江市区及部分县城进水，数十万群众被洪水围困。长江城防堤决口发生后，在党中央、国务院的亲切关怀下，果断实施沉船堵口，先后沉船 10 艘，2.4 万军民经过五天五夜的搏斗，终于在 8 月 12 日下午 6 时 30 分堵口成功，创造了抗洪史上堵住长江决口的奇迹。

在实施沉船堵口方案中，做好了充分的物资准备工作，包括船舶 10 艘（图 2-4），其中甲 21025 船为主堵口船舶，其余 9 艘大小船只为辅助堵口船舶，还有甲 21025 船铁锚、救生衣、切割刀、太平斧、保险绳以及沉船用砂石等重要物资（图 2-5）❶。

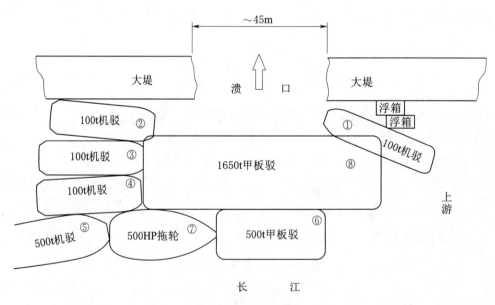

图 2-4　九江溃口沉船方案示意图

---

❶　图片来源于九江市九八抗洪精神纪念馆。

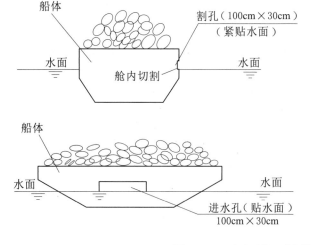

所需人员及设备

1. 冲锋舟　　　　　　　　2条
2. 氧-乙炔切割设备　　　　2套
3. 大锤　　　　　　　　　2把
4. 切割人员　（具体操作人员定）
5. 辅助人员　　　　　　　10人
6. 救生衣　　　　　　　　30套

切割步骤：

1. 先打开所有舱口盖
2. 切割人员进舱内割开所有水密舱
3. 如图紧贴水面切割，再用大锤敲开孔洞
4. 辅助人员压重使船倾斜，使割开的孔进水后迅速上小船离开
5. 沉船在有沉船经验人员指导下实施，所有作业人员均穿救生衣

图 2-5　九江溃口沉船操作示意图

二、灌溉工程

灌溉工程起源久远，因山形地势、气候条件、水资源分布和耕作方式不同而使灌溉工程的规模、类型和功能各具特点，主要经历以下几个发展阶段。

（一）灌溉工程发展历程

因农耕方式和生产技术的进步，灌溉工程随之进化，由于受到自然、社会、技术、人力等多重因素的制约，历史上灌溉工程发展经历了一个持续漫长的进程[1]。

1. 沟洫灌溉阶段

沟洫灌溉阶段，主要在西周与春秋时期，从文献记载来看，夏商时期灌溉方式无史可稽，《周礼》《孟子》等古籍记载了西周时期实行井田制，修建沟洫灌溉工程，实质是适应北方平原地区井田制耕作模式的灌排工程。南方地区仍然是山泉、河流的自流灌溉方式，如高山梯田和山谷农田的自流灌溉，充分利用自然降雨和地面自然径流进行自流式灌溉。

2. 引水灌溉工程发展阶段

引水工程阶段，主要是战国、秦汉时期，是引水灌溉工程发展的第一个高峰阶段。春秋以降，王室式微，冶铁技术的进步和铁农具的推广，井田制开始瓦解；同时，诸侯各国为争霸天下，竭力大规模开垦耕地，发展农业生产；原有沟洫灌溉工程已经不适应时代发展需要，代之而起的是大规模的引

---

[1]　关于古代灌溉工程发展时期划分内容，参见郭涛：《中国古代水利科学技术史》，中国建筑工业出版社 2013 年，第 109-110 页。

水灌溉工程的兴起。

早在楚庄王九年（公元前605年），孙叔敖主持兴建了我国最早的大型引水灌溉工程——期思雩娄灌区。《淮南子·人间训》记载："孙叔敖决期思之水，而灌雩娄之野，庄王知其可以为令尹也。"孙叔敖在史河东岸凿开石嘴头，引水向北，称为清河；又在史河下游东岸开渠，向东引水，称为堪河。利用这两条引水河渠，灌溉史河、泉河之间广阔的肥沃土地，改善了当地的农业生产条件，提高了粮食产量，满足了楚庄王开拓疆土的争霸欲望。于是，任命孙叔敖为楚国令尹。孙叔敖继续兴修水利工程，楚庄王十七年（公元前597年），主持兴办国内最早的蓄水灌溉工程——芍陂。史载："（庐江）郡界有楚相孙叔敖所起芍陂稻田。"注曰："陂在今寿州安丰县东。陂径百里，灌田万顷。"❶ 芍陂因水流经过芍亭而得名，在安丰县（今安徽省寿县）境内，灌溉农田万顷，百姓丰收。

后来，诸侯国出现兴修灌溉工程的热潮。公元前453年，晋国的智、赵、魏、韩四家大臣相互争战，智伯联合韩、魏攻赵国，在晋水上临时建堰坝拦蓄水灌晋阳城，后来成为有坝取水灌溉工程，这就是智伯渠，即今山西晋祠泉水灌区。

引漳十二渠又称西门渠，约公元前446—前397年间为西门豹、史起所修建。《史记·滑稽列传》记载："西门豹即发民凿十二渠，引河水灌民田，田皆溉。"❷ 魏襄王时邺令史起所建，这是在西门豹修渠之后100年。据《汉书·沟洫志》记载："史起进曰：'漳水在其旁，西门豹不知用，是不智也。知而不兴，是不仁也。仁智豹未之尽，何足法也！'于是以史起为邺令，遂引漳水溉邺，以富魏之河内。民歌之曰：'邺有贤令兮为史公，决漳水兮灌邺旁，终古舄卤兮生稻粱。'"❸ 经考证，引漳十二渠先是西门豹修建，史起又扩建，增加灌溉面积。西门豹时修建"磴流十二，同源异口"；所谓"磴"是高程不同的阶梯。在漳河上筑起12道拦水坝，即"磴流十二"；各个拦水坝都修建一条引水渠，即"同源异口"。东汉末年，曹操以邺为屯田生产，重新整修此灌溉工程，十二堰从此改名天井堰。

战国时期兴修的四川岷江都江堰、陕西泾河郑国渠以及西汉时期兴修的关中白公渠、六辅渠、龙首渠以及黄河河套地区引黄灌溉等大型引水灌溉工程，都是中国古代劳动人民创造的一项项伟大灌溉工程。通过兴修这些规模

---

❶ ［宋］范晔：《后汉书》卷七十六《循吏列传·王景传》，中华书局1965年，第2466页。

❷ ［汉］司马迁撰：《史记》卷一百二十六《滑稽列传》，中华书局1982年，第3213页。

❸ ［汉］班固：《汉书》卷二十九《沟洫志》，中华书局1962年，第1677页。

较大的引水灌溉工程，在很大程度上改变以往完全依赖自然降雨灌溉的局面，反映了战国秦汉时期水利科学技术进一步提高，为农业生产创造了良好的灌溉条件。

3. 蓄水工程修建阶段

蓄水工程修建阶段，主要是魏晋南北朝至隋唐时期，以陂塘为主的蓄水工程进入一个高峰阶段。先后修筑了汝南陂塘、淮河流域陂塘以及江南的鉴湖、陈公塘、练湖、东钱湖等一大批水库蓄水灌溉工程。蓄水灌溉工程，与引水灌溉工程相比，具有库容量，需要设置闸门调控水量。考虑水库蓄水工程的安全，需要修建溢洪道、溢洪闸等设施。水库蓄水工程的修建是古人对自然径流进行蓄泄调控的科学认识，反映出古人对水资源认识和开发利用能力的提高。

4. 南方水利发展阶段

南方水利发展阶段，主要是唐宋时期，随着北方人口南迁和经济重心的南移，南方农田灌溉水利工程进入大发展阶段。江南太湖的开发，唐宋时期大规模修建塘、浦、圩田工程，使这一地区很快成为全国的经济重心。鄱阳湖、洞庭湖周边区域圩堤工程，始建于唐宋，特别是南宋。南宋偏安杭州，促进江南经济的发展，推动湖区水利大发展。北方长期的社会大动乱和连年战争，使大量的人口向南方迁徙，带来了先进的水利科学技术，为南方湖区水利的发展创造了基本条件。

5. 边远山区水利发展阶段

边远山区水利发展阶段，主要是明清时期，是边疆、偏远山区灌溉工程的大发展阶段。明清时期，农田灌溉工程技术已经相对成熟，门类基本齐全。北方灌溉工程已经遍及各地，南方河湖区域水利工程已经相对完善，随着人口的增长及其向边远山区的迁徙，带动了边疆、偏远山区土地开垦，加速了边疆、偏远山区灌溉工程的兴修。这一时期出现了云南的滇池和红河哈尼梯田灌溉工程、广西龙胜梯田灌溉工程、新疆吐鲁番坎儿井灌溉工程、珠江三角洲基围工程、湖南怀化紫鹊界梯田灌溉工程、江西崇义上堡梯田灌溉工程等大规模的农田水利工程。因此，这一时期边疆、偏远山区农田水利已经有相对完善的灌溉工程系统。

总之，灌溉工程的发展经过了一个由低级到高级、由比较简易到相对完善、由北方到南方及边远山区的全方位发展历程，并反映出每一个阶段的主要特点，沉积了丰厚的灌溉工程文化。

(二) 灌溉工程的构成与类型

由于全国各地地质地貌、水资源禀赋、气候条件以及不同民族生产生活等因素的影响，各地劳动人民兴修的灌溉工程各具特色，形成了历史上灌溉工程的不同类型。

1. 历史上灌溉工程的基本组成

历史上灌溉工程主要由三大部分组成，即取水工程、分水工程和输水工程[1]。

取水工程，是灌溉工程中最重要的部分，分为无坝取水、有坝取水和地下取水三种类型。历史上无坝取水工程虽然没有拦水坝等挡水建筑，但是有取水的辅助建筑，如分水堰、顺水坝、湃水堤等，此类工程比较多，战国时期都江堰、郑国渠和西汉时期成国渠、龙首渠、六辅渠、内蒙古河套地区引黄灌溉工程都是无坝取水的典型案例。有坝取水工程出现于战国时期，与无坝取水相比，通过筑坝保障取水稳定；春秋时期引漳十二渠就是修筑十二级低坝挡水取水，曹魏时期戾陵堰、梁天监时期通济堰、唐代它山堰和广济堰等都是有坝取水。地下取水是古人较早开始利用地下水资源，分为凿井取水和引用泉水两种灌溉方式，达到佐助河渠之所不及、沟洫之所难施的目的，尽显水利功能。

分水工程，分为鱼嘴（铧嘴）分水、平梁分水、天平分水、闸门分水、临时堰坝分水等多种类型。鱼嘴分水是都江堰渠首工程的关键部分，将岷江水一分为二。平梁分水是在渠道进水口建筑的堰坝，在河岸两侧的渠道进水口约同一断面上，建设两道同一高程矮堰即"平梁"，两道平梁后都连接相同底坡的渠首段。平梁越长，分流越多，与平梁的长度成正比。平梁宽度按各堰灌溉亩数来确定。天平分水是灵渠渠首的关键工程，河水经铧嘴第一次分流后，再经天平坝第二次分流，大天平泄流量大，分流量多；小天平泄流量小，分流量少；洪水期三成进南陡，枯水期七成走南陡。在一些小型灌区中往往利用导流堤分引水流，或者设置溢流闸控制分流，或者设置草土坝、竹笼堤、木石坝等临时性分水工程拦引河水，导入灌溉渠道。

输水工程，主要分为渠道、渡槽（飞渠、架槽）、涵管、虹吸（地龙）等渠系工程。渠道是输水工程最主要的建筑，古代渠道分为土渠、石渠、砖渠三种：土渠最为常见，至今山区仍常见；石渠分为浆砌石渠、干砌石渠、条石砌渠、竹笼卵石渠等；砖渠出现较晚，成本高，主要见于明清时期传统村

---

[1] 郭涛：《中国古代水利科学技术史》，中国建筑工业出版社 2013 年，第 111－129 页。

落周边既灌溉又排涝渠道。渡槽又称飞渠、架槽，出现较早并应用范围也不小，西汉时有长安"飞渠"，宋代有平堰渡槽，元代有北城渡槽、木渡槽等。涵管，古代称瓦窦、涵洞，是渠道、塘堰、江河堤岸常用的涵管或涵洞输水建筑，用于灌溉、排水、防洪等。虹吸，古代称渴乌，是东汉毕岚发明的一种输水建筑，可以"隔山取水"，四川郫都区徐堰河支渠的木制倒虹管是清代修建用于穿越府河处输水，合江县锁口乡石砌倒虹管是清代修建用于从河里引水，翻越山岗灌溉农田。虹吸工程的产生，充分说明古人对真空负压的认识和利用。

2. 历史上灌溉工程的主要类型

历史上灌溉工程由于受到各种自然条件和民族生产方式差异的影响而形成了不同的类型灌溉工程。代表性灌溉工程主要如下[1]：

（1）清水自流灌溉工程。这种灌溉类型主要分布在江南、西南地区，其中都江堰工程是一个典型代表。南方多山，山泉水系发达，河流含沙量相对较少，泥沙中矿物质多，有机质较少，无论是盆地还是山区梯田耕作都能引清泉水、河水实现自流灌溉。清水自流灌溉工程的特点：一是兴建陂坝取水工程，沿等定比降规划建设渠系，实现整个灌区自流灌溉。二是在山区梯田无需要修筑陂坝，只需要在山泉出水口、溪流出山口处修建引水渠道或输水管线，沿山地等高线修建渠系，实现整个灌区自流灌溉。

（2）浑水淤灌工程。这种灌溉类型主要分布在北方多沙河流地区，其中陕西郑国渠、河北引漳十二渠、河套灌区是典型代表。北方黄河、海河、淮河水系因含沙量高，泥沙颗粒细、含有机质多，对农作物很有好处，特别是通过泥沙淤灌可以改造盐碱地，故早在战国时期就有引浑水淤灌工程。这类灌溉工程的特点：既要引水又要输沙，为防止泥沙淤塞干支渠道，渠道底坡一般都较陡，排水问题比较突出。

（3）"长藤结瓜"工程。这种灌溉类型主要分布在汉水流域、淮河汝水一带低丘地区，其中鸿隙陂、六门是典型代表。这类灌溉工程的特点：利用陂渠串联，形成"长藤结瓜"式的蓄水水库群。这些水系连通的水库群既可以有效地利用库容蓄泄调节，而且可以涵养水库周边生态，是一种比较有特色的类型。

（4）塘浦圩田工程。这种灌溉类型主要分布在南方湖区，其中以太湖、

---

[1]　关于灌溉工程构成与类型内容，参见郭涛：《中国古代水利科学技术史》，中国建筑工业出版社2013年，第111-112页。

鄱阳湖、洞庭湖地区的灌溉工程为典型代表。这类灌溉工程的特点：以湖域为中心，周边灌区完全实现渠网化，但是排涝较为困难。

（5）拒咸蓄淡工程。这类灌溉工程主要分布在东南沿海地区，其中它山堰、木兰陂是典型代表。这类工程的特点：既要拦蓄淡水，又要防御海潮倒灌，因而建有闸坝拦潮蓄水。

（6）坎儿井工程。这类灌溉工程主要在新疆吐鲁番盆地，是内陆沙漠地区的典型灌溉形式。这是劳动人民在干旱地区创造的一种地下灌溉水利工程，其特点是通过利用山体的自然坡度，将渗入地下的雨水、冰雪融水引出地表实现井水自流灌溉，满足干旱地区人们生产生活用水需求。

（7）井泉灌溉工程。这类工程主要分布在北方平原干旱缺水的山区，地面径流虽较少，但山泉、地下水比较丰富。这类工程的特点：工程规模较小，水流量也少。

（三）著名的灌溉工程

1. 都江堰

都江堰位于四川省成都市都江堰市城西，坐落在成都平原西部的岷江上，始建于秦昭王末年（约公元前256—前251年），是蜀郡太守李冰父子在前人鳖灵开凿的基础上组织修建的大型水利工程，充分利用岷江出山口处特殊的地形、水脉、水势，乘势利导，实现无坝引水且自流灌溉，发挥着防洪、灌溉、航运、社会供水、生态涵养等综合效益，是全世界迄今为止年代久远、仍在使用、以无坝引水和自流灌溉为特征的宏大水利工程，是凝聚着中国古代劳动人民的勤劳、勇敢和智慧的结晶。

（1）建堰原因。岷江有大小支流90余条，主要水源来自山势险峻的右岸，在雨季，岷江之水涨落迅猛，水势湍急。成都平原，在古代是一个水旱灾害十分严重的地方。"江河横溢，人或为鱼鳖"，就是岷江水患的真实写照。西汉司马迁《史记·河渠书》记载："于蜀，蜀守冰凿离碓，辟沫水之害，穿二江成都之中。此渠皆可行舟，有余则用溉，百姓飨其利。至于它，往往引其水，用溉田，沟渠甚多，然莫足数也。"❶ 后世的班固《汉书·沟洫志》、应劭《风俗通义》、常璩《华阳国志》等古籍文献中都有记述。

为了治理洪水，变水患为水利，秦国蜀郡太守李冰和他的儿子，吸取前人的治水经验，率领当地人民，历时八年修建了都江堰。

（2）都江堰主体工程。都江堰主体工程包括宝瓶口进水口、鱼嘴分水堰

---

❶　［汉］司马迁撰：《史记》卷二十九《河渠书》，中华书局1982年，第1677页。

和飞沙堰溢洪道。

1) 宝瓶口进水口。李冰父子根据山形地势和水情，凿穿玉垒山来引水。由于当时未发明火药，李冰便以火烧石，然后浇泼冷水，使岩石爆裂，终于在玉垒山凿出了一个宽 20m、高 40m、长 80m 的山口，作为引水渠首。因其形状酷似瓶口，故取名"宝瓶口"，把开凿玉垒山分离的石堆称为"离碓"。这既是治理岷江水患的关键环节，又是修建都江堰工程的第一步。

2) 鱼嘴分水堰。宝瓶口引水工程完成后，但是因江东地势较高，江水难以流入宝瓶口，为了使岷江水能够顺利东流且保持一定的流量，李冰在岷江中修筑分水堰，将江水分为两支：一支顺江而下，在西边称为外江；另一支在东边称为内江，被迫流入宝瓶口。由于这个分水堰前端的形状好像一条鱼的头部，所以被称为"鱼嘴"。

通过鱼嘴分水堰将江水一分为二，当枯水季节水位较低，则 60% 的江水流入内江；当洪水来临，60% 以上江水从外江排走，这种自动分配内外江水量的设计就是所谓的"四六分水"。

3) 飞沙堰溢洪道。为进一步控制流入宝瓶口的水量，起到分洪和减灾的作用，李冰又在鱼嘴分水堰的尾部，靠着宝瓶口的地方，修建了分洪用的平梁分水槽和"飞沙堰"溢洪道，以保证内江无灾害，溢洪道前修有弯道，江水形成环流，江水超过堰顶时洪水中夹带的泥石便流入到外江，这样便不会淤塞内江和宝瓶口水道，因此取名为"飞沙堰"。

根据专家研究，都江堰创建之初，可能只有分水鱼嘴和宝瓶口两个工程，还没有重要的溢洪工程——飞沙堰，因而当时未形成一个完善的水利系统。

常璩《华阳国志·蜀志》记载："庐江文翁为蜀守，穿湔江口，溉灌郫繁田千七百顷。"西汉文帝时期，蜀守文翁穿凿湔江口，使都江堰工程的灌溉面积扩大了一千七百顷。东汉时，官府设置都水掾直接参与都江堰工程的管理，保障都江堰灌区的稳定发展。三国时期，蜀国在都江堰置堰官，派军队驻守，保障都江堰的运行管理。西晋时，蜀郡设置蜀渠都水行事、蜀渠平水、水部都督等，专门负责都江堰灌溉工程。唐代时，官府加强对都江堰工程管理。据《元和郡县志》卷三十一《剑南道上》记载："楗尾堰，在县西南二十五里。李冰作之，以防江决。破竹为笼，圆径三尺，长十丈，以石实中，累而壅水。"《新唐书·地理志》注导江"有侍郎堰，其东百丈堰，引江水以溉彭、益田，龙朔中筑。又有小堰，长安初筑。"[1] 这说明唐代都江堰渠首工程增设

---

❶ ［宋］欧阳修、宋祁撰：《新唐书》卷四十二《地理志六》，中华书局 2013 年，第 1080 页。

樏尾堰（相当于鱼嘴）、侍郎堰、百丈堰，使都江堰灌溉功能进一步增强，灌区管理组织体系和管理制度更加完善。

两宋时期，为扩大灌溉面积，加固和扩展都江堰主体工程，包括象鼻、离碓、侍郎堰、支水和摄水等工程，其中"象鼻"是具有分水引水功能的鱼嘴，"离碓"即进水的宝瓶口，"侍郎堰"相当于泄洪和排沙的飞沙堰，"支水"和"摄水"等辅助设施相当于导流堤、拦河低堰等。至此，拥有分水、导流、引水和溢洪排沙综合功能的工程体系的形成，标志着都江堰水利工程已经进入了成熟期。都江堰内江灌区分出 4 条干渠，灌溉着成都府，蜀、彭、绵、汉、邛 5 州，灌溉面积超过 200 万亩。此后，由于社会动乱和战争破坏，导致都江堰连年失修而废弃，除宝瓶口之外，都江堰其他工程设施受到破坏而几乎荡然无存。直至清代乾隆、嘉庆时期，官府组织多次兴修都江堰，采用砌石来取代竹笼以筑堤堰，稳固都江堰的主体工程。

（3）修建都江堰的重要意义。都江堰的创建，开创了中国古代水利史上的新纪元。都江堰是一个具有防洪、灌溉、航运、生态涵养和水利旅游等功能于一体的综合水利工程体系。2000 多年来一直发挥着水利综合效益的作用，使成都平原成为水旱从人、沃野千里的"天府之国"，至今灌区面积近千万亩，涉及 30 余县市，影响极其深广。

2000 年 11 月，青城山—都江堰被联合国教科文组织遗产委员会列入《世界遗产名录》。2018 年，都江堰水利工程成功申报"世界灌溉工程遗产"，继拥有世界自然、文化双遗产之后，都江堰市一跃成为全球为数不多的三大世界遗产集中的城市。

2. 郑国渠

郑国渠位于陕西省泾阳县西北 25km 的泾河北岸，属于关中建设最早的大型水利工程，是战国时期劳动人民修建的一项伟大工程。

郑国渠在战国末年由秦国穿凿，建于秦王政元年（即公元前 246 年），由韩国水工郑国主持兴建，从西引泾水，向东注入洛水，长达 300 余里。

战国末期之所以要修建这一工程，主要原因如下：

一是政治军事的需要。战国末期，在秦、齐、楚、燕、赵、魏、韩七国中，秦国国力最强，展现统一全国的意志，在统一六国过程中首当其冲的是韩国，然而韩国国力、军事孱弱到不堪一击的地步，随时都有可能被秦国吞并。公元前 246 年，韩桓王在走投无路的情况下，采取了一个非常拙劣的所谓"疲秦之计"：即他派遣著名的水工郑国作为间谍入秦，游说秦国在泾水和洛水间，修建一座大型农田水利灌溉工程。表面上说是修建大型灌溉工程可以助推秦国农业发展，真实目的是借此大型水利工程来耗竭秦国国力。这一年恰是秦王嬴政元年，刚继位，时年 13 岁。少年天子秦王嬴政不仅采纳水工郑国的建议，而且征调大量的人力和物力，任命郑国主持兴建这一伟大的水利工程。后来韩国"疲秦之计"的阴谋败露，秦始皇大怒，欲杀郑国。郑国说：韩王起初是以臣为间谍，然而这座水渠修成更是秦国之利。臣不过为韩国延缓数年的寿命，却为秦国建立了万世之功。年少的秦王嬴政很有远见卓识，仍然重用郑国修建水渠，经过十多年的努力，这个工程浩大的农田水利灌渠终于竣工，史称郑国渠。

二是农业经济发展需要。战国时，关中是秦国的基地，为了增强自己的经济力量，需要发展关中的农田水利，提高秦国的粮食产量和军事后勤保障实力。

三是关中自然条件的因素。关中土地广袤，却干旱少雨，极其缺乏水源，需要引水灌溉。

郑国渠工程，沿途拦截沿山溪水河流，将治水、清水、浊水、石川水等纳入渠中，增加灌渠水，从而在关中平原北部泾、洛、渭之间构成完整的一个农田水利灌溉系统，使干旱、缺雨的关中平原得到充足的水源灌溉。

郑国渠修成后，灌溉泽卤之地四万余顷（约今 110 万亩），皆亩产一钟（约今 100 公斤），从此，关中沃野千里，农业丰收，这为秦国实施统一六国的战略准备了经济基础。

为保护郑国渠遗址，强调对郑国渠遗址的勘察和考证，2007 年 10 月 30 日，将郑国渠渠首等遗址列入全国重点文物保护单位。

2016 年 11 月 8 日，在泰国清迈召开的第二届世界灌溉论坛暨 67 届国际执行理事会，将郑国渠列入世界灌溉工程遗产名录，成为陕西省第一处世界灌溉工程遗产。

三、水工建筑

历史上水工建筑，是当时水利科学技术发展水平的集中体现，是水利建设成就的重要标志。人类在长期的治水实践中，创造了门类齐全，结构多样，功能各异，配套完善的堤、坝、闸、渠、涵、库等水工建筑。中国是历史悠久的传统农耕社会，水工建筑起源较早，经历了一个漫长的发展过程，类型多种多样，独具特色。

（一）历史上水工建筑的发展阶段

历史上，只要有水利建设，就有水工建筑。从水利科学技术进步角度看，水工建筑经历了初创期、发展期、成熟期、停滞期四个阶段。[1]

1. 初创期

水利工程起源于古代人类与洪水作斗争，大禹"陂九泽"，陂、坝、堤等水工建筑因时而建。随着农业生产发展，耕作方式改进，农田水利灌溉工程建筑也逐渐兴起。水工建筑初创期主要是夏、商、西周及春秋时期，主要特点是江河堤防工程、灌溉渠道工程的兴建，并具有一定规模。但是，这一时期对水工建筑记述的文献很少，仅有一些经验的记载，除井田沟洫以外几乎没有具体的水工建筑描述。

2. 发展期

战国至魏晋南北朝时期是水工建筑蓬勃出现，不断发展与创新的时期。这一时期，中国社会经历了大动荡—大统一—大动荡曲折过程，社会经济大发展，社会制度大变革，各民族大融合。春秋战国，诸侯争霸，兼并战争不断，生产力的发展，推动了水利建设的兴起和水利科学技术的局部传播。秦汉大统一时间，强有力的中央集权推动了全国各地水利建设，形成了历史上第一次水利建设高潮，水工建筑如雨后春笋快速发展。魏晋南北朝北方社会长期处于大动荡中，北方人口南迁，带动北方水利科学技术进一步南传，促进江南地区的开发和南方水利建设，创造出具有江南地方特色的水工建筑。这一时期水利建设实践成果多，主要有芍陂、智伯渠、引漳十二渠、都江堰、郑国渠、灵渠、鸿隙陂、浮山堰、鉴湖、黄河大堤、江浙海塘等，这些典型的水工建筑，为历代史家给予高度评价。

3. 成熟期

隋唐至明代时期，是水利建设深化发展和水利科学技术进一步提高的阶段，是历史上水工建筑趋于成熟定型的时期。两宋时期，经济重心完全南移，南方湖区水利、东南沿海水利和西南边疆水利建设进一步发展，至明代末年，除西藏、青海外，全国各省几无水利建设开发区。随着水利工程建设深化发展和水利科技进一步提高，各类水工建筑普及推广和应用，促进江南及边远地区农耕经济发展。它山堰、通济堰、埽工建筑、隋唐大运河、清汴工程、船闸、滚水坝、减水闸等水工建筑是这一时期的典型代表。这一时期水工建筑的主要特点是水工建筑门类已发展齐全，呈现多样化趋势；水工技术更加完善；各类水工建筑物施工技术形成一定规范和标准；水工建筑物的管理制

---

[1]　关于水工建筑发展阶段内容，参见郭涛：《中国古代水利科学技术史》，中国建筑工业出版社2013年，第56-57页。

度和法规比较完善。

4. 停滞期

至明代，除边远地区以外，水利建设已经遍及各地，大型水利建设及水工建筑已经基本定格。清代水利建设处于迟滞阶段，虽然康乾时期，部分治河工程、边疆地区（新疆）水利建设取得不少成就，但是整体上全国水利建设和水利科学技术处于一个徘徊时期，不再有秦汉时期如火如荼的大型水利工程建设景象，不再有隋唐大运河兴修和水利技术快速发展场景，不再有两宋时期江南湖区水利兴盛景象，在水工建筑方面无论从内容到形式与前代相比，没有根本性变化，技术上没有什么重大突破和根本性改进。然而，在水工建筑的管理制度方面有所加强，仅是补充完善而已。总之，这一时期水工建筑没有质的发展，量的增长也有限，呈现出整体停滞状态。特别是在近代西方水利科学技术的冲击下，中国传统水工建筑已经面临着一场深刻的变革。

（二）历史上水工建筑的分类与特点

（1）历史上，根据不同功能与作用，水工建筑可以分成以下六大种类。

1）挡水建筑：主要有堤、坝、堰、堞等水工建筑。

2）溢流建筑：主要有溢流堰、滚水坝、减水闸、石砝、堨等水工建筑。

3）输水建筑：主要有渠道、涵管、隧洞、渡槽、倒虹吸等水工建筑。

4）蓄水建筑：主要有陂、塘、库、池、澳等水工建筑。

5）控水建筑：有水闸、斗门等水工建筑。

6）河工建筑：主要有埽工、河槽整治建筑、护岸工程建筑等。

（2）历史上，这些传统水工建筑形态不一，功能各异，表现出以下相同的基本特点。

1）起源较早。早在四千多年以前已经有相当规模的江河堤防工程。

2）门类齐全。传统的水工建筑物门类齐全，为现代水利建筑门类所传承并沿袭使用。

3）形式多样。中国土地幅员辽阔，地质地貌、气象物候复杂，因此形成了各具特色的水工建筑物。即便是同一功能的水工建筑，也因地区不同、使用材料不同而特点各异。

4）规模宏大。春秋时期修筑的芍陂堤坝就长达百余里，秦汉时期修筑的黄河大堤长千余里，南朝时期修筑的浮山堰横断淮水，高二十丈，长达九里。

5）因地制宜，就地取材。传统水工建筑设计与施工务必因地制宜、就地取材，都江堰、郑国渠、灵渠、黄河埽工等水工建筑都是就地取材的典范。

6）重视桩基工程。由于古代水工建筑工程规模较大，对工程基础的桩基要求高。早在汉代桩基工程在堤、坝、堰水利工程中已经推广使用，这就是水工建筑使用寿命较长的重要原因。

7）管理制度完善。从唐代始，古代水工建筑运行管理制度越来越完善、健全，这是当时世界上其他国家无法比拟的。管理制度的完善且严格执行是关系水工建筑效益大小、寿命长短的重要因素。

（三）挡水建筑

挡水建筑是传统水工建筑中应用最广泛的建筑，是水利工程中最主要的骨干工程。挡水建筑类型多样，内容丰富。在现代水利工程中，又称为"堤""坝"。堤在防洪工程一节已经介绍，这里专门介绍"坝"。历史上"坝"的名称较多，又称"堰""埽""碣""遏""埭""石砝"等，用于拦水、蓄水、逼水流向、抬高水位、挑溜护岸等。

1. 挡水建筑的发展历程

挡水建筑起源甚早。在新石器时代（约 7000～5000 年前）河姆渡遗址出土中国最早的人工栽培稻，成为中国水稻的发源地之一，该遗址有人工栽培水稻就有挡水、围水、蓄水的建筑。春秋时期，楚国修筑了芍陂的草土坝，这是关于坝工的最早文献记载。战国时期，挡水建筑技术进步，出现堆石溢流坝，在山西晋水修建智伯渠拦河坝，在河北漳河修建引水十二级拦河坝。秦汉时期，水利建设进入历史上第一高潮阶段，挡水建筑的兴建随之达到高潮，出现滚水坝、挑水坝、竹笼装石坝和石坝等。这一时期比较典型的挡水建筑有广西兴安灵渠的天平坝、河南信阳鸿隙陂、南阳六门堰的堤坝、浙江绍兴鉴湖的堤坝以及黄河、长江大堤等建筑。魏晋以后，水利工程建设不断遍布全国主要水系的主要干支流，水工建筑随之不断普及各条水系的干支流。

中国的挡水建筑虽然出现较早，但"坝"的名称出现较晚。"坝"作为水工专用名词，最早出现在宋元时期编撰的水利文献《河防通议》中❶。

2. 挡水建筑的分类

（1）历史上，传统挡水建筑多种多样，名称各异。根据挡水建筑的功能划分，主要有：

1）防洪堤，主要建在江河湖畔以及部分城边。

---

❶ 《河防通议》是现存第一部全面记述黄河河工技术的专著，是宋、金、元三代间关于治理黄河的河工技术文献。北宋人沈立首著，为建炎二年（1128 年）周俊所著《河事集》中有转载。元赡思重订金代都水监编《河防通议》，分为 15 门。现存《河防通议》二卷本系元人沙克什于至治元年（1321 年）根据沈立本（即汴本）、周俊《河事集》及金代都水监本（即监本）经删削、考订整编而成，所以又称《重订河防通议》。

2）拦河坝，用在引水工程、蓄水工程和军事水攻中。

3）溢流坝，用在引水工程、蓄水工程和大江、大河、运河的堤岸一侧。

4）挑流坝，用于河道整治、保护堤岸。

（2）根据挡水建筑使用材料划分，主要有：

1）土坝，如鸿隙陂、浮山堰大坝等。

2）土石坝，如六门堰、陈公塘等的堤坝。

3）堆石坝，如引漳十二坝、福建莆田太平陂堤坝等。

4）砌石坝，如鉴湖、它山堰等堤坝。

5）草土坝，如芍陂以及运河的堰埭等。

6）木笼装石坝，如戾陵堰的拦河坝等。

7）木坝，如枋口堰等。

8）砖坝，如清代黄河大堤的堰坝等。

根据挡水建筑结构形式划分，多数属于重力坝型，也有少数工程是特殊坝型。例如浙江它山堰的拦河坝，可能是空腹坝；浙江丽水的通济堰，平面总体上呈拱形，局部呈反弧形；贵州安顺鲍屯的乡村溢流堰，有曲线形堰坝。❶

3. 挡水建筑的基本特点

古代挡水建筑的基本特点，主要如下：

（1）坝型多为重力坝，也有个别特殊坝型。这与古代缺乏先进的设计计算理论有关。

（2）断面设计注意坝体稳定性，土坝边坡设计较缓，石坝则较陡。

（3）建筑材料以就地取材为主。

（4）注重大坝安全，一般都有溢洪设施。

（5）基础工程注意地基承载能力。最迟在汉代建闸坝就开始有桩基，明清的基础处理与近代非常类似。❷

古代挡水建筑不计其数，各具特色，其比较有代表性的挡水建筑有安徽省浮山堰拦河坝、洪泽湖高家堰大堤等，都是传统坝工技术的典型代表，既是防洪的屏障，又是灌溉、航运、供水的重要工程。

---

❶　关于挡水建筑的内容，参见郭涛：《中国古代水利科学技术史》，中国建筑工业出版社 2013 年，第 58-60 页。

❷　关于挡水建筑的特点，参见郭涛：《中国古代水利科学技术史》，中国建筑工业出版社 2013 年，第 65 页。

（四）溢流建筑

溢流建筑属于挡水建筑中的一类，在类型、结构和功能上有着独特性。

1. 溢流建筑发展历程

溢流建筑起源较早，战国时期有堆石溢流坝的明确记载，公元前453年智伯在晋水上筑坝壅水灌晋阳城（今晋源镇一带），以后改建为灌溉工程。壅水坝，即坝顶溢流。公元前425年左右，魏国邺县县令西门豹修建引漳十二渠，在漳水上修筑十二道拦河低坝，都是坝顶溢流。

秦汉时期，为发展农业生产和保障漕运，大规模兴修水利工程，其中溢流建筑广泛应用，通过它抬高水位、拦蓄水量、改变水流方向，用于灌溉农田和通畅航运。比较典型的溢流建筑有：广西灵渠工程中的大小天平（公元前219年），河南泌阳马仁陂水库工程的溢洪道（公元前34年），浙江绍兴鉴湖水库工程中的溢洪闸（140年），江苏扬州陈公塘水库工程中的溢洪道（2世纪）等。

魏晋以后，这种溢流建筑更为普及推广，在大型蓄水工程、取水工程中都有较完善的溢流建筑设施。例如：北京永定河戾陵堰（250年）为木笼装石堆砌石坝，坝顶溢流；浙江宁波东钱湖（3世纪），建有七个溢流堰；淮河浮山堰，设有两个溢洪道；等等。

专门用来泄洪的溢流建筑，最迟起源于东汉。《后汉书·循吏列传》记载："时有荐（王）景能理水者，显宗诏与将作谒者王吴共修作浚仪渠。吴用景墕流法，水乃不复为害。"[1] 东汉时王景开创了"墕流法"，用于分泄黄河洪水，免除洪水灾害。所谓"墕流法"，即在堤岸一侧设置侧向溢流堰，专门用来分泄洪水，确保堤防安全。这类溢流建筑在唐宋时又称石碛，迄明代，在水利文献中又称为"滚水坝"，至今沿用"滚水坝"名称。

在古代溢流建筑的基础上，近现代溢流建筑的功能进一步增强，增设闸门控制流量，出现了闸门溢流坝。因此，当代溢流坝通常分为有闸门溢流坝和无闸门溢流坝两种，并在拦蓄水工程中普遍使用。

2. 溢流建筑的类型

历史上，溢流建筑根据建筑材料、功能作用、调控水量的不同而划分为不同的类型，主要如下：

（1）根据工程建筑材料划分，分为硬堰和软堰两类。硬堰、软堰的名称始见于宋代。硬堰，是指采用石料等修建的永久性溢流建筑，例如堆石坝、

---

[1] ［宋］范晔：《后汉书》卷七十六《循吏列传·王景传》，中华书局1965年，第2464页。

条石坝或者用糯米石灰汁浆砌石护面的溢流建筑等。软堰，是指采用竹木石或草土等软质材料修建的临时性或季节性溢流建筑等。

（2）根据工程功能作用划分，分为正向溢流堰和侧向溢流堰两类。正向溢流堰，既有泄洪溢水的功能，又有拦蓄河水、抬高水位的作用，应用十分广泛。侧向溢流堰，又称"湃缺""湃水堤"，是建设河道、堰坝或堤岸的一侧，专门用以分泄洪水，这在灌溉工程中应用最为广泛。这类溢流建筑出现在汉代，唐宋以后普遍推广。

（3）根据工程调控水量划分，分为无闸控制溢流和有闸控制溢流两类。

无闸控制溢流建筑，是指坝（或堰）顶在大水时自动泄流，直到水位低于溢流建筑顶部高程时，才又自动停止泄流。早期溢流建筑一般多属此类。

有闸控制溢流建筑，是指有闸门设施控制，何时溢流，宣泄多少，均可按人们意志掌握。明、清时期的减水闸即属此类。

灵渠的天平坝是我国早期溢流建筑的典型代表，大小天平坝是座人字形的溢流坝，在渠首分水枢纽中起到拦河挡水兼溢流的作用；而泄水天平是南渠第一个侧向溢流堰，设在渠岸的一侧，是专门泄洪的建筑。而明清时期滚水坝和减水闸应用十分广泛，在技术上已经十分成熟，最具有代表性。❶

（五）水闸建筑

水闸，古称"水门""牐""碶"，是指可以调节和控制水流量的水工建筑。水闸的出现，是古代水利工程技术发展的重要标志，它反映了古人不再采用简单的自然引水输水，而是通过水工设施来调节和控制水流量，这无疑是水利工程技术史上的重要一步。水闸在防洪工程、灌溉工程、航运工程、给排水工程等中应用十分广泛。

1. 水闸建筑历史沿革

关于水闸的起源，不得而知。但在西汉时期，《汉书》《后汉书》中有许多记载兴建"水门"的史实，说明汉人已经熟练掌握兴建水闸技术。《汉书·沟洫志》记载："今可从淇口以东为石堤，多张水门。……恐议者疑河大川难禁制，荥阳漕渠足以（下）〔卜〕之，其水门但用木与土耳，今据坚地作石堤，势必完安。冀州渠首尽当卬此水门。……今濒河堤吏卒郡数千人，伐买薪石之费岁数千万，足以通渠成水门；又民利其溉灌，相率治渠，虽劳不罢。"❷西汉贾让在治河三策中明确指出治理黄河工程中曾修建过土木水闸，

---

❶ 郭涛：《中国古代水利科学技术史》，中国建筑工业出版社 2013 年，第 65 - 66 页。

❷ ［汉］班固：《汉书》卷二十九《沟洫志》，中华书局 1962 年，第 1695 页。

并建议黄河两岸多设"水门",用来泄洪保堤并引水灌溉农田。《汉书·循吏传》记载南阳太守召信臣"好为民兴利""行视郡中水泉,开通沟渎,起水门提阏凡数十处,以广溉灌,岁岁增加,多至三万顷。民得其利,蓄积有余。信臣为民作均水约束,刻石立于田畔,以防分争。"❶ 这些记载充分说明西汉时期不仅掌握建闸技术,而且已经有大量的成功实践经验。1959 年 5 月,在安徽寿县安丰塘越水壩(芍陂旧址)发掘出一座汉代闸壩工程遗址,该闸壩工程为草土混合的散草法筑成。以蓄水为主的工程,兼顾泄水防洪。❷ 这实证说明西汉时期已经开始运用水闸调控水流量。

东汉时期,兴建水闸技术进一步提高和普及。据史书记载,鲍永之子鲍昱任汝南太守时,主持兴修陂池水利,"郡多陂池,岁岁决坏,年费常三千余万。昱乃上作方梁石洫,水常饶足,溉田倍多,人以殷富"。注:"洫,渠也。以石为之,犹今之水门也。"❸ 在水渠中采用方梁石材修建水门(即水闸),用于蓄水和泄洪。东汉时,汉明帝任用王景治理黄河、汴河,他详细考察地势现场后,开凿山阜,破除砥绩,直截沟涧,防遏冲要,疏通壅积河道,"十里立一水门,令更相洄注,无复溃漏之患"。❹ 通过十里兴建一道水闸,调控水量和分泄洪水,使河水不再洄旋冲刷堤岸,不再有堤防溃口、涌漏的水患。

唐宋时期,水闸技术日臻成熟,水闸建筑已经普及到一些大中型水利工程。郑白渠建有工作闸门 176 座。宋代,开始出现"水闸""牐"称呼,与"水门"同样常见于文献中。这一时代出现工作闸门和检修闸门的区别,是传统水闸设计与建造技术进步的重要标识。

明清时期,据文献记载:"可大筑碶蓄淡水,遂为膏腴。民称曰'张公碶'。"❺ 明代开始出现"碶"的称呼,其实就是水闸。水闸的结构、类型、设计和施工技术不断提升,已经达到成熟定型的阶段。

徐光启在《农政全书》中对水闸(图 2-6)有详细记述:"开闭水门也。间有地形高下,水路不均,则必跨据津要,高筑堤坝汇水,前立斗门,甃石为壁,叠水作障,以备启闭。如遇旱涸则撒水灌田,民赖其利。又得通济舟楫,转激碾硙,实水利之总揆也。"❻ 由于水闸用材以木材为主,比石材更便

---

❶ 班固:《汉书》卷八十九《循吏传》,中华书局 1962 年,第 3642 页。

❷ 殷滌非:《安徽省寿县安丰塘发现汉代闸壩工程遗址》,《文物》1960 年第 1 期,第 61-62 页。

❸ [宋]范晔:《后汉书》卷二十九《鲍永列传》,中华书局 1965 年,第 1022 页。

❹ [宋]范晔:《后汉书》卷七十六《循吏列传》,中华书局 1965 年,第 2465 页。

❺ 张廷玉:《明史》卷二百七十《张可大列传》,中华书局 2013 年,第 6940 页。

❻ [明]徐光启撰,石声汉校注,石定枎订补:《农政全书校注》,中华书局 2020 年,图第 491 页,文字第 492 页。

于提取和安放，所以，多般为叠梁式木结构闸门和平板式木结构闸门。

2. 水闸建筑的类型

历史上，水闸类型多种多样，根据其不同功用、不同结构又可以分为不同类型。❶

（1）根据水闸功能划分，主要有如下几种：

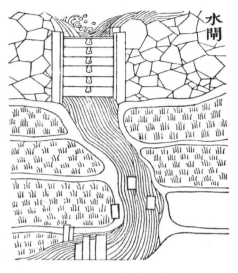

图 2-6　明代水闸

1）进水闸。设在取水口，调控取水量。在引漳十二渠的渠首，郑白渠的干渠、支渠的渠首等设有进水闸。

2）节制闸。设在蓄水工程的堤坝上，调节和控制灌溉和航运水量。鉴湖、芍陂、陈公塘、练湖等工程设有节制闸。

3）分水闸。设在灌溉干渠与支渠分水处，调节和分配干渠进入各支渠的规定水量。都江堰和郑白渠的灌溉渠系中设有分水闸。

4）退水闸。又称泄洪闸，设在水库、陂池、运河、灌渠等工程，用于泄水、排水。鉴湖、东钱湖、木兰陂、高家堰等工程设有退水闸。

5）排沙闸。设在取水工程、引水枢纽工程中，排走挡水建筑前沉积的泥沙，减小淤积，保护工程安全。它山堰等工程中设有排沙闸。

6）防潮闸。在东南沿海一带水利工程中设有防潮闸，起到抵御海水咸潮沿河上溯，拦蓄河道上游来水入海的作用，即御咸蓄淡。著名的浙江绍兴三江应宿闸、黄岩县官河闸、瑞县石冈斗门等工程设有防潮闸。

（2）根据水闸结构划分，主要有如下几种：

1）叠梁闸。历史上，传统水闸基本属于此类型，以木质结构为主。

2）平板闸。常见于在小型灌渠和城市供水的渠道上，宋代开始运用于运河工程。

3）陡门闸。主要在运渠陡门前使用，就是用木杠、竹篙临时堵水，当陡门前水深积到通航的要求，将陡门抽除，陡门前的船只顺水而下，驶出陡门。在灵渠和其他一些运渠上都使用过。

4）草土闸。简易性的拦蓄水闸，一是用于灌溉渠道中拦蓄水流，抬高水

---

❶　郭涛：《中国古代水利科学技术史》，中国建筑工业出版社 2013 年，第 72 页。

位，满足灌溉需要；二是用于临时调节两个陡门之间或者部分运河的航道，拦蓄水量，满足船只航行的要求。清代淮扬运河段通过此类闸来解决运河中水量不足的问题。

3. 传统水闸的基本特点

根据文献记载、水闸遗址遗存的实际现状，历史上水闸建筑一般具有以下特点：[1]

（1）结构简单，建造便宜。历史上水闸建筑结构分为闸基和闸身两大部分。闸基为桩基，铺上木头、石板或者条石；闸身由木头或条石砌成。闸墙上开凿闸门凹槽，闸门为叠梁结构，或者绞盘启闭，有的为人力拉动绞盘启闭，也有的用畜力（马、牛、驴等牲畜）拉动绞盘启闭。

（2）灵活机动，调控水量。历史上水闸的闸孔数是根据工程规模大小不同而定，工程越大，闸孔数目越多。每个闸孔的启闭度是由闸板多少来控制，灵活机动，按需调控调水流和水量。

（3）操作容易，方便启闭。水闸以叠梁式闸门为主，每一块木质闸板承受的水压力不大，本身重量也不大，因此闸门启闭省力、方便。闸门启闭设备虽然简陋，但是操作容易，方便启闭。

（4）规模不大，强度有限。与当今水闸相比，历史上的水闸规模相对较小，跨度较小。这些水闸的闸板以木质材料为主，强度十分有限，若遇到洪水的强力冲击，容易被冲毁。

（5）人工启闭，速度较慢。历史上的水闸都是人工操作启闭的，由于人工启闭力量是有限的，当遇有洪水、通航的紧急情况时，比较被动，启闭速度比较慢。

（六）水工隧洞

水工隧洞是通过开凿隧洞来引水、输水的水利工程。早在西汉时期就出现了水工隧洞，但由于其处于地下，施工难度较大，容易崩塌壅堵，因此在古代水利工程史上推广应用十分有限。历史上，水工隧洞中以龙首渠与坎儿井最为典型代表。

1. 龙首渠

龙首渠位于陕西省澄城县、蒲城县、大荔县一带，建于西汉武帝年间，是中国历史上第一条地下水渠，是一条从今陕西澄城县庄头村引洛水灌溉今陕西蒲城、大荔一带田地的灌溉渠道，是今洛惠渠的前身。根据《史记·河

---

[1]　郭涛：《中国古代水利科学技术史》，中国建筑工业出版社 2013 年，第 73 页。

渠书》记载庄熊羆向汉武帝上书建议：

"临晋民愿穿洛以溉重泉以东万余顷故卤地。诚得水，可令亩十石。"于是为发卒万余人穿渠，自徵引洛水至商颜山下。岸善崩，乃凿井，深者四十余丈。往往为井，井下相通行水。水颓以绝商颜，东至山岭十余里间。井渠之生自此始。穿渠得龙骨，故名曰龙首渠。作之十余岁，渠颇通，犹未得其饶。❶

这是最早记载水工隧洞的历史文献。庄熊羆建议修挖一条自徵县（今澄城县）引洛水至临晋（今大荔县）的灌渠，灌溉重泉（今蒲城县东南）以东1万多顷盐碱土地，达到亩产120斤粮食。于是汉武帝征调了1万多人穿凿渠道。从徵县引洛水绕过商颜山（今称铁镰山），由于山高又系黄土，起初采用明挖办法，结果渠道容易崩塌，后来改用凿井办法，井深者多达四十余丈，井井相连，井水相通，开挖出一条十余里长的隧洞，井渠因此而诞生。在开挖水工隧洞过程中发现"龙骨"，因此取名"龙首渠"。龙首渠的开挖关键技术就是"井渠法"，通过沿隧洞轴线，在中间段挖掘竖井，井底逐一穿通为隧洞，最终挖成一条长十余里的人工隧洞，开创了我国人工隧洞竖井施工方法的先例。

2. 坎儿井

坎儿井是人类认识自然、改造自然和征服自然的重要历史见证，是人类水利史、科技史和历史地理研究的一个重要问题，具有重要的科技价值、历史价值和社会价值。

水利是农业的命脉。新疆坎儿井是新疆地区一种独具特色的水利灌溉工程。坎儿井作为干旱地区劳动人民创造出的一种地下水利工程，引出了地下水，让沙漠变成绿洲，让贫瘠的土地变成肥沃的农田。坎儿井的工程原理是春夏季节大量雨水、冰川及积雪融水通过利用山体的自然坡度渗入地下，然后通过渠道引出地表灌溉农田，满足干旱沙漠地区劳动人民生产与生活的用水需求。坎儿井一般长3~5km，最长者达10km以上，都有一个完整的灌溉工程系统（图2-7）：竖井、暗渠（地下渠道）、明渠（地面渠道）和涝坝（小型蓄水池）。❷坎儿井水流水量稳定，水质达标，能够保障井水自流灌溉。

---

❶ ［汉］司马迁：《史记》卷二十九《河渠书》，中华书局1959年，第1412页。

❷ 柳洪亮：《吐鲁番坎儿井综述》，《中国农史》1986年第4期。

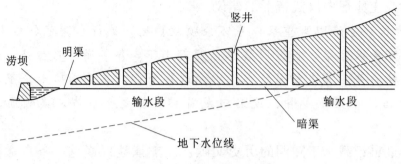

图 2-7 坎儿井示意图❶

新疆共有坎儿井约 2000 条，总长在 5000km 以上。其中吐鲁番市有 1300 多条，哈密市有 500 多条，南疆的库车、皮山以及罗布泊盆地的伊曼拉尔和北疆的奇台、阜康等地有零星分布，喀什噶尔绿洲的阿图什有少量放弃的坎儿井遗迹。吐鲁番盆地是天山南北坎儿井最多、最集中的地区，也是新疆地区坎儿井的起源地。❷

学术界自 19 世纪末以来关于坎儿井的起源就有争议，西方学者主张坎儿井起源于波斯，传入中亚；国内学者则主张坎儿井起源于汉代关中井渠。众说不一，各有其理。

国内学者陶葆廉最早提出坎儿井起源于汉代关中井渠法。他在《辛卯待行记》卷六记述："坎尔者，缠回从山麓出泉处，作阴沟引水，隔数步一井，下贯木槽，上掩沙石，……其法甚古（《汉书·沟洫志》引洛水，井水相通行水），西域亦久有之。"后来，王国维在《观堂集林》卷十三《西域井渠考》中进一步缜密考证，引用《史记·河渠书》记载井渠的起源："于是为发卒万余人穿渠，自徵引洛水至商颜山下。岸善崩，乃凿井，深者四十余丈。往往为井，井下相通行水。水颓以绝商颜，东至山岭十余里间。井渠之生自此始。穿渠得龙骨，故名曰龙首渠。"❸《汉书·西域传》记载汉宣帝元康年间匈奴内乱，"汉遣破羌将军辛武贤将兵万五千人到敦煌，遣使者案行表，穿卑鞮侯井以西，欲通渠转谷，积居庐仓以讨之。"孟康注曰："大井六通渠也，下泉流涌出，在白龙堆东土山下。"❹ 破羌将军辛武贤率领五千士兵至敦煌，派遣使者前往仔细测量，开挖卑鞮侯井以西，开凿六座竖井，地下泉水涌出，修建贯通渠道。井渠的水与明渠相接，明渠行船漕运。

---

❶❸ ［汉］司马迁：《史记》卷二十九《河渠书》，中华书局 1959 年，第 1412 页。

❷ 柳洪亮：《吐鲁番坎儿井综述》，《中国农史》1986 年第 4 期，第 24 页，图第 25 页。

❹ ［汉］班固：《汉书》卷九十六下《西域传》及注，第 3907 页。

20 世纪 70 年代，戴应新《关中水利史话》中从考古学角度专门讨论新疆坎儿井的工程结构和汉代关中井渠的比较，断定坎儿井来源于汉代关中井渠。❶ 国内学者多数认为坎儿井与龙首渠的挖掘施工技术相似，都是属于井渠法，故认为坎儿井是井渠法西传的产物，如文献中有"龙首渠的施工方法西传很可能是一个主要因素""也可能这就是龙首渠施工中创造的井渠法西传的一个例证"。❷

对此提法，国内有学者提出异议，黄盛璋先生认为"西域最初不知凿井，……大宛城内无井，也不知凿井法，后新得秦人，乃知凿井。包括新疆在内的西域凿井法都是汉代自内地传去的，但它和坎儿井无关。不仅汉代新疆没有坎儿井，汉以后一直到明代，都只有一般的井，没有坎儿井。"❸ "吐鲁番盆地的坎儿井从波斯传来，这是美国亨丁顿于 1906 年来新疆实地调查访问获知的，鲁史沁的伯克与毛拉向他提供以下事实：坎儿井系斯堪达尔、王努斯及在吐鲁番建立大砖塔的素赍满诸土王统治时，于 1780 年从波斯的外里海地方传来的。"❹ 明确认为"新疆坎儿井最早出现于吐鲁番，出现的时间在乾隆四十七年（1782 年）以后，嘉庆十二年（1807 年）以前，大致可定为 18 世纪 80 年代，导源于波斯 Karez（波斯语，意为地下水道），此名现仅用于巴基斯坦、阿富汗与原中亚布哈尔与浩罕汗国之地，从新疆坎儿井名称的来源、地理地位与交通贸易以及当时与中国政治关系等方面综合考察，可能从浩罕辖境传入"。❺

然而，也有专家提出坎儿井作为一种古老的灌溉方式，"没有波斯的坎儿井，没有关中的井渠，吐鲁番的坎儿井仍会出现。……吐鲁番坎儿井产生的内因是决定的因素；波斯的坎儿井、关中的井渠包括水井，对吐鲁番坎儿井的产生和发展均有所影响"。❻

（七）水库工程

水库工程起源于古代陂、坝工程，随着水利工程技术的进步，逐步发展成为一座集挡水工程、溢洪工程、取水工程、水电工程和库区等于一体的综合性水利工程。

---

❶ 黄盛璋：《新疆坎儿井的来源及其发展》，《中国社会科学》1981 年第 5 期，第 209 - 224 页。

❷ 郭涛：《中国古代水利科学技术史》，中国建筑工业出版社 2013 年，第 77 页。

❸ 黄盛璋：《新疆坎儿井的来源及其发展》，《中国社会科学》1981 年第 5 期，第 212 - 213 页。

❹ 黄盛璋：《新疆坎儿井的来源及其发展》，《中国社会科学》1981 年第 5 期，第 215 页。

❺ 黄盛璋：《新疆坎儿井的来源及其发展》，《中国社会科学》1981 年第 5 期，第 223 页。

❻ 柳洪亮：《吐鲁番坎儿井综述》，《中国农史》1986 年第 4 期，第 32 页。

1. 水库工程发展历程

水库，在先秦时期称作"陂"或"潴"。水库工程起源很早，可以追溯到传说中大禹治水时期。司马迁在《史记·夏本纪》记载传说中大禹治水，采用"陂九泽"办法，即修建堤坝工程把湖泽、低洼湿地围堤起来，达到防洪目的。这应该是原始水库的起源。

西周时，井田制耕作中已经运用水库工程灌溉农田。《周礼·稻人》记载："稻人，掌稼下地。以潴蓄水。"❶ "潴"是蓄水灌溉农田的早期水库。

春秋战国时期，水库工程越来越多，出现了一些规模较大的水库工程——芍陂。有些水库工程不仅用于蓄水灌溉，还用于军事目的，拦河蓄水、运用水攻，淹没对方的城池。《管子·霸形》记载楚国进攻郑国、宋国，火烧郑地，摧毁郑国城池，烧毁郑国房屋，使人男女丧其配偶，居处如鸟巢鼠洞一样，"要宋田夹塞两川，使水不得东流，东山之西，水深灭埌，四百里而后可田也。"❷ 楚国为侵夺宋国的土地，在河流中筑坝拦水，使其不能东流，结果东山以西的地方，水深淹没城墙，淹没范围多达四百里，淹没线以外才能耕种田地。可见，此水库工程是一个浩大的水工建筑。

秦汉时期，水库除称"陂"以外，还称作"堰""塘"。在长安附近修筑了昆明池，是汉代典型的水库工程，可以通航汉代最大型的船只，用于水上观光娱乐，也用于漕运。

宋朝时期，水库名称又称作"水柜"。《宋史·礼志》记载宋太祖赵匡胤建隆元年（960年）"观水柜、观稼"。❸

明朝时期，"水库"二字正式见诸文献。徐光启《农政全书》卷十六《水利·浙江水利》记载"水库以蓄雨雪之水"，同书卷二十《水利·泰西水法下》记载"为水库者，望辛于雨"。❹ 水库作为蓄水工程的专称，由此肇端。明代水利工程技术又进一步提高，修建了规模宏大的洪泽湖水库，至今仍然发挥着拦蓄淮河洪水的屏障作用。

新中国成立后，从20世纪50年代开始，全国各地的水库建设才进入一个全新的建设高峰，目的是防洪、蓄水、发电和养殖，为新中国经济建设服务。水库的内涵也发生变化，认为它是蓄水防洪、调节水流的水利工程建筑物，具有灌溉、防洪、发电和养鱼等综合功能。人工修筑的水库，通常根据

❶ ［汉］郑玄注，［唐］贾公彦疏：《周礼注疏》，北京大学出版社1999年，第412页。
❷ 黎翔凤撰，梁运华整理：《管子校证》，新编诸子集成本，中华书局2004年，第459页。
❸ ［明］陈邦瞻：《宋史》卷一百一十三《礼志十六》，中华书局2013年，第2696页。
❹ ［明］徐光启撰，石声汉校注：《农政全书校注》，上海古籍出版社1979年，第405、503页。

库容大小划分，分为大型、中型、小型等，容量大于 1 亿 m^3 的为大型水库，容量 1000 万～1 亿 m^3 的为中型水库，容量在 10 万～1000 万 m^3 的称为小型水库。其中 100 万～1000 万 m^3 的称为小（1）型水库，10 万～100 万 m^3 的称为小（2）型水库。容量小于 10 万 m^3 的称为堰塘或者山塘，不称为水库。

新中国修建的第一座水库就是官厅水库。为根治永定河下游水患，利用好永定河水资源，党中央决定在怀来境内修建一座大型官厅水库。1951 年 10 月，在周恩来总理亲自组织指挥下，官厅水库动工，历时两年零六个月，1954 年 5 月工程竣工。时任水利部部长傅作义将毛泽东主席亲笔题词"庆祝官厅水库工程胜利完成"的锦旗授予了官厅水库的建设者，极大鼓舞了全国各地水库建设者。

为加强水库大坝安全管理，保障人民生命财产和社会主义建设的安全，根据《中华人民共和国水法》，我国于 1991 年颁布实施了《水库大坝安全管理条例》，为水库大坝管理提供了法律依据。

2. 水库工程的类型及其特点

从水库工程的发展历程看，水库工程可以分为五类：灌溉工程水库、航运工程水库、军事工程水库、防洪治河工程水库以及综合性工程水库。

（1）灌溉工程水库。灌溉工程水库，数量较多，按其建库地质地貌，划分为四类：

1）平原水库，主要分布在华北平原地区和盆地地区，例如春秋修建的芍陂水库，西汉修建的鸿隙陂水库。这类水库的特点是水面宽广，堤坝工程规模大，淹没范围大。

2）丘陵水库，主要分布丘陵地带，在江南丘陵地区最多，例如汉代兴建的马仁陂水库。这类水库的特点是水面较窄，挡水建筑工程量小，淹没范围小。

3）沿海地区水库，主要分布在沿海有潮河流上，既可以拦蓄淡水，又可以阻挡咸潮上溯，例如唐代的它山堰水库、宋代的木兰陂水库等。

4）山区水库，主要分布山区地带，20 世纪 50 年代以来全国各地山区兴建了大量的水库，各种类型都有，既有超大型水库，又有小型水库。

作为灌溉工程水库，它们具有相同的特征：一是因地制宜地体现了不同地区灌溉工程水库的不同特点，自然条件的多样性决定了水库功能和结构的多样性；二是灌溉工程水库一般都由挡水建筑（堤坝）、水闸、溢洪设施三部分组成，个别水库还有排沙设施，现代水库还有发电、取水设施等；三是古代灌溉工程水库的功能相对单一，现代水库的功能相对更多，可以发挥综合效益。

（2）航运工程水库。航运工程水库数量较少，一般分为两类：一类是专门保证运河水量的调节水库，例如清汴工程中的水柜，明清大运河上的南旺湖等，这类水库除了调节运河航运水深程度以外，基本没有其他功能；另一类是由原本用于灌溉或者城市供水的水库，逐渐发展为以调节航运水深为主要功能的水库，例如陈公塘、练湖等水库，这类水库的工程结构与灌溉水库的一般特点相同，但是其突出特点是十分重视保证水库的水源和水量，不仅可以拦蓄其他山泉溪水存储于库中，而且还可以在汛期把运河中多余的水量倾排入水库，以备枯水时用。第二类水库在高程设计上已经充分考虑到能够和运河相互蓄泄的特征。

（3）军事工程水库。军事工程水库古今皆有，依水而建。古代用于水攻，攻城略地；当今用于军事需要，保障军事基地供电供水。

军事水库工程在历史上屡见不鲜，筑库灌城的战例比较多。如《资治通鉴》中记载了大量的军事水库事例：梁天监五年（506 年），梁豫州刺史韦睿围攻魏合肥，根据山川地形，筑坝拦蓄肥水，堰成水通，舟舰继至，双方发生争夺大战。因舰高与城顶平，四面攻城，结果拔城。梁天监十三年（514年），梁攻魏，"求堰淮水以灌寿阳"，始筑浮山堰灌寿阳城。❶

古代军事水库工程在结构上的最大特点是没有水闸，也不设溢洪道，随时决堤放水；同时水库使用寿命短，一旦军事目的达到，水库便失效，仅有个别仍然保留下来用于灌溉与防洪。

（4）防洪治河工程水库。历史上，专门用于防洪治河的水库工程比较少，典型代表是洪泽湖水库。这类水库的基本特征是水库枢纽工程配套齐全，既有挡水建筑（高家堰大堤），又有取水口（清口）、溢洪设施（周桥、高良涧等减水闸坝），还有一些大型库容的湖区，与现代水库基本相同。

（5）综合性工程水库。综合性水库工程指具有蓄洪、滞洪、防洪、灌溉、通航、发电、养殖等多种功能的工程，这是 19 世纪上半叶以后水力发电技术进步的结果。1878 年，世界上第一个水力发电项目成功点亮了英格兰诺森伯兰乡村小屋的一盏灯，从此大量的水力发电厂开始投产运行；19 世纪末水电技术发展迅速蔓延，1891 年德国制造出第一个三相的水力发电系统；1895 年澳大利亚在南半球建立了第一个公有水电站；1905 年中国台湾台北新店溪建成了装机 500kW 的水力发电站；1912 年云南省建成的石龙坝水电站是中国第一座水电站，装机容量为 480kW；1994 年开始兴建的三峡水电站，即长江

---

❶　［宋］司马光著，［元］胡三省注：《资治通鉴》卷一百四十六《梁纪二》，中华书局 1956 年，第 4560－4561 页；《资治通鉴》卷一百四十七《梁纪三》，第 4609 页。

三峡水利枢纽工程，又称三峡工程，位于湖北省宜昌市境内的长江西陵峡段，是世界上规模最大的水电站，也是中国有史以来建设最大型的工程项目，具有防洪、发电和航运三大功能，至 2009 年全面竣工。三峡水电站大坝高程 185m，蓄水高程 175m，水库长 2335m，安装 32 台单机容量为 70 万 kW 的水电机组。

第二节 水 利 器 械

水利器械是人们在治水、用水、管水、护水活动中使用的器具、机械、仪器和设备的总称。水利器械，作为水利工具是一种物化的知识。发明、制造与使用水利工具是人类的一种本领，也是一种典型的文化现象。人类在长期的涉水活动中创造了不计其数的水利器械，类型多种多样，每一种水利工具都凝结着人类的知识、智慧和创造力，是水文化的重要载体。不同时代的水利器械承载着不同时代的水文化内涵与特色。

一、水利器械的发展演变及特征

水利器械的发明与使用，起源较早，是中国古代水利科学技术的重要成就。古代的水利器械相对简单，主要是水利提水机具和水力加工机械两种。水利器械的出现和进步，是古代水利技术进步的结果，是古人对水利资源深入认识和利用的标志。

（一）水利机具的起源和发展

根据文献记载，陶器是比较早用于汲水灌溉的器具，《庄子·天地篇》记载"抱甕汲水"的典故："子贡南游于楚，反于晋，过汉阴，见一丈人方将为圃畦，凿隧而入井，抱甕而出灌，搰搰然用力甚多而见功寡。"[1]

桔槔是古人最早使用的水利提水机械，始见春秋时期，距今已有 4000多年。

东汉灵帝时，毕岚制造翻车渴乌（又叫龙骨水车），用于汲水洒扫道路，清洁卫生。三国时，马钧进一步改进翻车，运用于农田灌溉，大大地增加了农田灌溉面积。

唐代，又进一步改进翻车使用功能，出现以水能为动力的水转翻车和水转筒车，其中水转筒车实现了自动提水灌溉，比水转翻车又更进一步。但是，水转筒车需要在水流湍急、冲击力大的水流位置作用。

水力加工机械发明稍晚，据文献记载，最早的水力加工机械——水碓出现于西汉末年，在桓谭《新论·离事》中有记载："宓牺之制杵臼，万民以

---

[1] ［清］王先谦、刘武：《庄子集解·庄子集解内篇补正》，新编诸子集成，中华书局 2012 年，第106 页。

济，及后世加巧，因延力借身重以践碓，而利十倍杵舂，又复设机关，用驴、骡、牛、马及役水而舂，其利乃且百倍。"❶ 东汉时期，杜诗发明水排，即水力鼓风机，用于冶铁铸造。南北朝时期，水碓、水磨（水硙）、水碾等已经普遍推广使用。《晋书·石苞传》记载石崇家产富庶，其中有"水碓三十余区"❷。唐代，在郑白渠出现水硙百余所。宋元时期，发明了水转大纺车，这是水利机械对手工业技术的一个重大进步。明清时期，水利机械几乎遍及全国各地灌区。遗憾的是，受自我封闭和贬斥科学技术思想的影响，在水利机具的门类、构造与性能方面却并没有重大的质的进步。

（二）历史上水利机械的特征

历史上水利机械虽然使用比较普遍，但是其类型不多，仅有二三十种。其主要特征：

（1）从材质上看，传统水利机具以木制为主，强度、机械功率、使用寿命有限。

（2）从动力上看，传统水力机械利用的都是水流动力。水碓、水磨、水转翻车、水转筒车、水转纺车等都是直接利用水流的冲击力，转动木轮，再带动磨盘、碾盘等其他机械运动。

（3）从传动装置上看，水利机械一般都有齿轮装置，通过齿轮来传输动能，这是古代机械工程发展水平的重要标志之一。

二、传统水利提水机具

传统水利提水机具是运用机械原理利用水力动能来提水的机械，相对人力、畜力来说，具有省时省力且效率更高的优势。

（一）桔槔

桔槔，俗称"吊杆""称杆"，古代农田灌溉机械器具，是一种利用杠杆原理的原始的汲水机械，即水井边上架设一个承重柱，杠杆的中点架在承重柱上，杠杆一端系水桶提水，另一端系一重物。《说文》曰："桔，结也，所以固属。槔，皋也，所以利转。又曰：皋，缓也。一俯一仰，有数存焉，不可速也。"❸

早在春秋时期，在农业灌溉方面，开始采用桔槔。《庄子·天地篇》记载子贡看到一个抱瓮灌圃的丈人，子贡曰："有械（桔槔）于此，一日浸百畦，

---

❶ ［汉］桓谭：《新论》卷下，中华书局1976年，第46页。

❷ ［唐］房玄龄等撰：《晋书》卷三十三《石苞列传》，中华书局2012年，第1008页。

❸ ［元］王祯撰，缪启愉、缪桂龙译注：《农书译注》，齐鲁书社2009年，第648页。

用力甚寡而见功多，夫子不欲乎？"为圃者卬而视之曰："奈何？"曰："凿木为机，后重前轻，挈水若抽，数如泆汤，其名为槔。"为圃者忿然作色而笑曰："吾闻之吾师：'有机械者必有机事，有机事者必有机心。'机心存于胸中，则纯白不备；纯白不备，则神生不定；神生不定者，道之所不载也。吾非不知，羞而不为也。"❶ 子贡瞒然惭，俯而不对。这段对话充分说明春秋时期桔槔已应用于农业生产。

图 2-8 桔槔

明代徐光启《农政全书》有详细的记述（图 2-8），称其"今濒水灌园之家多置之。实古今通用之器，用力少而见功多者。"❷

桔槔的使用，既减省了人的劳动强度，又提高了灌溉效率。当然也有人认为桔槔使用始于商代成汤时期，远早于东周时期。如今，桔槔实物已不在用于生产，而是进入艺术殿堂，由实物转入绘画艺术的文化题材。

（二）辘轳

辘轳，是利用轮轴原理从深井提水的起重装置，在北方地区比较常见。它由辘轳头、支架、井绳、水斗等部分构成，在井沿边上竖立井架，安装可用手柄摇转的轴，轴上绕绳索，绳索一端系水桶。通过摇转手柄，提起或者降落水桶，从而汲取井水。这种辘轳通常称为单辘轳。

辘轳是从杠杆演变来的汲水工具。据宋代《物原》记载："史佚始作辘轳。"史佚是周代的史官，说明西周时期先民发明了辘轳。春秋战国时期，辘轳已经推广普及，它不仅用于提水，而且用于从竖井中提取铜矿石。1974 年在湖北铜绿山春秋战国古铜矿遗址发掘中发现木制辘轳轴两根，其中一根全长 2500mm，直径 260mm，经专家认定这是用于从矿井提升铜矿石的起重辘

❶ ［清］王先谦、刘武：《庄子集解·庄子集解内篇补正》，新编诸子集成，中华书局 2012 年，第 106 页。

❷ ［明］徐光启撰，石声汉校注，石定枎订补：《农政全书校注》，中华书局 2020 年，第 510 页，图第 511 页。

轳的残件。❶

北魏时期，《齐民要术·种葵》记载辘轳用于农田灌溉，"负郭良田三十亩……于中逐长穿井十口，井别作桔槔、辘轳（井深用辘轳，井浅用桔槔）。柳罐，令受一石。"❷柳罐是一种盛水容器，用来提水。与桔槔相比，辘轳是将桔槔的单向用力方式，改为循环往复的用力方式，并且十分省力。后世的辘轳技术越来越进步，结构越来越完善。元代王祯著《农书》和明代徐光启著《农政全书》都有详细的记载，并绘描辘轳图（图2-9）。

图 2-9　辘轳

【辘轳】缠绠械也。《唐韵》云：圆转木也。《集韵》作㭴辘，汲水木也。井上立架置轴，贯以长毂，其顶嵌以曲木，人乃用手掉转，缠绠于毂，引取汲器。或用双绠而逆顺交转。所悬之器，虚者下，盈者上，更相上下，次第不辍，见功甚速。凡汲于井上，取其俯仰则桔槔，取转其圆转则辘轳，皆挈水械也。然桔槔绠短而汲浅，独辘轳深浅俱适其宜也。❸

后人又进一步改进辘轳技术，发明"双辘轳"（"花辘轳"），即在轴上反向缠绕两根绳子，各系一个盛水器；当一端盛水器汲满水上提时，另一个空盛水器则被放下。王祯《农书》记载了一种"复式辘轳"：缠绕在辘轳转轴上的绳子两端各系一个提水容器，"或用双绠而顺逆交转，所悬之器，虚者下，盈者上，更相上下，次第不辍，见功甚速。"❹ 这不仅节省了空容器的行程时间，而且空容器的重量也起到一定平衡作用。这样交替提水，既省时，又省力，进一步提高了提水灌溉效率。

根据其原理，后人亦认为辘轳作为一种起重机械，是绞车的一种类型。"绞车"用于提水的事，始见于《晋书·石季龙载记》记录东晋永和三年

❶　铜绿山考古发掘队：《湖北铜绿山春秋战国古矿井遗址发掘简报》，《文物》1975年第2期，第8页。

❷　[北魏] 贾思勰著，李立雄、蔡梦麒点校：《齐民要术》，北京团结出版社1996年，第82页。

❸　[明] 徐光启撰，石声汉校注，石定扶订补：《农政全书校注》，中华书局2020年，第510页，图第512页。

❹　[元] 王祯撰，缪启愉、缪桂龙译注：《农书译注》，齐鲁书社2009年，第651页。

（347 年）石季龙贪得无厌，占有十州之地，拥有的金帛珠玉及外国珍奇异货不可胜计，犹以为不足，还发掘历代帝王及先贤陵墓盗取墓中宝货，"邯郸城西石子岗上有赵简子墓，至是季龙令发之，初得炭深丈余，次得木板厚一尺，积板厚八尺，乃及泉，其水清冷非常，作绞车以牛皮囊汲之，月余而水不尽，不可发而止。"❶ 北宋曾公亮、丁度著《武经总要》，其中记载绞车"合大木为床，前建二义手，柱上为绞车，下施四卑轮，皆极壮大，力可挽二千斤。"此绞车可起重二千斤。

（三）翻车

翻车，又称龙骨水库，统称水车，始见于东汉。东汉灵帝时，毕岚"又作翻车渴乌，施于桥西，用洒南北郊路，以省百姓洒道之费"。注曰："翻车，设机车以引水，渴乌，为曲筒，以气引水上也。"❷ 起初发明翻车、渴乌的目的不是用于灌溉，而是用于洒扫道路，节省百姓劳力。渴乌，是有文献记载最早的虹吸管，充分利用了真空负压原理。

三国时期，发明家马钧进一步改进翻车，用于农田灌溉。《三国志·魏书·杜夔传》引注："时有扶风马钧，巧思绝世。……从是天下服其巧矣。居京都，城内有地，可以为圃，患无水以灌之，乃作翻车，令童儿转之，而灌水自覆，更入更出，其巧百倍于常。"❸ 翻车的特点是人力脚踩，借助于人的体重，可以省力，还可以随处移动，灵活方便；既可用于灌溉农田，又可用于排水排涝。相对桔槔、辘轳而言，不必局限于水井的提水，可以在任意河流、湖泊、池塘周边取水，实现持续不断地提水，效率远高于桔槔和辘轳。有专家认为翻车的轮辐直径在 $10\sim20m$ 左右，可以提水高达 $15\sim18m$；一般大水车可以灌溉农田六七百亩，小的也可灌溉一二百亩。水车省工、省力、省资金，是汉代最先进的水利灌溉工具。这是一种经过改进后的龙骨水车，比较简便、可以任意移动。

唐代，为推广普及水车，官府专门制造水车，提供给大型灌区百姓使用。《旧唐书·文宗本纪》记载太和二年（828 年）闰三月，"内出水车样，令京兆府造水车，散给缘郑白渠百姓，以溉水田"。❹

宋代，水车不仅用来灌溉和排涝，而且用于航运工程的澳闸中提水入澳。《宋史·河渠志》记载元符元年正月，"吕城牐常宜车水入澳，灌注牐身以济

---

❶ ［唐］房玄龄等撰：《晋书》卷一百七《石季龙载记》，中华书局 2012 年，第 2782 页。
❷ ［宋］范晔：《后汉书》卷七十八《宦者列传·张让传》及注，中华书局 1965 年，第 2537 页。
❸ ［晋］陈寿：《三国志》卷二十九《魏书·杜夔传》，中华书局 1959 年，第 807 页。
❹ ［后晋］刘昫：《旧唐书》卷十七上《文宗本纪》，中华书局 1975 年，第 528 页。

舟。若舟沓至而力不给，许量差牵驾兵卒，并力为之。监官任满，水无走泄者赏，水未应而辄开牐者罚，守贰、令佐，常觉察之。"❶

因翻车以人力提水，故常受限于人力而不可持续耐久，因而古人还利用牛、驴、骡等畜力来转动翻车提水，因此出现"牛转翻车""驴转筒车"等❷，名称不一，均用畜力。这些提水机械的进步减轻了百姓的劳动强度，提高了提水灌溉农田的效率。

可是不管人力翻车还是畜力翻车，都是受制于劳动强度和体力持久的问题。于是古人创造性地利用水流的动能作为机械提水的动力，发明了水转翻车、水转筒车和高转筒车等水力提水机械，完全取代人力或畜力。但是，水力提水机械的共同点是受水流区位条件的制约，溪涧、河流的区位太偏，引水渠道太长，水流太缓不能冲动水轮，反之水流太急则容易冲坏水轮。因此，古人为解决水流的区位条件问题，往往采用一些辅助性工程措施，修建挡水堤堰、导流渠等，稳定水流水量，保障水车正常运行。

（四）水转翻车

水转翻车，与人踏翻车相比，其提水设施部分是相同的；不同的是它的翻转动力是水力，通过水流冲动水轮，然后由齿轮传动装置带动翻车转动，实现从低处提水至高处的效益。明代徐光启《农政全书》记载人踏翻车和水转翻车的构造及工作原理，其中"水转翻车"又分为卧轮式水转翻车和立轮式水转翻车（图 2-10）：

图 2-10　水转翻车图

---

❶ ［明］陈邦瞻：《宋史》卷九十六《河渠志六》，中华书局 2013 年，第 2383 页。

❷ ［明］徐光启撰，石声汉校注，石定枎订补：《农政全书校注》，中华书局 2020 年，第 500 页。

"其制与人踏翻车俱同，但于流水岸边，掘一狭堑，置车于内，车之踏轴外端，作一竖轮。竖轮之旁，架木立轴，置二卧轮。其上轮适与车头竖轮辐支相间，乃擗水傍激，下轮既转，则上轮随拨车头竖轮，而翻车随转，倒水上岸，此是卧轮之制。若作立轴，当别制水激立轮，其轮辐之末，复作小轮。辐头稍阔，以拨车头竖轮。此立轮之法也。然亦当视其水势，随宜用之。其日夜不止，绝胜踏车。"❶ 这类水转翻车的弱点是：如果遇水势太急猛，翻车龙骨板容易被冲毁断裂；如果遇水流不急，又不如筒车稳定。❷

（五）筒车

筒车，是一种以水流作动力，从低处提水灌溉高处耕地，与翻车类似的提水机具。据说筒车发明于隋而盛于唐，距今已有 1000 多年的历史。筒车是利用湍急的水流转动车轮，使装在车轮上的水筒，自动舀水，直接提水灌溉。筒车又分为水转筒车和高转筒车两种，都是提水机具技术进步的重要标志。

元代王祯《农书》、明代徐光启《农政全书》对筒车（图 2-11）都有详细的记述：

【筒车】流水筒轮。凡制此车，先视岸之高下，可用轮之大小，须要轮高于岸，筒贮于槽，方为得法。其车之所在，自上流排作石仓，斜扩水势，急凑筒轮。其轮就轴作毂。轴之两旁，阁于椿柱山口之内。轮轴之间，除受木板外，又作木圈，缚绕轮上，就系竹筒或木筒（谓小轮则用竹筒，大轮则用木筒。）于轮之一周。水激转轮，众筒兜水，次第倾于岸上所横木槽，谓之天池，以灌田稻。日夜不息，绝胜人力。若水力稍缓，亦有木石制为陂栅，横约溪流，旁出激轮，又省工费。或遇流水狭

图 2-11　筒车

处，但垒石敛水凑之，亦为便易。此筒车大小之体用也。有流水处，俱可置此。但恐他境之民，未始经见，不知制度。今列为图谱，使放效通用。则人无灌溉之劳，田有常熟之利，轮之功也。❸

---

❶ ［明］徐光启撰，石声汉校注，石定枌订补：《农政全书校注》，中华书局 2020 年，第 498 页，图第 499 页。

❷ ［明］徐光启撰，石声汉校注，石定枌订补：《农政全书校注》，中华书局 2020 年，第 500 页。

❸ ［明］徐光启撰，石声汉校注，石定枌订补：《农政全书校注》，中华书局 2020 年，第 495、498 页，图第 497 页。

意思是说，筒车是以流水作为动力的筒轮水车。凡是制造此车，要先根据河岸的高低来决定筒轮的大小，筒轮须高出水岸，筒水可以倾入水槽，这才得法。安装筒车的地点应当在上流排石仓，增加水势，逼使水流旁出，急流冲激筒轮旋转。水流冲激筒轮旋转，各筒先后兜水提升，随转轮自下而上，依次倾入木槽（天池）中，自流灌溉稻田。筒车提水灌溉日夜不停，绝胜于人力。遇到水力稍缓，可以用木石作成陂栅，拦蓄溪流，使之旁出冲激筒轮，又省工钱。或者遇上水流狭隘处，但将垒石抬高水位使水急激筒轮，也简便易行。只要有适量水流的地方，都可以设置此车。恐怕别处的人没有见过此车，不知筒车的建制，所以绘作图谱，使他们可以仿效通用。如此，农人无灌溉之劳累，却有稻田常熟之利，这就是筒轮的功效。

（六）高转筒车

高转筒车由筒车发展而来，在唐代已经广泛使用，主要特点是高转筒车可以把较低处溪河的流水凭借水流动力自行提至较高之处，满足山地耕地的灌溉需要。

唐代陈延章《水轮赋》描绘了高转筒车的主要优点："殊辘轳以致功，就其深矣；鄙桔槔之烦力，使自趋之……钩深致远，沿涧而可使在山"。[1] 元代王祯《农书》、明代徐光启《农政全书》都详细地记载了高转筒车的基本结构（图 2-12）：上轮、下轮、架木、筒索、竹筒和水槽。全文如下：

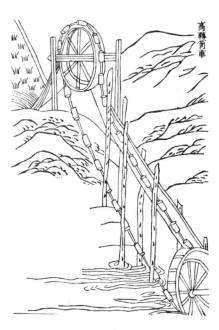

图 2-12 高转筒车

【高转筒车】其高以十丈为准。上下架木，各竖一轮。下轮半在水内，各轮径可四尺。轮之一周，两傍高起，其中若槽，以受筒索。其索用竹，均排三股，通穿为一。随车长短，如环无端。索上相离五寸，俱置竹筒，筒长一尺。筒索之底，托以木牌，长亦如之。通线铁线缚定，随索列次，络于上下二轮。复于二轮筒索之间，架刳木平底行槽一，连上与二轮相平，以承筒索之重。或人踏，或牛拽，转上轮则筒索自下兜水，循槽至上轮，

❶ ［唐］陈延章：《水轮赋》，《全唐文》卷九四八，中华书局 1983 年，第 9840 页。

轮首覆水，空筒复下，如此循环不已。日所得水，不减平地车戽。昔积为池沼，再起一车，计及二百余尺。如田高岸深，或田在山上，皆可及也。（所转上轮，形如帷制，易缴筒索。用则如轮轴一端作掉枝；用牛，则制作竖轮如牛转翻车之法。或于轮轴两端造作拐木，如人踏翻车之制。若筒索稍慢，则量移上轮。其余措置，当自忖度，不能悉陈。）❶

同时，古人已经认识到高转筒车的优劣点："可用之急流，挈水虽少，而行地颇高。若在平水，亦须用人畜之力，然犹胜挈瓶也。但凡车戽之制，独平水为难耳。"❷ 高转筒车的水轮大，又是双轮，自身重量较大，需要激流才能冲动车轮，提水至较高处。如果是缓流，则无法使用高转筒车，仍然要用人力、畜力带动，所以缓流难用。

（七）水转筒车

水转筒车，也称水转高车，与高转筒车的结构和功能相似，在唐代推广使用，宋代以后逐渐盛行并普及。

元代王祯《农书》对水转高车的基本结构、使用范围和特点有详细记载（图 2-13）："遇有流水岸侧，欲用高水，可用此车。其车亦高转筒轮之制，但于下轮轴端，别作竖轮，旁用卧轮拨之，与水转翻车无异。水轮既转，则筒索兜水，循槽而上。余如前例。又须水力相称，如打碾磨之重，然后可行。"❸

图 2-13　水转高车

明代徐光启《农政全书》对水转筒车也有相似记述："遇有流水岸侧，欲用高水，可立此车。其车亦高转筒轮之制，但于下轮轴端别作竖轮，傍用卧轮拨之，与水转翻车无异。水轮既转，则筒索兜水，循槽而上，余如前例。又须水力相称，如打辗磨之重，然后可行。日夜不息，绝胜人牛所转。"❹ 水转筒车可以将低处水提升到高处，灌溉山地、丘陵耕地，这在南方山区比较常见的灌溉方式。其优势是利用水力可以日夜不停地持续提

---

❶　［明］徐光启撰，石声汉校注，石定枎订补：《农政全书校注》，中华书局 2020 年，第 504 页，图第 503 页。

❷❹　［明］徐光启撰，石声汉校注，石定枎订补：《农政全书校注》，中华书局 2020 年，第 504 页。

❸　［元］王祯撰，缪启愉、缪桂龙译注：《农书译注》，齐鲁书社 2009 年，第 642 页。

水灌溉，这是人力、牛力所不能做到的；但是缺点是需要急流的流水，平缓流水处仍然无法使用。

此外，还有连筒等水利设施❶，协助提水机具提高提水效率，扩大灌溉面积。

三、传统水力机械

传统水力机械是利用水流动能驱动的机械，古人不仅认识到用水力驱动提水机械，而且认识到用水力驱动手工加工机械，主要是指农产品加工机械和手工业作坊机械，这些机械为社会经济发展和生活方式改善发挥了重要作用。

（一）水力加工机械

历史上，水力加工机械主要用于农产品加工，如碾米、磨面、磨豆腐、砻谷等碾磨类加工，也用于陶瓷原料等碾碎成粉的加工。这类水力加工机械发明较早，使用范围广泛，历时弥久，直到 20 世纪 80 年代还在广大农村地区使用，此后逐渐消失并演变成为文化符号。

1. 水碓

水碓，又称机碓、水捣器、翻车碓、斗碓、鼓碓等，它是利用水流动力来去掉粮食皮壳的机械，后世推广应用于茶叶、高岭土、蚊香木粉、造纸等非粮食类碾碎工序。该机械始见于西汉时期，桓谭《新论·离事》记载："宓牺之制杵臼，万民以济，及后世加巧，因延力借身重以践碓，而利十倍杵舂，又复设机关，用驴、骡、牛、马及役水而舂，其利乃且百倍。"❷ 这里"役水而舂"就是指水碓利用水力自动加工粮食。水碓的动力机械由水轮、转轴、碓杆、木架和石臼等基本构件组成，水轮为大的立式水轮，轮上安装有若干板叶，转轴上安装有若干彼此错开的拨板，拨板用来拨动碓杆。碓杆由木架支撑起来，另一端安装圆锥形石头，即碓头直接上下着力于石臼，而下面的石臼里放入准备加工的稻谷。水流冲击水轮带动转轴，转轴的拨板拨动碓杆的梢，使碓头一起一落于石臼，从而碾舂谷米。古人利用水碓，无需要劳力，可以日夜加工粮食。

明代徐光启《农政全书》全面总结水碓的发展演变、类型及工作原理：

【机碓】水捣器也。通俗文云：水碓曰翻车碓。杜预作连机碓。孔融论水碓之巧，胜于圣人断木掘地。则翻车之类，愈出于后世之机巧。王隐《晋书》曰：石崇有水碓三十区。今人造作水轮，轮轴长可数尺，列贯横木，相交如

---

❶ ［明］徐光启撰，石声汉校注，石定枎订补：《农政全书校注》，中华书局 2020 年，第 504 页。

❷ ［汉］桓谭：《新论》卷下，中华书局 1976 年，第 46 页。

滚抢之制。水激轮转，则轴间横木，间打所排碓梢。一起一落舂之，即连机碓也。凡在流水岸傍，俱可设置，须度水势高下为之。如水下岸浅，当用陂栅，或平流，当用板木障水。俱使傍流急注，贴岸置轮，高可丈余，自下冲转，名曰撩车碓。若水高岸深，则为轮减小而阔，以板为级。上用木槽，引水直下，射转轮板，名曰斗碓，又曰鼓碓。此随地所制，各趋其巧便也。❶

【槽碓】碓梢作槽受水，以为舂也。凡所居之地，间有泉流稍细，可选低处，置碓一区，一如常碓之制。但前头减细，后梢深阔为槽，可贮水斗余，上庇以厦，槽在厦，乃自上流用笕引水，下注于槽。水满，则后重而前起，水泻，则后轻而前落，即为一舂。如此昼夜不止，可毂米两斛，日省二工。以岁月积之，知非小利。❷

上述水碓因水势条件不同而制作工序不同，名称也不一样。在水流大且急的地方，冲击力大，可以设置连机碓（图 2-14）❸；在河流岸浅、平缓的地方，需要加装挡水设施，促使水流变大且急，冲击力强，制作大水轮，称作撩车碓；当河流岸深，则水轮直径减小，但是要宽大，以木板为级，用木槽引水冲击轮板，称作斗碓、鼓碓；当只有泉流细水，则选址低处，碓梢尾端设计一个水槽，用竹笕引用注入槽中，水注满后，后面重而把前面碓头抬起；水槽下降后又自动泄水，这时后面轻而前面碓头重，则重重锤落碓臼内，称作槽碓（图 2-15）❹。

图 2-14 水碓（连机碓）

---

❶❷ ［明］徐光启撰，石声汉校注，石定枎订补：《农政全书校注》，中华书局 2020 年，第 545 页。

❸ ［明］徐光启撰，石声汉校注，石定枎订补：《农政全书校注》，中华书局 2020 年，第 543 页。

❹ ［明］徐光启撰，石声汉校注，石定枎订补：《农政全书校注》，中华书局 2020 年，第 544 页。

2. 水磨

水磨，又称水硙，是一种将米、麦、豆等颗粒粮食碾磨成粉的机械，后世还用于药材加工。水磨由上磨盘、下磨盘、转轴、水轮盘、支架构成，上磨盘安装在转轴上，下磨盘及边槽悬吊于支架上，转轴另一端安装有水轮盘，以水的势能冲转水轮盘，从而带动上磨盘的转动。磨盘多用坚硬的石块制作，上下磨盘上刻有相反的螺旋纹，通过下磨盘的转动，达到粉碎谷物的目的。水磨是古代劳动人民智慧的结晶。

图 2-15　槽碓

水磨起源于何时不得而知。但是，在魏晋南北朝时期，水磨已经推广使用。《魏书·崔亮列传》记载："亮在雍州，读《杜预传》，见为八磨，嘉其有济时用，遂教民为碾。及为仆射，奏于张方桥东堰谷水造水碾磨数十区，其利十倍，国用便之。"[1] 杜预是魏晋时期将领、经学家，崔亮读《杜预传》中发现有"八磨"，受杜预造水磨的启发，建造了数十区（今称"座"）水磨和水碾。《南史·文学列传》记载祖冲之"于乐游苑造水碓磨，武帝亲自临视。"[2] 由此可见民间生产机械——水磨已推广运用到皇家苑囿中。至唐代，出现双轮水磨。据段成式《酉阳杂俎》卷五《诡习》记载"张芬曾为韦南康亲随行军，曲艺过人，力举七尺碑，定双轮水硙"。[3]

明代徐光启《农政全书》记述了古代水磨的结构、类型和工作原理，主要如下：

【水磨】凡欲置此磨，必当选择用水地所，先尽并岸掰水激转。或别引沟渠，掘地栈木，栈上置磨，以轴转磨，中下彻栈底，就作卧轮，以水激之，磨随轮转。比之陆磨，功力数倍。此卧轮磨也。又有引水置闸，甃为峻槽，槽上两傍植木架，以承水激轮轴。轴要别作竖轮，用击在上卧轮一磨。其轴末一轮，傍拨周围木齿一磨。既引水注槽，激动水轮，则上傍二磨随轮俱转。此水机巧异，又胜独磨。此立轮连二磨也。复有两船相傍，上立四楹，以茅竹为屋，各置一磨，用索缆于水急中流。船头仍斜插板木凑水，抛以铁爪，

❶　［北齐］魏收撰：《魏书》卷六十六《崔亮列传》，中华书局 2013 年，第 1481 页。

❷　［唐］李延寿撰：《南史》卷七十七《文学列传》，中华书局 2012 年，第 1774 页。

❸　［唐］段成式著：《酉阳杂俎》，齐鲁书社 2007 年，第 35 页。

使不横斜。水激立轮，其轮轴通长，旁拨二磨。或遇泛涨，则迁之近岸，可许移借。比他所又为活法磨。庶兴利者度而用之。❶（详见图2-16）

【水转连磨】其制与陆转连磨不同。此磨须用急流大水，以凑水轮。其轮高阔，轮轴围至合抱，长则随宜。中列三轮，各打大磨一槃。磨之周匝，俱列木齿。磨在轴上，阁以板木。磨傍留一狭空，透出轮辐，以打上磨木齿。此磨既转，其齿复傍打带齿二磨。则三轮之功，互拨九磨。其轴首一轮，既上打磨齿，复下打碓轴，可兼数碓。或遇天旱，旋于大轮一周，列置水筒，昼夜溉田数顷。此一水轮，可供数事，其利甚博。尝至江西等处，见此制度，俱系茶磨。所兼碓具，用捣茶叶，然后上磨。若他处地分，间有溪港大水，做此轮磨，或作碓辗，日得谷食，可给千家。诚济世之奇术也。陆转连磨，下用水轮亦可。❷（详见图2-17）

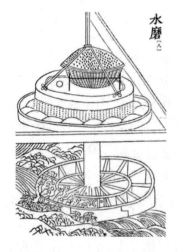

图2-16　水磨

图2-17　水转连磨

由此可知，明代水磨由主动水轮、传动轴、石磨（单磨或双磨）、支承架、引水槽构成。主动水轮与石磨均固定在同一根传动大轴上，构成一个水磨机组。根据磨盘的数量，水磨又分为单磨、双磨和多磨（连磨）；根据固定与否，水磨又分为固定水磨和活动水磨。陆地水磨一般都是固定水磨，水面水磨是在急流河水中间用两船相依搭建的水上活动单磨或活动双磨，遇河流涨水，则随时迁移近岸。

---

❶　［明］徐光启撰，石声汉校注，石定枎订补：《农政全书校注》，中华书局2020年，第534页，图第535页。

❷　［明］徐光启撰，石声汉校注，石定枎订补：《农政全书校注》，中华书局2020年，第534、540页，图第537页。

3. 水碾

水碾是古人利用水力带动碾盘把粮食、药材等物品轧碎的机械。相比之下，水磨是靠上下磨盘及其齿槽的挤压使食物磨成粉末，水碓是靠碓头在臼里冲击力使物品被捣碎，而水碾则是靠碾盘将食物碾碎，这三者各有其功能和特征。早在魏晋时期水碾已经被推广使用。据《农政全书》记载：

【水碾】水轮转碾也。《后魏书》：崔亮教民为碾，奏于方张桥东，堰谷水，造水碾数十区。岂水碾之制，自此始欤？其碾制上同，但下作卧轮，或立轮，如水磨之法。轮轴上端，穿其碾軨。水激则碾随轮转，循槽轹谷，疾若风雨。日所毂米，比于陆碾，功利过倍。[1]（详见图2－18）

【水碾三事】谓水转轮轴，可兼三事，磨砻碾也。初则置立水磨，变麦作面，一如常法。复于磨之外周造碾圆槽。如欲毂米，惟就水轮轴首，易磨置砻。既得粝米，则去砻置碾，碓軨循槽碾之，乃成熟米。夫一机三事，始终俱备，变而能通，兼而不乏，省而有要，诚便民之活法，造物之潜机。今创此制，幸识者述焉。[2]（详见图2－19）

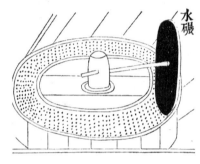

由上述可知，水碾与水磨的工作原理相同，基本结构相似，但是上部的关键构造不同，水碾没有上下磨盘，只有碾盘和碾石。水碾比用人畜力的陆碾更具有优势，功利过倍。为进一步节省空间和充分利用水流动能，古人在使用过程中往往将水碾、水碓、水磨合为一个主轴，这就是"水碾三事"（图2－19）。此机械设计使用同一个主动水轮，通过

图2－18 水碾图

灵活的传动轴端可以分别配置磨盘、碾盘和砻盘，达到"一机三功用"的效果。

4. 水砻

水砻是利用水力碾轧谷物脱壳的粮食加工机械，简单地说就是脱壳去皮的机具，这在南方比较常见，主要用于水稻脱壳。通常用竹条或柳条编成圆

---

[1]〔明〕徐光启撰，石声汉校注，石定枎订补：《农政全书校注》，中华书局2020年，第504页，图第541页。

[2]〔明〕徐光启撰，石声汉校注，石定枎订补：《农政全书校注》，中华书局2020年，第504页，图第542页。

形底圈，中间填充黏土，打入硬木齿，上下两圈相叠相对应来构成水砻。水砻下圈通过传动轴与水轮相连，并随着水轮转动，而上圈用绳索吊在木梁上，控制水砻上下圈之间的间隙。

明代徐光启《农政全书》在"水碾三事"中明确提出"如欲毇米，惟就水轮轴首，易磨置砻。既得粝米，则去砻置辗，碢轳循槽碾之，乃成熟米。夫一机三事，始终俱备，变而能通，兼而不乏，省而有要，诚便民之活法，造物之潜机。"[1] 同书还专门单列记述水砻：

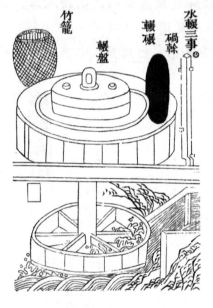

图 2-19　水碾三事

图 2-20　水砻

【水砻】水转砻也。砻制上同，但下置轮轴，以水激之，一如水磨。日夜所破谷数，可倍人畜之力。水利中未有此制，今特造立，庶临流之家，以凭做用，可为永利。[2]（详见图 2-20）

水砻的结构和工作原理与水磨相似，唯有砻与磨的关键结构差异，使用水砻的工作效率远远高于人畜动力的陆砻。据专家介绍，在山西省太原市晋祠镇发现的一座古砻，上圈直径 80cm，高 70cm，下圈高 38cm，一日可以脱谷 3000 斤左右，远胜于人力砻谷。

---

❶ ［明］徐光启撰，石声汉校注，石定枎订补：《农政全书校注》，中华书局 2020 年，第 504 页。

❷ ［明］徐光启撰，石声汉校注，石定枎订补：《农政全书校注》，中华书局 2020 年，第 504 页，图第 539 页。

5. 水打罗

水打罗是一种利用水力来筛选米面豆等食物的机具，也称之为"水击面罗"。明代徐光启《农政全书》有专门的记载：

【水击面罗】随水磨用之。其机与水排俱同。按图视谱，当自考索，罗因水力，互击椿柱，筛面甚速，倍于人力。又有就磨轮轴，作机击罗，亦为捷巧。❶（详见图 2－21）

图 2－21　水击面罗

水打罗的基本结构、工作原理与水排相似，都是通过一套传动设置运转，水轮的旋转带动竹质筛网的直线往返快速运动，筛选速度倍于人力，筛选出杂质和未脱壳谷物含量少的米面豆等食物。

（二）水力工作机械

古人除了把水力机械用于农产品加工以外，还用于冶金、纺织等其他手工业生产领域，创造出一批水力工作机械，充分体现了古代手工业生产技术的进步和劳动人民的聪明智慧。

1. 水排

水排是古人利用水力鼓风冶铁的机械装置，又称水力鼓风机。水排始见于东汉时期，公元 31 年为杜诗所创制，其原动力为水力，原理是通过曲柄连杆机构将回转运动转变为连杆的往复运动。水排是古代劳动人民的一项伟大发明，是世界机械工程史上重要的发明，早于欧洲 1000 多年。

---

❶　［明］徐光启撰，石声汉校注，石定枎订补：《农政全书校注》，中华书局 2020 年，第 540 页，图第 538 页。

中国的冶铸技术起源早：冶铜技术在西周时发展成熟，冶铁技术在春秋时期出现，秦汉时期冶炼铸造已发展到一个高峰阶段，大量的冶炼锅炉都需要鼓风设备，获得炉内高温。起初的鼓风设置是靠人力驱动，后来发展到用畜力鼓风，出现了"马排"，然而人力和畜力都受制于时间和体力的持久性问题，因此古人又发明了水排，利用水流动力替代人畜动力。东汉初建武七年（公元31年），杜诗迁任南阳太守，一向"善于计略，省爱民役""造作水排，铸为农器，用力少，见功多，百姓便之。"[1] 杜诗创造性地发明了水力鼓风设备——水排，为冶铸者鼓风吹炭火，完全利用激水鼓风，不再需要人畜力鼓风。这是中国冶铸技术史上的一大进步，后世不断推广运用，这在明代徐光启《农政全书》中有详细记载：

【水排】集韵作"橐"，与"鞲"同，韦囊吹火也。后汉杜诗为南阳太守，造作水排，铸为农器。用力少而见功多，百姓便之。注云：冶铸者为排吹炭，今激水以鼓之也。魏志曰：胡暨，字公至，为乐陵太守，徙监冶谒者。旧持冶，作马排，每一熟石用马百匹；更作人排，又费工力；暨乃因长流水为排，计其利益，三倍于前。由是器用充实。以今稽之，此排古用韦囊，今用木扇。其制：当选湍流之侧，架木立轴作二卧轮。用水激转下轮，则上轮所周绹索，通激轮前旋鼓掉枝，一例随转。其掉枝所贯行柷因而推輓卧轴左右攀耳以及排前直木，则排随来去，搧冶甚速，过于人力。又有一法，先于排前直出木簨，约长三尺，簨头竖置偃木，形如初月，上用鞦辔索悬之。复于排前植一劲竹，上带捧索，以控排扇。然后却假水轮卧轴所列拐木，自上打动排前偃木，排即随入。其拐既落，捧竹引排复回。如此，间打一轴，可供数排，宛若水碓之制，亦甚便捷。[2]（详见图 2—22）

由上述发现，水排主要由主动水轮、主轴、传动轮、受力转换装置、木风箱、木支架构成，还有木簨、劲竹、绳索和挡水及导流设施。其工作原理是利用水流冲动主动水轮转动，通过主轴带动另一端的传动轮转动，在受力转换装置的作用下将传动轮的圆周运动转换为木风箱拉杆的往复直线运动。利用这一原理，可以装置更多的水排，达到便捷高效的目的。

2. 水转大纺车

水转大纺车是利用水流动力的纺织机具，最迟于南宋时期发明创造，元代推广普及，其基本构造与人力纺车相同，关键差异是利用水力驱动纺车。

---

[1] ［宋］范晔：《后汉书》卷三十一《杜诗列传》，中华书局 1965 年，第 1094 页。

[2] ［明］徐光启撰，石声汉校注，石定枎订补：《农政全书校注》，中华书局 2020 年，第 532、534 页，图第 533 页。

图 2-22　水排

元代王祯《农书》记载水转大纺车"与水转辗磨之法俱同",即其基本原理与水碓、水磨相同,都是利用水力冲动水轮,再通过传动装置带动纺车转动。

　　明代徐光启《农政全书》中进一步记载水转大纺车的构造和工作原理,主要如下:

　　【水转大纺车】此车之制,但加所转水轮,与水转辗磨之法俱同。中原麻苎之乡,凡临流处所多置之。今特图写,庶他方绩纺之家,倣此机械。比用陆车,愈便且省,庶同获其利。❶(详见图 2-23)

图 2-23　水转大纺车

---

　　❶ 〔明〕徐光启撰,石声汉校注,石定枎订补:《农政全书校注》,中华书局 2020 年,第 545 页,图第 546 页。

　　与水碾、水磨相比，水转大纺车多 1 个主动水轮，一般为 2 个主动水轮，这是因为带动纺织机转动需要更大的功率。中原地区是苎麻之乡，在临水流急处多置水轮，通过传动轴带动纺车转动，进行纺绩。明代有的水转大纺车锭数多达 32 锭，主要用来加捻麻缕，每天可纺麻纱 100 余斤，其功效是脚踏三锭纺车的 30 多倍。元明以后，棉花逐渐推广并使用，麻纱需要量逐渐下降，大纺车纺麻量日渐减少。同时，棉花纤维短，拉力小、水转大纺车不能适用于纺棉纱，因此，它的推广使用范围与时空都是有限的。

第三节　水　景　观

水景观是指由自然水形态构成的景观，具有吸引游客并发挥观赏、游乐、度假、康养、研学等功能。常言说"水本无形，因器成之"。水景观根据其形态划分为：液态水景观、固态水景观和气态水景观。其中液态水景观根据属性划分为：泉水型、瀑布型、湖泊型、江河型和海洋型等水景观；固态水景观根据属性划分为：雪景观、冰景观、霜景观等；气态水景观根据属性划分为：云景观、雾景观、水蒸气景观。水景观根据其范围大小划分为："点状"水景观，如泉、池、塘、潭等；"线状"水景观，如溪流、江河、运河、水渠等；"面状"水景观，如湖泊、大海等。"水景观即作为人审美观赏对象的水体。水从自然之物而成为景观，是从物质性的存在上升为审美意义的存在。在人的意识中，水景观主要体现的不是它的实用价值、科学价值和经济价值，而是其审美价值和生态价值。"❶ 古人云："水不在深，有龙则灵"，即水景观的文化内涵，是对水景观文化的形象概括。本节所说的水景观，是上文所述的广义上的水景观概念，而不是狭义上的概念。❷ 这里着重讨论泉水、瀑布、冰雪三大水景观，至于河流、湖泊、海洋等水景观分别在后面各专题章节中讨论。

一、泉水景观

泉是指地下水自然流露出地表的源头，或者地下含水层露出地表的出水点。泉水，是地下水天然涌出地表的水，是大自然赐给人类的一种宝贵水资源。泉的分类有多种标准，可以根据泉水成因、出露性质、温度、化学成分、功能、补给来源、出露奇特程度、酸碱度、观赏性等进行划分。根据水流状况划分为间歇泉和常流泉，根据水流温度划分为冷泉和温泉，景观泉又按功能分为观赏泉、品茗泉和沐浴泉。人类在对泉水的认知、开发利用与保护过程中，逐渐形成了一种独特的"泉水文化"，包涵了对泉水的科学认识、开发、利用、保护、崇拜、观赏和讴歌等一系列活动，成为水文化的研究对象与内容之一。

---

❶ 靳怀堾：《中华水文化通论》，中国水利水电出版社 2015 年，第 88 页。

❷ 靳怀堾：《中华水文化通论》，中国水利水电出版社 2015 年，第 88－89 页。

（一）泉字的水文化内涵

"泉"字字体的演化，展现了丰富的水文化内涵。其甲骨文写作⿰、⿰、⿰等，金文写作⿰、⿰、⿰等，虽然字形不尽相同，但均属典型的象形字，似水从穴中流出的形状。"泉"字篆体写作"⿰""⿰""⿰""⿰"四个字。《说文解字》云："泉，水原（源）也。象水流出成川形。"[1] 泉是水的源头。又云："⿰（源），水本也。"[2] "⿰"字原义是指泉水的本源。又云："⿰，三泉也。"注："凡积三为一者，皆谓其多也。"[3] "⿰"字原义是指泉眼多、水量大。"泉"字隶体写作"泉""原"，出现在汉代的《曹全碑》《郭有道碑》中。这些"泉"字写法的演变充分展现了泉字具有原始的水文化内涵。

（二）泉水景观的类型

泉水类型多种多样，泉水景观类型亦是繁多，但是开发利用价值较大且能够吸引大众的泉水景观却不多，现略举数例如下：

1. 冷泉景观

根据泉水临界温度划分，泉水温度低于 25℃ 称冷泉，高于 25℃ 称温泉。冷泉，分布最广，数量最多。据统计，在中国五大名泉中，江苏镇江中冷泉，号称"天下第一泉"，是品茗、游览的胜地；无锡惠山泉，号称"天下第二泉"；苏州观音泉，名列为第三泉；杭州虎跑泉，名列全国第四；济南趵突泉，为当地七十二泉之首，列为全国第五泉。

2. 温泉景观

据初步统计，中国各省、自治区、直辖市已发现温泉达 3000 多处。根据泉水温度，可以分为微温泉（25～33℃）、温泉（34～37℃）、热泉（38～42℃）、高热泉（高于 43℃）。

温泉文化究竟起源于何处？这个答案已经年代久远得不可实考。

中国人较早发现并利用温泉，还应用温泉治病，已有数千年的悠久历史。将温泉用于治疗，是第一代温泉开发利用模式。

据说，日本人一开始并不知道利用温泉，是随着中国文化包括温泉文化传入日本后，他们开始懂得温泉治疗功效，并且爱上泡温泉，用于休闲养生、治疗疾病。将温泉用于休闲养生，是第二代温泉开发利用模式。

韩国温泉最大特点就是人性化的服务。其中针对女性的美容服务更是琳琅满目，据说韩国女人漂亮的原因之一是泡温泉洗澡。将温泉用于美容服务，是第三代温泉开发模式。

---

[1][2][3] ［汉］许慎撰，［清］段玉裁注：《说文解字》，上海古籍出版社 1981 年，第 569 页。

3. 盐泉

盐泉是指含有丰富盐质的矿泉。其中影响大的盐泉，位于四川省巫溪县大宁河西岸宁厂镇。这里有一座誉为"川东古刹之冠"的猎神庙，庙中有一处奇异的"盐泉"，煮泉即可成盐。原名白鹿泉，因一名猎人追捕一头白鹿而发现得名。

4. 潆泉

潆泉是指从地层深处喷出地表的水，含有氮、磷、钾等元素，用于农田灌溉，肥效显著。合阳潆泉，被誉为"中华绝景"，位于陕西省合阳县东部塬下黄河西岸夏阳一带，现有天然潆泉 7 个，是渭南市有名的大泉之一。

5. 鱼泉

鱼泉是指泉水中会涌出鱼类的泉水。在重庆市城口县任河及前河流经的峡谷中，有多处鱼泉，这些泉内生活着鲶鱼、鲮鱼、鳟鱼、嘉鱼等十种鱼。每年清明前后都要涌出大批鱼群，有些泉能涌出几千公斤鱼，故此又称"清明吐鱼泉"。

以重庆农户杨丹家鱼泉为典型，这个鱼泉位于大宁河边上的宁厂镇工人街 1 号，是他父亲挖井挖出来的。每年的汛期都能用簸箕接到 1000 多斤淡水鱼，卖给附近村民或游客，并在汛期引大量游客来参观，收入可达年 30 万元，简直是一个活生生的聚宝盆。

6. 虾泉

虾泉是指适宜虾类生长繁殖的泉水。全国闻名的虾泉，位于广西壮族自治区南宁市平果县城西虾山脚下，有一泉口，离江边很近，清澈明净的泉水注入右江。每年农历三四月夜深时，密密匝匝的虾群云集右江水和泉水汇合处以上的浅水洼里，争先恐后地逆水奋进。这里虾的奇特习性是"江里生，泉里养"，右江是"老家"，虾泉为"别墅"。当地村民在夜间往泉口安一个虾笼，"守笼待虾"便可不"捞"而获十几公斤"战利品"。

7. 水火泉

水火泉是指泉水中含有甲烷等可燃性气体成分，容易出现水中出火的罕见奇景的泉水，俗称为"水火同源"。全世界著名的水火泉，位于中国台湾台南县自河镇东部约 8km 的关子岭北麓，有一处"水火同源"壮景，泉水从那黝黑的岩石缝里涌出，水色灰黑，水味苦咸。俗话说"水火不相容"，然而这里的泉水流进一个小池里，水温高达 84℃，滚滚如沸，浓烟从水中腾起，高三四尺，只要在水面上点燃一根火柴，火焰就能从水中燃烧，连水池边上的岩石，都被烤得黝黑。其实泉水能够点燃的原理是因为地下水中含有甲烷等可燃性气体成分的缘故。

（三）泉水景观的人文底蕴

自古以来，泉水景观吸引了无数的文人骚客、名僧、道士，为之吟诗作赋、挥毫泼墨、神话故事，积淀了无比丰厚的人文底蕴。历史上，泉水的人文故事、神话传说不计其数，比较典型的是难老泉、珍珠泉和月牙泉的人文内涵。

1. 山西的难老泉

山西晋祠有三泉为晋水之源，即晋水有三个源泉：一是善利泉，一是鱼沼泉，一是难老泉。其中难老泉是三泉中的主泉，晋水的源头就从这里流出，长年不息，水温保持在17℃。难老泉与周柏、侍女像又合称"晋祠三绝"。

关于难老泉，还有一个"柳氏坐瓮，饮马抽鞭"的民间故事，后人为了纪念善良的柳氏女子，称她为水母，在难老泉的西侧建起了水母楼，楼内塑有一尊端庄秀丽的水母塑像。

2. 济南的珍珠泉

珍珠泉为"泉城"——山东济南的第三大名泉，位于济南旧城中心，今泉城路珍珠泉礼堂内北面，明清时期为山东巡抚驻地，匾额为乾隆皇帝御笔亲题。在它周围有许多小泉，如楚泉、溪亭泉、舜泉、玉环泉、太乙泉等，被称为珍珠泉泉群。人们传说，珍珠泉的串串"珍珠"是当年舜的两个妃子——娥皇和女英的眼泪所化。后人有诗曰："娥皇女英异别泪，化作珍珠清泉水。"

3. 敦煌的月牙泉

月牙泉，古称沙井，俗名药泉，是沙漠中的泉水。现在是闻名全国的鸣沙山月牙泉风景名胜区，位于甘肃省河西走廊西端的敦煌市西南5km处。自汉朝起即为"敦煌八景"之一，得名"月泉晓澈"。月牙泉南北长近100m，东西宽约25m，泉水东深西浅，最深处约5m，弯曲如新月，因而得名，有"沙漠第一泉"之称。相传泉内生长有铁背鱼、七星草，专医疑难杂症，食之可长生不老，故又有"药泉"之称。

相传在很久以前，敦煌一带大旱，老百姓哀泣，美丽善良的白云仙子情不自禁掉下了同情的眼泪，泪珠落地化为清泉，解救了百姓。百姓修建了五座庙宇供奉白云仙子，以示感恩，却惹恼了神沙观里的神沙大仙，他试图用一把把黄沙化作沙山埋掉清泉，赶走夺他香火的白云仙子。后来，白云仙子从嫦娥借来一弯新月，降至鸣沙山的谷地化为清澈的月牙泉。任凭神沙大仙使尽术法填沙，但那一弯清泉始终安然无恙，气得神沙大仙咆哮如雷，沙山因此而鸣响。

除上述泉水以外，还有大量可观赏的、具有审美价值的泉水景观。云南大理的蝴蝶泉，每年农历四月下旬可以在泉水周边观赏到美丽的蝴蝶盛会，无数的色彩斑斓的蝴蝶首尾相接，甚至从蝴蝶树上直垂水面，令人惊奇不止。桂平乳泉、广元羞泉、西藏爆炸泉等都是国内著名的泉水景观，具有较高的审美价值和旅游开发利用价值。

二、瀑布景观

常言道："水性至柔，是瀑必劲。""水到绝境成瀑布。"瀑布是指从溪流、河床纵断面陡坡或悬崖上倾泻而下的水流。瀑布形态万千，景观各异，形成了丰富多彩的瀑布景观文化。

（一）瀑布类型

瀑布类型多种多样，有高低、大小、自然与人工之分，大的瀑布犹如天上银河奔泻而下、气势磅礴；小的瀑布细如丝带，薄如云雾，随风舞动。

据统计，世界上较大的瀑布有1000多处，多数瀑布以落差（高度）大而著名，有的瀑布以宽度大而著名，有的瀑布以水量大而闻名。世界上瀑面较宽的瀑布，主要有：非洲的莫西瓦图尼亚瀑布，瀑宽可达1800m，为世界最宽的瀑布；非洲赞比西河的中游维多利亚瀑布，瀑宽可达1700余m。世界上落差较大的瀑布，主要有：南美洲的安赫尔瀑布，落差达979m，是世界上落差最大的瀑布；其次还有非洲的图盖拉瀑布（落差853m）、南美洲巴西境内的伊塔廷加瀑布（落差628m）、圭亚那和委内瑞拉边境上的库凯南瀑布（落差610m）、欧洲瑞士境内的吉斯巴赫瀑布（落差604m）、大洋洲新西兰南岛的萨瑟兰瀑布（落差580m）、欧洲挪威的奥尔梅里瀑布（落差563m）、蒂赛瀑布（落差533m）、美国夏威夷群岛上的卡希瓦瀑布（落差533m）、巴西的皮拉奥瀑布（落差524m）等，以上为世界十大落差最大的瀑布。[1]

位于亚洲湄公河上的孔瀑布，平均流量1.1万 m³/s，是世界上平均流量最大的瀑布，但其落差只有21m。其次还有巴拉那河上的塞特凯达斯瀑布，平均流量8260m³/s；尼亚加拉河上的尼亚加拉瀑布，平均流量6000m³/s；乌拉圭河上的格兰德瀑布，平均流量3000m³/s；巴拉那河上的乌鲁布蓬加瀑布，平均流量2750m³/s；伊瓜苏河上的伊瓜苏瀑布，平均流量1750m³/s；

---

[1] 李方正主编：《如帘似帛的瀑布》，北方妇女儿童出版社2000年，第4页。

这些是世界上以平均流量大而闻名的瀑布。[1]

中国江河众多，幅员辽阔，瀑布胜景遍及全国各地，数量众多，类型多种多样。主要有：

大龙湫瀑布，位于浙江省雁荡山胜景，"雁荡三绝"之首，是中国大陆落差（190 余 m）最大的瀑布之一，有"天下第一瀑"之美称。

壶口瀑布，位于山西省临汾市吉县壶口镇，是中国第二大瀑布，世界上唯一的金黄色瀑布，世界上最大的黄色瀑布。

吊水楼瀑布，位于黑龙江省宁安市，世界最大的玄武岩瀑布，镜泊湖著名景点，中国最大、纬度最高的火山瀑布。

九寨沟瀑布，位于四川省阿坝九寨沟风景名胜区，形成了九寨沟瀑布群，成为中国最宽的瀑布、中国大型钙化瀑布景观之一，也被称为中国最洁净的瀑布群。

德天瀑布，位于广西壮族自治区崇左市大新县，落差 78m，瀑宽 208m，是亚洲第一、世界第四大跨国瀑布，以气势恢宏壮观著称的岩溶瀑布。

九龙瀑布，位于云南省曲靖市罗平县，是九龙河上最负盛名的大瀑布群，被誉为"九龙十瀑、南国一绝"。

海螺沟大冰瀑布，位于四川省甘孜州，是中国最高最大的冰瀑布。处于以低海拔现代冰川著称于世的海螺沟冰川的上端，是国内罕见的大冰瀑布。

三峡大瀑布，位于湖北宜昌市，别称白果树瀑布，以天然瀑布群和峡谷丛林风光闻名。最出名的是有"三峡天下雄，最美是晓峰"之称的晓峰风景区。

黄果树瀑布，位于贵州安顺市，素有"天下奇景"之称，是中国第一大瀑布。它由瀑布、水帘洞和犀牛潭三部分组成，主瀑布高 66.8m，宽 81.2m，顶上还有一级 4.5m 的"瀑上瀑"，加起来共高 71.3m，流速 17m/s。

井冈山龙潭瀑布，位于井冈山市茨坪镇，有"五潭十八瀑"之称，以瀑布数量多、落差大、形态美而著称。第一级碧玉潭，落差 67m，水声震耳，水雾如烟；第二级锁龙潭，瀑隐林中，水声沉闷，好似蛟龙欲出；第三级珍珠潭，落差 30m，水声清脆，好似珍珠落玉盘；第四级击鼓潭，瀑跌深潭，声若击鼓；第五级仙女潭，落差 40m，形态最美，恰似仙女翩翩起舞。

至此，以上瀑布景观之美，都有一点共识：瀑布之美，美在自然。以黄果树瀑布群为例，它是喀斯特地貌侵蚀裂典型瀑布，是世界上最大的喀斯特

---

[1]　李方正主编：《如帘似帛的瀑布》，北方妇女儿童出版社 2000 年，第 5 页。

地貌瀑布群。

（二）瀑布景观文化

世界上大多数著名的游览胜境，都与名川飞瀑有不解之缘；而高山峡谷、急流飞瀑又往往成为游览胜地，吸引络绎不绝的游客，留下流传至今的诗词歌赋或者游记，成为水文化宝库中的绚丽篇章。

瀑布，姿态万千，变化无穷，瑰丽多彩，为美丽山河增添无数的胜境。相对其他水体景观而言，瀑布景观不在于实用价值，而在于审美价值与生态价值，给予人们无限的精神美感享受，感受瀑布无穷的魅力，引发人们无限的遐想。

自古以来，无数文人墨客对瀑布钟爱有加，不但留下登临观赏的足迹，而且留下了无数以瀑布为题材的诗词歌赋、绘画和石刻等墨宝及佳话，为当地瀑布景观增添了浓厚的文化色彩。例如庐山瀑布，位于江西省九江市庐山市庐山风景名胜区。相对于上文瀑布"美在自然"，又增添一点共识："瀑布之美，美在人文。"江西庐山，素有"匡庐奇秀甲天下"之美誉，而庐山之美，瀑布居首。庐山瀑布群是有历史的，历代诸多文人骚客在此赋诗题词，赞颂其壮观雄伟，给庐山瀑布带来了极高的声誉。最有名的是唐代诗人李白的《题庐山瀑布》："日照香炉生紫烟，遥看瀑布挂前川。飞流直下三千尺，疑是银河落九天。"这首诗已经成千古绝唱。

这些美轮美奂的自然瀑布景观，还留下了许多美妙的神话故事传说。这些神话传说，体现了古代劳动人民的智慧，反映了古人的美好愿望，给瀑布景观增添了更多神奇迷人的色彩和生动形象的情趣。

三、冰雪景观

冰雪本身是水的结晶，但是一旦与人类的智慧与思想感情结合，便产生无限的遐想与内涵，这就是冰雪文化的源头。

（一）雪景观

不同时代的文人，用文字笔墨展现不同的雪舞姿，为雪景观留下浓重的文化色彩。其中许多古代诗歌就承载了历史上雪景观及其文化内涵。

唐代柳宗元的《江雪》：

> 千山鸟飞绝，万径人踪灭。
>
> 孤舟蓑笠翁，独钓寒江雪。

诗中描绘了笼罩大地的江边大雪景观，山上是雪，路上是雪，满眼是雪，"千山""万径"都是雪，以"鸟飞绝""人踪灭"来反衬出当时大冰雪的奇特景象。当然，在大雪纷飞的江面上，一叶小舟，一个老渔翁，独自在寒冷的江心垂钓，其意境无比深远，透露出诗人具有渔翁清高、孤傲、不畏寒冷的个性。

如果说《江雪》是描写白天大雪景观的诗，那么古代描写夜雪景象的诗也比较多，其中唐代白居易《夜雪》比较有代表性，诗云：

> 已讶衾枕冷，复见窗户明。
>
> 夜深知雪重，时闻折竹声。

作者通过一些意象侧面来描写江州时夜晚的大雪景象，"枕冷"表达大雪景象中冷的触觉，"窗户明"表达大雪景象中反光的视觉，"折竹声"表达大雪景象中雪大、雪厚、雪重的听觉。时时传来的积雪压折竹枝的声音，可以知外面雪势越下越大、越来越沉重。当然作者无心于夜晚大雪的审美，仅是表达自己孤寂、无奈、无眠的思想感受，却无意中将南方江州夜晚大雪的美景完全表达出来。

上文两首古诗是专写白天、夜晚的大雪，其他自然物都是衬托。然而有些诗中引用一些自然衬托物如梅花与雪天然结合，引发古今文人无尽的思索与联想，成为独特的雪梅景观。古诗《雪梅》极富有代表性，诗云：

> 梅雪争春未肯降，骚人搁笔费评章。
>
> 梅须逊雪三分白，雪却输梅一段香。

此诗把白雪、梅花并写，白雪因梅花衬托更洁白，接近春天的前奏；梅花因白雪衬托更鲜艳，具有不畏严寒、报春透香的特性；雪不在大，有梅即好。此诗是意味深长，理趣皆有，言外之意：白雪没有梅香，梅花不如雪白，告诫人们各有所长，各有所短，要相互包容襄助。

大雪景象，必有冻冰。冰、雪往往是文人骚客吟咏的对象，冰是透明的、纯洁的。冰凌如花的美好，只有用文字才能表达出来。有许多诗词歌赋赞美冰景观，略举一例，陈寡言《山居》诗云：

> 照水冰如鉴，扫雪玉为尘。
>
> 何须问今古，便是上皇人。

此诗中"冰"如镜，"雪"如玉，反映山村出现的独特的冰雪景观及审美心态。作者用简洁的笔墨勾勒了一幅古朴、淳美的山居冰雪景观图画，表达诗人热爱山居清静的情趣和避世喧嚣的情怀。

（二）冰雕景观

冰雕是一种以冰为主要材料来雕刻的艺术形式，属于造型艺术。通常认为冰雕艺术起源于中国和俄罗斯，已经有几百年的历史。冰雕有环保教育、防暑降温、国际交流等诸多功能。冰雕类型繁多，同其他材料的雕塑工艺一样，冰雕分圆雕、浮雕和透雕三种；从大小来划分，既有小型的桌面装饰冰雕，又有冰雕滑梯、冰雕城堡、冰雕宝塔等，还有大至满城布置的城市冰雕。因为材料的可变性和挥发性，冰雕表现出了许多难点。要仔细选择适合冰雕的冰。理想的冰应该由纯净的水制成，这样才有很高的透明度，还应包含尽量少的气泡。

据说，早在 17 世纪，黑龙江省渔民、猎户在冬天用水桶装满水，待自然结冰后取出，挖凿空洞，放置蜡烛，制成冰质灯笼，用于黑夜的生活、生产照明。因原料易得、又不费钱，所为这种冰灯做法广为流传，富人家开始用冰灯装饰自家门户，并演变成了一些庆典活动中的重要物品。至近代，冰雕艺术作品越来越多，逐渐演化出成哈尔滨冰雕艺术展，继之出现举办一年一度的国际冰雕展、国际冰雪节庆活动，哈尔滨为此成为每年国际冰雕展、国际冰雪节的重要举办地，吸引着世界各地成千上万的艺术家和游客，促进了哈尔滨文化旅游及相关产业的快速发展。

冰雕文化集冰雕艺术的复杂性和观赏性于一体，颇具独特性，已经成为艺术领域的新热点。冰雕艺术与其他雕刻艺术不同，它有其独特的个性特征：一是冰雕艺术是艺术的一种表达形式，以独特的雕刻工艺技术，将纯净无瑕的自然水、五彩缤纷的灯光、曼妙旋律的音乐组合起来，表达着人们对美的追求与向往；二是冰雕艺术具有多层级审美，既是自然艺术，也是环境艺术，又是空间艺术，还是人文艺术，向人们传达自然审美、环境审美、空间审美和文化审美价值和理念，表达了多层级的艺术情感和审美情感的追求；三是冰雕艺术具有不可复制性❶，冰雕艺术作品受地域及温度的影响，具有不可复制的特点，它们随着温度的提高和环境的变化而消失，这更让冰雕艺术具有独一无二的珍稀艺术特色。

除中国哈尔滨冰雕展享誉全球以外，世界上还有加拿大、瑞典、日本等国家一年一度的冰雕文化节。

四、园林水景观

园林水景观，不论大小，特别讲究精巧别致、雅俗共赏，富有水文化内涵与审美意境。

园林水景观起源较早，在战国末期，秦始皇修建阿房宫，渭水、樊川

---

❶　胡文平：《冰雕造型艺术的审美特点》，《美与时代》（中）2015 年第 6 期，第 113 页。

"二川溶溶，流入宫墙"，构筑"长桥卧波"的人文景观。东汉灵帝时，掖庭令毕岚创造性地制作出蟾蜍吐水的喷泉水景观。《三国典略》卷二记载两件以水设景的"仙人欹器"与"水芝欹器"精品园林水景观。

唐宋时期，园林水景观设计与建造有进一步的审美文化要求与布置标准。北宋郭熙《林泉高致》详细地总结水景观工艺："水，活物也，其形欲深静，欲柔滑，欲汪洋，欲回环，欲肥腻，欲喷薄，欲激射，欲多泉，欲远流，欲瀑布插天，欲溅扑入地，欲渔钓怡怡，欲草木欣欣，欲挟烟云而秀媚，欲照溪谷而光辉，此水之活体也。""山以水为血脉，以草木为毛发，以烟云为神采，故山得水而活，得草木而华，得烟云而秀媚。水以山为面，以亭榭为眉目，以渔钓为精神，故水得山而媚，得亭榭而明快，得渔钓而旷落，此山水之布置也。"这里深刻说明了水的本性与特点，论述了水景观的成像特点及审美，分析了水与山、水与植物、水与建筑以及水与空间之间的组合审美意境。明代文震亨《长物志》中明确提出一个水石构景的观点："石令人古，水令人远，园林水石，最不可无。"他认为水石是园林造景的基本要素，水令人遐想万千，园林建设最不可缺少水与石材。清代以后，全国以北京圆明园皇家园林水景观为最高典范，以江苏苏州园林水景观为家居园林设计的标准，园林水景观成为江南水乡居家的必备建筑，随之又推动了园林水景观的建设发展及其内涵的丰富。

第三章 精神水文化

精神水文化是人类在涉水活动过程中创造的精神财富,是水文化的核心和灵魂。精神水文化是人们在长期与水打交道的过程中形成的深厚心理积淀,体现了人类心灵与水对话的智慧和能力,具有最高层次的智慧性、审美性和价值性。在本章中主要探讨中华民族在源远流长的历史中形成的水精神、水文学、水艺术、水民俗,理解精神水文化的内涵,掌握大禹治水精神、现代抗洪精神、水利行业精神等,了解水与文学、水与艺术、水与民俗之间的相互作用、相互影响。

第一节 水 精 神

水精神是与涉水活动有关而形成的精神文化,是人们以水为载体创造的精神财富的精华,是民族精神的重要组成部分。水精神具有主导性、目的性、可塑性,成为水文化的灵魂。在中华民族源远流长的历史长河中,水精神形成了丰富的内涵。以下着重讲述大禹治水精神、现代抗洪精神、水利行业精神等内容[1]。

一、大禹治水精神

关于大禹治水的研究成果十分丰富。胡金星认为,大禹精神为艰苦奋斗、团结众人、因势利导、科学治水、公而忘私、为民造福的奉献精神。[2]贾兵强认为,在治水过程中,大禹依靠艰苦奋斗、因势利导、科学治水、以人为本的理念,克服重重困难,终于取得了治水的成功,由此形成以公而忘私、民

---

❶ 李水弟、高遇全:《大学生水文化教育》,中国水利水电出版社 2014 年,第 139 - 152 页。

❷ 胡金星:《从大禹治水精神浅谈水文化与民族精神和时代精神》,参见首届中国水文化论坛优秀论文集,中国水利水电出版社 2009 年,第 5 页。

族至上、民为邦本、科学创新等为内涵的大禹治水精神。❶ 朱海风认为，大禹治水精神是中华民族凝聚力产生的渊源，对实现中国梦有着重要的意义。❷

图 3-1 大禹治水画像石❸

大禹治水，历代传颂，妇孺皆知。据《史记·夏本纪》记载：大禹，又称夏禹，名曰文命，夏朝创立者，古代治水英雄（图 3-1）。大禹作为中华民族的伟大祖先之一，他不但成功治理洪水，而且通过治水创建了中国历史上第一个奴隶制国家，使松散的氏族部落联盟逐渐形成多民族的统一的国家，开启了中华民族齐心协力、互帮互助、共济时艰的先风，促进了中华民族的凝聚力和向心力，为中华民族的形成和发展做出了巨大贡献。

大禹治水已经成为中华民族的文化现象，是中华民族优秀民族精神的生动体现。大禹治水留下的宝贵精神财富，已经成为中华民族精神的内核之一，是中华民族优秀传统文化的重要组成部分。大禹治水精神主要表现在以下几个方面：

一是不畏艰险、负重致远的精神。《尚书·尧典》载："汤汤洪水方割，荡荡怀山襄陵，浩浩滔天。"❹《淮南子·要略》也载："禹之时，天下大水。禹身执蔂（垂）［臿］，以为民先，剔河而道九岐，凿河而通九路，辟五湖而定东海。"❺ 往古之时，洪水滔天，面对严重的洪水灾害，鲧、禹部族不畏艰险，承担起治理洪水的重任。鲧治洪水"九年而水不息"，尧乃杀鲧，并命大禹继承父亲的治水大业。大禹临危受命，治理洪荒，充分说明了大禹不畏艰险的气度、顽强拼搏的气概、脚踏实地的意识、负重致远的精神。

二是公而忘私、为民造福的精神。在治水的过程中，大禹始终以为民造

❶ 贾兵强：《大禹治水精神及其现实意义》，《华北水利水电学院学报（社科版）》2011 年第 4 期，第 28-31 页。

❷ 朱海风：《试论大禹精神及红旗渠精神脉络与中原治水文化内涵发展》，《河南水利与南水北调》2014 年第 5 期，第 21-23 页。

❸ 李飞：《夏商周时代》，山东科学技术出版社 2017 年，第 16 页。

❹ 冀昀：《尚书》，线装书局 2007 年，第 6 页。

❺ ［汉］刘安：《淮南子》，岳麓书社 2015 年，第 231 页。

福为己任，留下了许多感人的事迹。《吴越春秋》记载大禹"受命于天，竭力以劳万民""三十未娶，行至涂山，恐时之暮，失其度制""禹因娶涂山，谓之女娇，取辛壬癸甲。禹行十月，女娇生子启。启生不见父，昼夕呱呱啼泣"。❶《史记·夏本纪》也记载：大禹率百姓行山表木，定高山大川，"居外十三年，过家门不敢入"。❷ 大禹为了治水，三十岁后才成婚，婚后四天便告别妻子回到治水前线，此后长年在外，过家门而不入。大禹为了治理洪患，解除民众的痛苦，达到了公而忘私、为民造福的崇高精神境界。

三是实事求是、大胆创新的精神。《尚书·禹贡》记载："夫五行相胜之序，土能治水，故鲧执此以为治水之法，故其施功也，惟务以土而湮之障之。夫洪水之势浩浩滔天，奔突漂悍，乃欲以土而郭之，以与水争势于堤防之间，适以激其怒而增其势，而至于奔突漂悍也。故至九载，绩用弗成。若夫禹治水则不然，以谓水性润下，惟使行其所无事，则水得其性矣。故其治水也，惟务敷土而散之，顺其自然，不与水争势于堤防之间，而水得其性矣，此所以有成功也。"❸ 大禹摒除父亲鲧"堵水"方法，吸取教训，研透"顺水之性"的规律，制定了"改堵为疏、疏堵结合"的治水方略，创造了科学的治水理念。大禹精勘山水地理，尊重自然规律，因势利导、严谨细致、求真务实和大胆创新的精神为后世治水树立了榜样。

四是艰苦奋斗、坚韧不拔的精神。《史记·夏本纪》记载，在治理水患的艰苦岁月中，大禹"薄衣食，致孝于鬼神。卑宫室，致费于沟减"。❹《韩非子·五蠹》也记载：由于艰苦的治水工作，大禹"股无胈，胫不生毛；虽臣虏之劳，不苦于此矣"。❺ 大禹在外治水十三年，顶风冒雨，风餐露宿。大禹艰苦奋斗，吃苦耐劳，以坚韧不拔的执着精神，踏遍山川大地，终使百川导入大海，平息了水患。

五是以身作则、团结治水的精神。《韩非子·五蠹》记载，大禹"身执耒臿，以为民先"。❻大禹治水时，以身作则，身先士卒，埋头苦干，忘我奉献。同时，大禹注意发挥各部落集体的力量，会同天下各族同心协力、团结治水。《国语·周语》记载：大禹治水时，"共之从孙四岳佐之，高高下下，疏川道滞，钟水丰物，封崇九山，决汩九川，陂障九泽，丰殖九薮，汩越九原，宅

---

❶ ［汉］赵晔，［明］吴管校，徐天佑注：《吴越春秋》，商务印书馆1937年，第128页。
❷❹ ［汉］司马迁：《史记》卷二《夏本纪》，中华书局1982年，第51页。
❸ ［宋］林之奇：《尚书全解》，山东友谊出版社1992年，第375页。
❺❻ 唐敬杲选注：《韩非子》，崇文书局2014年，第82页。

居九隩，合通四海"。❶《荀子·成相》记载："禹傅土，平天下，躬亲为民行劳苦。得益、皋陶、横革、直成为辅。"❷ 在大禹的领导下，众多部落相互配合支持，统一行动，共同战胜了洪涝灾害。大禹治水的工程促进了各部落的团结，促进了中华民族的形成和发展。

六是举贤任能、赏罚分明的精神。在治水过程中，大禹举贤任能，善于用人，人尽其才，善于纳谏。大禹重用善于畜牧和狩猎的东夷人伯益，并与伯益一道共谋治水之策。在继承人问题上，大禹同尧舜一样传贤不传子。他曾把富有才能、掌管司法的皋陶选为继承人。因皋陶早死，未继位；他又选定助他治水有功的伯益为继承人。《史记·夏本纪》记载："帝禹东巡狩，至于会稽而崩。以天下授益。"❸ 由于"诸侯去益而朝启"，禹之子启才即天子之位。大禹在治水过程中还"为纲为纪"，赏罚分明。一方面，大禹实行"功无微而不赏"的原则，"封有功，爵有德"，对有功劳的封赏，对有德的赐给爵位。《史记·夏本纪》记载："帝禹东巡狩，至于会稽而崩。以天下授益。……或言禹会诸侯江南计功而崩，因葬焉，命曰会稽。"❹ 各地诸侯根据禹的通知，按时到达。会盟和祭祀活动如期举行。大禹和各地诸侯隆重祭拜天地，供奉"牺牲"大礼，演奏《大夏》音乐，纵情歌舞。在祭典之后，大禹按照"三年一考功"的惯例，根据涂山大会以来的情况进行考核评议，计功行赏。另一方面，大禹又实行"恶无细而不诛"的原则，有功必赏的同时有过必罚。大禹会事先"造井示民"，教育百姓，而且自己"声为律""身为度"，以身示范，若有恶事就会受到应有的惩罚。明沈溥《防风氏庙记》讲："按神当大禹王天下治水，南巡至会稽，诸侯各以其方至而肆觐焉。防风后至，斩以示众。"❺ 大禹会诸侯于会稽山上时，防风氏晚到，且治水不力，被大禹当场处死。大禹治水的过程体现了立法明律、赏罚分明、铁面无私、公正严明的精神。

大禹治水，体现了中华民族敢与大自然抗争、自强不息、坚韧不拔的奋斗精神，体现了中华民族勤劳、智慧、勇敢、奉献、团结的精神，体现了中华民族勇于挑战、勇于创新、善于利用自然、改造自然的优秀品质，这些精神与品质已经融入炎黄子孙的血脉，成为中华民族精神的重要组成部分。

---

❶　[战国] 左丘明：《国语》，上海古籍出版社 2015 年，第 68 页。

❷　[战国] 荀况，方达评注：《荀子》，商务印书馆 2016 年，第 445 页。

❸❹　[汉] 司马迁：《史记》卷二《夏本纪》，中华书局 1982 年，第 83 页。

❺　钟伟今、欧阳习庸：《防风氏资料汇编》，黑龙江人民出版社 2013 年，第 71 页。

二、现代抗洪精神

在中华民族源远流长的历史长河中，水精神有着丰富的内容，是中华民族绵延不断的精神动力。我们既要学习古人的治水精神，又要学习当今的治水精神，如 1998 年抗洪精神。

（一）产生背景

1998 年夏，我国大片地区遭遇了特大洪水，洪水来势之猛、水位之高、范围之广、时间之长，均为历史所罕见。如九江地区，1998 年夏秋之交多次发生强降雨过程，九江城防大堤 4～5 号闸口突发溃决后，洪水直接威胁 40 多万九江人民的生命财产安全。洪水无情人有情，全国军民情系灾区，数百万军民齐心协力，奋起抗洪，铸就出了伟大的"九八抗洪精神"。

（二）抗洪精神内容

在 1998 年的抗洪斗争中，我们形成了"万众一心、众志成城，不怕困难、顽强拼搏，坚韧不拔、敢于胜利的伟大抗洪精神"。[1]"九八抗洪精神"有着丰富的内涵。

1. 万众一心、众志成城

这场抗洪抢险斗争，规模之大，气势之壮，斗争之严酷激烈，是历史罕见的，也是世界罕见的。在这场抗洪抢险斗争中，上下一心、干群一心、党群一心、军民一心、前方后方一心，形成了"万众一心、众志成城"的伟大抗洪精神。

2. 不怕困难、顽强拼搏

这是在人水相搏的严酷形势下产生的。面对洪水猛兽，抗洪军民为了国家和人民的利益，为了保卫改革开放成果，不怕困难，不畏艰险，英勇抗击，顽强拼搏。这场抗洪抢险斗争不是短时间的水来土掩、兵来将挡，而是长时间的反复较量；不是个别人的身先士卒、出生入死，而是整个抗洪军民的团结合作、顽强拼搏。广大军民作为一个英雄群体，舍生忘死、舍己救人，这是中华民族伟大精神的体现。

3. 坚韧不拔、敢于胜利

这场抗洪抢险斗争彰显出抗洪军民坚韧不拔的坚强意志和敢于胜利的坚定信念。这次特大洪水，来势猛，水位高，范围广，持续时间长，冲击波一次又一次凶猛袭来。尽管人被累乏，堤被泡软，抗洪抢险物资一次又一次被

---

[1] 中共中央政策研究室：《江泽民论社会主义精神文明建设》，中央文献出版社 1999 年，第 144 页。

用完，抗洪军民始终不屈不挠、坚韧不拔，发扬不怕疲劳、连续作战的作风，坚守大堤，勇堵决口，力排险情，表现出了百折不挠的顽强意志。在特大洪水的严峻挑战面前，抗洪军民始终没有退却，带着敢于胜利的信念和决心，立下军令状，竖起生死牌，勇敢迎击，沉着应战，哪里洪水最凶猛，就冲向哪里，哪里险情最危急，就冲向哪里，展现出了不获全胜誓不罢休的高昂士气，最终夺取了一个又一个抗洪抢险斗争的重大胜利。❶

（三）精神实质

"九八抗洪精神"的实质是，以公而忘私、舍生忘死的共产主义精神为灵魂；以人民利益、国家利益、全局利益至上的大局意识为核心；以团结一致、齐心协力、"一方有难，八方支援"的社会主义大协作精神为纽带；以不怕困难、不畏艰险、敢于胜利的革命英雄主义精神为旗帜；以自强不息、贵公重义、艰苦奋斗、同舟共济、坚韧不拔、自尊自励等传统美德为血脉为营养。❷"九八抗洪精神"是这一切高贵美好的品格在共同抗击自然灾害的殊死搏斗中所形成的交汇点——时代精神和民族精神的交汇点，社会主义和爱国主义、集体主义的交汇点，革命英雄主义和社会主义人道主义的交汇点。它使我们看到美好的品格和行为一旦集中起来会是多么壮美，亿万人民的力量一旦集中起来会是多么强大，毫不利己、专门利人的中国共产党人的思想情操一旦和中华民族的传统美德结合起来，会把我们的民族品格带向一个多么光辉灿烂的境界。它使人们进一步看到了中国的希望和前途，看到了人类的美好未来。❸

"九八抗洪精神"具有鲜明的时代精神，是中国共产党精神谱系的重要内容，是中华民族最美好、最高贵思想品格的集大成者。在"九八抗洪精神"的鼓舞下，抗洪抢险斗争获得了重大胜利，产生了深远影响。这场抗洪抢险斗争对于我们的党群关系、干群关系、军民关系进行了一次检阅，使人们看到了中国共产党人的整体形象、干部队伍的整体形象、中国人民解放军的整体形象、中国人民的整体形象。这场抗洪抢险斗争取得的一个又一个重大胜利无不彰显了共产党好、社会主义好、人民解放军好、人民群众好，中国人民是不可战胜的。

（四）精神发扬

英勇的抗洪壮举孕育着"万众一心、众志成城，不怕困难、顽强拼搏，

---

❶ 任仲平：《论九八抗洪精神》，《防汛与抗旱》1998 年第 4 期，第 85－86 页。

❷ 金钊、胡林辉：《弘扬和培育民族精神学习读本》，中国人事出版社 2003 年，第 147 页。

❸ 任仲平：《论九八抗洪精神》，《防汛与抗旱》1998 年第 4 期，第 86 页。

坚韧不拔、敢于胜利"的伟大抗洪精神。为纪念九八抗洪历史，弘扬九八抗洪精神，铭记九八抗洪英雄人民及子弟兵，九江市委市政府自筹资金修建九八抗洪警示教育基地。该基地由抗洪中心广场、抗洪纪念碑、抗洪纪念群雕、抗洪纪念馆和抗洪精神景观墙组成，全面展陈九江九八抗洪历史过程，热情讴歌中国共产党领导下广大军民英勇战胜洪水的抗洪精神。

抗洪警示教育基地位于长江城防堤原 4～5 号闸口处，是九八抗洪成功堵口、创造人间奇迹的历史事件发生地。占地总面积 19980m²，主轴线与抗洪大道轴线重合，由南至北依次为入口广场、抗洪纪念碑、抗洪纪念群雕、抗洪中心广场、抗洪纪念馆和抗洪精神景观墙。为了弘扬伟大的抗洪精神，展示九八抗洪抢险伟大胜利的壮丽画卷，感受民族之魂的无穷魅力，教育世人，让子孙后代永远铭记党的丰功伟绩、人民军队的卓著功勋和军民团结的浓浓深情，2004 年由九江市政府自筹资金修建。

抗洪中心广场，建筑面积 5600m²，采用花岗岩"V"形铺贴，中央围绕纪念碑采用广场砖铺贴成圆形图案，广场周边由整片的香樟树林和合欢树林环抱，展现天地合一、人与自然和谐共处的传统文化理念。

抗洪纪念碑（图 3-2），基座为 24m×24m，高 0.9m，四周由四种颜色的花卉组成"V"字形，寓义着"众志成城，敢于胜利"。碑身高 19.98m，四面为 18 组花岗岩镂空 1998 字样，通过视觉上的震撼，感受 1998 年特定历史时刻。

抗洪纪念馆，长 136m，宽 32～42m，建筑面积 4500m²，为单层混凝土

图 3-2　抗洪纪念碑（图片由九江市河道
与湖泊管理中心提供）

框架结构，纪念馆正面（即南面）通过宽 60m、高 5m 的水幕墙和幕墙上方 80m 长的当年堵口驳船模型再现 1998 年九江"沉船堵口"的宏大场景，幕墙下方水池内的花岗岩石板上刻有 1998 抗洪抢险的重大事件，时间随水流逝，但是抗洪历史永存。纪念馆北面采用落地玻璃，玻璃上刻有"1998"和"V"形字样。

抗洪精神景观墙，在长江城防堤溃口复堤工程内侧，设计并建成为九八抗洪精神景观墙，墙面镶嵌着"万众一心、众志成城，不怕困难、顽强拼搏，坚韧不拔、敢于胜利"红色大字。

"万众一心、众志成城，不怕困难、顽强拼搏，坚韧不拔、敢于胜利"的伟大抗洪精神是抗洪抢险斗争的重要胜利果实，也是我们需要传承和弘扬的宝贵精神财富。靠着伟大的抗洪精神，我们在改革开放的条件下，战胜了困难，扫除了障碍，为奋力实现小康社会奠定了坚实基础。在中国特色社会主义新时代，进一步推进中国特色社会主义事业，全面建设富强、民主、文明、和谐、美丽的社会主义现代化国家，全面推进中华民族伟大复兴，同样要弘扬伟大的抗洪精神。

三、水利行业精神

水利行业就是水利职业，水利行业精神就是水利职业精神。水利行业精神是指从事水利职业应当具备的精神和能力，包括水利职业的思维方式、价值观念、职业道德和行为规范以及文化自觉。水利行业精神是一种历史沉淀和文化积累，凝聚着水利职业的灵魂，代表着水利行业的时代形象，彰显着水利行业的职业特色，引领着水利行业的发展未来。

1998 年，在总结"九八抗洪"的经验教训时，时任国务院副总理温家宝送给即将上任水利部部长的汪恕诚六个字："献身、负责、求实"。1999 年初，水利部党组经过慎重研究并决定将"献身、负责、求实"作为引领水利行业职工牢记使命、担当责任、推动工作的行业精神。"献身、负责、求实"的水利行业精神应运而生。

2007 年，时任水利部党组书记、部长陈雷在全国水利精神文明建设工作会议上对"献身、负责、求实"的水利行业精神进行了详细阐述："要倍加珍惜、长期坚持和不断发展'万众一心、众志成城，不怕困难、顽强拼搏，坚韧不拔、敢于胜利'的伟大抗洪精神，大力弘扬'献身、负责、求实'的水利行业精神，不断丰富社会主义核心价值体系的内容，不断改造世界观、人生观、价值观，树立正确的权力观、利益观、政绩观，为战胜前进道路上的

艰难险阻，为水利事业的繁荣昌盛，提供强大的精神动力和力量源泉。"❶

"献身"——"要积极倡导献身事业、服务人民、报效祖国的胸怀、情操和精神，在关键时刻勇于挺身而出，在风口浪尖敢于生死搏击，在平凡岗位甘于默默奉献。"

"负责"——"要积极倡导对国家、对人民、对历史高度负责的态度，戒慎恐惧、如履薄冰、严谨扎实地做好每一项工作，干好每一件事情，履行好每一份职责，努力创造经得起历史检验、经得起大自然考验的业绩。"

"求实"——"要积极倡导实事求是、求真务实的工作作风，深入基层，深入实际，了解国情，体察民情，关注下情，熟悉水情，勇于追求真理，敢于坦陈直言，善于纠正错误。"❷

党的十八大以来，在习近平总书记治水重要思想引领下，在五千年的文明传承与新时代实践创新的基础上，催生出了新时代水利行业精神。2019年2月13日，经全国水利工作会议审议通过，水利部发布了《关于印发新时代水利精神的通知》，明确了新时代水利行业精神表述语与新时代水利精神内涵诠释。

新时代水利行业精神表述语为忠诚、干净、担当，科学、求实、创新❸。

忠诚为本。忠诚，自古至今都是重要的道德规范。忠诚为本，意味着新时代的水利人应满怀对于党的忠诚、对于国家的忠诚、对于人民的忠诚、对于水利事业的忠诚。新时代的水利人要将忠诚作为首要的政治原则和政治品格，忠于党，忠于人民，为推进新时代水利事业，实现人民群众对优质水资源、健康水生态、宜居水环境的美好生活向往而不懈奋斗。

干净为先。干净，即廉洁，自古至今都是重要的道德操守。干净为先，是新时代水利人不可触碰的道德底线。倡导和树立干净廉洁之风，对于水利人，对于水利行业，对于水利事业都是十分必要的。在新时代，每一个水利人都要铭记干净为先的道德底线，不为名利所惑，不贪图享受，严守党纪国法，追求至清至廉的品格，树立清正廉洁、干净干事的良好形象。

担当为要。担当，即敢于担负任务。担当，是新时代水利人的职责所系。担当为要，意味着面对水利行业的艰苦条件，面对水利事业出现的新情况、新考验，每一个水利人都要敢于迎接挑战，勇于担起重担，恪尽职守，攻坚破冰，克难进取，积极投身于水利事业主战场，全力推进水利事业迈上新的

❶❷　陈雷：《加强水利系统精神文明建设，为水利发展与改革提供强大精神支撑》，《中国水利》2007年第23期，第13页。

❸　《水利部关于印发新时代水利精神的通知》，《中国水利报》2019年2月13日第一版。

台阶。

以科学严谨的态度治水。水利是一门科学。新时代的水利行业要秉持科学严谨的态度，坚持实事求是的原则，在深入实际调查研究的基础上，把握水资源自身运行的自然法则，遵循水生态的内在联系与客观规律，科学认识当下水利工作实际，循序规划水利事业的未来，提高水利工作的科学化水平。

以真抓实干的韧劲治水。实实在在、真抓实干，是水利事业发展的作风要求，是水利人身体力行的做事原则。水利事业艰苦卓绝，唯有真抓实干，才能取得治水成绩。自古以来，大禹治水，李冰父子修建都江堰，都是真抓实干、艰苦奋斗、实实在在干出来的。在新时代，水利人应继承和发扬求实的精神，脚踏实地，一步一个脚印，将水利事业不断推向前进。

以开拓创新的精神治水。开拓创新，是新时代水利事业发展的不竭动力。以开拓创新的精神治水，意味着新时代的水利人面对水利事业出现的新情况、新问题、新挑战，要解放思想、开拓进取，要在理念上开拓创新，在体制机制上开拓创新，在内容上开拓创新，在形式上开拓创新，努力探索和开辟水利现代化的新道路。❶

"忠诚、干净、担当，科学、求实、创新"的新时代水利精神是一个整体，不可分割，相辅相成。"忠诚、干净、担当，科学、求实、创新"的新时代水利精神既为我们提供了做人层面的准则，也为我们提供了做事层面的指导，是新时代水利事业的价值取向和重要标尺。我们要大力发扬"忠诚、干净、担当，科学、求实、创新"的新时代水利精神，奋力推进水利事业高质量发展，努力创造新时代水利事业美好的明天。

---

❶ 鄂竟平：《弘扬新时代水利精神　汇聚水利改革发展精神力量》，《学习时报》2019 年 9 月 16 日 A1 版。

第二节　水　文　学

文学是以语言文字为媒介来塑造各种各样的形象，反映社会生活，表达思想情感。文学与水有着密切关系，水是文学作品中的重要自然景物，是作家创造的重要源泉，是人物陪衬和抒情的重要载体；所有水事活动的人与事迹都是文学作品的重要题材，水是灵动的，时而柔和，时而刚猛，是激发人们创作灵感和审美愉悦的重要因素。以水为载体或基体创作的文学作品，种类繁多，包罗万象，暂且统称为水文学。

一、水与诗词

水与诗词之间有着密切的关联。中国古代诗词作品，由于有了水的洗礼，故而充满了灵性与魅力。在中国源远流长、绵延数千年的诗词长河中，不管是诗经、楚辞、汉乐府、唐诗、宋词还是元曲等，水都是重要的审美对象和创作题材。

在中国文学史上，最早的诗词是《诗经》与《楚辞》。距今三千年左右的《诗经》，是中国最早的一部诗歌总集，一共三百零五篇，古称《诗》或《诗三百篇》，其内容有"风，雅，颂"三个部分。《楚辞》是中国文学史上第一部浪漫主义诗歌总集，相传是屈原创作的一种新诗体，传世通行本《楚辞》包括：《离骚》《九歌》《天问》《九章》《远游》《卜居》《渔父》《九辩》《招魂》《大招》《惜誓》《招隐士》《七谏》《哀时命》《九怀》《九叹》《九思》等17篇。《诗经》和《楚辞》作为中国古代诗歌的源头，在中国文学史上有着重要地位。在《诗经》和《楚辞》中，水作为独特而重要的审美对象，展现出了丰富多彩、浪漫唯美的形式与内容。下文对咏水的《诗经》节选进行举例分析。

蒹　葭

蒹葭苍苍，白露为霜。所谓伊人，在水一方。
溯洄从之，道阻且长。溯游从之，宛在水中央。
蒹葭萋萋，白露未晞。所谓伊人，在水之湄。
溯洄从之，道阻且跻。溯游从之，宛在水中坻。

蒹葭采采，白露未已。所谓伊人，在水之涘。

溯洄从之，道阻且右。溯游从之，宛在水中沚。❶

《蒹葭》选自《诗经·国风·秦风》，以水、芦苇、霜、露等意象营造了一种朦胧、清新又神秘的意境。早晨的薄雾笼罩着一切，晶莹的露珠已凝成冰霜。一位少女缓缓而行，她一会儿仿佛在水那一方，一会儿仿佛在水中央，一会儿仿佛就在沙洲间。诗人抓住秋色独有的特征，通过对蒹葭、白露、伊人、秋水等形象的描写，构成了一幅水乡清秋朦胧淡雅、交相辉映、浑然一体的水彩画，渲染出了一个空灵缥缈的意境，笼罩全篇。诗人创造出的朦胧扑朔的意境，产生了韵味无穷的艺术感染力，这是此诗最有价值、最令人产生共鸣的地方。

汉乐府诗是乐府官署所采制的诗歌。乐府是汉武帝时设立的官署，它的职责是采集民间歌谣或文人的诗来配乐，以备朝廷祭祀或宴会时演奏之用。它搜集整理的诗歌，后世就叫"乐府诗"，或简称"乐府"。汉乐府诗是继《诗经》《楚辞》而起的一种新诗体。汉乐府诗作为诗歌的大汇集，不乏咏水佳作。

江　南

汉乐府

江南可采莲，

莲叶何田田，

鱼戏莲叶间。

鱼戏莲叶东，

鱼戏莲叶西。

鱼戏莲叶南，

鱼戏莲叶北。❷

《江南》是汉乐府中具有独特风味的咏水作品。全诗以简洁明快的语言、回旋反复的音调、优美隽永的意境、清新明快的格调，勾勒了一幅明丽美妙的江南水乡采莲图画。一望无际的碧绿荷叶，莲叶下自由自在、穿来穿去、欢快戏耍的鱼儿，荷塘中的小船，还有那采莲人的欢声笑语、悦耳的歌喉，跃然纸上，活灵活现。《乐府解题》云："《江南》，古辞，盖美芳晨丽景，嬉

---

❶　罗吉芝：《诗经》，四川人民出版社 2019 年，第 135 页。

❷　施正康：《汉魏诗选》，上海书店出版社 1993 年，第 201 页。

游得时也。"这首《江南》通过采莲时观赏鱼戏莲叶的可爱情景，生动描绘了秀丽的江南水乡风光，展现了欢乐生动的采莲场景，堪称采莲诗的鼻祖。

唐代是中国诗歌发展的黄金时代。这一时期诗风极盛，云蒸霞蔚，诗人辈出，唐诗数量多达 5 万首。在洋洋大观、浩如烟海的唐诗作品中，诗人们吟咏水，赞叹水，创作了无数家喻户晓的咏水诗歌。

登 鹳 雀 楼
王之涣

白日依山尽，黄河入海流。

欲穷千里目，更上一层楼。

《登鹳雀楼》是唐代诗人王之涣所写的咏水诗，意思是：夕阳西沉，渐渐没入连绵的群山，黄河奔腾，汇入浩瀚的大海。虽然眼前一片壮阔，但要打开千里视野，看得更清楚更辽远，还要再登上一层层高楼。这首诗虽语言极其朴素简洁，仅有 20 字，却高度形象又高度概括地把奇丽雄伟的万里黄河收入其中，画面宽广辽阔，意境深远，成为一首名垂千古的黄河绝唱。这首诗是唐代五言诗的压卷之作，诗人王之涣以此五言绝句绘下了黄河之水的磅礴气势和壮丽风姿，反映了诗人王之涣对祖国大好河山的无限热爱。

宋词是一种相对于古体诗的新体诗歌之一，始于南朝梁代，形成于唐代而极盛于宋代。宋词历来与唐诗并称双绝，标志着宋代文学的最高成就。在宋词中，无论是豪放派风格还是婉约派风格的词作，大多有水意象的参与。水赋予了宋词姹紫嫣红、千姿百态的神韵，使其成为古代中国文学的阆苑仙葩。

采桑子（双调）
张先

水云薄薄天同色，竟日清辉。风影轻飞。花发瑶林春未知。

剡溪不辨沙头路，粉水平堤。姑射人归。记得歌声与舞时。❶

《采桑子》是宋代词人张先所写的咏水词。这首词描绘了一幅胜似人间仙境的早春水景图。词人张先通过薄云、溪水、轻风、花、瑶林、粉水等意象写出了春天的特征与朝气、柔和与美丽，表达了词人对春天的喜爱。全词围绕"水"来表现春天的到来，用"水云薄薄天同色，竟日清辉"写出了水天

---

❶ 邱美琼、胡建次：《张先诗词全集 汇校汇注汇评》，崇文书局 2018 年，第 94 页。

一色、清澈无比的美景，表现出春水的清透。同时，用"粉水"涨到岸边来描绘了解冻后春水的柔和。全词寓情于景，表达了词人张先在春日面对大好河山的愉悦与喜爱之情。

继唐诗、宋词之后，元曲蔚为一代文学之盛。作为盛行于元代的一种文艺形式，元曲为元代儒客文人之智慧精华。元曲与律诗绝句及宋词相比较，有较大的灵活性，一出现即与唐诗争奇，与宋词斗艳，成为古代文学皇冠上光辉夺目的明珠，因其独特的魅力和旺盛生命力，故对我国民族诗歌的发展、文化的繁荣有着深远的影响。诸多的元曲作品都有着水的浸润，字里行间呈现的就是跳动不止、流光溢彩的水音符。

水仙子·咏江南

张养浩

一江烟水照晴岚，两岸人家接画檐，芰荷丛一段秋光淡。

看沙鸥舞再三，卷香风十里珠帘。

画船儿天边至，酒旗儿风外颭。

爱杀江南。❶

《水仙子·咏江南》是元代诗人张养浩创作的咏水小令。这首小令描写的是江南水乡的秋景。秋天正是万物成熟的时候，江南水乡是一片繁茂景象，诗人选取了最具江南特色的几个典型意象，通过一江烟水、芰荷飘香、沙鸥翔舞、画船悠悠，写水、水中花、水中船、水中鸟，突出了江南水乡景色的秀美和富于生机，意境高远，眼界开阔，赞叹之词溢于言表。此曲在写自然景观的同时，也描写了城市风光，两岸人家酒旗斜矗，富足安逸，表现了江南水乡的繁华富庶和令人神往。最后"爱杀江南"一句，将诗人对江南水乡宜人风光的赞美之情表达得淋漓尽致，是诗人最直白、最真诚的心声。

综上所述，水是诗词创作与文学欣赏的重要源泉与题材。水在古代诗词作家心目中，绝非只是一种自然现象，而更多地体现为一种精神寄托、精神追求和精神享受。水意出于人心、人情，透过诗气象万千的境界和复杂多变的意绪，可以用更宽阔的视角去知其人、识其情，从而获得新的解悟和收获。

二、水与散文

散文是"集诸美于一身"的文学体裁。中国文学史上很早就出现了散文

---

❶　赵兴勤、赵韡译注：《元曲三百首》，江苏人民出版社 2019 年，第 212 页。

的踪迹，如庄子的《逍遥游》、陶渊明的《桃花源记》、欧阳修的《醉翁亭记》、范仲淹的《岳阳楼记》等。这些散文作品与水有着密切的关联。以水为题材表达历代文人墨客的性情，使得他们的散文作品文字优美如行云流水，处处呈现水汽氤氲、意境深邃的画面。浓厚的"水文化"情结，助力缔造洋洋大观的散文世界。

先秦时期，诸子百家争鸣，纷纷著书立说，促进了诸子散文的发展，形成了中国散文史上的第一个黄金时期。诸子的散文是阐述哲理的理论著作，有很高的文学价值，在文学史上有着重要的地位。在诸子散文中，水是极为重要的审美对象。《庄子》即以水为载体阐述了深远的哲学思想，如《庄子·逍遥游》有这样一段话：

北冥有鱼，其名为鲲。鲲之大，不知其几千里也；化而为鸟，其名为鹏。鹏之背，不知其几千里也；怒而飞，其翼若垂天之云。是鸟也，海运则将徙于南冥。南冥者，天池也。《齐谐》者，志怪者也。《谐》之言曰："鹏之徙于南冥也，水击三千里，抟扶摇而上者九万里，去以六月息者也。"野马也，尘埃也，生物之以息相吹也。天之苍苍，其正色邪？其远而无所至极邪？其视下也，亦若是则已矣。且夫水之积也不厚，则其负大舟也无力。覆杯水于坳堂之上，则芥为之舟；置杯焉则胶，水浅而舟大也。风之积也不厚，则其负大翼也无力。故九万里，则风斯在下矣，而后乃今培风；背负青天，而莫之夭阏者，而后乃今将图南。蜩与学鸠笑之曰："我决起而飞，抢榆枋而止，时则不至，而控于地而已矣，奚以之九万里而南为？"适莽苍者，三餐而反，腹犹果然；适百里者，宿舂粮；适千里者，三月聚粮。之二虫又何知！小知不及大知，小年不及大年。奚以知其然也？朝菌不知晦朔，蟪蛄不知春秋，此小年也。楚之南有冥灵者，以五百岁为春，五百岁为秋；上古有大椿者，以八千岁为春，八千岁为秋。此大年也。而彭祖乃今以久特闻，众人匹之，不亦悲乎？❶

在《庄子·逍遥游》中，庄子以奇特的想象，展现了大鲲（即传说中的大鱼）化为大鹏，大鹏由北方大海徙于南方大海的壮观图景："水击三千里，抟扶摇而上者九万里，去以六月息者也。"庄子将鲲鹏展翅声势之磅礴、飞之高、去之远描绘得淋漓尽致。化为鹏鸟高飞的鲲鱼，硕大无比，其翼若垂天之云，飞往南海时，水击三千里，扶摇而上者九万里。但在庄子眼里，即使是如此硕大的鹏鸟，仍然有待于大风，才能高飞入云，仍然不是真正的自由。

---

❶　［战国］庄子著，贾云编译，支旭仲主编：《庄子》，三秦出版社2018年，第1页。

大鹏鸟尚且有所待，人世间更是有所待。因此，庄子借北海鲲鹏的寓言指出，只有顺应自然，才能超越现实，进入无己、无为的自由境界。

魏晋南北朝时期，散文有叙事文、抒情文、议论文等，或描写山水风景，或喻理动情，留下了不少名篇。这些名篇一般与水有着千丝万缕的关联。东晋陶渊明的《桃花源记》就是其中的代表作。《桃花源记》记述：

晋太元中，武陵人捕鱼为业。缘溪行，忘路之远近。忽逢桃花林，夹岸数百步，中无杂树，芳草鲜美，落英缤纷。渔人甚异之，复前行，欲穷其林。

林尽水源，便得一山，山有小口，仿佛若有光。便舍船，从口入。初极狭，才通人。复行数十步，豁然开朗。土地平旷，屋舍俨然，有良田、美池、桑竹之属。阡陌交通，鸡犬相闻。其中往来种作，男女衣着，悉如外人。黄发垂髫，并怡然自乐。

见渔人，乃大惊，问所从来。具答之。便要还家，设酒杀鸡作食。村中闻有此人，咸来问讯。自云先世避秦时乱，率妻子邑人来此绝境，不复出焉，遂与外人间隔。问今是何世，乃不知有汉，无论魏晋。此人一一为具言所闻，皆叹惋。余人各复延至其家，皆出酒食。停数日，辞去。此中人语云："不足为外人道也。"❶

陶渊明在《桃花源记》中以武陵渔人行踪为线索，用虚实结合、层层设疑和浪漫主义的笔法，记叙了溪行捕鱼、桃源山水仙境、重寻迷路的故事，描绘了桃花源人安宁和乐、自由平等生活的情景，虚构了人人劳作、没有剥削、没有压迫、社会安定、民风淳朴的世外仙境："阡陌交通，鸡犬相闻。其中往来种作，男女衣着，悉如外人。黄发垂髫，并怡然自乐。"陶渊明以简洁的笔触将桃花源山水仙境勾勒成质朴自然化、令人神往的世界，表达了自己对美好的桃花源生活的向往，寄托了自己的社会理想，反映了广大人民的意愿。

隋唐时期，中国散文进入第二个黄金时期，为宋元散文的发展开辟道路，在中国文学发展史上起着承前启后的作用，占有重要地位。这一时期，涌现了柳宗元、韩愈等大家及大量的优秀散文作品。有不少是文质精美、脍炙人口、以水为题材的散文。唐代柳宗元《至小丘西小石潭记》展现了一个清澈幽美、怡然自得的水世界。唐代柳宗元《至小丘西小石潭记》节选：

从小丘西行百二十步，隔篁竹，闻水声，如鸣佩环，心乐之。伐竹取道，下见小潭，水尤清冽。全石以为底，近岸，卷石底以出，为坻，为屿，为嵁，为岩。青树翠蔓，蒙络摇缀，参差披拂。潭中鱼可百许头，皆若空游无所依。

---

❶　［清］吴楚材、吴调侯：《古文观止》，崇文书局 2010 年，第 266 页。

日光下澈，影布石上，怡然不动；俶尔远逝，往来翕忽，似与游者相乐。❶

　　柳宗元的《至小丘西小石潭记》描写了小石潭的幽美和静穆，是被历代所传诵的散文名篇。本段展现了小石潭周围极幽极佳的景致、潭水的清澈与鱼儿的怡然自得。"青树翠蔓，蒙络摇缀，参差披拂。"青青的树和翠绿的藤蔓缠绕在一起，组成一个绿色的网，点缀在小潭的四周，参差不齐的枝条随风摆动。仅12个字，小石潭的美丽景致就展现在我们面前。"潭中鱼可百许头，皆若空游无所依。日光下澈，影布石上，怡然不动；俶尔远逝，往来翕忽。"潭中的鱼儿忽而一动不动，忽而游向远处，动中有静，静中有动，可见小石潭之幽寂与清澈。小石潭的幽静、潭水的清澈、鱼儿的怡然自得，给改革受挫、被贬远方、凄苦孤寂的柳宗元带来了难得的清静神乐与灵魂的净化复归。"似与游者相乐"更是将我们带入《庄子·秋水》濠上观鱼般纵情山水、意趣天然、逍遥游乐的境界。

　　宋元散文，承继了唐代散文的辉煌成就并达到了新高峰。这一时期，继唐代柳宗元、韩愈后涌现出欧阳修、苏洵、苏轼、苏辙、王安石、曾巩等大家，最终形成"唐宋散文八大家"之称。不论是哪一位散文大家，都青睐于水，与水有着不解之缘。欧阳修是宋代散文的第一位大师，是宋代散文的奠基者，其名篇《醉翁亭记》就有着鲜明的水特色，为世代传颂。《醉翁亭记》节选：

　　环滁皆山也。其西南诸峰，林壑尤美，望之蔚然而深秀者，琅琊也。山行六七里，渐闻水声潺潺，而泻出于两峰之间者，酿泉也。峰回路转，有亭翼然临于泉上者，醉翁亭也。作亭者谁？山之僧智仙也。名之者谁？太守自谓也。太守与客来饮于此，饮少辄醉，而年又最高，故自号曰醉翁也。醉翁之意不在酒，在乎山水之间也。山水之乐，得之心而寓之酒也。

　　若夫日出而林霏开，云归而岩穴暝，晦明变化者，山间之朝暮也。野芳发而幽香，佳木秀而繁阴，风霜高洁，水落而石出者，山间之四时也。朝而往，暮而归，四时之景不同，而乐亦无穷也。

　　至于负者歌于途，行者休于树，前者呼，后者应，伛偻提携，往来而不绝者，滁人游也。临溪而渔，溪深而鱼肥，酿泉为酒，泉香而酒洌，山肴野蔌，杂然而前陈者，太守宴也。宴酣之乐，非丝非竹，射者中，弈者胜，觥筹交错，起坐而喧哗者，众宾欢也。苍颜白发，颓然乎其间者，太守醉也。❷

---

❶　侯毓信：《唐宋散文》，上海人民出版社2017年，第113页。
❷　[清]吴楚材、吴调侯：《古文观止》，崇文书局2010年，第423页。

欧阳修的《醉翁亭记》是一篇旨在表现作者主体意识和文化情趣的妙文。文中描写了优美的自然风光，描写了作者放情山水、恣意欢快的游宴，淋漓尽致地表现了作者"醉翁"的心态和风采。"醉翁之意不在酒，在乎山水之间也。"醉翁的意趣不在饮酒取乐，而在于琅琊山优美的林泉风景。庆历五年，欧阳修因受毁谤，贬任滁州太守，第二年欧阳修刚满 40 岁，便自号醉翁。欧阳修无端受到打击，又不愿像大多数失意文人那样患得患失，忧戚怨嗟，因而采取了醉心林泉、随遇而乐的人生态度。美丽的山水、香冽的美酒、人与人之间淳朴的关系使他陶醉。此时的欧阳修，心中已有更宽广的天地，他已经把自己的精神意趣融化在琅琊山美丽的山山水水之中。"醉翁之意不在酒，在乎山水之间也"就是这种精神意趣的真实写照。

明清时期的散文承继了唐宋散文的文化传统，留传了大量的平易畅达、自然活泼、简洁缜密、优美隽永的写水题材散文名篇。明末清初张岱创作的《湖心亭看雪》是这一时期散文经典之作。《湖心亭看雪》节选：

崇祯五年十二月，余住西湖。大雪三日，湖中人鸟声俱绝。是日更定矣，余挐一小舟，拥毳衣炉火，独往湖心亭看雪。雾凇沆砀，天与云、与山、与水，上下一白；湖上影子，惟长堤一痕、湖心亭一点与余舟一芥，舟中人两三粒而已。❶

张岱在《湖心亭看雪》中描绘了隆冬之时西湖幽静深远、洁白广阔的雪景图。大雪过后，山上堆满厚厚的积雪，雪光映着云天，湖面上一片朦胧的雾气。湖上雪光、雾气缭绕，天与云与山与水上下一片白色。远远望去，湖上只有长堤一痕、湖心亭一个、小舟一叶点缀于这一片晶莹雪白之中，景色犹如一幅淡雅的水墨画。张岱通过对湖中雪景的描写，展现了自己远离世俗、孤芳自赏的情怀，反映了自己不同流合污、不随波逐流的高贵品质。

三、水与小说

小说是以刻画人物形象为中心，通过完整的故事情节和环境描写来反映社会生活的文学体裁。小说一词最早出现于《庄子·杂篇·外物》，其中记载"饰小说以干县令，其于大远亦远矣"。❷ 中国小说发展的历史源远流长，无论是哪一时期的小说，都与水有着或多或少的关联，彰显出了中华水文化的夺目光彩。

六朝，即曹魏、晋朝以及南朝的宋、齐、梁、陈六个朝代，是中国古代

---

❶　夏咸淳选注：《张岱散文选集》，百花文艺出版社 2009 年，第 46 页。

❷　［战国］庄周：《庄子》，岳麓书社 2016 年，第 148 页。

小说的起源和萌芽阶段。在这一初始阶段，水文化对于早期小说的出现起到了重要的孕育作用。虽六朝的小说都是用笔记体写成，篇幅短小，一条笔记通常仅几十字至几百字，再由几十条或几百条简短笔记汇编成集，但精悍短小的六朝小说在水文化的孕育和滋养下生发出了璀璨的光彩，其中以晋干宝《搜神记》为代表作。

隋唐文人在古老的水神话、水传说熏陶下，创造出了许多生动美丽的传奇小说。唐代李朝威所作《柳毅传》是具有代表性的一部短篇小说。这篇传奇小说是描述书生柳毅遇一龙女在荒野牧羊，龙女向他诉说了受丈夫泾川君次子和公婆虐待的情形，托柳毅带信给她父亲洞庭君。柳毅激于义愤，慨然答应去龙宫，为龙女传书信给其父洞庭龙王。洞庭龙王之弟钱塘君闻知侄女遭遇，大怒，飞向泾阳，把侄婿杀掉并吞下，救回了龙女。钱塘君深感柳毅为人高义，就要把龙女嫁给他，但因语言傲慢，遭到柳毅拒绝。后柳毅娶范阳卢氏，乃龙女化身，于是柳毅与龙女终成幸福夫妇。《柳毅传》在水神话、龙女传说的渲染下，故事奇幻，想象优美，情节曲折，描写细腻，人物性格鲜明。其中刻画龙女温柔婉顺而多情的性格，柳毅见义勇为、威武不屈的品德，钱塘君暴烈、刚强的气质，尤为出色。整篇小说围绕爱情与侠义相结合的龙女故事，极富浪漫主义色彩，闪耀着一种人格美和生活美的理想光辉。

宋元文人承袭隋唐传奇小说风格，在源远流长、博大精深的水文化浸润下，创作出了不少志怪小说。《夷坚志》就是宋朝著名的志怪小说集，作者是南宋洪迈。洪迈受水文化之渊薮《山海经》影响，将此志怪小说集比作《山海经》，取意于《列子·汤问》中"大禹行而见之，伯益知而名之，夷坚闻而志之"❶一语，故命名《夷坚志》。在《夷坚志》中，有许多与水相关的异闻杂录、志怪传奇。《夷坚乙志卷十六》中有《海中红旗》篇，讲道："赵丞相居朱崖时，桂林帅遣使臣往致酒米之馈，自雷州浮海而南。越三日，方张帆早行，风力甚劲，顾视洪涛间红旗靡靡，相逐而下，极目不断"，"朝来所见，盖巨鳅也，平生未尝睹"。❷这篇志怪小说讲述了桂林安抚使派人给居住于朱崖的赵丞相送酒米的途中遇见巨鳅的奇闻异事。桂林安抚使派出的一行人从雷州（今广东海康）渡海南行，途中突然发现汹涌波涛中红旗飘扬，相连不断，望不到边。船夫们都怀疑是遇上了盗匪，惊恐失色，不敢言语，随后急忙站到船上，披头散发，手持钢刀，背靠风帆，闭上眼睛，誓死迎接即将到

---

❶ 台静农：《中国文学史》，上海古籍出版社 2017 年，第 9 页。

❷ 江畲经：《历代小说笔记选》，上海书店出版社 1983 年，第 512 页。

来的殊死一战。两个时辰后，船夫们才发觉早晨看到的是从未见过的巨大鳅鱼。那巨鳅算来有一千多里长，所谓的红旗，是巨鳅耸起的鳞。船夫们认为，传说中能吞船的鱼，在这巨鳅面前都不算什么，如果这条巨鳅在离船几十里的地方稍一转身，那船夫们早已经葬身波涛中。作者由此发出感慨，庄子鲲鹏之说，非寓言也。这些异闻志怪，体现出古人对水的崇拜。

在明清小说中，水仍然是重要的兴象题材，众多的明清小说作品都有着深厚的水文化底蕴。清代曹雪芹所作《红楼梦》作为中国古典四大名著之一，就是水润华章的经典小说。《红楼梦》多回中都可以找到水的身影，水鉴照出了贾宝玉与林黛玉真挚的爱情。

《红楼梦》（甲戌本）第二回中写道："说来又奇，如今长了七八岁，虽然淘气异常，但其聪明乖觉处，百个不及他一个。说起孩子话来也奇怪，他说：'女儿是水作的骨肉，男人是泥作的骨肉。我见了女儿，我便清爽；见了男子，便觉浊臭逼人。'"

《红楼梦》（列藏本）第三回中对林黛玉的眉目神态这样描绘道："两弯似蹙非蹙笼烟眉，似泣非泣含露目；态生两靥之愁，娇袭一身之病；泪光点点，娇喘微微；娴静似娇花照水，行动如弱柳扶风；心较比干多一窍，病如西子胜三分。"《红楼梦》第九十一回载述了贾宝玉与林黛玉的一段精彩对话，宝玉呆了半晌，忽然大笑道："任凭弱水三千，我只取一瓢饮。"黛玉道："瓢之漂水奈何？"玉道："非瓢漂水，水自流，瓢自漂耳。"❶

从《红楼梦》各章回的内容来看，水这一自然物象在文人墨客的眼中是重要的审美意象，具有托物言志和寓情于景的作用，多姿多彩的水意象能够给人们以精神的洗礼和享受，能够寄托丰富多彩、各种各样的感情思想。恋人们丰富的内心世界、恋人间美好的爱情都可以通过水意象展现出来。"女儿是水作的骨肉""娴静似娇花照水"，写出了贾宝玉与林黛玉爱情的清纯曼妙；"两弯似蹙非蹙笼烟眉，似泣非泣含露目"，道出了贾宝玉与林黛玉爱情隐隐的凄美；"任凭弱水三千，我只取一瓢饮"，表达了对天长地久忠贞爱情的向往。通过水这一重要意象，曹雪芹赋予了贾宝玉与林黛玉这两个人物超出形象本身的更深远的意旨，对贾宝玉与林黛玉之间的爱情故事注入了更深远的情蕴。当《红楼梦》以水象征和见证贾宝玉和林黛玉之间的爱情时，脂砚斋甲戌侧批道："真千古奇文奇情。"《红楼梦》通过水映照出了贾宝玉与林黛玉之间至情至性、超凡脱俗的爱情境界，叹为千古奇情绝唱。

---

❶　［清］曹雪芹著，范文章译注：《红楼梦》，四川人民出版社 2017 年，第 230 页。

第三节　水　艺　术

艺术是以审美态度来感知世界、认识世界并形象地反映社会生活的意识形态，包括音乐、绘画、雕塑、舞蹈、戏剧、电影等。水与艺术有着天然的密切关系，水是艺术创作的重要源泉和题材，水的艺术作品是水文化传播的重要载体和途径。因此，与水有关的艺术作品，暂且统称为水艺术，包括水与音乐、水与绘画、水与书法、水与舞蹈、水与电影等水艺术。本节着重讲授水与音乐、水与绘画两大内容。

一、水与音乐

音乐作品，与水相关的不胜枚举，正所谓"非必丝与竹，山水有清音"。《高山流水》《击壤歌》《雨霖霖》《听龙吟》《泛龙舟》《春江花月夜》《潇湘水云》《平沙落雁》《渔樵问答》等，都是华夏先辈在与自然之水的对话中感悟出大自然的真谛，从而创作出的经典音乐作品。这些经典音乐作品充满着水的美妙音符，吟唱着人水和谐的动人旋律。

（一）古代以水为主题创作的音乐作品赏析

春秋战国时期就流传着一首古琴曲——《流水》。《流水》相传为楚国郢都人伯牙所作。据文献记载，伯牙是一位出色的音乐家，尤擅古琴，伯牙弹琴时钟子期站在一旁欣赏，伯牙心中想着巍峨耸立的高山时，钟子期就会说道："善哉乎鼓琴，巍巍乎若泰山。"伯牙向往着奔腾不息的流水时，钟子期又会说道："善哉乎鼓琴，洋洋乎若流水。"❶钟子期能够准确领会伯牙在琴声中寄托的感情，钟子期与伯牙结成了知音。伯牙所作《流水》曲见证了这一段伯牙与钟子期脍炙人口而感人至深的故事。从《流水》古琴曲的内容看，该曲以古琴丰富的乐语、演奏手法和完美的艺术表现奏出了一曲气象高远、韵味悠长的流水之音。古琴曲首段，起全曲水流之势，隐约暗示全曲的主题音调；二、三段用泛音写出山涧小溪潺潺、瀑布飞溅的各种泉声；四、五段表现万壑之泉由细流出山汇入洪流，并渐有汹涌之势；自六段起，水流汇入浩瀚汪洋，急流穿峡过滩，形成惊涛骇浪、奔腾难挡的气势；七、八、九段忽缓忽急，时放时收，渐渐平复，如风浪渐静、轻舟已过，曲目进入尾声。

---

❶ 杨燕迪主编，姜蕾编著：《音乐欣赏》，人民音乐出版社 2014 年，第 49 页。

这首古琴曲呈现的潺潺溪流汇成滔滔江河的画面，充满着人与自然的和谐之音，散发了天籁、地籁、人籁相知相合、浑然一体的气象。《流水》这一经典古琴曲，曲谱最早见于明代朱权《神奇秘谱》，后又分别见于明、清刊载的40多种琴谱中。时至今日，古琴曲《流水》依然作为中国音乐的灵魂与瑰宝，曾刻录在美国"航行者"号太空船的金唱片中，在太空中昼夜不息地播放。

两汉魏晋南北朝时期，很多乐曲与水事活动紧密相关。《瓠子歌》是汉武帝刘彻针对黄河大规模堵口工程——瓠子河堵口所作的乐曲。元光三年（公元前132年），黄河在瓠子河处（今河南濮阳县西南）决口，淮、泗一带连年遭灾，洪水遍及十六郡，灾情严重。汉武帝重视兴水利、除水患，调拨十万人筑堤治水，没有成功。直到元封二年后，汉武帝亲临黄河决口处指挥堵口，朝廷上下都参加了堵口战役。这一著名的黄河堵口工程以竹为桩，充填草、石和土，层层夯筑而上，最后终于获得成功。汉武帝在堵口处修筑"宣防宫"，并作《瓠子歌》悼之，命乐工们在乐府中排练演唱《瓠子歌》。《瓠子歌》反映了汉武帝指挥民众治理黄河水患、兴修水利工程、保障农业生产和安定人民生活的历史，在后世被人们广为熟知与传唱。❶ 唐代诗人高适以《自淇涉黄河途中作》诗抒怀道："空传歌《瓠子》，感慨独愁人。"❷ 元代诗人贡师泰在诗作《河决》中吟道："《瓠子》空作歌，宝鼎徒纪年。"❸

隋唐时期，为满足人们对歌唱、乐舞的爱好需求，众多优秀的诗人、作曲家创作出了具有高度艺术水平的音乐作品，很多音乐作品都带有浓厚的水文化氛围。以唐代诗人皇甫松所作乐曲《采莲子》为例。

菡萏香莲十顷波（举棹）。小姑贪戏采莲迟（年少）。晚来弄水船头湿（举棹），更脱红裙裹鸭儿（年少）。船动湖光滟滟秋（举棹）。贪看年少信船流（年少）。无端隔水抛莲子（举棹），遥被人知半日羞（年少）。❹

《采莲子》是唐代舞乐机构教坊曲，生动地谱写了江南采莲之歌，描绘了江南女子在十里飘香的满塘荷花中采莲的场景，欢笑之声可闻，活泼之状可见，采莲少女贪玩而忘了采莲的可爱形象栩栩如生。

宋元时期，与水事活动相关的音乐作品层出不穷。以南宋末年浙派琴家

---

❶ 程天健：《中国民族音乐概论》（修订版），上海音乐学院出版社2018年，第5页。

❷ ［唐］高适著，刘开扬选注：《高适诗选》，四川人民出版社1983年，第72页。

❸ 黄河水利委员会黄河志总编辑室：《黄河志》卷十一《黄河人文志》，河南人民出版社2017年，第544页。

❹ 余甲方：《中国古代音乐史》，上海人民出版社2014年，第118页。

郭沔（字楚望）所作古琴曲《潇湘水云》为例，它是一首寄情于山水、言抒个人志趣的古琴曲。该琴曲利用古琴丰富多变的音色及"吟、猱、绰、注"演奏技法，成功地描绘了云水掩映、烟波浩渺的水意象。全曲共十段，各段分别为：洞庭烟雨、江汉舒晴、天光云影、水接天隅、浪卷云飞、风起水涌、水天一碧、寒江月冷、万里澄波、影涵万象。全曲情景交融，极富变化，意境深邃。明代朱权《神奇秘谱》评价道："是曲也，楚望先生郭沔所制。先生永嘉人。每欲望九嶷，为潇湘之云所蔽，以寓惓惓之意也。然水云之为曲，有悠扬自得之趣，水光云影之兴；更有满头风雨，一蓑江表，扁舟五湖之志。"❶ 琴曲《潇湘水云》自问世之后，数百年来广为流传，许多琴谱专集都收录了此曲，被历代琴家公认为优秀的琴曲之一。

　　明清时期，涌现出不少与水事活动相关的音乐作品。明代萧鸾于 1560 年编纂的《杏庄太音续谱》中代表性的乐曲之一《渔樵问答》，就是表现渔樵在青山绿水中间自得其乐的古琴名曲。乐曲《渔樵问答》分为以下几段：第一段为清隐高谈；第二段为垂纶秋渚；第三段为山居避俗；第四段为得鱼纵乐；第五段为松枝煮茗；第六段为遨游江湖；第七段为啸傲山林；第八段为渔樵真乐。❷ 乐曲采用渔者和樵者对话的方式，以上升的曲调表示问句，下降的曲调表示答句，乐曲旋律飘逸潇洒，表现出了渔樵悠然自得的神态。明代杨抡《真传正宗琴谱》评价此曲道："因见青山绿水，万古常新，其间识山水之趣者，惟渔与樵。夫渔樵者，寄情山水，不涉功名，天子不能臣，诸侯不能友，洒洒脱脱，数治乱，论兴亡，千古是非，尽付渔樵笑谈中耳。"❸ 清代陈世骥辑注《琴学初津》评价此曲道："其曲意深长，神情洒脱，山之巍巍，水之洋洋，樵之斧声，渔之橹声，皆现于指，令人有山林之想。"❹ 优美清逸、曲意深长的《渔樵问答》，在几百年间广为流传，成为中国十大古曲之一。

　　（二）近现代以水为主题创作的音乐作品赏析

　　近现代之后，随着中国音乐的快速发展，民族音乐中创作了大量以水为主要题材的经典作品。水在音乐作品中有的作为歌颂的对象，有的作为抒情的背景，如藏族喜欢歌唱雅鲁藏布江的圣水，蒙古族喜欢歌唱呼伦贝尔湖的水韵，东北人喜欢歌唱松花江、黑龙江、乌苏里江的水声，黄河边上人喜欢唱响黄河的涛声。在近现代音乐中，歌咏水的作品十分丰富，如《黄河大合

---

❶　王秀庭、杨玉芹、郇玖妹：《中国传统音乐传承与发展探讨》，山东人民出版社 2015 年，第 203 页。

❷　历代古琴文献汇编：《琴曲释义》卷下，西泠印社 2018 年，第 1678 页。

❸　薛国安：《金陵琴谱初编》，南京师范大学出版社 2016 年，第 168 页。

❹　徐晴岚：《中国民族器乐曲赏析》，中国戏剧出版社 2003 年，第 117 页。

唱》《黄河谣》《大海啊故乡》《小河淌水》等，都是脍炙人口的咏水音乐作品。

《黄河大合唱》是一部雄浑有力、气势磅礴的多乐章黄河歌曲。《黄河大合唱》以中华民族的发祥地——黄河为背景，热情地讴歌了中华儿女在民族危亡之际不屈不挠、保卫祖国的必胜信念。"风在吼，马在叫，黄河在咆哮，黄河在咆哮。河西山冈万丈高，河东河北高粱熟了。万山丛中，抗日英雄真不少！青纱帐里，游击健儿逞英豪！端起了土枪洋枪，挥动着大刀长矛，保卫家乡！保卫黄河！保卫华北！保卫全中国！"它以热烈澎湃的歌词与慷慨激昂的旋律刻画出了黄河的磅礴气势和壮阔画面，是一部全面、深刻概括抗日战争时期中国人民遭受的深重灾难和决心团结一致奋起抗争的音乐史诗，以震撼人心的艺术力量，鼓舞并高扬中国人民争自由、求解放的爱国主义精神。

《大海啊故乡》是歌咏大海的经典歌曲，通俗易懂、格调高雅、优美动听、感情真挚，是一首深受欢迎、脍炙人口的借海抒情歌曲。"小时候妈妈对我讲，大海就是我故乡，海边出生，海里成长，大海啊大海，是我生活的地方，海风吹，海浪涌，随我漂流四方，大海啊大海，就像妈妈一样，走遍天涯海角，总在我的身旁。"它借助对大海的思念与赞颂，抒发了人们对故乡和祖国的热爱之情。

《小河淌水》是歌咏河流的经典作品，是20世纪40年代诞生于云南的一首经典音乐作品，被国外称为"东方小夜曲"。《小河淌水》以潺潺流水为背景，描绘了一个充满诗情画意的深远意境。银色的月光下，周围一片宁静，只有山下的小河不时发出潺潺的流水声。美丽聪慧的阿妹，见景生情，望月抒怀，把对阿哥的一片深情，化作动人的歌声。深厚的情意随着小河的流水，飘向阿哥居住的地方。它以质朴自然的歌词、悠扬抒情的曲调、回环起伏的节奏、清新优美且具云南地方风格的旋律，表达出了委婉、柔美的情感。

当前水利系统制作了一些水利之歌，赞美水利建设成就和水利人的贡献。如江西省水利厅在2013年创作的《江西水利之歌》，共有两首歌曲：一是合唱曲《我们这群人》，这首歌曲如阳光般豪迈，体现了江西水利人的行业自豪感，歌词"牵着赣江的手，画着鄱阳湖的画"更是被专家评为点睛之佳句，韵味深长；二是独唱曲《我的情我的爱》，这首歌曲抒发江西水利人对江西水利的满腔热爱，歌词情真意切，歌曲婉转动听，"一湖清水秀东海"更是令人荡气回肠。《江西水利之歌》高扬了江西水利精神，激发着江西儿女在水利事业上取得更大的成就。

二、水与绘画

在中国绘画史上，水起初不作为绘画的重要体裁，一开始并没有进入绘画作品。秦汉时期以人物画为主，山水仅作小背景，依循"人大于山，水不容泛"❶的绘画原则："水不容泛"就是水不能出现波纹，意味着绘画时应把水作为远背景，只能看到白色的点或线。

隋代，展子虔《游春图》出世（图 3 - 3）❷，标志着中国山水画的正式形成，远远早于直至 17 世纪才出现独立山水画的西方。在这幅《游春图》中，人物的比例很小，山水占据重要位置，特别是大河，江面宽阔、水面清晰、波光粼粼、小船轻摇、画面唯美。这标志着水作为主要绘画内容进入了绘画艺术殿堂。

图 3 - 3　展子虔《游春图》

唐代画家李思训，被称为"北宗"之祖，其山水画主要师承展子虔的青绿山水画风，并加以发展，形成意境隽永奇伟、用笔遒劲、匀净典雅、工整富丽的金碧山水画风格。李思训的金碧山水画对后来中国山水画的发展，产生了巨大而深远的影响。后世山水画中的青绿山水就是对他这一派画风的延续。李思训现存于世的绘画作品《江帆楼阁图》展现了李思训的山水画艺术成就。《江帆楼阁图》（图 3 - 4）❸，绢本，以青绿设色，纵 101.9cm，横54.7cm，现藏于中国台北故宫博物院。此画取材实景，描绘了春天奇异秀丽的自然山川和游人踏春的景象。画中景物自画面下方开始，由近及远。近处可见苍虬挺拔的青松，婀娜盘曲的桃竹、丛树，布满山岭之中，台阁隐落，麓道曲折，游人行于其间。远处江水浩渺，一望无际，一叶小舟荡漾其中。

❶　钟呈祥、张晶：《艺术概览》，中国传媒大学出版社 2012 年，第 109 页。
❷　冯骥才：《画史上的名作》（中国卷），文化艺术出版社 2016 年，第 18 页。
❸　子衿：《中国名画世界名画全鉴》，北京联合出版公司 2014 年，第 255 页。

图 3-4 李思训作品
《江帆楼阁图》

全图结构新颖，笔墨工致，境界广漠幽旷，再现了盛唐繁华、典丽的时代气氛，代表了唐代山水画发展的艺术成就。

北宋画家张择端，尤擅绘舟车、桥梁、市肆、街道、城郭，代表作有《清明上河图》，是我国绘画史上的稀世奇珍、画之瑰宝。《清明上河图》宽 24.8cm，长 528.7cm，绢本设色，现藏于北京故宫博物院，属国宝级文物。《清明上河图》为长卷形式（图 3-5）❶，大致从汴京郊外的美丽春光、汴河繁忙的码头场景、城内热闹的街市三个部分，采用散点透视构图法，细致地描绘了北宋时期汴河两岸的自然风光和繁荣景象。在 5m 多长的画卷里，作者共描绘了 814 个各色人物，牛、骡、驴等牲畜 73 匹，车、轿 20 多辆，大小船只 29 艘。作者将繁杂的景物纳入统一而富于变化的图画中，所绘城廓市桥屋庐之远近高下，草树牛驴驼之大小出没，居者行者之熙攘不绝，舟车之往还先后，细腻入微，尽收眼底。整幅画作场面宏大，内容丰富，构图严谨，笔法细致，充分表现了画家对社会生活的深刻洞察力和高超的艺术表现能力，具有很高的历史价值和艺术价值。

图 3-5 张择端作品《清明上河图》

元代画家黄公望被称为中国山水画的一代宗师，他的山水画"山川浑厚，草木华滋"，堪称山水画的最高境界。黄公望的代表作为《富春山居图》，是

---

❶ 冯骥才：《画史上的名作》（中国卷），文化艺术出版社 2016 年，第 78 页。

中国古代水墨山水画的巅峰之笔，在中国传统山水画中所取得的艺术成就历代莫及。《富春山居图》为纸本水墨画长卷（图3-6）❶，宽33cm，长636.9cm，从构思、动笔到绘制完成大约用了七年时间。为了画好这幅画，黄公望终日不辞辛劳，奔波于富春江两岸，观察烟云变幻之奇，领略江山钓滩之胜，并身带纸笔，遇到好景，随时写生，富春江边的许多山村都留下他的足迹。最终黄公望凭借深入的观察、真切的体验、炉火纯青的笔墨技法，从容落笔，描绘出了富春江两岸初秋的美丽景色。峰峦起伏，林木萧疏，浅水平滩，坡石沙洲。山石回旋辗转，丛林散布于山下江畔，村落掩映在山谷林间。亭台渔舟，草木树石，小桥飞泉，景随人迁，令人目不暇接。整个画卷用墨淡雅，布局疏密有致，变幻无穷，以清润的笔墨、简远的意境，把浩渺连绵的富春江山水表现得淋漓尽致，充分发挥了中国山水画的笔墨意趣，体现出山川浑厚的审美意境，被誉为山水画之典范。

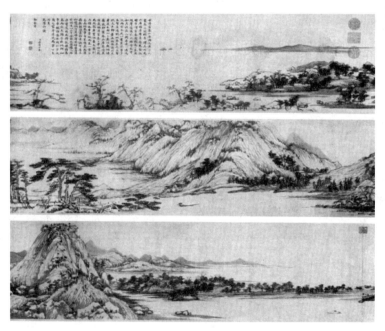

图3-6　黄公望作品《富春山居图》

明代为中国山水画最为鼎盛的时期，出现了一些以地区为中心的名家和流派，如以戴进为代表的浙派，以沈周、文徵明为代表的吴门派等，形成了丰硕的山水画成果。如吴门派代表人物沈周多描绘江南山水秀丽风光，反映文人墨客淡泊隐逸的生活情趣，其山水代表作主要有《西山雨观图》《苏州纪

❶　冯骥才：《画史上的名作》（中国卷），文化艺术出版社2016年，第121页。

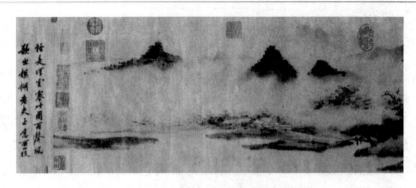

图 3-7　沈周作品《西山雨观图》

胜图册》等。《西山雨观图》卷纸本（图 3-7）❶，墨笔，纵 25.2cm，横 105.8cm，现藏于北京故宫博物院。《西山雨观图》描绘了苏州西山烟云变化、雨霁烟消的景色。画面上峰峦连绵起伏，山间云雾出没，林木层叠，村

图 3-8　王时敏作品
《落木寒泉图》

庄、湖泊、小桥被笼罩在烟霭之中。画作用水墨点成，浑然一体，不见线条及皴擦的痕迹，意境深远，显示出画家高超的绘画水平和独到的审美韵味，受到后世诸多画者的赞美，产生了重要的艺术影响和审美共鸣。

　　清代，山水画仍不失画坛主流地位，涌现出了许多山水画家，如王时敏、王原祁、王鉴等，留下了很多山水名作，如《落木寒泉图》《西湖十景图》《青绿山水图》等。王时敏，清初画坛"四王"之一，代表作为《落木寒泉图》，纸本（图 3-8）❷，墨笔，纵 83cm，横 41.2cm，现藏于北京故宫博物院。此图是王时敏 72 岁时所作，描绘的是太湖秋高气爽的景致。画卷远处水面开阔悠远，岛屿隐现；中部山峰高耸，左低右高，山体淡墨皴染；近处一泓湖水，岸边碎石重叠，树木环湖而生，平坦处一亭显现。整个画面寂静潇疏，颇有清爽的秋凉之意。画中笔法清劲宽和，温雅平淡，多用干笔淡墨。这一幅山水画作，既透现出了潇疏清凉而略带荒寒的意境，同时又显现出平和温雅的气质，反映了画家晚年的典型面貌。

---

❶　［明］唐伯虎等：《明四家画集》（上），中国民族摄影艺术出版社 2003 年，第 12 页。

❷　蒋文光：《中国历代名画鉴赏》（下），金盾出版社 2004 年，第 1747 页。

第四节　水　民　俗

水是生命之源，自古以来，人类形成了"沿水而栖""随水而居""临水而居"的独特生活方式与民风民俗。水在民俗中具有独特的重要地位与作用，本节将与水有关的民俗统称为水民俗，主要有水神信仰、水事仪式等习俗。

一、水神信仰风俗

在古代，人们面对水旱灾害和无常的变化，受生产力发展和知识水平的限制，无法作出正确的回答，便发挥想象力，借助幻想以解释水的威力，产生了许多关于水的神话传说。先民基于水对农业生产生活的重要制约作用形成了强烈的敬水意识，期望得到水神庇佑，保障农业生产风调雨顺，形成了水神信仰风俗。逢旱季，各地先民会举行祭祀神灵以请雨的仪式。逢洪涝，先民则跪拜祭祀诸水神，祈盼诸神庇佑使洪水退去。这些水神信仰风俗，都饱含着先民对农业生产风调雨顺喜获丰收的热切期望。

（一）黄河水神

黄河是中华民族的母亲河，是中华文明的主要发祥地。历史上，黄河常年泛滥，带来巨大灾难，在无力征服水患的条件下，先民不得不祈求黄河水神福佑。在黄河流域，黄河水神是千年流传的习俗信仰。黄河之神有许多位，主要有巨灵和河伯。

1. 巨灵

巨灵是神话传说中劈开华山的黄河之神。早在东汉时期，就有了黄河水神巨灵的传说。《文选》《搜神记》《水经注》《法苑珠林》《广韵》《太平御览》《华岳志》等诸多典籍文献均有黄河水神巨灵的记载。在古老的巨灵神传说中，人们认为，黄河流淌之初，被一座大山阻隔，黄河之神用手脚将山分成两半，使河水从中间穿山而行，人们为这样的力量所震惊，便称其为巨灵。《文选》载张衡《西京赋》云："缀于二华，巨灵赑屃，高掌远蹠，以流河曲，厥迹犹存。"[1] 晋干宝《搜神记》卷十三云："二华之山，本一山也。当河，河水过之而曲行。河神巨灵，以手擘开其上，以足蹈离其下，中分为两，以利河流。今观手迹于华岳上，指掌之迹具在；足迹在首阳山下，至今犹存。"[2]

---

[1][2] 李剑平主编：《中国神话人物辞典》，陕西人民出版社 1998 年，第 106 页。

《水经注·河水》载："华岳本一山当河，河水过而曲行。河神巨灵，手荡脚蹋，开而为两。"河神巨灵，劈山导水，猛壮有力，正是黄河威力无比、气势非凡的象征。《法苑珠林》卷五十二言："昔太一未分，山连太行、王屋、白鹿，河水停于此川，故号山海。及巨灵大人秦洪海者，患水浩荡，以左掌托太华，右脚蹋中条，太一为之裂，河通地出，山遂高显。"❶ 巨灵神在《西游记》中化作托塔天王帐下的一员战将，使用的兵器是宣花板斧，舞动沉重的宣花板斧，就像凤凰穿花，灵巧无比。在托塔天王率十万天兵天将征讨孙悟空时，巨灵神为先锋大将。

巨灵的塑造和出现，反映了先民们对黄河的崇敬和对改造自然的向往。今天的人们仍然还保存着对黄河水神巨灵的记忆。在华山北峰、苍龙岭一带东望华山著名景观"仙人仰卧"，传说即是巨灵开山导河功成后，仰卧入睡化为了此山峰，而首阳山根有巨灵神开山时脚印，华山东峰崖壁上有五指分明的巨灵仙掌（图3-9）❷。唐代诗人王维曾写诗赞美巨灵仙掌的灵异："昔闻乾坤闭，造化生巨灵。右足踏方止，左手推削成。天地忽开拆，大河注东溟。遂为西峙岳，雄雄镇秦京。"❸ 巨灵仙掌已被世人公认为关中八景之首。

图3-9　巨灵

中华人民共和国成立前，在生产力落后的社会条件下，旧社会统治者通过塑造黄河神灵及其信仰体系来维护黄河周边社会秩序和巩固统治地位。在当今唯物主义思想的引领下，深入认识其本质，作为一种文化现象保留下来，不再作为宗教信仰的对象并膜拜。

2. 河伯

河伯为黄河水神，为南北各地的共同信仰。河伯，名冯夷（或作冰夷、无夷），始见于《庄子》《楚辞》《山海经》等典籍。《山海经·海内北经》郭璞注："冯夷得道，以潜大川，即河伯也。"❹ 相传，大禹治理黄

---

❶ 李剑平主编：《中国神话人物辞典》，陕西人民出版社1998年，第106页。

❷ 图片来源：张玉枫编：《华山传奇钩沉》，陕西人民美术出版社1993年，第1页。

❸ ［唐］王维著，［清］赵殿成笺注，白鹤校点：《王维诗集》，上海古籍出版社2017年，第43页。

❹ ［晋］郭璞原著，王招明、王暄译注：《山海经图赞译注》，岳麓书社2016年，第297页。

河时有三件宝，一是河图，二是开山斧，三是避水剑，传说河图就是黄河水神河伯授给大禹的。据记载，河伯有降雨的本领，《神异经》讲："西海水上有人，乘白马朱鬣，白衣玄冠，从十二童子驰马西海水上，如飞如风，名曰河伯使者。或时上岸，马迹所及水至其处。所之之国雨水滂沱，暮则还河。"❶河伯使者穿白衣，戴玄冠，乘着红鬣白马，有十二个童子跟从，在西海上策马奔腾，行走如风，他有时候会上岸，所到之处多会雨水滂沱。河南南阳王庄窑场汉墓出土《河伯出行图》（图3-10）❷，河伯驾四鱼车出行，前有两导从，两侧有鱼护卫。

图3-10 《河伯出行图》

河伯作为黄河的水神，受到先民的尊崇，有关祭祀河伯的说法早已流传。《楚辞·九歌》就是祭祀河伯的乐歌。《史记·滑稽列传》有"河伯娶妇"的故事，说明自战国时代已有祭祀河伯的风俗。从《淮南子·说山训》和《史记·封禅书》记载来看，秦汉时有以"牲牛犊牢"❸祭河之俗。古代人们祭祀河伯，主要是因为古黄河水泛滥成灾，威胁了人们的生命和财产安全，反映了人们渴求神灵庇佑风调雨顺而无河水之患的理想愿望。

至近代社会，黄河区域人民越来越接受科学技术知识和唯物主义思想，科学认识河患的真实原因，逐渐淡化了河伯信仰。河伯作为一种历史文化符号定格在近代以前的古代社会里。

---

❶ ［晋］张华等撰：《博物志》，华文出版社2018年，第87页。

❷ 《河伯出行图》图中刻绘四条大鱼曳引一车，车上高树华盖，一驭者双手挽缰，河伯端坐车上，图左二神怪皆一手持盾，一手操刀，为河伯开道。鱼车左右各刻一游鱼夹道。鱼之后有二神人，各以鱼作乘骑，荷戟为河伯护卫。（参见南阳市博物馆：《南阳市王庄汉画像石墓》，《中原文物》1985年第10期，第26-35页。）

❸ 张碧波、庄鸿雁著：《中国文化考古学》，黑龙江人民出版社2012年，第344页。

（二）长江水神

长江同黄河一样，被誉为中华民族的母亲河。长江流域有许多的地域水神，其中比较著名的水神有三位。

1. 长江上游水神李冰

李冰，战国时期水利家，知晓天文地理，主持兴建都江堰，因而使成都平原富庶起来。李冰还在今四川宜宾、乐山境开凿滩险，疏通航道，又修建多处灌溉和航运工程，以及修索桥，开盐井等。老百姓怀念他的功绩，因循"生而有功于民，死后尊之为神"❶的传统观念，将李冰尊为长江上游的水神，为李冰雕刻了石像。在 1974 年都江堰的岁修工程中，发掘出土了东汉时期的石刻李冰像（图 3-11）❷，石刻题记为"故蜀郡李府君讳冰。建宁元年闰月戊申朔廿五日，都水掾尹龙长、陈壹造三神石人，珍水万世焉"❸。东汉石刻李冰像袖手恭立，五官端正，仪态雍容，原置于江水之中，表达着人们对李冰治水功绩的纪念，同时还发挥着测量水位的重要作用。人们将李冰奉为神灵，还在都江堰建造了二王庙纪念李冰父子治水伟业。二王庙位于都江堰岷江东岸的玉垒山麓，初建于南北朝时期，现存建筑是清代重建而成。二王庙初名崇德祠，宋以后历代封李冰父子为王，清以后改用今名。庙内石壁上嵌有李冰以及后人关于治水的格言：深淘滩，低作堰等，被称为治水三字经。现今二王庙已成为世界文化遗产都江堰的重要组成部分，是游览观光的胜地。

图 3-11 都江堰出土的李冰像

2. 长江中游水神奇相

奇相是长江中游水神。《广雅·释天》云："江神谓之奇相。"❹奇相神的来历古老久远。《庄子·天地》讲："黄帝游乎赤水之北，登乎昆仑之丘，而南望还归，遗其玄珠。"❺《蜀梼杌》讲："震蒙氏之女，窃黄帝玄珠，沉江而

---

❶❷❸ 都江堰市文物局：《都江堰市考古资料集》，四川科学技术出版社 2018 年，第 411 页。

❹ ［清］王念孙、王引之撰：《广雅疏证》卷第九上，上海古籍出版社 2018 年，第 1423 页。

❺ ［战国］庄子著，郭春艳、郑婷译注：《庄子》，黄山书社 2009 年，第 150 页。

死，化为奇相，即今江渎神也。"❶ 从这些史籍资料中，隐约可知奇相是与黄帝同时代的震蒙氏之女，因为偷了黄帝的玄珠而投江，死后化为江神。相传，玄珠或有镇水避水的作用，江神奇相曾用从黄帝那里窃来的玄珠辅佐大禹导江治理洪水。所以，奇相的功业，可以和大禹的功业并耀千古。后人念之，于是建江渎庙以示祭祀。

3. 长江下游水神天吴

天吴是吴人的祖神，又称为水伯。《山海经·海外东经》讲："朝阳之谷，神曰天吴，是为水伯"，"其为兽也，八首人面，八足八尾，背青黄"。❷ 水伯天吴是一个人面兽形的怪物，有八个人一样的脑袋，八张人一样的面孔，八只脚，八条尾巴，长着青黄色的毛，住在朝阳山下的山谷里，位于两条河的中间。《山海经·大荒东经》讲："有夏州之国，有盖余之国。有神人，八首人面，虎身十尾，名曰天吴。"❸ 在夏州之国和盖余之国，有个神人，长着八个脑袋、人的面孔、老虎的身子，有十条尾巴。晋郭璞《山海经图赞》记载："耽耽水伯，号曰谷神；八头十尾，人面虎身；龙据两川，威无不震。"❹ 水伯天吴既是水神，又是朝阳谷神，时时注视着水情，他有八个头、十条尾巴、人的面孔、虎的身体，像龙一样盘踞两水之间（图3-12）❺。在这些史籍的记载中，天吴展现出的是人面兽身、威严凶猛、震慑天下的水神形象。对于这一

图3-12 天吴

古老传说中的水神，人们将其视为图腾和神灵，加以祭拜。西晋左思《吴都赋》讲："汔可休而凯归，揖天吴与阳侯。"❻ 唐代诗人张籍《送海客归旧岛》讲："入国自献宝，逢人多赠珠。却归春洞口，斩象祭天吴。"❼ 通过各种祭祀

---

❶ 袁珂著：《中国神话通论》，四川人民出版社2019年，第134页。

❷ ［晋］郭璞注，［清］郝懿行笺疏，沈海波校点：《山海经》，上海古籍出版社2015年，第273页。

❸ ［晋］郭璞注，［清］郝懿行笺疏，沈海波校点：《山海经》，上海古籍出版社2015年，第335页。

❹ ［晋］郭璞撰，王招明、王暄译注：《山海经图赞译注》，岳麓书社2016年，第261页。

❺ 图片来源：［晋］郭璞撰，王招明、王暄译注：《山海经图赞译注》，岳麓书社2016年，第261页。

❻ 王飞鸿主编：《中国历代名赋大观》，北京燕山出版社2007年，第341页。

❼ 黄勇主编：《唐诗宋词全集》第3册，北京燕山出版社2007年，第1220页。

活动，人们祈求着水神天吴的庇佑和心灵的慰藉。

（三）湖泊水神

晏公、萧公两神本都是江西地方性水神，明初因朝廷推崇而成为具有全国性影响的水神，职司平定风浪，保障江海行船，因此各地纷纷立庙奉祀。

1. 晏公

晏公，俗称晏公爷爷，是司水神灵。《三教源流搜神大全》卷七记载：晏公姓晏，名戍仔，江西临江府清江镇人，或云临江县人，元末，以人才应选入官，为文锦局堂长。因病归，登归舟时，倏奄然而逝。后来，人们便立庙祭祀他。相传，此后晏公常在江河湖上显灵，凡遇波涛汹涌，渔民、商贾求救于晏公，晏公立即现身，于是水途安妥，舟航稳载，绳缆坚牢，风平浪静。至明代，"明太祖至毗陵，江风大作，舟将覆，忽红袍神挽舟至沙上，自称晏公。后筑江岸，有猪婆龙为患，有老渔教以瓮贯缗而钓之，问姓名，曰姓晏。忽不见。明祖闻之悟，封为神霄玉府晏公都督大元帅"。❶ 明太祖朱元璋感于晏公屡次显灵，诏封晏公，命有司按时祭祀晏公。后因人们笃信晏公保佑海运，晏公又被加封为显应平浪侯。显应平浪侯这一封号包含着人们对于海运风平浪静的愿望，寄托着人们面对平定大风大浪的心理祈望。在鄱阳湖水边鄱阳县城建有晏公庙，往来的船只行至晏公庙时，常会下船进庙烧香祈福，祈求晏公保佑船行平安。

2. 萧公

萧公，俗称萧公爷爷，是水神。《三教源流搜神大全》卷七记载：萧公姓萧，讳伯轩，宋临江府人，死于宋咸淳年间，被乡人奉为江神，在临江府大洋洲立庙，保船救民，有祷必应。明初，朝廷封萧公水神为水府灵通广济显应英佑侯。《福佑录》记载："公讳伯轩，为人刚直，不苟言笑，里闬咸为质平，殁于宋咸淳间，遂为神。乡民立庙于临江府新淦县之大洋州，保江佑民。"❷ 萧公庙供奉有水神萧伯轩、萧祥叔、萧天任，即萧氏三代，均被乡民奉祀为水神。每年农历四月初一，就是萧公的生日，鄱阳湖渔民都会笃诚敬奉英佑侯萧公，虔诚祭祀，常演戏娱神，以酬答萧公保佑渔民航行平安的功劳。由于萧公是专司保护船舶行驶安全的湖泊水神，萧公信仰不仅存在于鄱阳湖渔民之中，举凡船民都十分信仰萧公，都要仰仗萧公的保护。明清漕运水军供奉萧公，因为他们在江海行船，也需要萧公保佑。

---

❶ ［清］顾张思撰，曾昭聪、刘玉红校点：《土风录》，上海古籍出版社 2016 年，第 263 页。
❷ ［清］姚东升辑，周明校注：《释神校注》，巴蜀书社 2015 年，第 82 页。

在鄱阳湖流域许多地方，由于同时信仰晏公、萧公，所以将晏萧二公同祀一庙，称"二公庙"。

  3. 许真君

  许真君，即许逊，字敬之，为晋代道士，世人称之为许真人或许真君，江西人称之为"福主""许福主"，文人学者多称之为"许旌阳"或"旌阳令"。传说许逊曾镇蛟斩蛇，为民除水害，东晋宁康二年八月初一举家从豫章西山飞升成仙。许真君治理水患，道术高超，因功德而受百姓尊崇。《逍遥山万寿宫志》记载：许真君"诛海昏巨蟒以除民殃，斩江湖老蛟以息水患，川泽无罔象之虞，山林绝魑魅之怪。复冶金作柱以镇昏垫，环千里之间民物奠安，其功大矣。"❶ 许真君立祠崇拜始自东晋，初为族人膜拜，即许仙祠。至南北朝，由于道教兴盛与发展，后人将祠改为观。宋真宗大中祥符三年（1010 年），升观为宫，赐额为"玉隆"。宋徽宗政和六年（1116 年），复赐御书额曰"玉隆万寿宫"，即西山万寿宫。西山万寿宫坐落于离南昌市西南 30km 处西山逍遥山下，被公认为祭祀许真君的祖庭。每年农历八月前后，西山万寿宫会举行盛大的"南朝"祭祀活动。每三年，上元日后一日，会举行"西抚"祭祀活动。除"南朝"和"西抚"两种祭祀外，还有"朝仙会"这一重要的祭祀活动，即每年在西山万寿宫举行一次盛大的庙会。随着许真君崇拜信众增多，万寿宫宫观扩大，殿宇不断增加，许真君信仰习俗在鄱阳湖流域广为流传。万寿宫在鄱阳湖流域不同片区的分布见表 3-1。万寿宫在江西地市中的分布见表 3-2。

表 3-1 万寿宫在鄱阳湖流域不同片区的分布❷

流域分布	万寿宫建筑数量/座	建筑数量占比/%	流域面积/km²	数量密度/%
修水流域	86	14.05	14797	0.58
赣江流域	301	49.2	81527	0.37
抚河流域	58	9.48	16493	0.35
鄱阳湖湖区	105	17.16	5100	2.06
饶河流域	7	1.14	13144	0.05
信江流域	48	7.84	16576.3	0.29
其他	7	1.1		
鄱阳湖流域统计	612			

❶ ［清］金桂馨、漆逢源编纂：《逍遥山万寿宫志》，光绪四年影印本，第 677 页。
❷ 许飞进著：《江西水利风景区与古村落古建筑》，江西科学技术出版社 2019 年，第 219 页。

表 3 - 2　　　　　　　　万寿宫在江西地市中的分布[1]

地区名称	万寿宫建筑数量/座	所占总数百分比/%	1644—1911 年水灾次数
宜春市	140	22.88	
九江市	101	16.50	262
吉安市	64	10.46	138
赣州市	98	9.48	174
南昌市	65	7.19	121
抚州市	58	2.61	
上饶市	44	2.45	243
新余市	16	2.61	
萍乡市	15	2.45	
景德镇市	3	0.49	
鹰潭市	8	1.31	
汇总	612		

二、水事习俗

水是万物之源，也是民事之宗。自古以来，百姓的生产生活都离不开水，随着生产生活的发展，各种各样的水事习俗应运而生。

（一）水事生产习俗

古代中国以农立国，水是农业的命脉和根本。"水利既兴，则田畴之间，要皆仓庾之积"[2]，水事生产习俗主要是指农业生产习俗。"春分有雨是丰年""雷打惊蛰前，山岗垄上好种田""骑着谷雨上网场""立夏不下，高田放下；小满不满，先种不管""芒种晴，蓑衣蓑帽满田塍；芒种落，蓑衣蓑帽放壁角""六月初三麻花雨，红粉娇娘去踏车"[3]，这些水事生产习俗谚语千百年来流传于广袤的中华大地，在不同地区、不同民族，则生发演绎出了各具特色、丰富多彩的内容，如哈尼族梯田分水习俗、白族栽秧会谢水习俗、客家舞春牛习俗等。

1. 哈尼族梯田分水习俗

梯田分水习俗是哈尼族世代相传的一种农事生产习俗。居住于云南省东

❶　许飞进著：《江西水利风景区与古村落古建筑》，江西科学技术出版社 2019 年，第 218 页。

❷　[明] 徐光启著：《农政全书》（上），岳麓书社 2002 年，第 179 页。

❸　农业出版社编辑部编：《中国农谚》（下），农业出版社 1987 年，第 342 页。

南部红河州的哈尼族有着开垦梯田的悠久历史，创造出了较为公平的梯田用水管理方式，形成了极具智慧的梯田木刻分水习俗。

哈尼族梯田种植需要大量的水来灌溉，为了保证所有梯田不论位置高低、面积大小、丰歉水年都能得到充分合理有效的灌溉，防止水纠纷，化解用水矛盾，哈尼族在长期的生产实践中发明了一套严密有效的分水制度，逐渐形成了刻木分水的习俗约定。刻木分水，由村寨间德高望重的老者牵头，根据各村寨、各种田户每条水沟所需灌溉梯田面积的大小，经所有涉及用水利益的人协商，约定每条水沟应该分得的用水量。每村专门推举出一位没有私心、正直公正、责任心强的人来担任"欧嘎阿波"（即沟长，哈尼语"欧嘎"为水沟，"阿波"为爷爷或长者），负责具体执行维护每一田块的用水量。具体来说，首先，在分水之前，先根据水渠的水量，计算出水渠能够灌溉梯田的面积；基于这个面积，经过田主商议，得出每块梯田所应得的水量；再根据讨论出的水量，以宽窄不同的凹槽刻在一根木头上；然后把这根木头放在水渠的分水口，让水沿着凹槽流向不同的梯田。木刻的凹槽尺寸确定后持续沿用，不得轻易更改，通过这种方式，将不同沟渠里的水层层分流，保证各层梯田的灌溉用水。在分水活动中，哈尼族会祭祀沟神。祭祀沟神是哈尼族的一项群体性、广泛性的民俗活动。大到河流水源，小到水井水口，都可成为祭祀对象。几乎所有的哈尼族村寨都会组织全村进行水井、水沟的祭祀活动。祭祀由"莫批"（祭师）主持，祈求水神保佑水源充足，河水温顺，五谷丰登。这种祭祀活动一直传承至今，体现出了哈尼族人对水的依赖，这种依赖在长期的梯田种植活动中成为哈尼族虔诚的水文化信仰。

2. 白族栽秧会谢水习俗

谢水习俗，又称"田家乐"，是白族人民围绕水稻栽插活动形成的一种农事习俗，流行于云南洱海北部包括大理古城以北地区及洱源、剑川等地。谢水习俗，是白族栽秧会传统稻作祭祀习俗，具有浓郁的民族特色和地方特色，蕴含着丰富的水文化内涵。

每年农历四五月栽秧季节来临，几十户或各村寨的白族群众会自发组织栽秧会，推选出一位能说会道、风趣幽默、生产经验丰富的劳动能手担任"秧官"，负责劳动协调、技术指导，同时还负责在田间地头临时组织娱乐活动，大家都听从他的指挥、安排和调动。在秧苗栽插活动中，人们会举行祭秧旗、开秧门、对调子、关秧门等具有丰富民俗价值的祭祀和娱乐活动。每个临时栽秧组织都有自己的标志——"秧旗"，"秧旗"威武雄壮，装饰得五彩缤纷。旗杆一般有三丈多高，顶端插着以彩绸扎成的升斗，象征五谷丰登。

升斗下面飘扬着白色犬牙镶边的蓝色或红色三角大旗,上书"风调雨顺""国泰民安"等类祝词。旗端还系有彩球、彩带、野鸡翎、大铜铃等装饰。"秧旗"插到哪里,栽插队伍就在哪里摆开阵势。插秧的第一天称为"开秧门",人们身着节日盛装,连秧担子上都要插满鲜花,高擎着"秧旗",在唢呐鼓乐和鞭炮声中出发,沿路唱着高亢的"吹吹腔"和白族调,浩浩荡荡向田间行进。首栽田块的田埂上由主人备好果酒,队伍一到便分食糖果,饮酒高歌,然后在唢呐鼓锣声中开始下田栽插。从"开秧门"那天起,秧旗就一直飘扬在田头。按照白族民间传说,每杆秧旗代表一位神祇。栽秧要祭秧旗,象征着今年农业有好收成的美好意愿,如代表水神的秧旗,寓意白族村民希望水神降雨和避除洪涝。栽秧结束后,要举行"关秧门"仪式,并开展谢水活动。谢水活动,是祝贺栽插圆满结束的仪式,也是酬谢和祭祀水神、龙王、田公、地母的仪式。这一天,栽秧会的全部劳力包括家中老少都要到本主庙聚餐,杀猪宰羊,敬献本主,祝愿丰收。人们抬上秧旗,簇拥着"秧官",化妆成渔、樵、耕、读等角色,吹着唢呐,打着霸王鞭,在各村庄巡回表演。"秧官"头戴竖着秧把的斗笠,双脚一支蹬皮靴一支蹬草鞋,戴墨青眼镜,挂着麦穗做成的胡须,倒骑着高头大马。整个活动将水文化习俗和农耕劳动巧妙地融为一体,充满着欢乐喜庆的气氛。

3. 客家舞春牛习俗

江西客家有着舞春牛的民间习俗。在江西崇义县,每当春回大地时,农耕劳作"鞭春牛",是乡村最常见的一种春景。最早的舞春牛活动是在每年的立春时节,村民们自发来到河边,由人装成河神,在河上装灯彩。各家各户把河神请回自己的家中,在家中的牛栏、猪圈等家禽前进行参拜,以保家禽家畜的平安。然后在家中的各个方向,即各门进行参拜,以保五谷丰登、祈求平安。随着时间的推移,舞春牛的习俗从内容到形式上,都历经了不断的改造和加工,成了独具特色的避灾、祈福、娱春的民间艺术。

舞春牛一般由30人左右组成队伍,用乐器营造气氛,阵容比较庞大,走在最前面的是一个长方形牌坊,牌坊中间写一"春"字。牌坊两边是一副对联,内容大都以风调雨顺、国泰民安为主题。牌坊后面紧跟着4个花灯,花灯上的图案为剪纸艺术,且花灯上都写有字,表达龙凤呈祥和乡间五谷丰登的景象。花灯中间隔着春牛,一人舞牛头,另一人举牛身,短弯木缠棕丝系于臀后作牛尾,二人围裹被罩,只露出四脚。"春牛"两边各一牧童对牛头进行指挥,并唱着"春牛歌"活跃气氛。在花灯的后面跟着白鬃黑发执鱼竿背鱼篓的老渔翁、拿刀斧桃柴担的樵夫、短衣赤脚背犁耙的农夫、拿书阅卷的书生、挑牛草饭桶的村姑和手摇蒲扇的老茶婆，还有庄公和算手。之后还跟着由锣鼓 4 人、笛子 2 人、胡琴 2 人、唢呐 2 人组成的乐队。在乐队的后面是一些新增加的民间故事人物，如"刘海砍樵"中的刘大姐和樵夫、"白蛇传"中的白蛇和青蛇、"八仙过海"中的八仙等等，还有"三花"中的人物，手持扇子作为道具，表演各种绝技走在队伍的前面，以让舞春牛的队伍顺利通过。舞春牛的套数和动作有出栏、上路、吃草、饮水、背轭、耕田、擦痒、卧地、听歌等。春牛歌又名牛灯，包括起鼓敲锣、出行、路遇、相会、拜门、采青、谢礼、上红、敬师、拜别等。独唱、合唱、轮唱和对唱，唱农家事。东家给牛上红，并用茶果酒菜款待众人，众人酒足饭饱，牛队再行回神礼，直至结束。舞春牛这一综合性的民俗艺术形式为乡民所喜闻乐见。

（二）水事生活习俗

水是生活之源，在生活的很多方面，都有着与水相关的习俗。端午节赛龙舟、傣族泼水节、都江堰清明放水节等，都是具有代表性的水事生活习俗。

1. 赛龙舟习俗

赛龙舟，起源较早，战国时期人们在急鼓声中划刻成龙形的独木舟，做竞渡游戏，以娱神与乐人，此时的龙舟竞渡是祭仪中半宗教性、半娱乐性的节目。在两湖地区，祭屈原与赛龙舟是紧密相关的。屈原逝去后，当地民众曾用魂舟送其灵魂归葬，故有此俗。龙船竞渡前，先要请龙、祭神。如广东龙舟，在端午前要从水下起出，祭过在南海神庙中的南海神后，安上龙头、龙尾，再准备竞渡。福建、台湾龙舟，在端午前则要前往妈祖庙祭拜。龙船竞渡后，则要祭吊屈原。如江西靖安县，在龙舟赛结束后，会举行祭吊屈原的仪式，将粽子扎在小竹枝上放入水中，停锣息鼓，齐唱哀歌。❶ 2010 年 5 月 18 日，中国文化部公布了第三批国家级非物质文化遗产名录推荐项目名单（新入选项目），湖南省沅陵县、广东省东莞市万江区、贵州省铜仁市镇远县申报的"赛龙舟"入选，列入传统体育、游艺与杂技项目类的非物质文化遗产。随着华人华侨的足迹遍布世界各地，西方国家也渐渐兴起了端午热，端午节在德国等一些国家被翻译为龙舟节（Dragon Boat Festival），在欧美国家华人华侨以及中国文化爱好者中间，端午庆典主要以龙舟竞渡的方式展开，与西方国家的体育竞技文化相结合，这使得龙舟竞渡的水习俗在国际上影响广泛。

2. 泼水节习俗

泼水节是一个非常有特色的水事生活习俗。泼水节，亦称"浴佛节"，是

---

❶ 靖安县志编纂委员会编：《靖安县志》（1988—2007 年），江西高校出版社 2011 年，第 614 页。

傣族的新年。传说古代火魔奴役傣族人民，使傣族人干旱、焦渴难忍。有 7 位勇敢的傣族姑娘，设计割下了火魔的头颅。但只要这头颅掉在地上，火魔就不会死去，7 位姑娘只能轮流捧着。傣族人民为防止姑娘们被火魔的头烧死，就用清水向她们身上泼洒。后人为纪念她们的献身精神，便在欢度新年时，相互泼水，以此纪念那 7 位大义献身的善良姑娘，并期盼驱邪除污，祈求吉祥如意。泼水节习俗分文泼与武泼两种形式。文泼是比较传统的方式，即用木盆装满清水，再用枝丫蘸着水轻轻泼在别人身上。傣家人到井里取来干净的水，事先会盛放一些鲜花诸如缅桂花等，让水有香味，然后到寺庙里去"赕佛"，之后再用这些带有芳香的水给佛像清洗身上的灰尘，接着大家互相用小树枝（诸如九里香树枝）蘸取小盆里的香花水向德高或年长者身上轻轻洒去，再互相帮助向自己想要祝福的人身上洒去。以示新的一年，给对方最真诚和美好的祝愿。武泼即用木盆装满水，把一盆直接全部泼出去。在泼水节中谁被泼的水越多，象征着该年谁越幸福，也表达了傣族人民希望彼此平安幸福的寓意。泼水节的习俗流传至今，经久不衰，2006 年 5 月 20 日，该水习俗经国务院批准列入了中国第一批国家级非物质文化遗产名录。

3. 放水节

放水节，又称"开水节"，是四川省都江堰地区的传统民俗文化。都江堰放水节历史悠久，每一年清明时节，都江堰地区的人们会放水春灌，以此纪念修筑都江堰水利工程、造福成都平原的李冰父子，庆祝都江堰工程岁修完工、预祝春耕风调雨顺，农业丰收。随着时间的发展，放水活动逐渐演变为盛大的庆典和隆重的仪式，形成了辐射整个四川盆地的岁时节令民俗。传统形式上，都江堰放水节仪式由两部分构成。第一部分是当地官员主持的祭祀活动，历代传承下来，至清代祭祀形式已趋于严格。祭祀中牲为少牢，祀礼为九品。清明节前一天，祭祀的人员需要先到郫都区望丛祠祭祀望帝、丛帝。等到第二天再由仪仗队抬着祭品，鼓乐前导，主祭官率众人出玉垒关到二王庙祭祀李冰。主祭官焚香祭祀，朗诵祭文，祭献供品，并祈愿一年风调雨顺、五谷丰登、六畜兴旺。对李冰的祭祀活动至此结束。第二部分是与治水习俗有关的"放水"活动。受到岷江上游江水携带的大量泥沙影响，都江堰每年都会有损毁，需要进行岁修。依照李冰"深淘滩，低做堰"的修护办法，当地人会在冬季的枯水期开展岁修，在渠首位置用杩槎筑成临时围堰。在放水节当天，堰工要砍断杩槎的绳索，将截流的水放入河渠，在放水的同时，堰工还要和围观者不断向水流的最前端打去，让水流不要冲毁堤坝和禾苗，要为民造福，这一行为称为"打水头"。围观者还会舀"头水"祭神，祈求来年消灾降福，风调雨顺。整个祭祀流程体现了百姓们对治水英雄李冰父子的感激之情和对江水的敬畏之心。以都江堰工程的存续为基石，放水节的传统得以发展和延续，得到社会各界更大的关注和保护。2006年，都江堰放水节被列为第一批国家级非物质文化遗产。迄今，放水节已经成为都江堰的文化名片，成了独特的水文化民俗景观。

第四章 制度水文化

历代政府都重视水资源开发、利用以及水旱灾害防治问题，围绕防洪治水、引水灌溉、水利工程修建与维护、漕运、水事纠纷等事项，人们积累了丰富的管理经验，设置了专门的水利管理机构并组建了专业的管理队伍，形成了完善的水利管理制度和法规。在治水、管水、用水、护水、利水等方面，已经形成了相对完善的制度体系，成为制度水文化的主体内容。因此，学习和研究制度水文化内容，有助于推进当代水利事业改革发展规范化、制度化和法治化进程，具有十分重要的理论价值和现实意义。

第一节 水 权 制 度

《中华人民共和国宪法》第九条规定，矿藏、水流、森林等自然资源属于国家所有。《中华人民共和国水法》第三条进一步明确水资源属于国家所有，具体由国务院代表国家行使水资源的所有权。因此，基于我国水资源的产权属性，水权制度的典型特征是政府对水资源行使所有权，而自然人和法人则行使使用权，因而政府具有行政主体和民事主体的双重属性[1]。本节强调遵循大陆法系的传统观念，即将水资源视为土地的孳息，对土地的所有权中含有对地上及地下水资源的所有权；对土地享有利用权者也有权取得对水资源的使用权[2]。

一、水权概念辨析

水权的概念自产权概念延伸而来。国内理论界关于水权的概念并没有统一的、定性的界说，存在着多种理解。梳理前人研究可以发现，学者从历史

---

❶ 桑东莉：《用水权制度研究》，《水利发展研究》2004 年第 6 期，第 7－10 页。
❷ 曹可亮、金霞：《水资源所有权配置理论与立法比较法研究》，《法学杂志》2013 年第 1 期，第 108－115 页。

学、法学、经济学、管理学等角度探讨了我国水权制度的发展及演变，并界定了水权的概念。主要有以下四种观点：第一种观点基于政府对水资源行使所有权，认为水权是指水资源所有权、使用权和管理权❶；第二种观点认为水权是指水资源的使用权或者收益权，不包括水资源的所有权，它是独立于水资源所有权的一种权利，也是一项法律制度❷；第三种观点认为水权是水资源所有权、使用权和经营权的集合；第四种观点认为水权是以水资源的所有权为基础的一组权利（权利束）❸，该观点认为所有与水资源相关的权利都被认为是独立的水权，如石玉波认为水权是以所有权为基础的一组权利，包括所有权、占有权、支配权和使用权❹。

当然，也有学者从水权制度演变史界定水权的概念。张俊峰以山西新发现的水契和水碑为中心，研究了清代至民国时期山西水利社会中的公私水交易，认为水权是指水资源稀缺条件下有关水资源的权利总和，具体可归结为水资源的所有权、使用权和经营权，并基于我国自古以来水资源所有权就归国家或集体所有的特性，将水权交易界定为所有权不变前提下使用权和经营权的交易❺。还有学者探讨了水权与地权的关系，龚春霞认为"以地定水""水随地走"等习惯用语诠释了水权分配受制于土地使用的习惯做法，此外，从我国农村地区传统的用水习俗中也可以看出水权被土地使用权所吸附，土地使用权人凭借所拥有的地权而独享或优先享有相应的水权❻。还有学者从经济学角度界定了水权的概念。姜文来认为水权是指水资源稀缺条件下人们有关水资源的权利的总和（包括自己或他人受益或受损的权利），其最终可以归结为水资源的所有权、经营权和使用权❼。

学者对水权概念的界定存在交叉，对水权的所有权毋庸置疑，但在所有权基础上衍生出的其他权利则存在争议。

根据传统观念，水资源是土地的孳息，对土地的所有权中包含对地上及

---

❶　蔡守秋：《环境资源法学》，人民法院出版社、中国人民公安大学出版社 2003 年，第 7 页。

❷　裴丽萍：《水权制度初论》，《中国法学》2001 年第 1 期，第 91－102 页。

❸　曹明德：《论我国水资源有偿使用制度——我国水权和水权流转机制的理论探讨与实践评析》，《中国法学》2004 年第 1 期，第 79－88 页。

❹　石玉波：《关于水权与水市场的几点认识》，《中国水利》2001 年第 2 期，第 5、31－32 页。

❺　张俊峰：《清至民国山西水利社会中的公私水交易——以新发现的水契和水碑为中心》，《近代史研究》2014 年第 5 期，第 56－71、161 页。

❻　龚春霞：《乡村振兴背景下水权与地权关系的历史流变及反思》，《山东大学学报（哲学社会科学版）》2018 年第 5 期，第 82－89 页。

❼　姜文来：《水权基本理论研究》，21 世纪中国水价、水权与市场建设研讨会，中国水利经济研究会，2001 年 3 月，第 56－58 页。

地下水资源的所有权和使用权。因此，水权是一种派生权利，是从水资源所有权中派生的，以水资源使用权和收益权为核心内容，以地面水或地下水为权限范围，不以占有水资源为条件，不具有排他性，可以与水运权、水电权、放竹木权、养殖权、旅游观光权等数个水权同时并存。

在现代法律中，水资源所有权是指国家、单位（包括法人和非法人组织）和个人对水资源依法享有的占有、使用、收益和处分的权利，是一种绝对的物权❶。2007 年通过的《中华人民共和国物权法》对取水权的物权属性做了确认性规定，明确取水权为具有用益物权性质的权利。2020 年通过的《中华人民共和国民法典》保留了对取水权物权属性的确认性规定。

基于前人研究，现在从广义和狭义两个视角对水权的概念进行界定。广义的水权是指水资源所有权以及在此基础上衍生的取水权、使用权、水产品与服务经营权、水资源让渡权、水资源收益权、水资源抵押权等与水资源有关的一些权利的总称。狭义的水权特指建立在取水权基础上的水资源使用权、经营权、收益权、转让权、抵押权等衍生权利。

二、水权制度研究述评

受降雨、蒸散发量、水利工程短板等多重影响，干旱缺水是我国古代西北、西南地区的基本水情，水资源短缺成为当时严重的社会问题，制约着经济社会发展，甚至引发严重的社会问题。在此背景下，各地围绕着水资源的分配、使用、转让等开展了丰富的实践，尤其在水权制度建立方面具有许多有益探索，为现代水权制度的建立奠定了基础。具体而言，古代民众在用水实践中，关于水权的分配、让渡、管理等，已形成一些具有借鉴价值的做法，是我国古代水权制度的雏形。这方面的研究以谢继忠、董雁伟、李晨晖等为代表，为深入研究我国古代水权制度的发展及演变奠定了扎实基础。

清代以来，随着云南地区人口的增加以及农业生产的发展，农业生产及百姓生活用水需求增加，进而引发农业灌溉用水矛盾。乾隆时期，云贵总督张允随指出："滇省山多坡大，田号雷鸣，形如梯磴，即在平原，亦鲜近水之区。"❷ 这表明，在水资源日益稀缺环境下，民间水权观念已开始形成，围绕水权分配和管理也已逐渐成为当时农业生产及乡村社会管理的重要问题。为此，董雁伟以水利碑刻、契约文书为主要资料，研究了清代云南水权的分配、

---

❶ 焦士兴：《面向 21 世纪的中国水资源市场》，《安阳师范学院学报》2003 年第 2 期，第 28 - 30 页。

❷ 方国瑜：《云南史料丛刊》第 8 卷，云南大学出版社 2001 年，第 562 页。

交易、管理及其反映的乡村社会关系❶。谢继忠则以新发现的甘肃省高台、金塔契约文书为中心，研究了清代至民国时期黑河流域的水权交易类型及其特点❷。李晨晖等通过对松古灌区大量榜文、碑刻等水文化遗存的考证、分析，研究了明清时期松阳县松古灌区水权的获取、分配等问题❸。

（一）关于原始水权的获取

原始水权获取国际上有占用优先、河岸所有、平等用水、公共托管、条件优先等原则❹。李晨晖等通过对明清时期松阳县松古灌区大量榜文、碑刻等水文化遗存的考证、分析，发现松古灌区古代水权和水量分配体现的是投资所有原则，即水资源谁投资、谁开发、谁所有。古榜圳图、水期榜文、水期勒石永示碑是古代松古灌区先人持有水权的合法依据凭证，且其绘制、颁布、刻碑必须经由当时政府准许并告示所在灌区方才有效。

（二）关于水权的分配

水权的分配包括分配主体、分配方式、分配顺序等内容。董雁伟通过梳理相关文献资料，发现云南历史上有关于水权分配的记载，用水分配有"计亩分流""按亩分水"的记载，或以"排""份""号""昼夜""时辰"等为序，依次放水或用水平石、木刻分流放水❺。例如，在滇池流域松华坝以下的农业灌区制订了分水、放水条例。金汁河从松华坝至燕尾闸"放水次第分为五排"，"五排放水五日，四排放水四日，三排三日，二排二日，头排一日，半月一周，周而复始"。银汁河则从黑龙潭"开沟灌溉分为三排"❻。清代云南修建的水利设施都订有分水制度，例如保山诸葛堰是清代滇西有名的水利设施，在用水分配上，采取班次轮放法，"每值冬末春头，河水消缩。轮放纂泄余沥，其班次悉照开海水规"❼。董雁伟进一步将清代云南地区的分水制度分为"秉公公放"和"照分数分放"，"秉公公放"多以上满下流为原则，"终年

❶ 董雁伟：《清代云南水权的分配与管理探析》，《思想战线》2014 年第 5 期，第 116 - 122 页。

❷ 谢继忠：《清代至民国时期黑河流域的水权交易及其特点——以新发现的高台、金塔契约文书为中心》，《理论学刊》2019 年第 4 期，第 161 - 169 页。

❸ 李晨晖、高灵：《明清时期松古灌区水权管理机制考论》，《浙江水利水电学院学报》2022 年第 1 期，第 14 - 20 页。

❹ 张舒：《取水权优先效力规则研究》，《中国地质大学学报（社会科学版）》2021 年第 3 期，第 76 - 89 页。

❺ 云南省地方志编纂委员会总编，云南省水利水电厅编：《云南省志》卷三十八《水利志》云南人民出版社 1998 年，第 475 页。

❻ 黄士杰：《云南省城六河图说》，成文出版社 1974 年，第 12、17 页。

❼ 《轮放大海水规碑记》，载保山市文化广电新闻出版局编《保山碑刻》，云南美术出版社 2008 年，第 41 页。

不立水牌，亦不分昼夜，作为常流水"❶，例如嵩明县所建积水闸塘，"议定芒种日开放，不得前后，一开水之日，顺序而开，上满下流。"❷ "照分数分放"立足云南山区水源渺远、田亩分散等实际，先核定用水水额、水期，再照分数分放，这种分水方法更有利于水资源分配的公平。如腾冲中和区实行"立砰分放"，"强不能多，弱不能少，数百年来并无紊乱"。水分的计算，或以放水时间计，按照"昼夜""班"分水，或以尺寸计，或以水平石、木刻分流放水。而李晨晖等的研究发现，康熙三十年（1691 年）至乾隆三十四年（1769年），官府对松古灌区水资源的调配原则为：一是"田禾需水之时，水碓不与田争水"；二是水资源综合利用，告示中"原则冬季轮转，春夏及秋溉田"，明确芳溪堰季节性用水约定，春夏秋用于灌溉，冬季的非灌溉期可以用于水轮机械。

（三）关于水权的交易

水权交易是交易当事人转让水资源使用权的一种行为。开展水权交易成为破解水资源短缺的一种重要选择。梳理文献可以发现，清代以来，随着水资源稀缺性的日益凸显，灌溉用水的价值不断提高，这也促进了水权与地权的相互剥离❸。清代云南地区普遍存在个人或村寨之间的水权交易，这意味着水成了一种可以转让的商品。此时的水权交易根据交易标的的不同，又可细分为水源交易和水分交易。

水源交易是指水源及其坐落地的买卖，此种交易类型买卖双方约定了买方在用水、开凿等方面的权利和义务，标明了水源的具体坐落地，明确了交易价格，并立下契约为证。如乾隆十六年（1751 年），红河三村乡村民因买水源签订契约❹，大致内容为"打洞村民罗相文等筹银四百两，向娘浦村伙头周者得买下水源使用及水沟开凿权，开沟引水至打洞村山坡"。

水分交易则是与分水制度相对应的一种水权交易形式，即由交易的一方购买另一方所分得的水额。水分交易中的"水分"类似于现代水权制度中的"初始水权"或"份额"，卖方通过水权确权分配的"初始水权"如有节余，可以通过水权交易有偿转让。古代水分交易根据水资源禀赋及交易动机不同，

---

❶ 《紫鱼村分水碑》，载李兆祥主编《嵩明县文物志》，云南民族出版社 2001 年，第 161 页。

❷ 《古城屯建立积水闸塘碑记》，载李兆祥主编《嵩明县文物志》，云南民族出版社 2001 年，第155 页。

❸ 萧正洪：《历史时期关中农田灌溉中的水权问题》，《中国经济史研究》1999 年第 1 期，第 56 - 60 页。

❹ 云南省红河县志编纂委员会：《红河县志》，云南人民出版社 1991 年，第 205 页。

具体又可分为两种情况。一种情况是在缺水的背景下，水分交易的买方通过缴纳"水租"（类似于现代水权交易的价格），获得与卖方分沾水利的权利。如乾隆年间，蒙自小东山向布衣透购买龙潭沟水，"东山薄出谷若干或银若干，向布衣透之人年买斯水，其银俱存公处，以作修沟之用，则水归有用，田不荒芜"❶。另一种情况是在不缺水的背景下，由于水量不够用（类似于现代水权交易中实际用水量超过分配的初始水权，需通过水权交易购买取水权），为保证用水需求，交易的买方直接买断他人的水额（取水权），以增加自己的用水量。

此外，从契约、碑文中还可以发现，根据产权分割的不同，清代水权交易可分为绝卖、活卖、出典等交易形式。与土地交易类似，绝卖是一次性卖断水权，不能再赎回。而与绝卖相反，活卖则是水权交易后，水权卖方还有赎回所卖水权的权利。出典的标的物是"全箐一昼夜"之水。水权交易中"活卖""绝卖""出典"等交易形式的出现，表明了水资源在交易中已具有与土地同样的属性。

（四）关于水权的管理

加强水权管理，对于保障水资源合理有序利用具有重要意义。梳理清代以来相关历史记载资料可以发现，围绕水权管理，形成了以水长为核心的水权管理制度及以水利规约为核心的水权管理法规。

水长，又称水头、沟头、坝长等，是我国古代各地对水权分配和管理的专门人员，类似于当前灌区的水管员（或用水户协会中的会长），水长同时还承担着对水利设施进行日常维护的责任。清代云南各地均有水长的设立。史料记载，乾隆时期弥渡永泉海塘，"设坝长二人，放水一分。只得将各沟应通，令近者方开水口。凡寻（巡）沟、分水公平，不容恃强者截挖，如若徇情不公，连坝长恃强之人，一概公罚以修海垦。又递年至八月十六日收集海水，责在坝长，若推诿疏忽，更听赔罚，切勿怨言。"❷

水长对水权的管理主要基于其在民间事务管理中的威信及影响力，是一种非正式制度，还需要正式或非正式制度加以补充，如水利规约。因而水利规约便成为水权管理的主要法律依据，其既可以是官方颁布的正式制度（官方规约），也可以是水权管理实践探索提炼出的非正式制度（民间规约）。例如，根据史料记载，清代云南在水权管理中广泛存在着这类水利规约，比如

---

❶ 唐立：《中国云南少数民族生态关连碑文集》，日本综合地球环境学研究所 2008 年，第 111 页。

❷ 《永泉海塘碑记》，载杨世钰、赵寅松主编《大理丛书·金石篇》卷五，云南民族出版社 2010 年，第 2697 页。

基层政权订立和颁布的官方规约，以及村舍、宗族共同遵守的民间规约（村规民约）。官方水利规约多见于官方主持修造的大型水利设施。民间水利规约多由地方绅耆、水头等人主持议定，在水资源管理的过程中发挥着习惯法的作用。

（五）关于水权交易的类型

谢继忠通过梳理近些年甘肃省高台县博物馆、酒泉市档案馆和嘉峪关火烧沟博物馆等发现的从乾隆十年（1745 年）到民国二十八年（1939 年）的高台、金塔土地水利交易契约文书，发现清代至民国时期黑河流域的水权交易，主要有水权买卖、水权出典、水权回赎、水权归并、水权推卸、水权顶换、水权兑换、水权析分等几种类型。

三、水权制度历史演变及其特征

水权制度是关于水资源所有权、使用权、经营权、收益权、处置权等具体规定，以及关于水权获取、分配、交易、管理等形成的管理制度体系。水权制度因水资源所有权属性、水资源禀赋、水资源价值、所处历史阶段等的不同而存在差异。

早在商周时期，《诗经·小雅·北山》云："普天之下，莫非王土。"意思是说，普天之下都是王的土地和管辖范围，井田制下一切土地归国王所有，水作为土地的附着物一并归属王者所有。

至秦朝，秦律对水资源归属权和保护有明确的制度规定。出土的秦简《秦律十八种》中"田律"规定："春二月，毋敢伐材木山及壅堤水。"这说明了秦代已经认识通过法律手段保护自然环境和水资源。

魏晋时期，杜预疏通汉代召信臣主修的旧渠，有"分疆刊石，使有定分"的规定，关于"均水约束"的规章，告诫人们节约用水、提高管理水平。

唐代用水管理办法比较详细，在《水部式》有专门的条款规定航运—灌溉—碾硙的用水次序，这是水权优先思想的反映。宋代用水管理办法又进一步详细，颁布《农田水利约束》政令，明确"灌溉之利，农事大本"的基本原则，"自是四方争言农田水利"。

明清时期，沿袭历代重视水利的政策法规，特别提出用水次序的权利保障。《明史·职官志》记载："碾硙者不得与灌田者争利，灌田者不得与转漕争利。"这里明确规定水力加工、灌溉、漕运的用水权的次序关系。

至近代，水资源对于经济社会发展的重要性日益凸显。为加强水资源管理，保障用水安全，一些西方先进国家开始制定水利法规，并陆续出台相关水资源管理规章制度。受此影响，也为改善当时我国受灾后的水利事业和解决日益严重的水利纠纷，1942年颁布了中国近代第一部《水利法》。《水利法》中对用水次序尤其重视，第十五条中规定取得水权的用水工程须遵守的用水次序是："（一）家用及公共给水；（二）农田用水；（三）工业用水；（四）水运；（五）其他用途。"民国时期，通过颁布法律明确用水顺序权，能起到减少用水纠纷、节约用水的作用，也是对水权界定的补充。这一时期的水权既具有时代特征，又继承了传统，还借鉴了西方水权观念，具有合理性和鲜明的时代性。

新中国成立后，鉴于我国水资源短缺、人均水资源拥有量仅为世界平均水平的四分之一，党中央、国务院高度重视加强水权制度建设，作出了许多重要决策部署。尤其是20世纪以来，我国在水权制度建设、水权水市场改革等方面有许多重要突破。2001年，浙江省东阳市和义乌市之间开展的水权交易，开创了新中国水权制度改革的先河。2004年，水利部发布《关于内蒙古宁夏黄河干流水权转换试点工作的指导意见》。2005年，水利部发布《关于水权转让的若干意见》和《水权制度建设框架》。2011年，中共中央、国务院发布《关于加快水利改革和发展的决定》，首次提出"要建立和完善国家水权制度，充分运用市场机制优化配置水资源"。2012年，党的十八大报告提出"积极开展水权交易试点"。2014年，习近平总书记提出"节水优先、空间均衡、系统治理、两手发力"的新时期治水思路，并指出推动建立水权制度，明确水权归属，培育水权交易市场。同年，水利部发布《关于开展水权试点工作的通知》，并在七省开展水权试点工作。2015年，中共中央、国务院印发《生态文明体制改革总体方案》，提出要合理界定和分配水权，探索地区间、流域间、流域上下游、行业间、用水户间等水权交易方式，开展水权交易平台建设；同年，《中共中央关于制定国民经济和社会发展第十三个五年规划的建议》中指出要建立健全用水权初始分配制度，培育和发展水权交易市场。2016年，水利部印发《水权交易管理暂行办法》，水利部、国土资源部联合印发《水流产权确权试点方案》，同年中国水权交易所在北京设立，标志着我国水权市场改革进入实质性操作阶段。2019年，国家发展改革委、水利部印发关于《国家节水行动方案》的通知，强调通过创新市场机制，推进水权水市场改革，探索流域内、地区间、行业间、用水户间等多种形式的水权交易，通过水权交易解决新增用水需求。2021年，"十四五"规划纲要提出发展用水权交易，中央办公厅、国务院办公厅印发《关于建立健全生态产品价值实现机制的意见》，指出探索在长江、黄河等重点流域创新完善水权交易机制；同年，国家发展改革委等五部门联合印发《"十四五"节水型社会建设规划》，强调规范水权市场管理，促进水权规范流转，探索推进水权交易机制。2022 年，国家发展改革委、水利部印发《"十四五"水安全保障规划》，指出要完善用水权市场化交易制度，积极培育和发展用水权交易市场，中共中央、国务院印发《关于加快建设全国统一大市场的意见》，要求"建设全国统一用水权交易市场"。响应国家关于加快水权水市场改革的号召，各地因地制宜，加快水权制度建设及水权水市场改革进程，江西、宁夏、内蒙古、河南、江苏、安徽等省、自治区先后出台水权交易管理方法（试行办法）及配套制度，明确水权交易的范围、类型、平台交易程序、交易费用、期限以及交易管理等内容。

四、水权交易实践及案例分析

水权制度框架的完善，为水权交易的规范有序开展提供了制度依据、交易规范和技术指导，促进了全国水权交易有序开展。

（一）全国层面水权交易实施情况

我国水权交易是从启动水权确权登记工作开始开展的。2014 年 7 月，水利部启动水权确权登记及制度建设试点工作，并选择宁夏、江西、湖北三省、自治区作为试点地区。同时，开展了区域间、流域间、用水户间及流域上下游水权交易及制度建设国家试点，并选择内蒙古、河南、甘肃和广东四省、自治区作为试点地区。2016 年 6 月，经国务院同意，中国水权交易所（以下简称水交所）在北京开业。水交所是水利部和北京市政府联合发起设立的国家级水权交易平台，其设立的目的在于充分发挥市场在水资源配置中的决定性作用和更好地发挥政府作用，推动水权交易规范有序开展，全面提升水资源利用效率和效益，为水资源可持续利用、经济社会可持续发展提供有力支撑。水交所业务范围包括开展交易咨询、技术评价、信息发布、中介服务、公共服务等配套服务，交易方式为协议转让及公开交易（市场竞价），交易类型主要包括区域水权交易、取水权交易、灌溉用水户水权交易三种。至 2022 年 5 月，水交所已完成区域水权交易、取水权交易以及灌溉用水户间水权交易 2129 笔（其中区域水权交易 6 笔，取水权交易 198 笔，灌溉用水户交易 1925 笔），交易水量累计达 20.54 亿 m³，交易金额达 13.73 亿元，为地区、企业、农业发展提供了水资源保障，并促进水资源更高效率和效益的配置，实现双方甚至多方共赢。

（二）地方层面水权交易实践探索

地方层面开展的水权交易包括三类，并以灌溉用水户间水权交易为主，各类型水权交易的典型案例如下。

1. 区域水权交易方面

区域水权交易是指以县级以上地方人民政府或者是其授权的部门、单位为主体，行政区域间开展的水权交易，比如 A 县与 B 县之间开展的水权交易。此类水权交易，交易主体既可以位于同一流域，也可以位于不同流域。此类水权交易以东阳-义乌水权交易最为典型，是我国首笔区域水权交易，也开创了我国水权制度改革的先河。

浙江省义乌市和东阳市同属金华江流域，东阳市处于金华江流域的上游，水资源丰富，在满足农业灌溉及城市供水需求后还有富余。义乌市经济发达，但是水资源总量短缺，人均水资源仅相当于全国人均水平的一半。为解决缺水区水资源短缺矛盾，同时盘活丰水区水资源存量，2001 年，义乌市和东阳市两地政府签订了取水权有偿转让协议。根据协议，义乌市一次性出资 2 亿元购买东阳市横锦水库每年 4999.9 万 m³ 水的使用权。取水权转让后，水库的所有权维持不变，水库的运行及工程维护仍由东阳市负责，义乌市则根据当年实际供水量，按照 0.1m³/元的价格支付综合管理费（包括水资源费）。从横锦水库到义乌市的引水管道工程由义乌市规划设计和投资建设，其中东阳市境内段引水工程的有关政策处理和管道工程施工由东阳市负责，费用由义乌市承担。工程通水后，每年将近 5000 万 m³ 的横锦水流入义乌，可以基本满足义乌今后 10 年左右的用水需求。

2. 取水权交易方面

取水权交易是指通过初始水权分配获得取水权的单位或者个人，通过调整产品和产业的结构、改革工艺、节水等有关措施实现水资源节约，将节余取水权有偿转让给符合相关条件的其他单位或者个人的水权交易。该类交易根据交易对象所在行业的不同，又可分为行业内、行业间的取水权交易。比如，工业企业通过改进用水工艺实现节水，其取水权有节余，可通过水权交易将节余取水权有偿转让给实际用水量超过取水许可证规定取水量的工业企业。两家企业一般为同一流域范围内，比如转让方在流域上游，受让方在流域下游。

以江西云山集团军山水厂与九江市永修县云山水库管理处水权交易为例，该笔交易是江西省通过该省公共资源交易平台完成的首笔水权交易，也是行业间取水权交易。该笔水权交易的受让方为江西云山集团军山水厂，转让方为九江市永修县云山水库管理处，交易标的为取水权。受让方通过购买永修县云山水库管理处转让的部分水权，解决城市发展新增用水需求。转让方近些年通过提高灌区内灌溉水有效利用系数和调整种植结构实现年节约水量1808万 m^3，即年度取水权有节余。此笔交易的交易价格为 0.11 元/(年·m^3)，交易期限 2 年，交易总金额达 44 万元。

3. 灌溉用水户水权交易方面

灌溉用水户水权交易是指通过水权确权登记取得初始水权的灌溉用水户或用水组织（集体）之间进行的水权交易。该类水权交易门槛低，根据交易期限不同管理政策存在差异。对于交易期限在一年内的，不需要审批，经交易双方平等协商后可以自主开展；如交易期限超过一年，则需在交易前向灌区管理单位或县级以上地方人民政府水行政主管部门办理备案手续。

以甘肃石羊河流域清源灌区灌溉用水户水权交易为例，石羊河流域是甘肃省三大内陆河流域之一，自 2008 年起就开展了灌区内农民用水户协会之间的水权交易，2014 年建立了水权交易网上平台并开始运营，积累了丰富的水权交易经验。2019 年 7 月，甘肃省水利厅印发《关于做好甘肃省灌溉用水户水权交易示范推广试点工作的通知》，将石羊河流域的武威市凉州区作为2019 年度试点之一，在水交所的指导配合下，进一步开展灌溉用水户水权交易示范推广。凉州区选择西营、清源两大灌区作为试点，其中清源灌区为井灌区，覆盖 15 个行政村，共有机井 297 眼，总灌溉面积 38550 亩，已完成水权确权并为灌区内 120 个村民小组颁发了水权证。水交所搭建了凉州区水权交易系统，并为试点灌区管理人员分配了交易审核账号，灌区内用水户能够通过水交所的灌溉用水户水权交易手机 App 进行水权交易，自 7 月开展示范推广至年底，总交易水量 40.71 万 m^3。

此次水权交易的标的为本年度内各小组内节余的农业灌溉用水指标。交易价格基于现行水价，按照凉州区关于水权交易的有关要求，交易的最高价格不得高于现行水价的 3 倍。该区域地下水价 0.05 元/m^3，从 2019 年水权交易实际情况看，交易价格均未出现溢价现象，均按照 0.05 元/m^3 成交。

第二节　水　利　法　规

治国先治水。历朝历代政府非常重视治水事务，重视水利法规建设，逐渐形成了比较完备的水利法律体系，为水利工程建设与维护、灌溉用水、漕运用水、水资源保护与管理、水事纠纷解决等方面提供了法律依据，并取得了显著的社会成效。

一、古代水利法规

自从人类开始定居生活，由渔猎为主转为农耕为主的时候开始，人类在生产活动中如何合理利用水资源显得尤为重要。经过实践，人们获得了一些经验，学会了管理水，让宝贵的水资源更好地造福人类。随着人类社会的发展和科学技术的进步，人们对水的管理越来越规范、全面。现在人们可以做到合理有效地管理空中水、地面水和地下水，同时对水资源进行科学管理、合理开发，规划建设水工程及水利工程。在管理方法上越来越先进，从而形成了内容丰富的管水文化，即水文化中的制度文化。管水文化是指水事活动中的一切管理行为，主要包括水资源的管理、水事人才管理、工程建设管理、水工程的管理及水事活动中的财务管理等。而水法规的管理即文化的管理是管水文化的最高层次。本节重点从我国历史上水利法规管理侧面了解管水文化的有关内容。

（一）古代的水利条款及法规

我国古代早已有水利法规。社会发展到一定阶段，水资源开始变得不再充足，也不是随时都能取水，一年四季降水量分配不是那么均匀，水利工程建设应运而生。任何水利工程都牵涉众多人的经济利益，也会影响周边居民的生命财产安全，有时也影响到居民彼此之间关系的处理。因此，一些与水有关的规约便产生了，成为邻里乡亲共同遵守的惯例、条约。后来，这些惯例和条约逐渐演化成水法，进一步增强了其权威性和稳定性，水力资源综合利用效益提高了。水法的出现是水利事业发展迈上新台阶的重要标志。

水利法规在春秋时期已经出现，最初的水利法多是某个水利门类的单项法规，或附属在国家大法当中的有关条款，以后逐步完善，至迟在唐代已有全国综合性的水利法典。从春秋时期"无曲防"的条约算起，有2600余年历史。史书记载的最早水利制度是西汉时倪宽的《水令》和召信臣的

《均水约束》。

中国历代的水利法律法规，按水利法律法规规范的内容来划分，大致可以分为三类：国家大法中的水利条款、综合性国家水利法规和不同水利门类的单项法规。一是国家大法中的有关水利条款。先秦时期《礼记·月令》载有春秋末年"季春之月……时雨将降，下水上腾。循行国邑，周视原野，修利堤防，导达沟渎，开通道路，毋有障塞"，强调春季雨水来临之际，要兴修水利堤坝，疏通沟渠，以便水流畅通无阻，蓄水堤防坚固。秦国统一六国之后所制定的国家大法中，也有相关记载。《秦律十八种》中《田律》规定："春二月，毋敢伐材木山林及雍堤水"❶，如遇旱、涝、风、虫等灾情，县政府必须严格按时间要求如实向中央呈报灾情。唐代的《唐律疏义》中的杂律亦有水利条款的规定，"近河及大水有堤防之处，刺史、县令以时检校。若需修理，每秋收讫，量工多少，差人夫修理"❷，有堤防的地方，地方日常管理中按时间安排检查，如果需要修缮，先测算好工时再请人修理。如果维修不及时，造成财物损失和人员伤亡的，要参照贪污罪和争斗杀人罪等处罚。如果因为取水灌溉等缘故导致决堤的，无论公私，都要脊杖 100 下。如有故意破坏堤防致人死亡的，按故意杀人罪论处，即便损失较轻，最低也要判 3 年有期徒刑。二是综合性国家水利法律法规，如唐代《水部式》、宋代《农田水利约束》等。《水部式》❸ 是我国现存最早由中央立法的全国性水利法规，主要包含水碾、水磨设置的规范及如何用水，农田水利的管理及灌溉规定，运河船闸、桥梁的管理和维护，海运及内河航运船只、水手的管理，渔业及城市水道管理等属于尚书省工部水部郎中和员外郎的职业内容。宋代《农田水利约束》的出台经过了 20 多年的酝酿和 1 年的普查才正式出台，是王安石变法的重要内容之一。与《水部式》不同的是，它以鼓励和规范大兴农田水利建设为主，按修建水利工程的多少和大小进行登记并实行奖惩。三是不同水利门类的专项法规，主要包括防洪、农田水利、航运、城市水利和水利施工管理等管理规定。江河防洪有据可考的历史时期为西周，但目前尚存最早的史料记载是 223 年的蜀国诸葛亮的护堤令。农田灌溉法规最早可考的则是西汉，现存相对具体的灌溉管理制度为甘肃敦煌的甘泉水灌区。运河的管理法规是随其在经济发展中的地位不断发展的。唐朝时期，运河日益成为经济发展的重要大动脉，与之相对应的立法应运而生，日渐丰富。各水利门类的专项法

---

❶ 睡虎地秦墓竹简整理小组：《睡虎地秦墓竹简》，文物出版社 1978 年，第 26 页。

❷ ［唐］长孙无忌：《唐律疏义》卷二十七，国学基本丛书本，商务印书馆 1933 年，第 44 页。

❸ 现存的《水部式》是近代在敦煌千佛洞发现的残卷本，仅有 29 自然条，约 2600 字。

规、规范是随着我国水利事业发展不断规范的，自成体系又相互关联。从古代历朝历代水利法律法规发展看，水利方面的法律法规在春秋时期已经出现，多半是某个水利门类的单项规定，或在国家法律法规中有相关条款体现，后来各朝代逐步完善，发展到唐代已有全国综合性的水利法律法规。❶

（二）古代管理水利工程的官职

中国古代官制中，水行政置官应是最早的，它缘起于管水或治水的部族领袖。战国时管仲提出了水行政部门职能的概念以及设官置署的构想。先秦以来，水行政管理机构在中央和地方官制中一直都有设置，机构和职能随国家官制的不断完善而逐步完善。

古代中央官制经历了三次重大变动：①先秦时期诸侯分封制下公卿制；②秦汉时期中央集权的三省九卿制；③隋唐时期建立在三省九卿制基础上的中央政务机构的"六部"部门主管制。夏商及春秋时，由于防洪、供水等公益事业和公用工程管理的需求而产生了行使专门职责的官吏，同时出于对大自然的敬畏，又赋予官与神一体发号施令的权力，这就是《周礼》所列的天地春夏秋冬，或金木水土各官。管水和治水的官，分别为冬官及水官。这就是水正为官、玄冥为神的水管理的职官起源。春秋战国时各诸侯国政务主要由司空、司徒、司马和司寇承担，分管土木工程、劳役、军事、刑法等。其中水利工程的兴建及管理是司空的职权。秦汉一统的集权专制下，中央政务机构尚书省和卿监两大体系中，产生了水利行政管理、水资源税征收、水利工程建设和管理三类水行政官员。隋唐以前，水行政分属尚书（中书）省及多个监。至隋唐六部的建立，形成了以工部和都水监为首的，从中央到地方，专业事务机构与行政管理部门结合的条块管理体系。自汉代以来在州（郡）县行政长官之下设官置吏，形成稳定的地方水利行政管理机制。

在水行政和专业管理的组织体系之外，独立的稽查系统始终行使着对水利工程建设和管理的稽查功能，这是古代水利事业发展的保障机制。古代负责水利工程的官职设置甚早，据说舜帝就命伯禹作司空，专门掌管平治水土的工作。但真正明确具体负责水利工程管理工作官职的出现，当是在西周以后。秦汉时期已有初步的水利法规，说明对工程的运行管理已比较重视。

水利工程管理制度的形成和完备，是在唐宋时期。这一时期，不仅对防洪、灌溉、航运各类水利工程的运行、维护管理都有较完整的制度，而且有较全面的法规性文件，水利工程的设计、施工也有一套章法。各类水利工程

---

❶ 靳怀堒主编：《中华水文化通论》，中国水利水电出版社 2015 年，第 106 页。

已经有明确的岁修制度，灌溉工程已有用水管理办法，航运工程有闸门启闭制度，防洪工程有防洪组织和防汛责任制。法规性文件则有唐代《水部式》、宋代《农田水利约束》等。

明清时期，管理制度更加严密，管理机构已成体系，管理队伍更加庞大。但是，封建官僚主义日益严重，许多制度名存实亡。有些水利部门贪腐成风，水政混乱，不少水利工程年久失修，效益大减，有的甚至酿成灾患。这些都是社会原因造成的，作为水利工程管理的经验积累，许多管理制度仍不失其历史的光辉。这一时期在管理上的一个重要特点，就是管理制度的普及化，几乎全国所有的水利工程都有自己的运行维护制度。水利管理已经成为水利工程持续发挥效益的基本保证。

二、近现代水利法规

近代，水利科学技术发展日新月异，水资源的利用除了最基本的饮用、灌溉和水运的范畴，还有发电、调节气候等。随着水资源用途的广泛开发，国家利用规范的管理提上法制日程。这时，西方一些国家率先制定了水利法律法规及水利管理方面的专业性规章制度，加强国家对水资源规划的顶层设计，在合理利用水资源的同时，做好保护工作，重点实行国有化管理政策。民国时期我国水利界有识之士齐心协力，奋斗多年，终于促成了 1942 年《水利法》的颁布施行，这是我国近代第一部水利法。自此，我国相应的专业水利管理规章制度陆续修撰，我国水利法规建设开始摆脱古代传统水利法规的局限，进入了一个新的历史阶段。

1. 近现代水利法规的发展

20 世纪 20 年代以来，我国水利界开始酝酿制定国家水利法，以推动和保障水利事业的顺利发展。在 1931 年 2 月的全国内政会议上，水利界代表汪胡桢向会议提交了确定水权以促进水利发展议案，主张"编订水利法规"。自此，水利立法被正式列入国家立法议事日程。

《水利法》的制定最初由建设委员会主持。为了保证立法的公正严谨，委员会组织人员对英国、美国、日本等国已颁布施行的水利法规进行了翻译，以供起草时借鉴。与此同时，委员会还对《水利法》的科学性、社会性进行了学术研讨。历时近 3 年的努力，全国内政会议于 1933 年 12 月召开了首次水利专门会议，公布《水利法草案》（以下简称《草案》）。1935 年全国水利委员会合并到全国经济委员会旗下，并成立下属水利委员会负责《草案》的修改、审定。同年 7 月，水利委员会常务委员审定小组组建成立，由李仪祉、陈果夫、傅汝霖、孔祥榕、秦汾、茅以升等 6 位成员担任。不久，《草案》进入各流域水利机构、各省政府审议流程。1937 年，抗日战争爆发后，国民政府西迁，水利行政机构更迭，《草案》修改延至 20 世纪 30 年代末才最后完成。

1940 年，由国民政府行政院将定稿后的《水利法》转送国防最高委员会，核定立法原则后交立法院审议，1942 年 6 月立法院审定通过，同年 7 月 7 日正式颁布，于 1943 年 4 月 1 日开始实施。从国民政府第一次提出《水利法》立法草案到正式颁布实施，历时 11 年之久。《草案》原为 13 章 124 条，修改后正式颁发的《水利法》共九章，从第一章到第九章依次为总则、水利区及水利机关、水权、水权之登记、水利事业、水之蓄泄、水道防护、罚则及附则。

经过几年实践检验，人们发现《水利法》不够严密，有待修正或补充。例如有关水权部分，由于对申报水权的工程没有需用流量、水位差、用水时间等指标，降低了对用水法人的法律监督力；有关罚则部分，处罚标准较《刑法》轻，使执法人无所适从，而图谋私利者敢于以身试法。而且在《水利法》的推行过程中，水利机构没有做到依法规范执法。加之当时人们的认知不够，导致实际执行的过程中《水利法》形同虚设。民国年间水利立法、执法的主要成就就是《水利法》的制定和水权登记制度的执行。尽管受历史局限这部法律不够科学、严谨，但它毕竟是我国第一部建立在近代水利科学基础上的国家水利法规，其意义值得肯定。

新中国成立以来，我国的水利事业发展迅猛，与之配套的方针政策和规则办法相继出台。1988 年 1 月 21 日，中华人民共和国第一部规范水事活动的基本法《中华人民共和国水法》（以下简称《水法》）诞生了。这一法律的出台标志着我国水利建设与管理步入了全面依法管理的时代。它的实施，对规范水资源开发利用管理与保护、防治水旱灾害、促进水利事业的发展起到了积极作用。

新中国成立以来尤其是改革开放 40 多年来，水利立法工作从无到有，基本实现了"有法可依"，水利法制建设、法治化发展取得了可喜成就。

以 1988 年《水法》的颁布实施和 2002 年《水法》修订版出台为标志，我国的水利法制建设大致可分为三个阶段[1]：

第一个阶段：起步阶段。

---

❶　靳怀堾主编：《中华水文化通论》，中国水利水电出版社 2015 年，第 114 - 115 页。

20 世纪 70 年代末，中国特色社会主义建设开始步入正轨。随之而来的水问题日益复杂化、严重化，这对水管理提出了新的迫切要求。1978 年 4 月，水利部开始酝酿起草水法，与此同时，开展了水土保持、水资源保护等方面的立法工作。总之，这一时期是我国水利立法的起步阶段。

第二个阶段：发展阶段。

中国逐渐步入依法治水新时期。1984 年 10 月，当时的水利电力部倡议并获得国务院批准，成立由有关部委负责人参与的"全国水资源协调小组"。协调小组领导负责水法起草工作，通过各项法定程序，并最终于 1988 年 1 月提交第六届全国人大常委会第 23 次会议审议通过，颁布了中华人民共和国第一部《水法》。这一法律的颁布实施标志着我国水利工作进入了一个全新的时代，是我国水利法制建设史上具有里程碑意义的大事件。从此，我国水利建设事业开启了新篇章。

第三个阶段：完善阶段。

1998 年洪涝灾害发生后，水利部根据党和国家对新时期水利工作制定的方针政策，提出了从传统水利向现代水利、可持续发展水利转变的治水护水新思路，既要保护好现有的优质水资源，又要治理已经出现的水害。水利部在 1988 年《水法》的基础上，进行了修订工作，并于 2002 年颁布实施新的《水法》，将新时期党和国家治水的方针政策写进了法律，进一步规范了水资源的统一管理和利用，突出强调节约用水、保护水资源及江河湖海的流域管理，把水利规划上升到了法律高度，加强了水资源开发利用中对生态环境的保护。水利部分别于 2003 年、2006 年、2013 年对《水法规体系总体规划》进行了多次修订，不仅对水利改革发展的顶层设计与规划进行了完善，而且促进了水法规体系建设与新形势、新任务更好契合，更有效引领、推动、规范和保障水利事业改革与发展。

随着改革开放和中国特色社会主义事业的不断推进，我国的水利事业取得了辉煌的成就。水资源作为国家的重要战略资源，逐步得到全社会的高度认可。人们越来越关注不合理的水资源开发和利用带来的危害。与此同时，国家经济社会的发展带来了日益突出的水资源问题，有一些问题在《水法》中并没有合理的解决方案，一些规定已经不能满足实际的需要。《水法》的修改迫在眉睫，2002 年《中华人民共和国水法》经第九届全国人大常委会第 29 次会议修订通过，于同年 10 月 1 日起施行。修改后的水法具备以下主要特点。一是体现了与时俱进的精神。新《水法》总结了 1988 年《水法》实施以来水利改革与发展的实践经验，既保障了中国特色社会主义经济社会发展的需要，又进一步强化了水利依法治理的现实要求，明确了新世纪国家的治水思路和治水方针。二是向先进的治水国家学习，依法治水方针政策法规走向国际化。新《水法》制定过程中，聘请国外咨询公司进行中国水法理论与实践改革研究，举办了水法国际研讨会，这是我国水利立法方面第一次举办国际性的会议，开辟了水法编制史上的新篇章。三是突出立法重点，强调实践性性、科学性。此次水法修改的重点是，强调水资源开发、利用和保护的整体规划设计，遵循我国水资源发展的实际情况，更加注重节约用水和保护水生态环境，协调好生活、生产和生态用水，提高用水效率，依法行政，强化法律责任。四是新《水法》更加注重法律在实际执行过程中的可操作性。依法治水过程中，法律责任的考量有法可依，严格执法。

随着水法的颁布和修订，国家还制定了一系列配套水利法规，如《中华人民共和国防洪法》等，全国各省、自治区、直辖市相应地制定和颁布了有关水利法规。一个逐步完善的水利法规体系初步形成。与此同时，一支水利执法队伍逐步建立起来。这一切，为提高全民的水法意识、保障水利事业的顺利发展提供了法律保证。

目前，我国规范水利工程运行管理的相关要求分散规定在法律、行政法规之中。法律层面包括《中华人民共和国水法》《中华人民共和国防洪法》《中华人民共和国水土保持法》，行政法规层面包括《河道管理条例》《水库大坝安全管理条例》《防汛条例》《水土保持法实施条例》《水文条例》《抗旱条例》《南水北调工程供用水管理条例》《农田水利条例》等。这11部法律、行政法规（以下统称为水利工程运行管理法规）确立了工程安全管理、工程运行管理、工程及设施保护、责任追究等重点制度。通过开展立法后评估工作，对水利工程运行管理法规的现状、贯彻实施情况、存在的问题等进行了全面评估，提出了评估结论与建议。

近年来，水利法规工作在党中央、国务院治水兴水战略决策部署的引领下，基于水利改革发展总目标、总任务，不断推进立法进程，完善流域法律、地下水管理等方面的内容。一是我国第一部流域性法律《中华人民共和国长江保护法》（以下简称《长江保护法》）的颁布实施。2018年3月，水利部向全国人大常委会报送了长江保护法立项建议，研究讨论涉及水利的关键制度，此法既是习近平生态文明思想的贯彻落实，也是习近平总书记关于推动长江经济带发展重要讲话精神的进一步推进。该法已于2020年12月26日第十三届全国人民代表大会常务委员会第二十四次会议通过，2021年3月1日起施行。《长江保护法》主要是关于长江流域水资源合理配置、统一调度和高效利用、河湖管理、河湖及岸线保护、生态流量管控、水生态修复、防洪体系建设等方面职责的内容。作为我国第一部流域性法律，这部法律的出台对长江大保护和我国流域立法而言，是具有里程碑意义的大事件。二是地下水、河道采砂管理条例等相关工作取得重要进展。2021年起草完成的《地下水管理条例》已于当年12月1日开始实施。该条例将21世纪以来全国各地关于地下水管理的成熟经验上升为国家行政法规，为我国地下水保护与修复工作提供了重要法治保障。《河道采砂管理条例》等相关立法工作全面展开。三是黄河立法工作进入草案二审的重要程序阶段。2019年，习近平总书记在黄河流域生态保护和高质量发展座谈会上发表重要讲话。为贯彻这一重要讲话精神，党中央、国务院决策部署水利部、发展改革委牵头负责具体起草任务。2022年《中华人民共和国黄河保护法》已进入草案二审审议程序。这是一部推动黄河流域生态保护和高质量发展的专门法律，也是继《长江保护法》之后我国又一部流域法律。四是统筹推进其他重点领域的立法工作。2017年，《中华人民共和国水污染防治法》完成修改。在全面梳理水利领域需要立、改、废的法律法规规章的基础上，补齐水法制度短板，编制印发了《水法规建设规划（2020—2025年）》，统筹推进水利立法工作。2021年，《节约用水条例》已颁布实施，《河道管理条例（修订）》《农村供水条例》起草以及《水法》修订前期研究等工作都取得了重要进展，按照强监管的要求，持续加强水行政执法。

2.近现代水利法规发展中存在问题

在我国水利法规不断完善的同时，法规实际运行过程中仍然出现了一些问题。主要如下：

（1）水利工程运行管理缺乏综合性立法。到2022年止，我国尚未制定专门规范水利工程运行管理的法律或行政法规。上述11部法律法规中，《水法》涵盖了水资源、河道、水利工程等管理与保护的方方面面，内容全面，但对水利工程运行管理的规定较少，总体上过于原则；《防洪法》《水土保持法》虽然也涉及水利工程运行管理的相关内容，但只能着重从防洪管理和水土保持管理的角度对相关工程的运行管理作出规定。《河道管理条例》《水库大坝安全管理条例》《农田水利条例》《南水北调工程供用水管理条例》等行政法规，虽然也涉及相关工程运行管理方面的内容，但都是针对专项事务或工程进行的专门立法。由于缺乏一部专门综合性的立法作为统领，加之各单项法律法规出台时间和立法目的各异，致使当前水利工程运行管理法规体系的协调性存在不足。如在工程安全监督体制方面，按照《水库大坝安全管理条例》第3条的规定，"对全国的大坝安全实施监督不单是国务院水行政主管部门的职责，也是国务院有关主管部门的责任。县级以上地方人民政府水行政主管部门会同有关主管部门对本行政区域内的大坝安全实施监督。各级水利、能源、建设、交通、农业等有关部门，是其所管辖大坝的主管部门。"但是，《水法》第 42 条的规定，"县级以上地方人民政府应当采取措施，保障本行政区域内水工程，特别是水坝和堤防的安全，限期消除险情。水行政主管部门应当加强对水工程安全的监督管理。"两部法律对安全监督部门的责任主体规定并不是一致的，《水库大坝安全管理条例》中规定的范围更广，不仅包括各级水行政主管部门，还包括有关主管部门。而《水法》规定的安全监督部门仅为水行政主管部门。在实际履行职责的过程中难免出现执法困难的情况。

（2）水利工程运行管理立法存在空白和薄弱环节。从工程范围上看，水利工程运行管理法规中除了《水法》一些条款可以适用于各类水利工程，其他法律法规都只是对部分水利工程的运行管理进行规定。如《水库大坝安全管理条例》仅适用于库容 100 万 m^3 以上的水库大坝，10 万 m^3 以上 100 万 m^3 以下小型水库的安全管理没有固定的规范标准，只能参照执行。就我国当前的水库大坝管理现状而言，小型水库的管理安全隐患大，存在的问题最为突出：管理制度不规范、管理人员不稳定、维护管养经费不足等。在农村饮水工程管理方面，2000 年以来，党中央、国务院坚持以人民为中心，陆续实施了农村人饮解困工程、农村饮水安全工程、农村饮水安全巩固提升工程等，基本解决了我国农村居民的饮水安全问题。但是，截至 2022 年，推进农村饮水安全工作还是主要靠政策文件，《水法》《水污染防治法》等法律法规仅有个别条文与农村饮水有关，无法可依已经成为农村饮水安全保障工作的严重短板。国务院办公厅、国家发展和改革委员会、水利部、卫生健康委员会（原卫生部）等制定出台的相关政策文件，一般解决的是农村饮水安全特定环节或事项中存在的问题，难以全面、持续地指导农村饮水安全工作。浙江、安徽、陕西、山东、宁夏、新疆等省、自治区出台了与农村饮水安全有关的法规规章，为农村饮水安全提供了有力保障，也进一步凸显了党中央开展农村饮水安全立法的必要性。从工程运行管理环节上看，完整的水利工程运行管理应当包括管理体制、权属管理、安全管理、运行维护、设施保护、经营管理、监督管理、法律责任等环节。立法后评估表明，目前水利工程运行管理法规中关于监督管理环节的规定还比较薄弱，难以适应"水利行业强监管"的形势与要求。此外，在权属管理方面的规定总体上也是比较欠缺的。从配套法规上看，《水法》第四十三条规定"国家所有的水工程应当按照国务院的规定划定工程管理和保护范围"，《防洪法》第三十五条也规定"属于国家所有的防洪工程设施，应当按照经批准的设计，在竣工验收前由县级以上人民政府按照国家规定，划定管理和保护范围"。然而目前为止，除了《南水北调工程供用水管理条例》对南水北调工程管理和保护范围的划定作出明确规定之外，国务院尚未对国家所有的水工程管理和保护范围划定作出规定。

（3）对破坏水利工程行为惩罚力度过轻。对破坏水利工程行为、破坏水利设施尤其是损毁水库、河道堤防等，存在明显的惩戒力度不足问题。虽然破坏的是水利工程，但危及的却是水库、河道堤防的运行安全、周围群众生命财产安全等公共安全。与造成的实际危害相比，现行的水利工程运行管理法规存在行为模式与法律后果的设定不对应的情况。如《水库大坝安全管理条例》第十五条规定"禁止在库区内围垦和进行采石、取土等危及山体的活动"，但罚则第二十九条仅规定了"在库区内围垦的"，由"大坝主管部门责令其停止违法行为，赔偿损失，采取补救措施，可以并处罚款……"在这里罚则没有设定在库区内采石、取土等危及山体的活动的法律责任。此外，《水法》《防洪法》《河道管理条例》等涉及水利工程运行管理的规定，对于一些行为明确规定"构成犯罪的，依照刑法的有关规定追究刑事责任"。然而，对比《刑法》条文发现，有部分条款规定在《刑法》中找不到相应的罪名，如毁坏水工程及堤防、护岸等有关设施行为，无法入罪。

三、水事纠纷案例分析

自古及今，水事纠纷案件不计其数，纠纷处理方式因时因地因人而异，千奇百怪，甚至有些方式不可思议，然而总体上是依据国家官方法规和民间约定成俗的条规来处理纠纷案件，解决了水事纠纷案件，稳定了基层社会秩序。下文略举两个案例来分析水事纠纷处理方式及社会影响。

1. 古代水事纠纷处理案例分析

在古代社会，解决水事纠纷的主导力量是各级官府，主要法律依据是民间渠册、堰规等乡规民约，解决结果一般是恢复用水权，如有人身伤亡，要按刑律治罪，有时也动用军队武力解决。调解或判决的主要依据是传统用水惯例或渠册规定，调处结果一般多依据渠册、渠规及相关乡规民约和惯例恢复用水原状，如有较大经济损失，要给予一定赔偿。如果出现了死伤人命的事实，要在调处用水权的同时，根据械斗当事人情节不同，处以枷示、笞等刑罚。

唐宋以来，在相对缺水的北方，早就有水事纠纷的发生，但那时的水案具有局部性和数量少的特点。而明清以来的北方，人地矛盾日益凸显，水地矛盾加剧，水事纠纷数量更多，更加复杂，处理难度更大，更易反复，延续时间更长。在相对干旱的河西走廊、关中、山西、河北釜阳河流域等地，不仅水事纠纷日益增多，而且更加复杂激烈，处理难度更大，易反复，延续时间更长。清代农田水利法规内容比前代更加细密完善，名目繁多的"水规""水则"及"定案"亦相继产生问世，内容丰富。但由于清代以来我国水资源供需关系严重不平衡，导致各种违规行为时不时发生，偷水、偷挖沟渠等行为屡见不鲜，带来严重社会发展后果。规则一旦被破坏，就很难发挥其应有的效用，这些"水规""定案"形同虚设，因水资源利用引发的纠纷、矛盾愈演愈烈。❶

长江流域水事纠纷总体上看要少一些，但是在有些地方堰渠间甚至州县间分水纠纷也常发生，相关记载在地方志资料中很多。同时，长江流域水系发达，灌溉工程往往与防洪、排涝工程相辅相成，围绕水的产业链更长，用水纠纷的主要内容尽管也是灌溉权之争，但涉及的行业领域更广，除水磨外，与分洪、养鱼、种藕、水运等都有矛盾，而且很普遍。

以位于江西省上饶市万年县陈营镇庵前岭下的忠兴垱为例。忠兴垱，又称忠心垱，兴建于康熙丁亥年（1707年），灌田四千余亩，是当地比较典型的水利工程遗产。据说，陈营村原来缺水，村民想在珠溪河上游庵前岭修建水坝，截河引水灌溉，但是庵前岭地界属于洪家村，洪家村人不同意此处兴建水坝。清代康熙时，陈营村人将此事诉讼到县衙，欲通过官府途径来协调和解决此水事纠纷问题。知县大人邀请饶州府七县知县一起会审此案，并命铁匠打了一双长筒大铁靴，在庵前岭升起火炉，将大铁靴烧得透红。县令本意是恐吓村民不要争水权，没想到真有不怕死的村民——陈赞挺身而出。陈赞以年轻的生命代价，为陈营村人争得了在石鼓刘坊村的建垱引水权。后来水垱（拦水坝）建成了，村民命名为忠心垱。这个宗族故事流传下来，中华人民共和国成立后万年县志编纂时将之改为忠兴垱。原忠兴垱是木石陂坝，因容易被洪水冲毁，且拦水蓄水能力有限，中华人民共和国成立以后万年县政府多次修建忠兴垱（图4-1），增强了水工程的坚固度和安全性，提升了水工程的拦蓄水能量和灌溉面积。

20世纪五六十年代，陈营公社对大坝进行大整修，1969年，忠心垱水电站建成，解决了陈营、上坊、马家、裴梅四个乡镇附近1000余户农民照明用电问题。1988年电站改建成功。1996年12月，陈营镇将忠心垱大坝翻新工

---

❶ 靳怀堾主编：《中华水文化通论》，中国水利水电出版社2015年，第128页。

图4-1 忠兴埧的现状图

程报批为"国家级第三批赣中南"项目，坝长126m，总投资95万元，灌溉农田面积4500亩。如果说当时建埧便解决了陈营地区的农民灌溉用水。如今，随着县城的迁入与不断地发展，也给县城的居民用水带来了一劳永逸的效果。

这个水事纠纷处理故事反映了古代社会民间村民解决水事纠纷的思路与方法，陈营人宗族一直供奉陈赞公神像，这个故事的流传向世人昭示了他们对水资源的使用权的合法性。

陈营村想在庵前岭建坝引水，洪家村不同意其他村在属于自己的土地上引水灌溉。陈营村人为了取得水源，诉之于官府裁断。清代当时没有完善的税法，县令的裁定就是法律。陈营村义门陈家族不怕牺牲、舍己为人、为民造福的陈赞公帮助全村人争取到了水权。此后，陈营村人为了强化引水、占水的权益，在宗祠中塑造陈赞公神像与灵位，纪念这位用生命换水权的先辈。陈赞英勇献身的英雄事迹在宗族中一代一代传颂。

从这个故事中，引申出两个问题：一是水资源权属归谁？二是水权归谁所有？

首先要明确什么是水资源所有权？古代没有水资源所有权的概念，这是一个近代引自西方法律的概念。在中国古代社会，以商鞅变法为界线，此前存在土地及附着物水资源等为部落、部族或个人私有现象；此后，商鞅变法主张"壹山泽"，即国家"专山泽之利，管山林之饶"，统统收归国有，真正实现了"普天之下，莫非王土"。从此，土地及水资源所有权归属国家，地主、农民只是享有使用权、收益权。一直沿袭到近现代社会。根据传统观念，水资源是土地的孳息，对土地的所有权中包含对地上及地下水资源的所有权和使用权。因此，水权是一种派生权利，是从水资源所有权中派生的，以水资源使用权和收益权为核心内容，以地面水或地下水为权限范围，不以占有水资源为条件，不具有排他性，可以与水运权、水电权、放水木权、养殖权、旅游观光权等数个水权同时并存。

在现代法律中，水资源所有权是指国家、单位（包括法人和非法人组织）和个人对水资源依法享有的占有、使用、收益和处分的权利，是一种绝对的物权。2002 年颁布的《中华人民共和国水法》明确规定：水资源属于国家所有。水资源的所有权由国务院代表国家行使。农村集体经济组织水资源使用权归属集体。广义上水权是指水资源所有权、水资源使用权、水产品与服务经营权等与水资源有关的一些权利的总称。这个定义界定等同于水资源所有权。狭义上水权是指水资源的使用权和收益权，不包括水资源的所有权。

2. 现代水事纠纷处理案例分析

水利法规的应用，及时地解决了乡村水事纠纷案件，稳定了基层社会秩序。下面以陕西省某村村民取水纠纷案例为例来讲述水利法规在日常生活中的应用❶。

【案例经过】　王某与赵某是同一个村村民，王某的责任田与赵某承包的鱼塘相邻。因干旱，王某用水泵从鱼塘旁边的深水井中抽水灌溉。日夜抽水，时间一长，赵某发现自家鱼塘的水位迅速下降，进而鱼塘干枯，大量鱼死亡，于是将该深水井封住并阻止他人包括王某继续灌溉。为此，王某与赵某大打出手，村委会出面及时制止了这场恶斗。

王某认为干旱时取水灌溉是天经地义，并且自己并没有直接从赵某的鱼塘取水而是从与赵某鱼塘旁边的深水井取水灌溉的；同时，按照规定自己也交了水费，有取水权利。因此，赵某的损失与自己无关。赵某认为，鱼塘水位下降是王某抽深井水灌溉所致的，并且自己已经向村里交了鱼塘承包费，倘若需要灌溉，也不能影响鱼塘养殖。双方争执不下，请求村委会处理。村委会认为双方各执一词，难定是非，无法调解取水纠纷，建议双方去法院诉讼解决。

【案情分析】

（1）双方共同享有平等的取水权——王某的灌溉权与赵某的养殖权。根据对水资源的使用方式，水资源使用权可以分为取水权、水运权、水电权、放水权、养殖权、旅游观光权等各种开发利用水域或水体或水资源的权利。灌溉权是取水权的一种，王某享有依法取水灌溉的权益。养殖权也属于取水

---

❶　郝少英：《农村取水纠纷案例评析》，《地下水》2012 年第 6 期，第 8 页。

权的部分，赵某享有平等的养殖权。赵某认为鱼塘水位下降是王某抽取地下水引起的，是有道理。然而，王某认为灌溉权优先于养殖权，赵某认为养殖权优先于灌溉权，这些说法都是不妥的。养殖权与灌溉权同属取水权，取水权主体的法律地位是平等。

（2）忽视地表水与地下水的相互关系。王某认为自己是从鱼塘旁边的深水井取水灌溉而不是直接从鱼塘取水，所以，赵某鱼塘水位下降与自己毫无因果关系。该说法欠妥，因为他忽视了地表水和地下水之间相互补充的关系。根据《水法》第三十条规定：水资源开发、利用"应当注意维持江河的合理流量和湖泊、水库以及地下水的合理水位"。因此，王某的说法是不合法。

（3）诉讼与民间调解都是解决农村取水纠纷的重要途径。根据《水法》第五十七条规定，处理农村取水纠纷，可以采取三种处理方式：一是协商解决；二是行政调解；三是诉讼，直接向人民法院提起民事诉讼。相比之下，诉讼的法律效力最高，对当事人双方来说具有强制执行力，彻底解决取水纠纷。因此，村委会建议双方去法院进行诉讼有一定法律依据。

然而，村委会认为只有去法院诉讼才能解决取水纠纷的说法的不妥。因为诉讼方式时间漫长、效率低下，不是及时解决纠纷的最佳途径，而调动民间力量调解纠纷是上上策，不仅有利于及时进行排解纠纷和节省公共资源，而且有利于妥善解决乡邻矛盾。因此，村委会认为村委会不适合调解取水纠纷的说法是欠妥的。该案件最终还是乡民协商调解，在节水灌溉与保障养殖中双方权益取得平衡。

第三节　水　利　组　织

中国水利组织的发展经历了从无到有，再到逐步完善的历史进程。水利组织既有官方的组织机构，也有民间的社会组织，类型不一，公益为主，自律自治性质，在水利工程建设管理、施工、运行管理、维修养护等方面发挥着积极的作用，保障了农业生产，稳定了基层社会秩序。

一、水利组织的发展历程

早期的基层农田水利管理人员情况记载不详。唐宋时期，各级基层水利管理人员和小型灌溉工程的管理人员，直接由政府任命。明清时期，基层水事活动增多，灌区的日常管理人员不再由地方政府任命，主要是实行民主化的自我管理，由灌区民主选举，地方政府参与的程度不高。这一管理方式的变化意味着明清时期改变了唐宋时期政府直接任命各级基层管理人员的情况，报政府批准，或轮流担任。其主要管理人员由政府委派产生。有重要农田水利工程的地方则设府州级官吏（如水利同知等）或县级官吏管理。除地方设官管理渠堰外，支渠、斗渠以下，一般由民众管理。在黄河流域其主要负责人有不同的名称，如渠长、堰长、头人、会长、长老、总管等。主要负责人之下又有乡约、牌头、渠夫、渠正、渠长、水利、堰长、水甲、橛头、闸夫等。在长江流域滨江沿河之堤垸，有称圩老、圩甲者，亦有称圩头、头人者，又有称堤长、圩甲、圩役者。无沿江大堤的堤垸则设有垸长、垸总、圩甲诸名目，作为本垸修防的基层管理系统。

这些管理人员的产生，一般由受益农户民主推举，再由官府确认备案。经过这一选举程序后，乡村渠甲的权威性得到了充分认可，成为填充国家权力在乡村社会水利管理中空缺的重要支配力量。同时也是国家与村庄之间联系的桥梁和纽带。他们的任期一般是一年，且不能连任。当然威信特别高的，任期也有例外。对担任渠长职务的人选一般要求非常严格：一是品行，首先是德高望重，做人公正廉明，在村上有话语权；二是财产的限制，灌区村落范围内，地多者充渠长，田少者充水甲；三是具备一定的业务能力和领导能力，具有一定的文化水平，熟悉渠务工作。通常情况下，一般的农民都不见具备这三个条件，自然没有资格当选。因此，渠长职务都由村落社区中的实力阶层担任。基层管理人员则是由受益农户选出来的。

渠长等基层管理人员的职责，主要是保障乡村水利事务的顺利运行。一是调剂水程，确保用水公平。二是组织有关水系内的集体劳动。此外，渠长还要领导祈雨、祭祀、排解纠纷、征收摊派、完纳水粮等，必要的时候还要出资垫付。

为了约束渠长等管理人员，各地纷纷制定了相应的罚则。如清代甘肃的古浪县，《渠坝水利碑文》对地方灌溉工程主要负责人"水利乡老"的权利与责任明确规定如下：名项坝水利乡老务要不时劝谕化导农民，若非己水，不得强行邀截混争，如违禀县处治；各坝修浚渠道，绅衿士庶俱按粮派夫，如有管水乡老派夫不均，致有偏枯受累之家，禀县拿究。

民国时期，民间水利机构有水利协会和民间的协助行水人员。《水利法》第十二条规定，人民兴办水利事业经主管机关核准后，得依法组织水利团体或公司。民国时期沿用了历史上的由人民自己管理水利的办法，在有关的法律中对民间协助行水人员做了规定，确立了他们的法律地位。1944年行政院公布《灌溉事业管理养护规则》，在第三章管理部分明确规定：为期推动工作起见，得由各该灌溉区内之民众推举年高德劭素孚众望之人士担任协助行水人员，其职责应于管理章则中加以规定。1944年的《陕西省泾惠渠灌溉管理规则》在第2章专门规定了"协助行水人员"的职责，内容与历史上的同类规定差别不大。

中华人民共和国建立以后，中国共产党和政府领导广大农民大搞农村水利化，在管理上形成了大型灌区由乡镇政府或灌区管理局直接管理与小型水利工程由村组管理相结合的管理模式。在土地集体所有、集中经营的计划经济条件下，这一管理模式是基本适应经济发展的。20世纪70年代末至80年代初，中国农村实行联产承包责任制以后，土地分散经营，逐步出现了一定程度的末端渠系管护不够、组织管理不到位、灌溉效益不理想等现象。为了解决这些问题，各级政府不断加大对基层水利建设的投入，积极探索政府管理与民间自主管理相结合的有效模式。尤其是近年来出现的以农民用水户协会为代表的农民用水合作组织不断推广，发挥了积极的作用。

农民用水合作组织是农民用水户协会、水利合作社、灌溉合作社等组织的统称。其基本特征是：以某一水利工程设施（灌溉渠系、排水系统、水源设施等）所服务的区域或乡村、组的行政区域为范围，由农户自愿参加，按照合作互助、民主管理和自我服务原则建立起来，主要从事水资源开发和购买、水费收取、水量分配、水事纠纷调解、参与水权管理和农田水利工程设施及末级渠系建设管护等工作，是一种非营利性的经济组织和自治组织。中国从 20 世纪 90 年代初开始探索发展农民用水合作组织。1995 年，世界银行将"用水户协会"这一名称引进中国，并在湖北、湖南建立了第一批用水户协会。2000—2005 年，水利部门加大了推广用水户协会的力度（特别在大型灌区）。2005 年，国务院办公厅转发《关于建立农田水利建设新机制的意见》，规定鼓励和扶持农民用水协会等专业合作组织的发展，充分发挥其在工程建设、使用维修、水费计收等方面的作用，明确了用水户协会在农田水利工程建设管理中的地位和作用。2005 年，水利部、国家发展和改革委员会、民政部联合印发"关于加强农民用水户协会建设的意见"，对农民用水户协会的性质、权利义务、组建程序、运行和能力建设等有了明确的指导。2006 年 7 月，由水利部、民政部和国家发展改革委共同组织在新疆召开了全国农民用水户协会经验交流会，将用水户协会的发展推向高潮。2007 年，中央一号文件首次提到"推广农民用水户参与灌溉管理的有效做法"。2008 年，中央一号文件提到"支持农民用水合作组织发展，提高服务能力"。截至 2009 年，全国正式成立的农民用水协会已达 5 万多家。

农民用水合作组织采取民主选举、民主管理、民主监督的方式运作，减少了中间环节的搭车收费等问题，降低了水费标准，增加了透明度，调动了受益农户民主参与的积极性，运行管理逐渐规范，在工程管理、用水管理和水费计收中发挥了重要作用。一是推进了支渠以下的设施维修和管护工作，保障重点水利工程效益的发挥；二是减轻了用水户经济负担，促进农民增收；三是促进了灌溉节水，提升水资源使用效益；四是规范了用水秩序，减少用水纠纷；五是为"一事一议"提供了载体，营造和谐氛围。

农民用水合作组织，也是中国传统的民间水事规约的继承和发展。有些地方的民间合作用水办法就是在传统的乡规民约基础上形成的。如云南哈尼梯田的民间水资源管理办法，其核心内容是几百年来延续下来的。比如，根据山上引水沟渠的收益范围，由受益农户选举出三人组成的管理组织，并推选出办事公道、有威信的人为"沟长"，负责沟渠管护，工资待遇由各家均摊。一年一届，可以连选连任；根据灌区面积和沟渠流量，按沟渠流经顺序，在水沟和梯田分界处放置一横木或石头，按每一片梯田的需水量在横木上凿槽刻度，使水自行流入田中。这种"分水木刻"的分水方法，能够较为准确地分配梯田用水，减少浪费。分水木刻不能私自更改，否则要受罚；所有受益农户在每年开春，由村长或沟长组织对沟渠集中维修，平时若有破损，自发维修等。这种民间机制延续数百年，对于确保哈尼梯田耕作方式的延续和发展发挥了积极的作用。

二、民间水利组织管理制度

我国古代各种民间水利规约，是伴随着地方农田水利灌溉工程的出现而产生和发展的。遗憾的是，早期民间水利规约的具体内容已无法考证了。唐宋以后，这些民间水利规约数量逐渐增多，如宋熙宁三年制订的《干仓渠水利奏立科条》，元代针对陕西古老引泾灌渠订立的制度《洪堰堰制度》和《用水则例》，明代万历三十二年制订刻石的《广济渠管理条例》，清代洪洞县的《润源渠渠册》，1944 年的《陕西省泾惠渠灌溉管理规则》等。这些水利规约的内容主要包括民间水务管理人员的产生和职责，用水的分配，受益农户的权利和义务，水事纠纷的处理等几个方面。

1. 分水制度

合理分配用水，涉及全体农户的切身利益，再加上每个灌区的地形、气候、土地、人口、民情等因素的影响，增加了合理分水的难度。所以民间水利规约一般对此给予明确定，分水制度是水利规约的核心内容。分水制度有以下 4 种情形。

（1）按地承粮，按粮摊水。即视耕种面积和承担田赋的多少以及出工的多少来分配用水。嘉庆《永昌县志·水利志》这样说："夫按地承粮，按粮摊水，诚万世不易之道"。

（2）灌区内浇灌顺序：由上而下或由下而上。北方水渠由于水源不足，为了多浇地，一般都不实行全流灌溉，而是按照各村土地之多寡或分配的不同用水时刻实行轮流灌溉。各地渠册、水册等保存下来的资料中记载的用水顺序相当详细。有的是"由上而下"，有的是"由下而上"，也有的是交替轮灌"一年由上而下，一年自下而上"。此外，还有"并排浇灌""轮流浇灌""换灌溉"等不同的规定，而且地方灌溉管理规约一旦确定，一般不会再变动。由上而下的顺序，符合水流的特点，但水量不充足时，每每流到下游水势已经较弱，下游用户的庄稼往往不能得到很好的灌溉，导致收成下降。自下而上可避免这一情况，但又与渠首灌溉优先权相矛盾，水流到下游时，已经被沟渠汲取了不少。不管是自上而下还是自下而上都会出现一些矛盾。

（3）生活用水的分配。以黄河流域为中心的北方地区水资源的短缺，在不少地方，不要说灌溉用水，就连生活用水也非常困难，尤其在干旱年份，

困难更大，有限的井水、泉水等无异于救命水，围绕井水的汲取、管理也形成了在一定区域内具有约束力的惯例和规则。❶

（4）长江流域分水方式概括为 3 种：通过引水筒口尺寸分配用水量；通过控制放水时间分配用水量；通过控制筒车安放位置分水。

2. 取水使用权制度

水的使用权是和责任、义务紧紧联系在一起的。不履行责任和义务，那相应的水权也就丧失了。尽管各个灌区对责任和义务的具体要求不一，但以下基本要求是一致的。

（1）必须在工程建设中，按规定履行出资出工义务。有些堰渠为了保证岁修按时竣工，规定非常严格。

（2）必须无条件服从修建渠道的整体规划，遇有占地、青苗等损失不得阻挠，不得漫天要价。

（3）要一直获得水资源使用权，必须每年交纳水粮，并且分摊各种经费，或者上交修建沟渠所需用的锄头、铁铲等实物，任何人包括特权阶层都不例外。

（4）灌溉权使用过程中需要相互协调，在行使自己灌溉权时不能损害其他人的使用权。清代山西霍山灌区规定，在灌溉村社中，水槿村优先，但水槿村只能使用规定的灌溉水利工程，不能另开渠道截流灌溉。另外，渠首村不能用洪水漫灌威胁其他村用水。

（5）种植作物类型要符合灌区水量条件，新增稻田要经过审批。

（6）严格遵守分水秩序，否则要受处罚。

（7）按额定水量用水，严禁偷水、卖水。

（8）节约灌溉用水，浪费水者要受罚。浇过地的渠水要流入母渠，严禁流入无利沟渠。枉费水利者，要"严加断罚"。

（9）限制水磨的使用。

3. 民间水利组织管理制度的特点

农田水利灌溉是水利活动的重要任务。我国民间水利规约源远流长，发展脉络清晰，内容丰富，对规范历代水利活动、促进农业发展发挥了积极的作用，是制度形态水文化的重要内容，简要总结如下。

（1）民间水利规约充分发展，构成我国历代农田水利法律体系的主体。历代农田水利法律制度主要表现为两种形式：一是正式法律制度，即各级官

---

❶ 范天平：《豫西水碑钩沉》，山西人民出版社 2001 年，第 48 页。

府公布的、受国家强制力保护的法律、法规等，主要内容是对各级地方官员兴修农田水利的职责和工作指导方针、指导思想、有关工作程序、工程质量标准、奖罚制度等予以规定；二是非正式制度，即以习惯、乡规民约、水册等形式表现出来的水事规则，也可称之为惯例法，它虽不以国家强制力作为实施前提，但又与国家强制力密不可分。有的水册、渠规等民间文书本身就是经过官府审定予以公布的。正式和非正式制度相互补充，共同构成了我国古代农田水利法律制度的基本体系，而且非正式的民间水利规约构成我国历代农田水利法律体系的主体。

（2）中国古代的水权制度并不发达，水权是附属于地权的，不能单独买卖。法律明文禁止水权买卖，特别是未经官府登记的水权私下交易。然而实际上，各种水权买卖的行为又长期存在。从唐到明清，国家都是禁止水权交易的。但水权买卖行为一直存在并不断蔓延。明清以来，北方地区水权开始出现买卖行为，如在关中地区的一些灌区资料中，就有水权单独买卖的记载。在长江流域，水权单独买卖的情况并不多见。民国以后，水权得到立法承认，并颁布了水权法规，人们对水权买卖行为的认识进入了一个新阶段。

（3）中国民间水事规约体现了较强的权利和义务并存的理念。在历代各地民间水事规约中，享受用水权和承担出资出力义务是对等的。一旦不承担相关义务，也就丧失了水的使用权。

（4）中国民间水事规约表现出较强的地域性。地域之间的差异性是中国传统社会的基本特征，在基本精神一致的基础上，水事规约的地域特色也是很鲜明的。不仅南方、北方不一样，就是同一大区域之内更小范围的地域之间也有差异。这些差异表现在方方面面，如管理人员名称、分水制度、浇灌顺序、出资出工具体内容、惩罚细则、维修条例、纠纷处理办法，等等。

（5）中国民间水事规约具有较强的继承性和稳定性。这些乡规民约、渠册、渠规等是在水利工程建成之初由全体出资人、出力人共同商定而成的，它的主要内容既体现着特定水文条件、地形条件、不同出资人和出力人的利益平衡，又体现着一定地域的风俗习惯、道德传统等价值选择；它既依靠官府的支持与认可，又具有一定的独立性，不会因政权的更迭发生根本性的变化，因而具有较强的历史传承性，成为民间社会的基本惯例，长期沿用，有的甚至几百年不改一字，其内在的合理成分值得认真学习吸收。

三、民间水利组织典型案例

在古代社会，没有现代水利组织机构，在官方不介入的情况下，民间社会又是如何自治管理水利？民间水利组织成千上万个，这里选取江西省宜春市万载县鲤陂民间水利协会作为代表性案例来分析，详细如下：

中国社会学家泰斗费孝通先生曾在《乡土中国》一书提出在古代中国"皇权不下县，县下皆自治"的双轨政治理论观点，引发国内外学界广泛的热议。秦晖先生虽质疑此说，但是进一步完整地表述为"国权不下县，县下惟宗族，宗族皆自治、自治靠伦理，伦理造乡绅"。这一提法，与我们要讨论的民间水利组织有着契合关系。下面以万载县鲤陂民间水利协会为个案来分析。

据《万载县水利志》记载：鲤陂建于清朝同治辛末年（1871年），是因农田水利灌溉需要，由万载县双桥镇周家寺院组织村民在赤兴乡镜山村建造的。工程主要由1座拦水陂、1条5km长的干渠、27条共3km长的支渠组成。灌区横跨赤兴乡的镜山村、双桥镇的周家村、龙田村、蔺桥村、僧桥村等5个行政村20个村民小组。

鲤陂（拦水陂）原属柴木陂，灌溉面积约58hm^2。1970年由当地政府资助水泥改建成浆砌块石溢流陂。改建后的鲤陂属宽顶堰型，陂高3.5m，长27.8m，顶宽5.3m，底宽8.8m，中间设3墩4孔冲砂、泄洪闸。该陂拦引锦江支流龙溪水，控制流域面积45km^2。干渠长5km，其中干渠上游有300m沉积岩边山渠；其余为土渠，其中400m用干砌石进行衬护，设计过水能力0.3m^3/s。支渠总长2700m。灌溉面积扩大到97.3hm^2，其中流灌86.1hm^2，提11.2hm^2，受益群众3000余人。❶

从协会成立起因来说，鲤陂位于万载县双桥镇赤兴乡镜山村，建于清朝同治辛末年（1871年）起初村民为争夺有限的水资源，各村庄之间械斗不断，死伤数十人。周家寺院村乡绅朱俊良为了解决水事纠纷问题，将3000多户需要用水的农民全部登记在册，之后将他们按照族姓划分，再召集各族长开会。

宗族会议主要讨论在赤兴乡境内的鲤河上建筑陂堰、蓄水灌溉农田等用水事宜。这次会议上提出了不以营利为目的、统一灌溉管理、按成本收取谷子（水费）的理念，并冠以"鲤陂水利协会"之名。

在工程建造上，由于建造和维护一座陂堰需要大量的竹木柴草，朱俊良又利用自己的影响力从官府购置了一片森林，以供建材之需。工程主要有一座拦水陂，一条5km长的干渠，27条共3km的支渠组成。整座鲤陂历时两年才得建成。

❶　孙晓山：《百年民间水利协会缘何经久不衰——江西省万载县鲤陂水利协会调查》，《水利发展研究》2006年第1期，第44页。

中华人民共和国成立后，拦水大坝的修筑工作逐步得到完善。1970年，当地政府出资购买水泥，将大坝改建成宽顶堰型浆砌石溢流陂，陂高3.5m，长27.8m，顶宽5.3m，底宽8.8m，中间设三墩4孔冲砂、泄洪闸。鲤陂拦引锦江支流龙溪水，灌溉流域面积达45km²。

鲤陂水利协会是典型的农民自治组织。成立至今，历来都是实行民主管理制度：凡遇大事，召开大会决定；一般的事务管理工作，则由协会成员协商解决。会员无须选举，主要由各村的村民小组长组成。现今，该水利协会领导机构成员由会员大会选举产生，均为当地农民：会长1人、副会长1人、理事（委员）5人。协会每年定期召开三次会议，分别为一次大会和两次小会，轮流在会员家中召开。

每年第一次开会的时间为7月15日，此次会议为小会，由协会会员参加，主要讨论抗旱问题和双抢前渠道清淤问题。

第二次召开大会的时间为9月25日，参加人员由全灌区的乡镇水利员、村党支书、协会管理人员、村民小组长和部分党员组成，会议内容主要是公布上年的账目情况、确定当年的维修项目和水费计收标准、明确放水员及协会管理人员的报酬标准、评议协会会员工作，并民主选举产生新一届协会领导机构成员。

第三次开小会的时间为12月30日，由全体理事参加，公布水利协会年终结算账目。

长期以来，鲤陂水利协会在用水管理方面实行分段包干管理，会长、副会长负责灌区总体调度和协调，5名委员分别负责灌区5个村的水量调配和工程巡查，各村会员则代表村上配合委员的相关用水安排。协会在用水管理方面有一套系统安排，合理有序：高峰时节实行错峰灌溉用水，先下游，再中游，最后才上游。这一灌溉措施确保了农业生产及农田的正常灌溉。即便是在遭遇特大干旱天灾的时候，鲤陂灌区也没有发生一起用水纠纷。

鲤陂水利协会的水费征收为正常年份一年每亩8元。每年的10月15日至12月30日由会员向村民征收。经协会讨论通过的特困家庭可以免收水费。水费开支主要用于水利工程维修、渠道清淤、协会理事会成员和放水员的误工补助等方面。水费用于人工补助的资金十分有限。现任会长的误工费为一年400元，最低时一年只有180元。

鲤陂水利协会组建有着十分重要意义，一是鲤陂灌溉区横跨万载县赤兴乡的镜山村，双桥镇的周家村、龙田村、蔺桥村、僧桥村等5个行政村，20个村民小组，灌溉区面积达1460余亩稻田，受益群众3000余人。二是这个世界上最古老的民间水利协会保证了当地农田水利设施长期有效发挥作用，这对全国农民用水协会的深入研究和推广应用具有十分重要意义。

这个协会长期存在且经久不衰的原因主要如下：

（1）鲤陂水利协会适应了农村欠发达生产力的发展要求，是协会长久存续的客观条件。马克思主义认为，生产力决定生产关系，生产关系反作用于生产力，有什么样的生产力，就有什么样的生产关系与之相适应。在100多年时间里，中国的土地制度发生了多次变革，先后存在土地私有制、国有制、集体所有制等；先后是农民自我经营、农民租赁经营、大集体经营和家庭土地承包经营，虽然这种生产关系一直处于变化之中，但是当地有四点始终没有发生根本的变化：一是相对封闭的农村社会环境和自给自足的农民生产生活方式；二是受地形影响形成的小规模土地结构；三是生产力（劳动者、劳动资料和劳动对象）没有发生大的变化，一直处于较低水平；四是种植结构一直没有改变，始终是以种植水稻为主。不管是战争，还是土地革命，都没有对这些因素产生根本性的影响。更重要的是，不管在何种所有制和经营方式下，主要种植水稻的土地都需要用水，用水就需要有人管理，只要工程能管理好，农田有水灌溉，能种植，有收成，土地所有者（地主、国家、集体）和土地经营者（农民）都满意。

（2）民主的协会领导机构产生良好的民主监督管理制度，是协会长久存续的制度保障。鲤陂水利协会的领导机构和领导人，为1名会长、1名副会长和5名理事构成，均由村民民主选举产生，候选人都是当地用水农民。协会会员（村民小组长）大会间接选举产生，同样能够表达农民群众的意愿，并为群众所接受。同时，协会领导机构和领导人的行为始终受到农民群众的自下而上的监督。在水费收取、支出上，事前需要开会确立标准、维护项目和支出总额，事后又需要公开收支状况，让会员享有知晓权利；领导人每年一选、公开补贴；群众对领导人不满意，可以通过选举将其撤换。协会尽管每年都要选举，但是理事会成员变化不大，基本都是老面孔，说明协会领导成员的产生是群众意愿的真实表达。领导人经全过程、透明的民主选举并接受全过程监督的民主制度，成为鲤陂水利协会长久存续的制度保障。

（3）协会领导人的无私奉献精神和责任心，是协会始终赢得村民信任并得以长久存续的核心要素。鲤陂水利协会的水费收入极为有限，能够做到完全公开，在维修渠道、清淤等开支后，所剩无几。用于人工补助的资金十分少，只是在协会组织放水时发给很低的误工费。会员误工费最高是500元，最低是60元，会员年均误工费仅240元。担任收入如此之低的工作，需要无私的奉献精神，非一般农民所能接受。在收入极低的情况下，能管好工程、管好水，充分体现了协会成员的强烈责任感。协会每年固定民主选举产生新一届协会成员，不称职者将被撤换。正因为协会成员任心强，办事公道，尽管每年都要选举，但几十年来协会成员变动不大。协会成员将这份工作看得十分神圣，能当上委员（理事）成为能力的象征，虽然待遇不高，工作辛苦，但工作起来都十分卖力。当农户田里没水、渠道缺口时，只需一个电话，会长或委员就立即赶往现场。有这样的好"领导"，赢得了农民的信任，是真正的服务员，为协会存续创造了条件。

鲤陂水利协会的长久存续，给当今农村水利建设具有重要启示。主要如下：

（1）农民群众具有伟大的首创精神，推进农村水利设施管理体制创新，必须充分尊重并发挥农民的创造能力和自治能力。鲤陂水利协会实践证明，农民具有伟大的首创精神。对于农村小型水利设施，农民既然是受益主体，也可以是管理主体，他们有管好设施的愿望，有管好设施的能力。因此，在解决大小水库灌区的支渠、斗渠、农渠、毛渠等小型农村水利设施的管理不善问题，需要改革管理体制和运行机制，充分发挥农民的创造能力和自治能力，组织多种形式的农民用水协会。

（2）民主管理是农村水利协会的生存发展根本。鲤陂水利协会一直实行民主管理体制，自协会成立以来，除困难户外，未出现 1 例农户不交或少交水费的现象。实践表明，只要组织起真正的农民自己的用水户协会，让农民真正参与进来，真正当家作主，实行民主管理，在水费标准的制定、水费收支管理、工程维护、用水管理等各方面做到公开透明，工程管理、用水管理、水费征收等难题就可迎刃而解。

（3）改善农村水利设施管理，建设农村水利服务体系，需要一批讲奉献、有责任的农民领头人。农村公益事业既是政府的事，也是农民自己的事，关键在怎么组织。鲤陂水利协会的一班人，无私的奉献精神和超强的责任心使他们具有巨大的号召力。因此，在推进农民用水组织建设时，必须注意引导、发动有奉献精神和责任心的农民积极参与进来，充分发挥其积极影响，使协会能够更好地生存下去，有效地服务农民群众。[1]

如此富有首创精神的民间水利协会，它的管理方式与经验非常值得今人认真深入思考和学习借鉴！

---

[1]　关于鲤陂水利协会内容，主要参考孙晓山：《百年民间水利协会缘何经久不衰——江西省万载县鲤陂水利协会调查》，《水利发展研究》2006 年第 1 期，第 51 页。

第五章 行 为 水 文 化

行为水文化是指人们在长期涉水活动中形成行为理念、行为规则、行为习惯、行为风气、创新思维和价值取向等。行为水文化的概念由行为文化引申而来的，是连接起抽象的文化概念与具体的实践活动之间的桥梁，是以水利事业实践为主体，是行为文化在水利工作、涉水活动中的贯彻与落实。单纯从水生态文明建设角度看的话，包括与水相关生产行为、消费行为、生态保护行为等具体的文化现象，即人们在涉水活动过程中促进文明进步、文化发展、社会和谐的生活方式及创造性活动，具体包括亲水、爱水、护水、治水、管水、用水等行为水文化内容。

第一节 亲 水 文 化

亲近与渴望水是人的本性，在此心理基础上，产生了亲水文化和亲水行为。亲水是指人类对于水所表现出来的渴望亲近的心理诉求、行为和特征。其含义是对水的亲近、呵护和善待，是指人对水的崇拜、人与水的不可分割以及人对水的有效开发、利用和保护。一切反映亲水意识的做法和行动，统称为亲水行为。亲水文化是指人类一切亲水活动的文化反映，是以亲水活动为轴心的行为文化总和。论及亲水文化，首先要从亲水思想和意识渊源谈起。

一、亲水思想的渊源

无论是道家还是儒家，都十分推崇水，道家主张"上善若水""利万物而不争"；儒家主张"智者乐水"，君子见"大水必观"。这应该是传统亲水思想的发端。

1. 老子论水

道家思想是中国古代重要的思想流派之一，最早可追溯至春秋战国时期，道家学派以道为最高哲学范畴，去探究自然、社会、人生三者之间的关系，提倡道法自然，无为而治。春秋战国时期，老子的思想核心是朴素的辩证法，他总结凝炼出古老的道家思想精华，形成了道家完整的系统理论，标志着道家思想已经正式成型。作为道家思想的开拓者、发扬者和传播者，老子对后世的影响深远，他的很多思想，历经千百年的大浪淘沙，仍经得起世俗的检验，不仅没有被摧毁，反而在之前的基础上不断发展壮大，成长得枝繁叶茂，并且根深蒂固。"上善若水"是老子关于水的人生哲学的总纲，也是老子人生智慧的综合体现。老子说："上善若水，水利万物而不争，处众人之所恶，故几于道。"❶ 所谓"上善若水"，意思是最崇高的善意就像水一样。水养育万物，滋润万物，却又不参与任何争执，"善利万物"和"不争"是同时存在的，老子提倡的这一思想是先做到"利万物"，再做到"不争"。老子接着说"处众人之所恶，故几于道"。❷ 老子认为"道"是万物的本源，并且把"道"作为确定人们崇高道德的唯一标准，那么为什么老子认为水是最接近"道"的呢？因为水最终都停留在人们所厌恶的地方，因为水的"不争"，水才会甘心存在于人们都不愿意待的地方。而这却是一种高尚的品德。

在高度赞赏水的"不争""处下"的高尚品德之后，老子又提出了人要效法自然水的处世哲学——谦卑、宽容、不争。老子曰："居善地，心善渊，与善人，言善信，正善治，事善能，功善时。夫唯不争，故无尤。"❸ 即人的行为应像水一样，善于自处而甘居卑下；人的心地应像水一样善于容纳百川而深沉渊默；品行应像水一样无私仁爱；话语应像水一样平准诚信；为政应像水一样公平正直；做事应像水一样无所不及而又无所不能；行动应像水一样善于把握时机懂得适时而动。最后，告诉人们水的最基本原则和最高智慧是"不争"，只有与物不争，与事不争，与人不争，才会安然顺处并永无过患。

人们常说"人往高处走，水往低处流"。人们肯定的是人积极向上的精神，而老子肯定的是"水往低处流"的品质。所谓"人往高处走"不过是人们为了自己而去争夺一个更好的处境，可毕竟"高处不胜寒"，越是处于高位的人，他的是非就越多。而老子认为"夫唯不争，故无尤"，即人们应该向水学习，水无意识地往下，人应当有意识地自处卑下，去那些大家都不愿意去的地方。因为只有像水一样"不争"，才能避免别人的猜忌陷害。因此，老子认为水才是最接近于"道"的。

做人要像水一样，不为自己的利益而争夺，要有一种只讲奉献不思索取

---

❶　汤漳平、王朝华译注：《道德经》，中华书局 2014 年，第 81 页。

❷❸　汤漳平、王朝华译注：《道德经》，中华书局 2014 年，第 82 页。

的精神，要像水一样"利万物"而"不争"。我们也要像水一样平静，在任何风浪面前有着一颗镇定的心，任何大起大落，不如意都不能在你的心中掀起风浪，从而做到镇定自若，从容应对。做到"动善时"，就是要抓住机遇行事，做到该动就动，该静就静。做到"居善地"，就是"水往低处流"，处于一个卑下的地位，不参与任何争执。做到"言善信"，说话要有诚有信，一言既出，驷马难追，像水一样，做到心口一致，言行一致，诚实守信。也要像水一样可以融汇世间任何东西，有一种包容万物，有容乃大的气度，而又能保持自己的沉静，不为他乱所困扰。

"天下莫柔弱于水，而攻坚强者莫之能胜，以其无以易之。弱之胜强，柔之胜刚，天下莫不知，莫能行。"❶ 世间没有什么事物比水还柔弱，但是水亦能成功地冲击世间所有坚韧的东西，因而水是任何物质都无法取代的。水是最高境界的善，奔流到海是水的唯一方向，刚柔并济，水滴石穿，海纳百川。人们要像水一样奔流到海一个方向，乐于助人不求回报，淡泊名利不腐败，与世无争身自清。

2. 孔子论水

孔子论水，虽无老子之深奥玄妙，但是通俗且易见真理，能够激发人积极上进的斗志。《论语》中有两则语录记载了孔子对水抒发的感慨，都很有特色。第一则见于《论语·雍也》：知者乐水，仁者乐山。知者动，仁者静。知者乐，仁者寿。❷ 孔子说：聪明人喜爱水，有德者喜爱山；聪明人活动，仁德者沉静。聪明人快乐，仁德者长寿。此处，孔子咏叹的"水"，是一般意义上的水，不分具体的处所、形态、流量大小。水，本来是自然之物，但是在孔子的感受中，这种自然事物具有生命的某些特征。流动的水与某种类型的人（"知者"）相似，流动蕴含着灵气、智慧，显示着快乐，因此，"知者"与"水"之间有着天然的亲和性。孔子所说的"知者"和"仁者"，是有修养的"君子"。所谓"知者乐水"，是说水是多变的，可以为善，也可以为恶；难于追随，深不可测，不可逾越；而聪明人和水一样随机应变，能够明察事物的发展，"明事物之万化，亦与之万化"，而不墨守成规，因此，往往能够破除愚昧和困难，取得成功，即便不能成功，也能随遇而安，寻求另外的发展，所以，他们总是活跃的、乐观的。

第二则见于《论语·子罕》："逝者如斯夫！不舍昼夜。"❸ 这是就水的流

---

❶ 老子：《道德经》，中华书局 2012 年，第 10 页。
❷ 杨伯峻：《论语译注》，中华书局 2017 年，第 89 页。
❸ 杨伯峻：《论语译注》，中华书局 2017 年，第 132 页。

动性而发的感慨，但取其另一方面的含义：汤汤流水与逝去的时间一样都是不可停留，更不可逆转的。这样的感受就具有了哲学的、美学的意味，也有了催人上进的励志价值。在孔子的感受中，物质的"水"具有了哲学、美学的含义，成为人类生命、人生历史的某种象征。《论语》中这几句简短的话，在后代派生了许多由"水"而生的历史、人生的体会，具有重要的经典意义。

同时，儒家观念中还有"君子见大水必观"。《说苑·杂言》记载，孔子与子贡之间有过关于水的对话，原文如下：

子贡问曰："君子见大水必观焉，何也？"

孔子曰："夫水者，君子比德焉。遍予而无私，似德；所及者生，似仁；其流也卑下，裾拘皆循其理，似义；浅者流行，深者不测，似智；其赴百仞之谷不疑，似勇；绵弱而微达，似察；受恶不让，似包；蒙不清以入，鲜洁以出，似善化；至量必平，似正；盈不求概，似度；其万折必东，似意。是以君子见大水必观焉尔也。"❶

这一段实则是孔子向学生子贡阐释为什么君子见到大水一定要仔细观察。君子用水比拟人的道德。水到处给予而无私，这是水的德行；所到之处万物生长，这是水的仁爱；水总是向下，遵循客观规律，这是水的正义；浅处流淌，深处莫测高深，这是水的智慧；奔赴深渊大谷而毫无疑惧，这是水的勇气；柔弱可以抵达任何细微之处，这是水的明察；遇到险恶也不回避，这是水的包容；任何脏东西进去，净洁洗出来，这是水的善性；水面永远是平的，这是水的公正；不求一概满盈，这是水的节度；无论经过多少曲折，始终向东流，这是水的坚毅意志。正因为水有这些高尚的品性，所以君子看见大水一定要驻足观看。

孔子的这番讲解是一首关于水的礼赞诗，生动而深刻的赞美了水的仁爱、正义、智慧、勇气、明断、忍耐、节制、豁达和坚毅等等特质，正因为如此，所以君子有亲近"大水"的价值倾向，见之必观。

3. 管子论水

《管子》一书关于水的论述非常丰富，其主要特点是从国家、社会管理的实用角度论述水的作用，尤其包含了很多具有社会意义的水文化观念，值得今人关注。

"凡立国都，非於大山之下，必於广川之上；高毋近旱，而水用足；下毋

---

❶ ［汉］刘向：《说苑》，中华书局1987年，第460页。

近水，而沟防省。"❶

　　意即凡是营建都城，不把它建立在大山之下，也必须在大河的近旁。高不可近于干旱，以便保证水用的充足；低不可近于水潦，以节省沟堤的修筑。

　　这里指出了国度与水的关系，这对于今天的城市建设仍有重要参考价值。

　　"地之不可食者，山之无木者，百而当一。涸泽，百而当一。……流水，网罟得入焉，五而当一。……泽，网罟得入焉，五而当一。"❷

　　意即对于不生五谷的土地和没有树木的荒山，百亩折合成一亩可耕地。干枯的沼泽，也是百而当一。不生草木的土地，百而当一。荆棘丛杂无法进去人的土地，也是百而当一。芦荡草泽，但可以带上镰绳进去采伐的，九亩折合一亩。丘陵，其树木可以当材料，可以做车轴，而且人们带上刀斧可以进去采伐的，也是九而当一。高山，其树木可以做棺，可以做车，而且人们带上刀斧可以进得去的，十亩折成一亩。水流，可以下网捕鱼的，五亩折成一亩。森林，其树木可以做棺，可以做车，而且刀斧能进得去的，也是五而当一。

　　可以看出，在管子的时代，政府的管理者不仅将贫瘠地、荒山进行折算，而且将沼泽、水面也根据不同情况折算，可见当时已经将水视为与土地有同样价值的基本民生资源。

　　"江海虽广，池泽虽博，鱼鳖虽多，罔罟必有正，船网不可一财而成也。"❸

　　意即江海虽宽，池泽虽大，鱼鳖虽多，捕鱼之业必须有官管理；船网之民不可只依靠单一财路来维持生活。

　　这里是提出，即使拥有丰富的水资源，对于水产（鱼鳖之类）的捕捞也要有限制，不能竭泽而渔，渔民获财也不能单纯依靠捕捞。这种观念已经具备了可持续发展的含义。

　　"水者，地之血气，如筋脉之通流者也。故曰：水，具材也。何以知其然也？曰：夫水淖弱以清，而好洒人之恶，仁也；视之黑而白，精也；量之不可使概，至满而止，正也；唯无不流，至平而止，义也；人皆赴高，己独赴下，卑也。卑也者，道之室，王者之器也，而水以为都居。"❹

　　意即水是地的血气，它像人身的筋脉一样，在大地里流通着。所以说水

❶　黎翔凤撰、梁运华整理：《管子校注》，中华书局 2004 年，第 92 页。
❷　黎翔凤撰、梁运华整理：《管子校注》，中华书局 2004 年，第 101 页。
❸　黎翔凤撰、梁运华整理：《管子校注》，中华书局 2004 年，第 289 页。
❹　黎翔凤撰、梁运华整理：《管子校注》，中华书局 2004 年，第 899 页。

是具备一切的东西。水的本质如何呢？水柔弱而且清白，善于洗涤人的秽恶，这是它的仁。看水的颜色虽黑，但本质则是白的，这是它的诚实。计量水不必使用平斗斜的概，满了就自动停止，这是它的正。不拘什么地方都可以流去，一直到平衡而止，这是它的义。人皆攀高，水独就下，这是它的谦卑。谦卑是道的所在，是帝王的气度，而水就是以"卑"作为聚积的地方。

这里则具有美学的比喻意味，从水的不同形态、性质引申出水的美德，认为水具有"仁""精""正""义""卑"等多种道德上的优点，与孔子、孟子的论述有相同之处。可见，多方面认识水的美德在古代圣贤中是常见的思路。

"水者何也？万物之本原也，诸生之宗室也，美恶、贤不肖、愚俊之所产也。……是以圣人之化世也，其解在水。故水一则人心正，水清则民心易。……是以圣人之治于世也，不人告也，不户说也，其枢在水。"❶

意即水是万物的本原，是一切生命的植根之处，美和丑、贤和不肖、愚蠢无知和才华出众都是由它产生的。……因此圣人改造世俗，了解情况看水。水若纯洁则人心正，水若清明则人心平易。人心正就没有污浊的欲望，人心平易就没有邪恶的行为。所以，圣人治世，不去告诫每个人，不去劝说每一户，关键只在于掌握着水的性质。

这里把水比作"万物之本原，诸生之宗室"，是一种哲学思维，与古希腊哲学中"水是构成世界基本元素之一"的思想相通。《管子》将"水"定义为教化人民、治理国家的关键，水之清浊与社会人心密切联系，固然在言辞上有夸大之处。但水在中国社会中的作用确实重要，治水一直是国家的重要功能，水的问题解决了，社会人心才会安定。倘若从这个角度看，《管子》的话还是有道理的。

4. 孟子论水

作为孔子思想传人的孟子，认为水有修道之义。《孟子》有七篇十四卷传世，有关"水"的论述集中在《梁惠王》《滕文公》《离娄》《告子》《尽心》等篇。

徐子曰："仲尼亟称于水，曰：'水哉，水哉！'何取于水也？"孟子曰："源泉混混，不舍昼夜，盈科而后进，放乎四海。有本者如是，是之取尔。苟为无本，七八月之间雨集，沟浍皆盈；其涸也，可立而待也。故声闻过情，

---

❶ 黎翔凤撰、梁运华整理：《管子校注》，中华书局 2004 年，第 919 页。

君子耻之。"❶

意即徐子说孔子经常称赞水,从水中能得到什么启示呢?孟子回答:"永不枯竭的泉水是滚滚向前,昼夜不息的,先会灌满各种坑儿还有坎儿,然后又会继续奔流四处,直到一直奔向大海里。所以说凡有本源的都是这样的,而孔子就是看中了这一点。但如果没有了本源,即使七八月的大雨下得多又集中,可以把大小的沟渠都给灌满了,但让它们干涸却只要很短的时间。所以,声望超过实际的情况,君子也会以它为耻的。"

这段话是身为弟子的徐子向孟子请教孔子为何多次盛赞水的品德。孟子解释了孔子屡次称赞水的原因,由此阐明了一个根本道理:一切事物都要有本有源,才能避免枯竭,才能活力充沛、生生不息、通达四海。孟子的论述其实把握住了水的本质特征,因为水是流动的,如果没有本源,则其生命力就得不到支撑,必然会萎缩;有了本源,其生命流程则可永葆青春。宋代大儒朱熹的诗句"问渠那得清如许,为有源头活水来",意思与其一致。一切能够获得长足发展的事物都应该像有源之水那样;反之,如果像七八月之间的雨水,虽然暂时名声很大,终归会化作泡影。这些论述能带给我们许多思想上的启示。

告子曰:"性犹湍水也,决诸东方则东流,决诸西方则西流。人性之无分于善不善也,犹水之无分于东西也。"

孟子曰:"水信无分于东西。无分于上下乎?人性之善也,犹水之就下也。人无有不善,水无有不下。今夫水,搏而跃之,可使过颡;激而行之,可使在山。是岂水之性哉?其势则然也。人之可使为不善,其性亦犹是也。"❷

在"人性之争"中,告子以湍水为喻,认为人性好像湍急的流水,如有外部力量的压制或引导,就会改变其外在表现,正如水流,决诸东方则东流,决诸西方则西流。人性也没有善于不善的区别,正如水无东西的区别一样。众所周知,孟子是主张"性善论"的,针对告子的观点,孟子同样以水比作,非常有效的对其进行批驳。因为告子所说的水"决诸东方则东流,决诸西方则西流",其实只是水的外在表现而已,没有抓住水的本质。水的本质是避高趋下,因此,水确实是"无分于东西",却不至于"无分于上下"。人性本善,如水总是从高往下流一样,顺从人的本性即为善,违背人的本性极为不善,正如对水"搏而跃之""激而行之",违背水的本性而使水流出现异常一样。

---

❶ 杨伯峻:《孟子译注》,中华书局 2013 年,第 175 页。
❷ 杨伯峻:《孟子译注》,中华书局 2013 年,第 235 页。

由于孟子扣住了水的本质，他对告子的批驳是非常有说服力的。

孟子还对水的特性进行分析，以"水"为喻劝导君主应具备各种优良品性。水之就下，人性之善。顺流而下，水之本性，孟子以此比附民心所向，无人能抵御。"如有不嗜杀人者，则天下之民皆引领而望之矣。诚如是也，民归之，由水之就下，沛然谁能御之？"❶

孟子不仅"言必称尧舜"，对禹也十分推崇。据统计，在《孟子》三万余字中，"禹"出现了30次，比"周公"出现的频率要高得多。

白圭曰："丹之治水也愈于禹。"

孟子曰："子过矣。禹之治水，水之道也，是故禹以四海为壑。今吾子以邻国为壑，水逆行，谓之洚水。洚水者，洪水也，仁人之所恶也。吾子过矣。"❷

意思是说白圭对孟子夸口，说自己治水的本领超过大禹。孟子听了，反驳说：您错了。大禹治水，是循着水性作疏导，"以四海为壑"，把水导入四海。先生您治水则是"以邻国为壑"，把邻国当容纳洪水的地方。水倒行泛滥叫洚水，洚水与洪水危害一样。这种把水患引给别人的做法，有德性的人都鄙视。您对自己治水的评价，言过其实了！

这一段描述孟子与白圭关于治水的对话，反映出孟子治水要尊重客观规律的科学思想。孟子鞭笞白圭筑堤以邻为壑的不义，指出筑堤利与弊的辩证关系。

孟子称赞大禹治水的伟业，但他更进一步揭示其成功在于"疏"，在于循"水之道"。大禹疏通黄河的九条河道，疏导济水、漯水，使九河、济水和漯水流到海里去；把汝水、汉水打开缺口，引导水流，排除淮水、泗水的水道淤塞之处，使它们注入长江；除去灾害之后，中原地带才可以耕种并供给食粮。大禹为了治理洪水，长年在外与民众一起奋战，置个人利益于不顾，曾"三过家门而不入"。大禹治水13年，耗尽心血与体力，终于完成了治水的大业。世人把禹敬为神人，尊为"大禹""神禹"，当时的人们甚至把整个中国叫"禹域"，意为大禹治理过的地方，大禹几乎成为无所不能的天神。孟子以大禹治水以"疏导"成功的例子，表达治水要尊重客观规律，顺应自然规律，按照自然规律办事，也是其伦理学说在水利方面的体现，这一点十分难得。

---

❶ 杨伯峻：《孟子译注》，中华书局2013年，第12页。

❷ 杨伯峻：《孟子译注》，中华书局2013年，第273页。

二、亲水意识与水情教育

水是生命之源、生产之要、生态之基。我国有着丰富的水资源，几乎所有的城市都是因水而兴、因水而富、因水而美。面对大自然的馈赠，中国人也精心呵护着生命之源。人与水的关系有着丰富情感和价值内涵，对水亲近是人的本性，在此基础上，产生了亲水意识。

水情教育是培养亲水意识的重要渠道。当前我国的基本国情、水情表现为：人口众多，水资源少且分布不均，与生产力布局不匹配，水患频发。在此背景下，我国水安全呈现出新老问题相互交织的严峻形势，特别是水资源短缺、水生态损害、水环境污染等一系列问题愈加突出，以至于亲水意识在许多方面难以为继。导致这种现象的原因是复杂的，但主要是以下两种因素：一是受大众消费主义文化的侵蚀，很多人思维物化，认为水只是一种普通的商品，用以满足居民生活、农业灌溉和工业化生产，水的丰沛或稀缺，与居民自身的行为没有关联，只与价格调控有关。换言之，即公民的亲水、节水、爱水、护水等意识并不能改变水资源的紧张和由此产生的各种危机。二是在科学及工程文化的视野中，资源问题脱离了文化范畴和意识范畴，被简化为一个在时间、空间上如何更有效地配置资源的纯技术问题。❶

2015年《全国水情教育规划（2015—2020年）》，对水情教育的定义为："水情教育，是指通过各种教育及实践手段，增进全社会对水情的认知，增强全民水安全、水忧患、水道德意识，提高公众参与水资源节约保护和应对水旱灾害的能力，促进形成人水和谐的社会秩序。其核心是引导公众知水、节水、护水、亲水。水情教育主要内容包括水状况、水政策、水法规、水常识、水科技、水文化。"由此可见，水情教育是润物细无声的长期过程，不仅教育内容丰富，教育对象广泛，而且可以采纳的教育形式多样，其中最重要途径和手段包括水情教育主题活动、各类媒体宣传、各级学校及社区教育、社会志愿行动以及专项培训等。值得注意的是，水毕竟是重要的资源，政府的宏观指导尤其重要。

2011年中央一号文件《中共中央 国务院关于加快水利改革发展的决定》明确要求，要把水情教育纳入国民素质教育体系和中小学教育课程体系，作为各级领导干部和公务员教育培训的重要内容。

2012年出台的《国务院关于实行最严格水资源管理制度的意见》（国发

---

❶ 刘伟娟：《重建亲水文化和亲水习俗初探》，《长江技术经济》2020年第4期，第83-85页。

〔2012〕3号）强调，要广泛深入开展基本水情宣传教育，形成节约用水、合理用水的良好风尚。

2015年，水利部会同中宣部、教育部、共青团中央在深入调研我国水情教育现状、充分借鉴国内外经验、分析总结特征规律、广泛征求意见和协调的基础上，编制完成了《全国水情教育规划（2015—2020年）》。这份规划是自中华人民共和国成立以来我国水情教育工作的纲领性文件，提出要严格遵循"节水优先、空间均衡、系统治理、两手发力"的新时期治水思路，积极发挥政府主导作用，努力凝聚社会各方力量，因地制宜，分类施教，引导公众不断加深对我国水情的认知，增强公众水安全、水忧患、水道德意识，为构建"人人参与、人人受益"的全民水情教育体系，促进形成全民知水、节水、护水、亲水的良好社会风尚和人水和谐的社会秩序打下坚实的基础。

上述中央文件搭建了水情教育的总体政策框架，由此水情教育陆续进入中小学校，地方上原有以及若干新建的水利、水情科普场馆也联结成教育网络。近年来，江西、浙江、江苏等省相关部门陆续开展了诸多围绕水环境、水资源的公益活动，特别是以世界水日、中国水周、全国城市节水宣传周等重要纪念日为契机开展的相关活动，形式多样、影响广泛。还有一些学校积极探索将水情教育纳入课程体系和实践活动。2019年1月27日，江西省水利厅、省教育厅和省机关事务管理局联合印发《江西省节水型高校建设工作方案》，将江西省节水型高校建设工作从原来的公共机构节水型单位创建中独立出来，旨在通过节水型高校的创建，将江西省普通高等学校建设成为"节水意识强、节水制度完备、节水器具普及、节水技术先进、用水管理严格"的节水型高校，引领带动全社会形成节约用水的生活习惯和绿色风尚。

一些企业也相继开展了水资源节约保护等活动，积极支持国家水公益事业。相关社会组织开展了与水有关的教育实践项目和志愿行动。此外，随着新媒体技术的进步和传播策略的成熟，媒体宣传在水情教育中发挥了越来越重要的作用。互联网、手机客户端等现代传播方式在水情教育中得到充分运用。

2020年11月14日，全面推动长江经济带发展座谈会作出了"改善长江生态环境和水域生态功能，保持长江生态原真性和完整性"的重要指示，使水情教育又迎来新的发展契机。2021年12月，水利部、中宣部、教育部、文化和旅游部、共青团中央、中国科协等六部门联合印发《"十四五"全国水情教育规划》（简称《规划》），旨在深入贯彻习近平总书记关于加强国情水情教育重要指示精神，落实中央部署要求，进一步加强新阶段水情教育工作，助力推动新阶段水利高质量发展。《规划》提出了今后5年我国水情教育工作的指导思想、基本原则、主要目标，明确了重点内容、重点任务和保障措施，是"十四五"时期全国水情教育工作的重要依据和指导。

截至 2021 年，国家水情教育基地已经达到 63 家，覆盖了北京、天津、江苏、江西、安徽、上海等全国各省、自治区、直辖市。各水情教育基地积极创新教育活动及实践，极力引导公众参与知水、节水、护水、亲水活动，有效增进了公众对我国基本水情的基本认知，提升了全体公民的水素养。

当前要借助各种文化和社会机制的创新，在全社会范围内培育水情教育和亲水意识，构建亲水文化与亲水习俗。事实上，现代社会在向前发展的同时，在无形中也使人类对自然环境的控制和索取程度加深。为了维系人与自然微妙而脆弱的平衡关系，人类必须打造一种崭新的亲水文化。1993 年 1 月 18 日，第四十七届联合国大会作出决议，确定每年的 3 月 22 日为"世界水日"。中国自 1996 年起也将每年的 3 月 22—28 日确定为"中国水周"，20 世纪 90 年代至今，我国一直展开和水相关的各类活动，并以此为契机进一步提升全社会的水忧患意识，促进水资源的开发、利用、保护和管理等工作。1996—2002 年"中国水周"的活动主题详见表 5-1。

表 5-1　　　　　　　　1996—2022 年"中国水周"活动主题

年　份	"中国水周"活动主题
1996	依法治水，科学管水，强化节水
1997	水与发展
1998	依法治水——促进水资源可持续利用
1999	江河治理是防洪之本
2000	加强节约和保护，实现水资源的可持续利用
2001	建设节水型社会，实现可持续发展
2002	以水资源的可持续利用支持经济社会的可持续发展
2003	依法治水，实现水资源可持续利用
2004	人水和谐
2005	保障饮水安全，维护生命健康
2006	转变用水观念，创新发展模式
2007	水利发展与和谐社会
2008	发展水利，改善民生
2009	落实科学发展观，节约保护水资源
2010	严格水资源管理，保障可持续发展
2011	严格管理水资源，推进水利新跨越

续表

年 份	"中国水周"活动主题
2012	大力加强农田水利，保障国家粮食安全
2013	节约保护水资源，大力建设生态文明
2014	加强河湖管理，建设水生态文明
2015	节约水资源，保障水安全
2016	落实五大发展理念，推进最严格水资源管理
2017	落实绿色发展理念，全面推行河长制
2018	实施国家节水行动，建设节水型社会
2019	坚持节水优先，强化水资源管理
2020	坚持节水优先，建设幸福河湖
2021	深入贯彻新发展理念，推进水资源集约安全利用
2022	推进地下水超采综合治理复苏河湖生态环境

　　总之，作为增强公众国情水情意识、培养公众水道德、促进公众参与水管理和节水护水的重要手段，我国水情教育的重要性日益凸显。但它作为一种新思路、新举措，要想真正发挥作用就必须立足基本水情，充分做好基础性研究工作和社会调研，制定科学的发展路径。当前我国的水情教育应包含两个重要维度，一是亲水文化需要建立在一定的危机意识之上。没有危机意识和忧患心态，人就容易产生物质极其丰富的幻觉，使得行为失去文化约束。所以，适度的水危机和水源稀缺信号有助于人们始终保持警觉心理，以一种"珍惜粮食"的文化态度看待水、善用水。二是要把亲水文化重建看作是生态文明复兴运动的一部分。根据库兹涅茨曲线的预测，各国的环境污染程度与经济增长幅度之间存在某种对应关系，构成一个先上升后下降的倒"U"形曲线。我国在近年迎来了库兹涅茨曲线拐点——相对于经济增长，人民更加看重美好生活的品质，生态和环保意识高涨，愿意为环境的优化买单。而水在新的生态观中占有重要位置，人们对水的理解，也从控制水害、善用水利，发展到了恢复水生态乃至营造水景美学的文化高度。在江苏南京，秦淮河水利工程管理处通过打造"水韵秦淮"VR网上展厅，面向全国中小学生开启"大美秦淮云课堂"、"云"寻访研学路线、上线"秦淮水博苑"云平台等多种水情教育形式，开启交互性、参与性、趣味性的水情教育课堂。满足不同受众群体对权威水情知识的需求，让青少年了解最新的水科技和水文化，推动节水型社会建设。

第二节　护　水　文　化

水是人类最宝贵的财富，是人类生存不可缺少的战略资源，是有限的、无可替代的基础性自然资源和战略性经济资源，是一个国家或地区综合实力与发展后劲的重要组成部分。但是，我国人多水少，水资源时空分布严重不均，水安全问题事关我国经济社会发展稳定和人民健康福祉。

一、传统护水意识及行为

大禹治水以来，中国历史就是一部治水历史，古人不仅仅是治水，而且还保护水资源，并积淀了丰厚的文化底蕴。

勤劳智慧的古代人民在实践中创造了开挖井技术，以保护饮用水资源，并且对"井"的卫生状况进行诸多保护，以维系饮用水源的清洁。在城市，为保证饮用水源的清洁，不仅修建了许多工程，而且制定了相关法规。许多少数民族地区因地制宜，在水源林的保护及减少蒸发消耗上，作出了创造性的独特贡献。

据史前考古相关成果显示，中国早在史前时期就有了井。《释名》："井，清也，泉之清洁者也。"水井是地下水的人工露头，在没有泉水露出的地方，人们得依靠打井技术才能获得地下水资源，满足日常生活生产需要。《周易·井卦》："改邑不改井"，孔颖达疏曰："古者穿地取水，以瓶引汲，谓之为井。"凿井技术的发明，使得人们可以将生活圈子不再局限于河道附近，可以去往更远的地方，开垦土地，生产生活。事实上，水井中的水经过渗漏和过滤，更加适合饮用，有利于提升当时人的身体健康水平。

尽管历朝历代采取了种种措施，但是水源的污染仍在所难免。方以智在《物理小识》卷二也讲到："寻常定水，白矾、赤豆、杏仁、雄黄、石膏皆可。"❶当饮用水源被污染时，用沉淀剂净水，使之清洁，体现了古人超凡的智慧。

在中国古代，城市饮用水源除了井之外，还有许多是地表水。对地表水的保护，也得到了人们的普遍重视，这体现在一些工程的修建和相关规定的制定上。例如西汉时期的长安就有"飞渠引水入城"的工程，利用渡槽向城

---

❶ ［明］方以智：《物理小识》，湖南科学技术出版社2017年，第162页。

内供水，这种凌空的专用水道，避免了"污水杂入"，减少了沿途的污染。隋代宇文恺修大兴城（即唐长安城）时，首先就充分考虑了饮用水源的保护问题。据考古发现，唐长安城清明渠的渠底高出当时的路面，从而避免了污水的流入，保证了地表水源的清洁。宋、元时期在一些城市专门修建了引水工程、水的净化工程，从而有效保护了城市饮用水源的清洁。在此基础之上，城市也会加强管理措施，确保饮用水源不受污染。杭州的蓄水池——涌金池为吴越时开凿，分为上、中、下三部分，宋时就有"浣衣洗马，不及上池"的规定。元代对于城市用水的卫生问题已十分重视。元世祖曾下令不得污染水源。到英宗至治二年（1321 年）五月，英宗针对金水河污染问题下敕，"昔在世祖时，金水河濯手有禁，今则洗马者有之，比至秋疏涤，禁诸人毋得污秽。"皇权在封建社会至高无上，元代皇帝保护水源的敕令有效地保护了元代宫廷专用水道金水河的清洁卫生。

在饮用水源的保护上，少数民族有着特殊的贡献。傣族历史悠久，被称为"水的民族"。傣族人爱水、恋水、惜水、敬水，他们像热爱自己的生命一样珍爱水和水井。每个傣族村寨的水井都有一个建筑——"井罩"，用以保护水井的卫生。"井罩"的建筑形式古朴迷人，风格各异，独具匠心。每一口井的建井之日也是祭井日，逢祭井日，"井罩"就会被彩绘一新。傣族村寨的水井边上还有供人们取水的长柄水瓢，以避免人们直接接触井水造成污染。这些习俗可以上溯至远古时期，并保持至今。

哈尼族有着悠久的垦田种稻的历史，哈尼梯田是哈尼族人民的杰作，也是享誉世界的文化和自然遗产。晚唐《蛮书·云南管内物产》记载："蛮治山田，殊为精好。"清代嘉庆《临安府志·土司志》曾记述："依山麓平旷处，开凿田园，层层相间，远望如画。至山势峻极，蹑坎而登，有石梯蹬，名曰梯田。水源高者，能从略杓（涧槽），数里不绝。"方志中所描绘的便是功能齐全、美感十足的梯田稻作景观，俨然一幅南国梯田油画。

新疆有着中国最大的沙漠，在塔里木、准噶尔盆地的四周，环绕着昆仑山、阿尔金山、天山、阿尔泰山等高大的山脉。在这里，山脉海拔较高，终年积雪，贮有丰富的水资源。夏天，雪水融化后源源不断地从山上流下，滋润着广袤的新疆大地，当地人民正是充分利用这些水资源才发展了绿洲经济。这个地区过于干旱，河水大量蒸发，许多地表水流不了多远就消失了。为了保护宝贵的水资源，新疆人民发明了坎儿井这一特殊的水利工程。由于高山冰雪不断融化形成了地表径流，使大量砂石流向盆地，在出山口后，坡度突然变缓，流速变小，水流分散，砂石堆积形成洪积扇，洪积扇不断扩大相互连接形成山前倾斜洪积平原。冰雪融水不仅可以形成地表径流，还大量贮存在洪积扇内，形成地下径流，并且沿地下不透水层，向盆地流动。坎儿井正是利用了这一地质特点，在不透水层的上方开了一条渠道，并在渠道上开了许多竖井，这一特殊形式的引水工程从山坡的集水区向冲积扇（洪积扇）下方开引，渠道坡度小于地下水面坡度和地面坡度，至山坡下即可露出地面引水至蓄水池。坎儿井的开挖是一个创造，在干旱地区不仅可以减少水量的蒸发，同时融化的雪水在经过冲积扇（洪积扇）砂砾层过滤以后，水质更加良好，更加适合人们饮用。

二、河湖长制

人类逐水而居，依水建村，傍水建城，古今中外，概莫能外，水是人类生存、生产、生活不可替代的自然资源。善待江河、湖泊、沼泽、冰川，保全和保护水资源的生态功能，广义上具有全民生态公益的作用。然而我国水环境正在不断恶化，在环境保护领域，流域湖泊环境污染与生态破坏问题一直是社会重点关注的议题。为了化解这些问题，各级政府都积极采取措施，提出政策意见，河湖长制由此诞生。从地方层面看，2007 年暴发的无锡太湖"蓝藻"事件引发了全国关注。在该事件中，大面积滋生的蓝藻污染了太湖流域水源地，造成无锡市城镇供水紧张，居民生活用水短缺，一度引发了社会恐慌情绪。数据显示，太湖流域周边有超过 300 家涉及化工、印染、电镀、制药等行业的污染企业，造成湖水氮、磷含量的成倍增加。在此背景下，无锡市开始痛定思痛，希望从管理体制机制上进行变革，改变水环境污染治理不力的被动局面。2007 年 8 月，《无锡市治理太湖保护水源工作问责办法（试行）》出台，该文件要求在全市范围内开展河湖长制。之后，无锡市又制定出台了一系列配套政策，流域治理的社会资源迅速整合投入到太湖水环境保护工作当中，使太湖无锡段水质在短期内得到较大程度改善。其示范效应也逐步扩散，江苏开始在全省范围内推广河湖长制，其他省份纷纷效仿、提出河湖长制建设目标。

从国家层面看，河湖长制的体制机制创新逐渐引起中央的重视。2014年，《水利部关于深化水利改革的指导意见》和《关于加强河湖管理工作的指导意见》首次提出要"鼓励推行河长制"。2016 年，中共中央办公厅、国务院办公厅出台《关于全面推行河长制的意见》，规定到 2018 年年底前在全国范围内建构起河长制。2017 年元旦，习近平总书记向全国人民宣告"每条河流要有'河长'了"。之后，水利部按照中央部署积极推进，地方各级党委政府认真贯彻落实，最终在 2018 年 6 月底以前在全国 31 个省级行政区全部建立起河长制管理架构，比要求的时间点提前了半年。

2018 年 1 月，中共中央办公厅、国务院办公厅出台《关于在湖泊实施湖长制的指导意见》。至此，国家层面河湖长制政策框架体系基本成型。

河湖长制本质上是流域、湖泊生态环境管理领域的党政领导干部责任制。它以实现流域湖泊生态环境可持续发展为目标，以统筹协调流域湖泊管理为制度功能，以流域湖泊污染防治和生态保护为履责内容，涵盖河湖长委任、运行、监督、考核、问责等全过程。河湖长制的产生目的在于革除既有的流域湖泊碎片化治理弊端，明晰生态环境治理责任，形成新的整合协调机制。当前，起源于地方实践的河湖长制历经十余年，以星星之火燎原之势在全国范围内开花结果，由地方实践上升到顶层设计，是响应生态文明新时代号召的有力体现。河湖长制改变了以往"先污染后治理"的治理理念，整合与协调河湖的资源功能、生态功能和经济功能，最大限度地满足了水资源保护和利用以及生态文明建设的长远需要。实践证明，全面推行河湖长制完全符合我国国情水情，是江河保护治理领域根本性、开创性的重大政策举措。

江西是水资源大省，2020 年 6 月 1 日起正式实施的江西省《河长制湖长制工作规范》（DB36/T 1219—2019），是全国首部河长制湖长制工作省级地方标准，是落实生态文明标准化体系建设的具体举措和推动河长制湖长制工作规范化的重要成果。江西省充分结合河长制湖长制工作实践，从地方标准的角度，对河长制湖长制基础工作、组织体系、制度体系、责任体系、工作任务、宣传引导与公众参与等方面进行具体细化。该标准将推动河长制湖长制工作从"有章可循"到"有法可依"再到"按章办事"，促进地方规范开展河长制湖长制工作，提高河湖管理保护成效，增强社会大众的环境获得感和幸福感，为国家生态文明试验区建设和打造富裕美丽幸福现代化江西提供更有利的支撑和保障。位于江西省中部、地处赣江中游的江西省吉安市，自 2017 年全面推行河长制湖长制以来，牢固树立绿色发展理念，以河长制湖长制为抓手，逐步构建起"河湖长牵头、保洁全覆盖、全民共参与"的治理模式，全市水生态环境质量持续好转，全民形成共同护水的良好氛围。2020 年吉安市 36 个监测断面水质优良率 100%，地表水环境质量位居全省第一、全国第 28 位。

与江西毗邻的湖南，水情是其最重要的省情之一。湖南全省 5km 以上河流 5341 条，常年水面面积 1km^2 及以上湖泊 156 个，上型号水库 13737 座。守护好一江碧水，湖南责任在肩。通过在全国率先建立五级河湖长责任体系，湖南全省五级河湖长达到 5.1 万余名。河湖长全力履职，进一步强化河湖保护与治理攻坚，湖南全省河湖面貌显著改观。

2019 年，浙江省水利厅、省治水办（河长办）联合印发《浙江省美丽河湖建设行动方案（2019—2022 年）》（简称《方案》），以实现全域美丽河湖为目标，全力实施"百江千河万溪水美"工程。今在浙江全域，基本实现河湖安全流畅、生态健康、水清景美、人文彰显、管护高效、人水和谐。

第三节　水　利　旅　游

早在 20 世纪 80 年代初，相关单位就在实践中展开了对水利旅游资源的开发探索，并取得了一定效果。水利部原水利管理司 1997 年正式提出水利旅游的概念，是社会各界（包括外商）利用水利行业管理范围内的水域、水工程及水文化景观开展旅游、娱乐、度假或进行科学、文化、教育等活动的总称。我国水利旅游经历了从水利工程到水利风景区和水利旅游产业的跨越，当前水利旅游的开发呈现蓬勃发展的态势，正朝着设施景观化、水域景区化和服务产业化的综合体系发展。

一、水利旅游发展历程及成就

我国拥有大量发展水利旅游的良好资源。20 世纪 80 年代初期以来，依托资源基础，水利旅游业获得持续快速的发展，尤其是自 20 世纪 90 年代中期开始，水利部为充分发挥水利工程的综合效益，将水利旅游与供水、发电并列为水利经济的三大内容，为水利旅游的发展创造了良好的机遇。

（一）发展历程

早在有水运记载的历史时期，我国一些地方便有了水利旅游活动的萌芽，而真正意义上的水利旅游业则起步于 20 世纪 80 年代初期，到了 90 年代中期之后，进入了迅速发展的阶段并实现了水利行业向生态、社会和经济效益多赢的综合功能型行业发展。总体上看，我国水利旅游的形成和发展历程可以分为自然萌芽、初步形成、快速和引导、规范和成熟发展四个阶段。

1. 自然萌芽阶段（20 世纪 80 年代以前）

早在春秋时期，我国便有水运的记载，后来伴随漕运的发展，全国范围内形成了四通八达的水运网。这不仅促进了古代商贸的发展，也方便当时的人们旅游出行和往来交流。中华人民共和国成立以后，在党和政府的领导下，水利事业得到全面发展，全国各地先后修建了大量的水利工程，以其特有的景观资源、环境与文化形态为旅游开发创造了条件。但直至 20 世纪 80 年代初，我国水利旅游活动仅仅停留在自发形成和零星发展状态，缺乏有计划、有组织、有管理的水利旅游项目开发和活动安排，因此可以认为这一时期我国的水利旅游业仍处于自然萌芽发展阶段。

2. 初步形成阶段（20 世纪 80 年代初至 90 年代初）

在我国，真正意义上的水利旅游起步于 20 世纪 80 年代初期，从时间轴看，基本上与现代旅游业的发展历史同步。起初主要是一些水管单位在改革开放的大背景下，为摆脱生存困境，尝试依托水利工程开展多种经营方式，开发利用其水域及周边岸地、林木等形成的现有风景资源，开展零星的旅游活动。这些旅游活动所依托的水利区域，大多拥有丰富的自然山水资源、优良的水域生态环境和特色突出的水文化。正是许多基层水管单位在体制改革的契机上，"无意识"的旅游开发行为，推动了各地许多水利风景区的起步建设，也成为我国水利旅游产业化发展的开端。

3. 快速和引导阶段（20 世纪 90 年代中期至末期）

进入 20 世纪 90 年代中期以来，全国各地争相学习效仿之前一些基层水管单位的做法，纷纷开展水利旅游，使我国水利风景区建设呈快速发展之势。为合理利用、科学开发水利资源，规范全国各地水利风景区的建设与日常管理，水利部门开始从战略角度出发，通过制定和颁布有关法规和政策制度，加强对涉水旅游活动的引导和规范化管理。这一时期，在国内旅游市场迅猛发展的影响和水利部的大力推动下，水利旅游进入了快速和引导发展时期。水利旅游在我国各地逐渐焕发出蓬勃的生机，不仅水利旅游资源利用的范围得到了拓展，水利旅游的行业管理水平也得到了提升。

4. 规范和成熟发展阶段（21 世纪初期至今）

2001 年 7 月，水利部成立水利风景区评选委员会，并颁布部门规范性文件《关于加强和建设水利风景区建设和管理的通知》（水综合〔2001〕609 号），开启了水利风景区的建设和管理工作，以期推动水利旅游的进一步发展并将其培植成为水利行业新的经济增长点。2004 年，水利部水利风景区评审委员会的成立，是我国水利风景区建设和水利旅游业进入规范和成熟发展的标志。在其组织管理和有力推动下，近年来全国范围内不同类型、不同等级的水利风景区不断涌现。

（二）发展成就

我国是河流大国，东西南北河流众多，还有大量的湖泊、冰川、瀑布、泉点及遍布大江南北的湿地等，这些不同类型的水利区域所拥有的丰富多样的自然和人文景观，为我国水利旅游开发提供了良好的资源与环境基础。

与此同时，我国还是世界文明古国和水利大国，不仅有都江堰、灵渠、郑国渠、京杭大运河等诸多享誉世界的著名古代水利工程，还包括近现代时期尤其是新中国成立以来我国劳动人民修建的众多水库、水闸、水电站、堤防、灌区、水土流失治理区，以及三峡、小浪底等大型综合水利工程等。这些水利工程不仅在生产生活中充分发挥其防洪排涝、水力发电、农田灌溉、生活供水、航道运输、渔业生产等基本功能，也形成了丰富的水利旅游资源。

时至今日，我国除了拥有种类多样、数量丰富的自然河流、湖泊、湿地、冰川、瀑布、泉点等天然水域外，还拥有遍布全国各地的水利工程资源，包括大中小型水库 8.6 万多座、各类水闸 3.9 万多座、水电站 5 万多座、河湖堤防 27 万多 km²，水利灌区 8 亿多亩，以及众多的水土流失治理区等。这些自然和人工型水利旅游资源，为我国水利旅游的建设和发展奠定了坚实的物质基础。

自 20 世纪 80 年代初期开始起步以来，我国水利旅游业在短短几十年时间里，获得了持续快速的发展，取得了令世人瞩目的成就。尤其是自 20 世纪 90 年代中期开始，水利部为充分发挥水利工程的综合效益，将水利旅游与供水、发电并列为水利经济的三大内容，并且通过成立专门管理机构、制定和颁布有关法规、政策制度和技术标准等举措，倡导各地结合水利工程建设与改造，重视水环境整治、水资源保护、水生态修复等内容，加强不同地域、不同级别的水利风景区建设、申报与管理工作，加快水利旅游项目开发和活动的开展。

同时，我国许多地区也积极推进所在区域水利旅游业的发展，除了积极争取政府主渠道投入外，还注重运用市场手段，广开门路，招商引资，多层次、多渠道增加对水利风景区建设的投入，建成了一大批高品位、有价值的水利风景区。各地形成了涵盖全国主要江河湖库、重点灌区、水土流失治理区的水利风景区发展体系，成为我国重要的生态旅游目的地类型。此外，越来越多的水利风景区从以往只是依托水利工程或利用周边的岸地、林木风景资源的简单开发方式，转变为充分利用水工程、水环境、水文化等资源的综合开发方式，在发挥工程效益、涵养水源、保护生态、改善环境、推进水利经济发展、促进文化传承等方面起着越来越重要的作用。

当前，以三峡、都江堰、千岛湖、十三陵水库等为代表的一批水利工程特色显著、山水风景资源丰富、水利文化底蕴深厚、亲水休闲性强的水利风景区，成为国内外众多游客向往的旅游观光、休闲娱乐、度假疗养、科普考察、文化体验的理想场所。这些水利风景区搭建起了向社会展现良好水生态环境的平台，使人们在享受自然风光，欣赏秀美山川和绮丽景色，怡情养性、陶冶情操的同时，切身感受到了水利对支撑经济社会可持续发展、创造人水和谐生存环境的重要意义，并由此增强人们保护水利资源和环境、传承和发扬优秀水文化的责任感和使命感。

二、水利旅游特色

自古以来，中国人就具有亲水的天性，从水中汲取营养，寻求水与人类心灵的融合。改革开放以来，人们越来越青睐以自然真山水和宏伟水工程为特征的水利旅游，在与水共舞中，回归自然、愉悦身心、感悟文明。

（一）以水为主体

孔子曰："智者乐水，仁者乐山"，他在山水中发现了道德之美，要求君子从山水中学习或仁或智的道德规范。山水旅游从古至今都是一项繁盛不衰的旅游方式。"山水"体现了"阳刚相契而成宇宙"的传统哲学观念。山为阳，水为阴。作为阳刚美典型的"山"和作为阴柔美的"水"构成我们生活的这个世界的基础，构成人类生活的"根"，同时人们也通过山水体验自然的美。看山是一门艺术，观水也是一门艺术。山水旅游者若要游得有情趣、有意味，就得超越山水的物境，从中去体验情境，即"心领而神会"，最终达到一种"神境"。这也是山水旅游者所追求的崇高景致。

传统中国文人心中大都有着浓浓的山水情结，他们也因此留下了或豪放、或悲壮、或哀婉、或凄凉、或唯美动人、或破碎沧桑的著名诗句。在顺境中，他们登高远望，比物抒怀，胸怀凌云壮志。"抬望眼，仰天长啸，壮怀激烈。"处逆境时，他们徘徊江畔，触景生情，悲叹逝者如斯。"郁孤台下清江水，中间多少行人泪？西北望长安，可怜无数山。"中国文人爱山，于是拥有了高山一般的宏图远志；中国儒士爱水，由此收获了流水一样的柔美情怀。因为酷爱山水，于是在浓浓的"山水情结"激发下，踏遍人间山水的旅行便自然成为了他们日常生活安排的一个重要组成部分。又由于这些饱读诗书的中国文人一生所接触到的书籍大多浸染了浓浓的中华传统智慧精华，因此，当他们的足迹踏遍中国山水时，便为我们留下了难以数计的蕴含中华传统哲学智慧的经典诗句。

江西水资源在旅游产业中发挥了非常重要的作用，自 20 世纪 80 年代以来，各种以水资源为载体的景区、景点陆续成为全国著名的景点，如庐山的三叠泉瀑布、新余的仙女湖、庐山西海、鄱阳湖国家湿地公园、宜春的三爪仑漂流等。这主要得益于江西地理单元相对独立和完整的特点，以及丰富的水资源，三面环山、五大河流、一个鄱阳湖，境内水系发达，河流纵横，湖泊众多，共有流域面积 $10km^2$ 以上的河流 3700 多条，其中 $100km^2$ 以上的河流 451 条。赣江、抚河、信江、饶河、修水五大河流，均汇入鄱阳湖，经湖口注入长江，形成了完整的鄱阳湖水系，集雨面积占全省总面积的 94%。同时，江西已建成各类水利工程 40 万座，其中水库 9700 多座、山塘 24 万多座，遍布全省各地。水体众多，形式丰富多彩，有波涛汹涌、滚滚向前的大江大河，有潺潺而流的山涧小溪，有气势磅礴的飞泉流瀑，有汩汩而出的温泉，有平静如镜的湖泊、水库和充满生活情趣的山塘，等等。

（二）依托水利工程

在人类创造文明的过程中，技术与科学的发展扮演了最重要的角色，自然是人类文明史中的一个重要组成部分。人类修建水利工程就是一项伟大的科学，中国古代文明灿烂辉煌，因人口众多，自古重农。农业在国民经济发展中具有决定性意义，而水利是农业的命脉。举凡"水利灌溉、河防疏泛"历代无不列为首要工作。在我国几千年文明历史中，勤劳、勇敢、智慧的中国人民同江河湖海进行了艰苦卓绝的斗争，修建了无数大大小小的水利工程，有力地促进了农业生产。这些具有"杰出的普遍性价值"的古代水利工程及其展现的水利科技、建筑艺术等文化景观作为水利遗产至今仍是重要的文化旅游资源。❶

1. 湖北宜昌三峡大坝旅游景区

三峡大坝旅游区，位于湖北省宜昌市境内，1997 年正式对外开放，2007 年被国家旅游局评为首批国家 5A 级旅游景区，目前拥有坛子岭园区、185 园区及截流纪念园等园区，总占地面积为 15.28km²。旅游区以世界上最大的水利枢纽工程——三峡工程为依托，全方位展示工程文化和水利文化，为游客提供集游览、科教、休闲、娱乐为一体的多功能服务，将现代工程、自然风光和人文景观有机结合，使之成为国内外友人向往的旅游胜地。

其中，坛子岭园区总面积 10 万 m²，于 1996 年 1 月对外开放。整个园区以高度的递减，上至下分为三层，主要由模型展示厅、万年江底石、大江截流石、三峡坝址基石、银版天书及坛子岭观景台等景观组成，还有壮观的喷泉、雄伟的瀑布、蜿蜒的溪水、翠绿的草坪贯穿其间。综合展现了源远流长的三峡文化，表达了人水合一、化水为利、人定胜天的鲜明主题。坛子岭观景台海拔 262.48m，是三峡工地的制高点，也是观赏三峡大坝全景的最佳位置。坛子岭因外形像一个倒扣的坛子而得名。相传当年大禹治水三过家门而不入，在神牛的帮助下打通夔门，推开了 400 里水道，川江的百姓感恩不尽，以巨舟载 24 头肥猪和一大坛美酒前来犒劳。行至三斗坪时，却见那神牛腾云

---

❶ 李鹏、董青、司毅兵等：《水利旅游概论》，高等教育出版社 2014 年，第 68-69 页。

而去，只在那高山上留下个影像，后被百姓称为黄牛岩。

185平台位于三峡大坝坝顶公路的左侧，因其海拔与三峡大坝坝顶等高而得名。站在185平台上，可近距离观察坝顶，中距离欣赏坝体，远距离眺望周边山体和秭归新县城茅坪。向上游，可感受海拔175m的高峡平湖景观；向下游，则是欣赏船过升降式船闸的理想地点。环视360°视野，大坝、坛子岭、电厂，高峡平湖、梯田山林、峡江云雾，远山近水尽收眼底。185园区绿化面积约16万m²，园内种植有多种植物，国家珍稀植物有珙桐、红豆杉、连香树、鹅掌楸等8种。领袖植树区位于185园区内，2018年4月24日习近平总书记在考察三峡工程时，亲手给新栽的楠木树培土、浇水。这棵楠木树是2008年从三峡库区抢救回来的，当年胸径不足8cm，经植物所精心养护多年，现胸径达到20cm。

此外，截流纪念园是一个以三峡工程截流为主题，集游览、科普、休闲等功能于一体的国内首家水利工程主题公园，也是唯一的一个位于三峡大坝下游的观坝景点。截流纪念园占地面积约9.3万m²，于2005年9月26日正式对外开放，是观赏大坝下游景观的最佳场所。截流园区内的景观包含工程遗址展示、大型工程机械展、工件雕塑群、三峡奇石等，展现了园区的主题蕴意及其独特的文化内涵，可以使游客感受当年截流的辉煌历史。

2. 江西永修庐山西海旅游景区

"千岛落珠开胜境，万山留霞耀神州。"在中国长江中下游九江市境内，有一处"最美的湖光山色"——国家5A级旅游景区庐山西海。

庐山西海旅游景区位于江西省九江市西南部，地跨永修、武宁两县，由大型水库柘林湖和佛教禅宗圣地云居山组合而成。风景区内有佛教文化内涵深厚的云居山与碧波万顷、绿岛拥翠、一级大气、一类水质的柘林湖，是一处集国家级风景名胜区、国家水利风景区、国家森林公园、亚洲最大土坝水库、全国佛教样板丛林、全国中小学生研学基地等为一体的山岳湖泊型特大景区。这种山岳景观和大规模的湖岛风光紧密结合的景观资源类型，在国内较罕见。

整个景区总面积近500km²，地处亚热带季风气候区，森林覆盖率高，气候温暖、空气湿润，四季分明，由西海湖区和云居山两大板块构成。云居山素有"小庐山"之称，以奇丽景色和佛教禅宗道场被世人誉为"云岭甲江右，名高四百州"。西海水域面积超过300km²，水质属国家一级，湖区拥有形态各异、大小不一的岛屿近1700座。

百花谷，位于云居山，有五龙潭、观音镜、云居山大瀑布等景点，有

2000 多种植物，景区人文景观荟萃，古寺牌楼、僧侣塔林、摩崖石刻众多。盛夏酷暑时节，山上平均气温仅为 22℃。

　　观湖岛位于湖中腹地，主航道边，山虽不高，但视野宽阔，可观湖中美丽风光和四周如莲花朵朵的岛屿而得名。观湖岛占地 742 亩，万岛湖公司在岛上建有观湖双塔。塔七层，高 33m。现代与古代相结合的建筑风格。

第四节　水　利　风　景　区

水利风景区的设立、建设与管理是为了维护河湖健康美丽，促进幸福河湖建设，满足人民日益增长的美好生活需要。水利风景区是水生态文明建设的重要抓手，是"美丽中国""美丽乡村""美丽河湖"建设的资源环境窗口。水生态文明是生态文明的重要组成部分，是生态文明建设的水利载体。水利风景区建设是发展民生水利的重要手段，是传承发展水文化的重要载体，是推动水管单位改革发展的重要支撑，是拓宽水利服务领域的重要窗口。然而，全国水利风景区的理论研究起步晚，至今仍然是研究薄弱的领域，至于水利风景区学科建设和教学实践还处于起步状态。因此，加强全国水利风景区的理论研究和教学研究显得十分必要，既有利于推动全国水利风景区的科学研究，促进水利风景区学科建设，培养水利风景区建设与管理专业人才；又有利于总结全国水利风景区发展经验教训，为现实服务，进一步保障全国水利风景区持续、健康、有序发展。因此，做好水利风景区学科建设和教学研究不仅能够推动水利风景区理论研究，而且能够推进全国水利风景区建设发展，具有重要的价值与意义。

一、水利风景区概念

关于水利风景区概念，有一个逐渐全面且深入的认识过程。2004 年为区分水利旅游，提出了水利风景区概念：水利风景区（Water Park）是指以水域（水体）或水利工程为依托，具有一定规模和质量的风景资源与环境条件，可以开展观光、娱乐、休闲、度假或科学、文化、教育活动的区域。[1] 随着水利事业改革的深入，在 20 余年水利风景区建设与管理的基础上，为使水利风景区更加贴近当前水利事业和经济社会发展的需要，2021 年修订的《水利风景区管理办法》增设了水利风景区概念内容，提出水利风景区是指以水利设施、水域及其岸线为依托，具有一定规模和质量的水利风景资源与环境条件，通过生态、文化、服务和安全设施建设，开展科普、文化、教育等活动或者供人们休闲游憩的区域。[2]

如何理解水利风景区概念？水利风景区专家有不同看法。王凯提出新时

---

[1] 《水利风景区规划编制导则》（SL 471—2010）。

[2] 《水利风景区管理办法》（水综合〔2022〕138 号），该办法自 2022 年 4 月 15 日起施行。

代水利风景区是"以河流湖泊及水利工程为载体，通过协调水利工程建设、水域河湖岸线管理和社会公众对生态环境的需求，实现工程景观与自然景观相互融合，可能开展科普、文化、教育及观光、游憩、休闲、度假活动的区域。"❶ 叶盛东在《水利风景区规划与建设研究》一书中提出：在概念的界定方面：一是从形态做出界定，包括地球表面水环境，即自然、人工状态下的淡水水域环境；二是从空间做出界定，不应局限于滨水（或水岸）活动领域，应该是所有水上（水心、水面）、水中或水下、水滩等一切空间活动领域；三是从功能做出界定，在保证水利工程安全运行功能，即"维护水工程、保护水资源、改善水环境、修复水生态、发展水经济"的主导功能的基础上，衍生出不同于陆地旅游行为的水利旅游功能，即"弘扬水文化、建设水景观、增加水旅游"特色功能。在抓住内涵的精髓方面：一是以水域（水体）水利工程为依托，不仅包括通常意义上的水域（水体）或水利工程以及其下的水床、底土和其上的大气，还包括陆地中受水域（水体）或水利工程活动作用影响明显的区域，即水岸带和水岛；二是以水利工程安全为前提，首先保证水利工程功能的正常运行，其次发挥其水利旅游作用，进而改善人居环境，为区域旅游发展作出贡献；三是以传承水文化为基础，需要深入挖掘水文化内涵，宣传扩大水文化价值，打造水文化景观，展示悠久深厚的水文化，提升景区品位，塑造具有水文化特色的景区；四是以水利旅游为特色，水利与旅游相互融合已经成为水利风景区建设的大趋势，发展水利旅游，是水利产业发展的新亮点，不仅有利于保护水生态环境，而且有利于带动地方旅游经济的发展。❷

但是，专家学者对水利风景区概念有更多的共识，主要体现在六大方面：一是从形态上看，水利风景区的"水"是指地球表面的水环境，主指淡水环境。二是从空间上看，水利风景区的空间是指水上、水面、水下、水岸等多维空间，且范围广大。三是从数量上看，水利风景资源多，景观多，景区设施多，游客量多等。四是从质量上看，水利风景区资源质量好，景观品质好，设施完善，制度健全，服务品质好。五是从功能上看，水利风景区具有观光、休闲、娱乐、度假和科普教育等功能，以水利旅游为特色功能。六是从建设上看，水利风景区通过生态、文化、服务和安全设施等系列建设来达到科普、文化、教育、休闲、观光等活动的目的。

---

❶ 董青、兰思仁主编：《中国水利风景区发展报告（2019）》，社会科学文献出版社 2020 年，第 65 页。

❷ 叶盛东编著：《水利风景区规划与建设研究》，旅游教育出版社 2014 年，第 3－5 页。

水利风景资源是理解水利风景区概念的关键点。水利风景资源是指水域（水体）或水利工程以及与其相关联的岸地、岛屿、林草、建筑等形成的自然和人文吸引物。[1]"吸引物"是西方国家学术界对旅游资源的概称，内涵十分宽泛，从广义上讲，是指吸引游客的所有要素的总和，包括了景区自然资源、人文资源、优质服务、健全的接待设施和便利舒适安全的交通条件等；从狭义上讲，它是国内通常认为的自然资源与人文资源。

水利风景资源与其他风景资源不一样，具有以下几个特点：

（1）水利风景资源是以"水"为核心要素，以水景观和水文化景观为主体。

（2）水利风景资源的开发利用首先要充分考虑对水工程安全和水生态环境的影响，并且受制于水利工程和水生态的安全。

（3）水利风景资源是多种景观资源的综合体，既有水利工程和水文化景观，又有地文、天象、生物、人文等景观资源，高度组合，相互映衬。[2]

设立水利风景区，有利于加强水资源和生态环境保护，有利于保障水工程安全运行，有利于带动地方经济社会的发展，有利于促进人与自然和谐相处。

水利部原部长鄂竟平在2019年全国水利工作会议上讲话提出全面落实绿色发展理念，"打好水生态环境保护攻坚战"，"打造一批水生态文明建设样板"，"综合利用水利设施、水域岸线建设水利风景区"，"进一步明确水利风景区功能定位和目标内容，发挥综合效益，维护河湖健康，提供更多优质水利生态产品"。今后，以满足人民群众日益增长的美好生活需要为导向，明确各类型的水利风景区发展的功能定位和目标内容，综合利用水利设施、水域岸线建设一批优质的水利风景区，维护河湖美丽健康，为人民群众创造更多优质的"水利＋旅游""水利＋休闲""水利＋娱乐"等生态产品，切实提高人民群众的经济收入、满意度和幸福指数。所以，当前推动水利风景区高品质发展是新时代经济社会发展的必然要求，是新时代治水矛盾转变和深化水利改革的必然趋势，因此，水利风景区发展要求及时调整思路，适应高质量发展的新时代需要，必须全面提升水利风景区规划、建设、运营和管理水平，促进水利风景区持续、健康、有序的发展。

二、水利风景区等级与类型

（一）水利风景区等级划分

按照水利风景资源的观赏、文化、科学价值和水资源生态环境保护质量

---

[1]　《水利风景区规划编制导则》（SL 471—2010）。

[2]　温乐平编著：《江西水利风景区发展研究》，江西人民出版社2020年，第2-3页。

及景区利用、管理条件，水利部将水利风景区划分为两级，即国家级水利风景区和省级水利风景区。[1]

国家级水利风景区，由景区所在市、县、区人民政府提出水利风景资源调查评价报告、规划纲要和区域范围，省、自治区、直辖市水行政主管部门或流域管理机构依照《水利风景区评价标准》（SL 300—2013）审核，经水利部水利风景区评审委员会评定，由水利部公布。

省级水利风景区，由景区所在地市、县、区人民政府依照《水利风景区评价标准》（SL 300—2013），提出水利风景资源调查评价报告、规划纲要和区域范围，报省、自治区、直辖市水行政主管部门评定公布，并报水利部备案。各省市积极响应水利部申报政策，依据水利部水利风景区发展纲要、管理办法、评价标准等条例制定相应的管理条例与评审办法，组织专家评审。

（二）水利风景区类型划分

根据水利部《水利风景区管理办法》和《水利风景区规划编制导则》（SL 471—2010）等相关文件，将水利风景区划分为以下六大类型。

1. 水库型

水库型水利风景区依托水库工程而建，水库工程建筑气势恢宏，泄流时气势磅礴，科技含量高，人文景观丰富，观赏性强。景区建设结合工程建设和改造，绿化、美化工程设施，改善交通、通信、供水、供电、供气等基础设施条件。核心景区建设重点加强景区的水土保持和生态修复，同时，结合水利工程管理，突出对水科技、水文化的宣传展示。

2. 自然河湖型

自然河湖型水利风景区依托自然河湖而建，水利风景区建设要尽可能维护河湖的自然本性特点，可以在有效保护的前提下，配置以必要的交通、通信设施，改善景区的可进入性；同时合理配置服务设施和服务项目，开拓景区观光、休闲、娱乐和科普教育的功能。

3. 城市河湖型

城市河湖型水利风景区依托城市河湖及其工程而建，除具防洪、除涝、供水、灌溉等功能外，水景观、水文化、水生态的功能作用越来越为人们所重视。将城市河湖景观建设纳入城市建设发展的统一规划，综合治理，进行河湖清淤，生态护岸，加固美化堤防，增强亲水性。使城市河湖成为水清岸

---

[1]　《水利风景区管理办法》（水综合〔2004〕143 号）。

绿、环境优美、风景秀丽、文化特色鲜明、景色宜人的休闲、观光、娱乐区。

4．灌区型

灌区型水利风景区依托灌溉工程而建，景区内水渠纵横，绿树成荫，鸟啼蛙鸣，环境幽雅，是典型的工程、自然、渠网、田园、水文化等景观的综合体。景区可结合生态农业、观光农业、现代农业和近年兴起的服务农业的国家战略进行建设，辅建必要的基础设施和服务设施，拓展景区的休闲、观光、娱乐和科普教育等功能。

5．水土保持型

水土保持型水利风景区依托水土保持工程或水土流失综合治理工程而建，可以在国家水土流失重点防治区内的预防保护、重点监督和重点治理等修复范围内进行，亦可与水土保持大示范区和科技示范园区结合开展，发挥景区生态修复、水土保持技术的科普教育功能和生态观光功能。

6．湿地型

湿地型水利风景区依托湿地而建，风景区建设以保护水生态环境为主要内容，重点进行水源、水环境的综合治理，增加水流的延长线，着重以生态技术手段丰富物种，增强生物多样性。

三、水利风景区与其他景区的异同

水利风景区，与风景名胜区和旅游区三者之间，既有相似之处，也有不同之处。❶

《风景名胜区总体规划标准》（GB/T 50298—2018）对风景区名胜区的概念界定：风景名胜区是具有观赏、文化或科学价值，自然景观、人文景观比较集中，环境优美，可供人们游览或者进行科学、文化活动的区域；是由中央和地方政府设立和管理的自然和文化遗产保护区域，简称风景区。

《旅游规划通则》（GB/T 18971—2003）对旅游区的概念界定：旅游区是以旅游及其相关活动为主要功能或主要功能之一的空间或地域。

在风景资源方面，风景资源"是构成风景环境的基本要素，是风景区产生环境效益、社会效益、经济效益的载体"。❷ 风景名胜资源是指"能引起审美与欣赏活动，可以作为风景游览对象和风景开发利用的事物与因素的总称"❸。旅游资源是指自然界和人类社会凡能对旅游者产生吸引力，可以为旅

---

❶　温乐平编著：《江西水利风景区发展研究》，江西人民出版社2020年，第7-8页。

❷❸　《风景名胜区规划规范》（GB 50298—1999）、《风景名胜区总体规划标准》（GB/T 50298—2018）。

游业开发利用，并可产生经济效益、社会效益和环境效益的各种事物和因素。然则，水利风景资源是指以水域（水体）和水利工程及相关联的岸地、岛屿、林草、建筑等能对人产生吸引力的自然景观和人文景观。

在景区规划方面，风景名胜区规划是保护培育、开发利用和经营管理风景区，并发挥其多种功能作用的统筹部署和具体安排。旅游区规划是指为了保护、开发、利用和经营管理旅游区，使其发挥多种功能和作用而进行的各项旅游要素的统筹部署和具体安排。水利风景区规划是指为科学合理地开发、利用和保护水利风景资源，保障水利风景区可持续发展而进行的统筹安排和部署。

水利风景区、风景名胜区、旅游区三者在风景资源保护、科学规划、合理开发、突出地方特色、注重区域协调等方面是一致的，然而在资源保护、规划、开发和利用的侧重点显然不同。在景区规划上，三者都是要以市场为导向，以资源为基础，以产品为主体，以经济社会和生态环境可持续发展为指针，规划编制既要突出地方特色，又注重区域协同、空间一体化发展，还要加强对风景资源的保护，避免资源浪费。水利风景区侧重于维护水工程、保护水资源、修复水生态和改善水环境，侧重合理开发和科学利用水资源和水工程；风景名胜区侧重于保护名胜古迹、名山大川资源；旅游区侧重于宽泛的环境保护，保护重心不一定在水资源、水环境和水工程，有可能是山体、历史遗址遗迹、传统村落、古建筑等人文风景资源。

水利风景区与自然保护区两者之间，既有相似之处，也有不同之处。相同点都是强调保护自然环境，改善生态环境，保护生物多样性；但是不同之处也有很多，主要如下：

根据《中华人民共和国自然保护区条例（1994）》（简称《条例》），自然保护区的概念界定为自然保护区，是指对有代表性的自然生态系统、珍稀濒危野生动植物物种的天然集中分布区、有特殊意义的自然遗迹等保护对象所在的陆地、陆地水体或者海域，依法划出一定面积予以特殊保护和管理的区域。

水利风景区因考虑的仅是淡水水域环境，所以没有海洋类型或海岸类型的水利风景区；而自然保护区涵盖了海洋部分，《条例》规定：凡在中华人民共和国领域和中华人民共和国管辖的其他海域内建设和管理自然保护区，必须遵守本条例。凡具有下列条件之一的，应当建立自然保护区：①典型的自然地理区域、有代表性的自然生态系统区域以及已经遭受破坏但经保护能够恢复的同类自然生态系统区域；②珍稀、濒危野生动植物物种的天然集中分布区域；③具有特殊保护价值的海域、海岸、岛屿、湿地、内陆水域、森林、草原和荒漠；④具有重大科学文化价值的地质构造、著名溶洞、化石分布区、冰川、火山、温泉等自然遗迹；⑤经国务院或者省、自治区、直辖市人民政府批准，需要予以特殊保护的其他自然区域。

自然保护区分为国家级自然保护区和地方级自然保护区。在国内外有典型意义、在科学上有重大国际影响或者有特殊科学研究价值的自然保护区，列为国家级自然保护区。除列为国家级自然保护区的外，其他具有典型意义或者重要科学研究价值的自然保护区列为地方级自然保护区。地方级自然保护区可以分级管理，具体办法由国务院有关自然保护区行政主管部门或者省、自治区、直辖市人民政府根据实际情况规定，报国务院环境保护行政主管部门备案。

自然保护区重在保护，不在开发利用。然而，水利风景区是以保护资源、培育生态、改善环境、维护水工程安全为基础和前提，进行适度开发和合理利用水利风景资源，以实现环境效益、社会效益和经济效益的有机统一，以满足人民群众日益增长的水利旅游需求和亲水休闲愿望。

水利风景区有独特的特质，既不同于风景名胜区，又不同于旅游区，也不同于自然保护区。

水利风景资源，作为与水域（水体）或水利工程高度关联的一种特殊类型的资源，有本身的特点。一是水利风景资源的核心要素是"水"，核心资源都与"水"有关，水是整个资源的中心，水域、水体、水利工程、水土保持等都是与"水"有关的风景资源；二是水利风景资源的重点要素是水利工程，风景资源的保护和开发都与水利工程有关，水利工程既是水利风景资源的重要载体，又是水利风景资源的重要养护者；同时，水利风景资源的开发利用必然受制于水利工程的主导功能；三是水利风景资源的特色要素是水文化，水文化是一种与众不同的文化类型，与风景名胜区、旅游区的宽泛文化不一样，相对单一、专门，历史文化资源基本与水有关，水文化是水利风景区文化的主体，其他文化是锦上添花。正因为这三点特殊之处，水利风景区与其他风景区有明显的特质，更加重视水生态环境尤其是水质的保护，更加重视水利工程的安全和维护，更加重视水文化的传承与发展。当然，水利风景区的开发建设也明显受制于水工程和水环境的安全。

当前，水利风景区建设与管理以习近平新时代中国特色社会主义思想为指导，贯彻落实习近平总书记"节水优先、空间均衡、系统治理、两手发力"治水思路和关于治水重要讲话指示批示精神，以推动新阶段水利高质量发展为主题，以维护河湖健康生命为主线，坚守安全底线，科学保护和综合利用水利设施、水域及其岸线，传承弘扬水文化，为人民群众提供更多优质水生态产品，服务幸福河湖和美丽中国建设。❶

四、水利风景区发展概况及成效

水利风景区发展已经有 20 余年，经过了萌芽、成长到成熟的过程，在数量规模、景区类型、空间分布等方面呈现不同特征，在保护生态环境、促进经济社会发展、助力乡村振兴、丰富水文化内涵等方面成效显著，影响深远。

(一) 水利风景区发展概况

1. 数量规模不断扩大

从 2001 年首批 18 家被审定为国家水利风景区开始至 2004 年，水利风景区的数量规模为逐年上升期。2004—2012 年每年稳定增长四五十家，反映了水利风景区良好的发展趋势。2012 年为党的十八大召开之年，之后两年，水利风景区年增量达到最高峰，增量从 44 家突然上升到 70 家左右，这主要是因为水利风景区的发展高度契合了十八大提出的生态文明发展战略，促进了水利风景区的快速发展。2015 年开始，水利风景区主管部门主导水利风景区从追求数量转变为追求质量的发展，严格控制国家水利风景区的申报和审定，因此在年增量上呈逐年下降趋势。❷ 2001—2018 年新增国家水利风景区数量如图 5-1 所示。

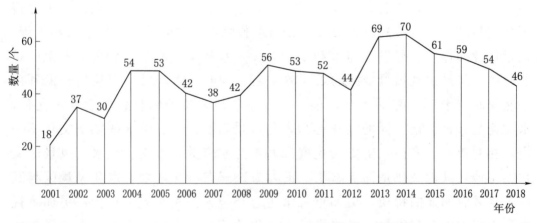

图 5-1　2001—2018 年新增国家水利风景区数量

---

❶ 《水利风景区管理办法》（水综合〔2022〕138 号），该办法自 2022 年 4 月 15 日起施行。

❷ 兰思仁主编：《中国水利风景区发展报告（2020）》，社会科学文献出版社 2020 年，第 3 页。

2. 景区类型突出优势

截至 2018 年，经过近 20 年的发展，全国已有 878 个景区被审定为国家水利风景区，近 2000 个景区达到省级标准，涵盖了 31 个省、自治区、直辖市的主要江河湖库、灌区、水土流失治理区。如图 5-2 所示，水库型水利风景区达到 373 个，占总量的 42.48%；城市河湖型水利风景区共有 195 个，占总量的 22.20%；自然河湖型水利风景区共有 195 个，占总量的 22.20%；湿地型水利风景区共有 47 个，占总量的 5.35%；水土保持型水利风景区共有 37 个，占总量的 4.21%；灌区型水利风景区共有 31 个，占总量的 3.53%。总体而言，城市河湖型、自然河湖型以及水库型水利风景区数量远大于湿地型、灌区型和水土保持型水利风景区。分析其原因，主要为前三种类型水利风景区相较于后面三种类型，在申报基数上占有绝对优势；另外，前三种类型水利风景区在休闲、游憩、旅游等方面的开发更具有优势和条件。❶

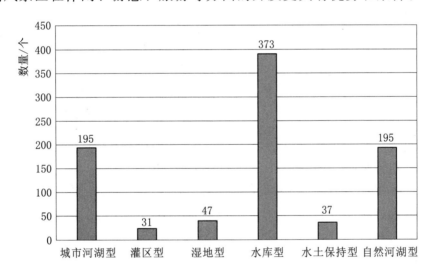

图 5-2　2001—2018 年国家水利风景区类型数量分析

3. 区域发展空间均衡

在空间布局上，如图 5-3 所示，华东地区水利风景区规模最大，为 332 个；华中地区、华北地区、西北地区、东北地区、西南地区数量相对均衡，在 74~124 个之间，华南地区水利风景区规模最小，为 32 个。华东地区由于经济较发达，加之幅员辽阔与水源丰沛的原因，水利风景区分布较为密集，数量上一家独秀。华南地区在景区数量上远远落后于其他地区，主要因为包

---

❶　兰思仁主编：《中国水利风景区发展报告（2020）》，社会科学文献出版社 2020 年，第 4 页。

含省份较少，覆盖面积较小。❶

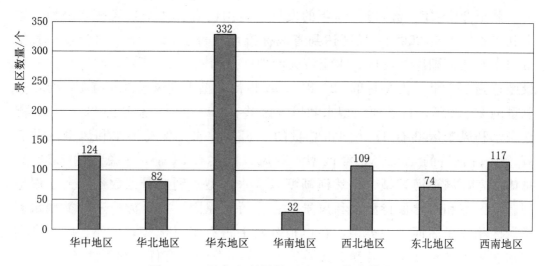

图 5-3　国家水利风景区地理区分布情况

（二）水利风景区发展成效

1. 维护河流湖泊健康美丽，保护生态环境

加强水利风景区建设与管理，建设美丽河湖，促进美丽中国和生态文明建设，成效显著。水利风景区的建设与发展，开创了科学保护利用河湖水域及其岸线的新模式，推动加强河湖管理，维护了河湖健康美丽，生态群落得到恢复与拓展，水资源短缺和水环境恶化态势得到有效遏制。实践表明，加强水利风景区建设与管理，调动了社会各方面的积极性，使得水利风景区依托的河湖面貌焕然一新。水利风景区业已成为维护河流湖泊健康美丽的生动实践和完美诠释。

水利风景区的建设与管理突出了人水和谐的基本理念，成为人与自然和谐共生的示范区。主要体现在：一是通过统筹供需与科学保护，基本维护了水资源安全；二是通过尊重自然与适应自然，不断修复和培育了水生态；三是通过绿色发展与结构调整，逐步改善了区域水环境；四是通过防治并举和管控结合，持续减少了水土流失发生；五是通过标本兼治与协调发展，全面美化了城镇乡村风貌。

2. 提供优质生态产品，促进经济发展

水利风景区通过对水利设施、河湖水域、岸线及其相关联的滩涂、岛屿、植被、建筑、遗存等自然和人文景观等的建设与保护，强调维系生态

安全屏障、保障生态调节功能（吸收二氧化碳、制造氧气、涵养水源、保持水土、净化水质、防风固沙、调节气候、清洁空气、减少噪声、吸附粉尘、保护生物多样性、减轻自然灾害等）、提供良好人居环境的自然要素（清新的空气、清洁的水源和宜人的气候等），充分体现了"绿水青山就是金山银山"的绿色发展理念和"最普惠的民生福祉"的观念，推进了绿色发展方式和生活方式的全面形成、人与自然的和谐共生，以及生态环境领域国家治理体系和治理能力现代化的全面实现。各地水利风景区无不呈现出生意盎然、四季如画，清水绿岸、鱼翔浅底，蓝天白云、繁星闪烁，鸟语花香、田园风光，吃得放心、住得安心的优美景象和动人场景，实实在在地为广大人民群众提供了独特的优质生态产品，大大提高了人们的生活幸福指数和获得感。

水利风景区的建设与管理形成了独特的水工程景观、优美的水生态环境、灿烂的水文化内涵，是吸引旅游观光者前往水利风景区的重要因素之一，为科学利用水利资源、大力发展水利旅游奠定了坚实基础。主要体现在：一是注重工程功能的合理开发与水土资源的科学利用，直接增加了水管单位的资金收入，充分实现了水利资产的保值增值；二是符合绿色经济与科学持续的发展理念，不断促进了当地产业结构的合理调整，拉长了区域产业发展的链条，整体提升了区域三次产业的发展水平，拓宽了当地多种就业的渠道与脱贫致富的门路；三是强调经济社会的融合发展与优势品牌的不断建设，持续促进了地区经济发展的要素流动，稳步提高了区域经济的发展质量。

3. 助力乡村振兴，促进文化发展

脱贫攻坚和乡村振兴战略都是我国为实现"两个一百年"奋斗目标确定的国家战略。水利风景区建设发展为景区周边人口提供了诸多创业和就业机会。水利风景区融合了生态旅游、乡村旅游、休闲农业、特色小镇的发展，正在让"绿水青山就是金山银山"成为真实感受，"乡村旅游'敲开'致富门，好风景变成了好日子"业已成为水利风景区发展的生动写照。水利风景区建设更好地推动了乡村河湖水系的保护整治，营造了清新的田园风光，发挥出水利风景区生态和产业带动优势，为乡村经济转型升级打造了新引擎，创造了水利风景区建设与扶贫攻坚、乡村振兴共荣发展的新局面。

水利风景区的建设与管理在顺应社会发展需求的同时，首先满足了大众对美好生活向往的需求，提高了人民的幸福指数与获得感；其次是赢得了人民群众的关注，提升了社会大众的影响力与优良品牌的声誉；再次迎合了新

时期发展的潮流,促进了整个社会的和谐发展与共同进步。❶

水利风景区建设依托于水利工程、水域及岸线,是集中展示当地水文化、历史文化、红色文化、党建文化的重要载体,是水文化宣传教育的重要阵地。水利风景区建设通过结合水利工程建设、河湖综合治理、水土流失综合防治、库区移民村庄等建设,完善基础服务设施建设,体现水文化内涵;通过结合世界灌溉工程遗产、国家水利遗产、水利法治宣传教育基地、国家水土保持科技示范园区、国家水情教育基地、节水教育社会实践基地等建设,增设系列水文化展陈场所、水利科普知识及宣教设施,充分展现水文化深厚底蕴,保护好、传承好、利用好水利遗产,弘扬人水和谐理念,宣教水科普知识,增强文化自信和文化创新能力。

---

❶ 兰思仁主编:《中国水利风景区发展报告(2020)》,社会科学文献出版社 2020 年,第 16-27 页。

第六章　河 流 水 文 化

　　河流是人类古代社会文明的重要发源地，与人类社会生活息息相关。自古以来，人类就聚居在河流区域，与水结缘、以河为生。可以说，人类社会文明史就是一部河流的治理、利用和开发史，一部水利史也是人类与河流和谐相处的自然之道、文化之道和生命之道。葛剑雄认为在历史上很多文明是把水作为自己的基础，河流文明应该是水文化中一种特殊的，也是最重要的最有意义的文明类型。❶乔清举认为河流通过审美进入人类精神生活，启示、影响和塑造了人类文化、精神和文明方面所具有的生命。河流的自然生命是河流的文化生命的本体基础，河流的文化生命则是自然生命的升华。只有拥有健康生命的河流才能产生文化生命，与自然的和谐共处在人类建立和谐社会中具有基础性地位。❷潘杰、程瀛认为河流水文化作为中华民族文化的一个重要组成部分，"给力"的研究和建设愈显重要而迫切。❸本章着重认识历史上的河患灾害、治河人物、治河思想、治河工程、水运文化等，助推树立正确的河流水文化观念，助力形成科学的河流生态保护意识和行动自觉。

第一节　河患与治河思想

　　中国有长江、黄河、淮河、海河、辽河、珠江和松花江七大水系，河流泛溢不仅影响水运、灌溉和生活用水，更重要的是对人民的生命财产安全造成严重威胁。历史上历代官府都很重视治河防洪工作，在几千年的防洪实践中产生的治河思想是人类文明的宝贵的文化财富。

---

❶ 葛剑雄：《水文化与河流文明》，《社会科学战线》2008 年第 1 期，第 108 - 110 页。
❷ 乔清举：《论河流的文化生命》，《文史哲》2008 年第 2 期，第 57 - 64 页。
❸ 潘杰、程瀛：《河流"给力"文化》，《江苏水利》2010 年第 11 期，第 1 页。

一、河患灾害

中国自古是一个河患频繁的国家，据不完全统计，自公元前 206 年到 1949 年的 2155 年间，全国各地较大的洪水灾害有 1092 次，平均约每两年 1 次。[1] 中国历史上发生的河患与洪水灾害对中华民族与中国人民的生命财产安全造成了极大的危害。现将中国历史上主要江河发生的严重水灾概述如下。

1. 洪荒时期的传说

我国最早的洪水灾害可以追溯到上古时期，相传那时大水经年不退，水浩洋而不息。《孟子》载："当尧之时，天下犹未平，洪水横流，泛滥于天下。"[2]《淮南子·览冥训》载："往古之时，四极废，九州裂；天不兼覆，地不周载；火燫炎而不灭，水浩洋而不息。"[3] 于是出现了女娲炼五色石以补天、共工怒触不周山、鲧盗天帝之息壤以"堵"治洪水的传说。《淮南子·览冥训》载："女娲炼五色石以补苍天，断鳌足以立四极，杀黑龙以济冀州，积芦灰以止淫水。"[4]《列子·汤问》记载："其后共工氏与颛顼争为帝。怒而触不周之山。折天柱。绝地维。故天倾西北。日月星辰就焉。地不满东南。故百川水潦归焉。"[5]《山海经》载："洪水滔天，鲧窃帝之息壤以堙洪水，不待帝命。"[6] 最后禹子承父业，采取科学疏导方法治水，获得成功。禹逝于会稽山，禹的儿子启登位称帝，建立了夏王朝。

2. 早期的河患灾害记载

殷商时期，也遭受水灾困扰，出现了城市水灾的相关记载，尤其是因为躲避黄河洪水，曾被迫多次迁都。《尚书·盘庚下》载："古我先王将多于前功，适于山，用降我凶，德嘉绩于朕邦。今我民用荡析离居，罔有定极。"[7] "荡析离居"即因为河患而流离失所之意。《通鉴前编》讲："河亶甲立，是时嚣有河决之患，遂自嚣迁于相。""祖乙既立，是时相都又有河决之患，乃自相而徙都于耿。"[8] 河水为患在商代甲骨文中也有反映，"灾"字初文即见于商代甲骨文（如图 6-1 所示），古字形就像是大洪水。甲骨文 ≋，是"川" 〣〣

❶ 顾浩主编：《中国治水史鉴》，中国水利水电出版社 1997 年，第 229 页。
❷ 王财贵主编：《孟子》，上海古籍出版社 2016 年，第 92 页。
❸❹ ［汉］刘安等著：《淮南子》，岳麓书社 2015 年，第 53 页。
❺ ［晋］张湛注：《列子》，上海书店出版社 1986 年，第 52 页。
❻ ［晋］郭璞注，［清］郝懿行笺疏，沈海波校点：《山海经》，上海古籍出版社 2015 年，第 401 页。
❼ 陈戍国校注：《尚书》，岳麓书社 2019 年，第 64 页。
❽ 刘有富、刘道兴主编：《河南生态文化史纲》，黄河水利出版社 2013 年，第 53 页。

字的横写，字形描绘的就是洪水横流的景象。甲骨文 𑲁，是"川" 𑖔 字中间加一横，表示山洪暴发，河川不畅，泛滥横流。还可见到多数甲骨文写成会意字 𑲂，相当于川＋才＋柱梁＋房屋，意即洪水成灾的原因是洪水冲垮民居建筑。在商代甲骨文中，还有不少祭祀河神、卜问水灾的文字，反映出商代水涝给人们造成的祸患和困扰。

图 6-1　商代甲骨文中的"灾"字写法图

春秋战国时期，《左氏春秋》《竹书纪年》等史籍也陆续有一些"大水"的记载，据统计，春秋时期文献记载的水灾共有 18 次，战国时发生水灾 16 次。❶ 如《左氏春秋》记载，鲁庄公七年（公元前 687 年），"秋，大水。无麦苗"❷，水灾对农业生产造成了破坏。鲁庄公十一年（公元前 683 年），"秋，宋大水"❸。《竹书纪年》记载，周敬王四十三年（公元前 477 年），"宋大水，丹水壅不流"❹。关于"大水"，《春秋谷梁传》解释道："高下有水灾曰大水"❺，所以"大水"是非常严重的水灾。这一时期的水灾有些是人为所致。如公元前 656 年前后，楚国进攻宋、郑，并且"要宋田，夹塞两川，使水不得东流，东山之西，水深灭垍，四百里而后可田也"❻，造成了大规模水灾。公元前 358 年，"梁惠成王十二年，楚师出河水，以水长垣之外者也"。❼ 楚国出兵，引黄河水淹没长垣附近城镇。这些以水代兵的战争，即使取得了军事上的胜利，也还是带来了严重的灾难，使人们流离失所、死伤无数，造成惨重的损失。

3. 两汉魏晋南北朝时期河患灾害

两汉时期，水患多发，尤以黄河为烈。据统计，仅西汉一代（共约 230

❶ 刘有富、刘道兴主编：《河南生态文化史纲》，黄河水利出版社 2013 年，第 53 页。

❷ ［春秋］左丘明著，孙建军主编：《左氏春秋》，吉林文史出版社 2017 年，第 45 页。

❸ ［春秋］左丘明著，孙建军主编：《左氏春秋》，吉林文史出版社 2017 年，第 49 页。

❹ 张玉春译注：《竹书纪年译注》，黑龙江人民出版社 2003 年，第 64 页。

❺ 顾馨、徐明校点：《春秋谷梁传》，辽宁教育出版社 2000 年，第 25 页。

❻ ［春秋］管仲著，刘柯、李克和译注：《管子译注》，黑龙江人民出版社 2003 年，第 174 页。

❼ ［北魏］郦道元著，史念林、曾楚雄、季益静、田进元、林海乔、林俊守、侯清成、黄剑锋注：《水经注》（上），华夏出版社 2006 年，第 89 页。

年），黄河较大水灾总共发生次数至少为 29 次，平均约 8 年内发生一次水灾。❶ 汉武帝元光三年（公元前 132 年），黄河在今河南濮阳附近决口，洪灾严重。元封二年（公元前 109 年），汉武帝亲往黄河指挥，命令随行将军、大臣负草堵河，自己作歌鼓动。决口堵塞后，河水复归故道北行。王莽始建国三年（公元 11 年），黄河发生大的决口，从魏郡一直泛滥到清河郡，历时近 60 年，洪水肆虐，浸没无数田园庐舍。汉安帝延光元年（122 年），洛阳城及 21 个郡国骤降暴雨，黄河水患再次泛滥，百姓饱受洪灾之苦。至魏晋南北朝时期，淮河、长江流域水患也时常发生。西晋永嘉四年（310 年）四月，江东发生大水，禾稼荡然无存。梁武帝天监十四年（515 年）三月，淮河中下游发生大水，淮堰破决，淹死 10 余万人。

4. 隋唐时期河患灾害

隋朝重新统一全国，虽存续时间短暂，但水灾频仍。开皇十八年（598 年），河南八州大水。隋代后期，在山东、河南一带发生了几次特大的水灾，分别是：607 年河南大水，漂没三十余郡；611 年，山东、河南大水，漂没四十余郡，民相食；最严重的是 617 年，河南、山东大水，饿殍满野，由于不能及时赈济，造成死者日数万人的悲惨景象。❷

唐朝时期，全国性的大水灾屡见不鲜，明确记载死亡千人以上的大水灾有近 30 次，死亡万人以上的特大河患灾害不乏其中。如 681 年，河南、河北大水，10 多万人家受灾。792 年，40 余州大水，导致 2 万多人死亡。❸ 这些都是损失伤亡严重的河患灾害。

5. 宋元时期河患灾害

北宋建都东京汴梁（今开封），随着人口和经济的发展，水灾也加剧发生。据统计，在北宋的 167 年中，长江流域较大的水灾达 16 次，约 11 年发生一次；黄河流域有 74 年决溢记载，平均 2 年多发生一次。❹ 太平兴国九年（984 年），岷江支流青衣江上发生大洪水，"嘉州（今四川乐山）江水暴涨，坏官署、民舍，溺者千余人"。❺ 1085 年，"八年三月，哲宗即位，宣仁圣烈皇后垂帘。河流虽北，而孙村低下，夏、秋霖雨，涨水往往东出。小吴之决

---

❶ 付凯强、田一颖、刘利民：《秦汉时期水灾与荒政述论》，《防灾科技学院学报》2010 年第 2 期，第 104 页。

❷ 么振华主编：《中国灾害志·断代卷　隋唐五代卷》，中国社会出版社 2019 年，第 45 页。

❸ 么振华主编：《中国灾害志·断代卷　隋唐五代卷》，中国社会出版社 2019 年，第 199 页。

❹ 高文学主编：《中国自然灾害史总论》，地震出版社 1997 年，第 185 页。

❺ 中国地方志集成编委会编：民国《乐山县志》、民国《夹江县志》、光绪《洪雅县志》，巴蜀书社 2017 年，第 320 页。

既未塞，十月，又决大名之小张口，河北诸郡皆被水灾"。❶ 至南宋，随着经济重心南移，长江流域诸省如湖北、江西、浙江等地河患频繁，不乏严重水灾。

元代地域辽阔，河患灾害几乎每年都有记载。如大德元年（1297 年）六月，和州历阳县江水涨，漂没庐舍 18500 间。至大三年（1310 年）六月，峡州突降大雨，暴发洪涝灾害，死者 1 万余人。泰定三年（1326 年）七月，黄河决口，漂没阳武等县 16500 余家。❷

6. 明清时期的河患灾害

明代各大江大河流域的河患灾害频次较高，灾情较严重。据统计，洪武至弘治年间黄河有决溢记载的年份有 59 年，正德至崇祯年间黄河有决溢记载的年份有 53 年。明代淮河流域共发生洪涝灾害 77 次，平均 3.6 年出现 1 次，远远超过前代。明代长江水系水灾有 66 次，其中汉江占 11 次，平均 4 年多就有 1 次大水灾。明朝时期珠江水系共有水灾 272 次，其中云南 47 次、贵州 17 次、广西 71 次、广东 137 次。❸

清代以来，有关河患灾害的记载更加丰富，不仅正史中有大量资料，地方志中也有很多载述。如《连州市志》记载，清顺治十一年（1654 年），连州大水，州城受浸多日，淹没官舍、民庐甚多；康熙二十年（1681 年）夏四月，星子唐家（清江）岩水逆流，高数丈，房屋倒塌，牲畜被淹没，村民损失巨大。❹《长汀县志》记载，道光十年（1830 年）4 月 20 日，大雨，溪水泛滥，漂没附郭田园无数；道光二十二年（1842 年）7 月 8 日，大水漂民房，溺死甚众；同治八年（1869 年）4 月 6 日，大埔、龙陂二河水涨，高数尺，冲坏田亩不计其数。❺

二、治水历史人物

中华民族的历史是一部治水史，治水人物比较多。2019 年 12 月，水利部精神文明建设指导委员会办公室公布并介绍了第一批"历史治水名人"❻，主要包括大禹、孙叔敖、西门豹、李冰、王景、马臻、姜师度、苏轼、郭守

---

❶ ［元］脱脱等：《宋史》卷六十一《五行志一》，中华书局 2013 年，第 1322 页。

❷ 高文学主编：《中国自然灾害史总论》，地震出版社 1997 年，第 179 页。

❸ 张崇旺主编：《中国灾害志》（明代卷），中国社会出版社 2019 年版，第 42 页。

❹ 连州市地方志编纂委员会编：《连州市志》，广东人民出版社 2011 年版，第 124 页。

❺ 福建省长汀县地方志编纂委员会编：《长汀县志》，三联书店 1993 年版，第 88 页。

❻ 张元一：《关于公布第一批历史治水名人的通知》，《中国水利报》2019 年 12 月 12 日要闻版。

敬、潘季驯、林则徐、李仪祉等。

1. 大禹

禹，姓姒、名文命，又称大禹、帝禹。传说禹生于上古时代，正是洪荒肆虐的时期。[1]《尚书·尧典》载："汤汤洪水方割，荡荡怀山襄陵，浩浩滔天，下民其咨。"[2] 洪水滔天，天柱欲倾，丘川被浸，平原被淹，民不聊生。尧命禹的父亲鲧治水，"鲧障洪水"，即采取堵的办法治理水患，最终失败，"帝令祝融杀鲧于羽郊"。[3] 鲧死后，禹受命平定水患，禹汲取父亲的教训，改障水之法为疏导之策，带领百姓励精图治，最终制服了洪水。禹是中华民族治水史上第一人，书写了中华水利史浓墨重彩的开篇之作，成为中华民族千百年来治水的代表和象征。大禹改堵为疏、科学治水的方略揭示了水利建设的内在规律，为后世水利探索提供了基本遵循，起到了深远的影响。大禹治水无惧困难、劳而忘身、艰苦奋斗的精神为后世敬仰和传颂，成为中华民族宝贵的精神财富。

2. 孙叔敖

孙叔敖（约公元前 630—前 593 年），姓蒍[4]，名敖，字孙叔，是春秋时期重要的水利专家。孙叔敖十分热心水利事业，主持修建了多项重要水利工程。《淮南子》载：孙叔敖"决期思之水，而灌雩娄之野"。[5] 公元前 605 年，孙叔敖带领百姓决开期思之水，灌溉雩娄的田野，建成了期思雩娄灌区，成为名副其实的"百里不求天灌区"。不仅如此，孙叔敖还率领百姓建起了芍陂、阳泉陂、大业陂等多个陂塘工程，陂径绵延，灌田万顷。《孙叔敖庙碑记》高度评价了孙叔敖一生的水利功绩："宣导川谷，陂障源泉，溉灌沃泽，堤防湖浦，以为池腑。钟天地之美，收九泽之利。"[6] 孙叔敖毕生心系百姓，修堤筑堰，富民强国，成就卓著。在《史记》中，孙叔敖被列为《循吏列传》之首，可见孙叔敖在水利史上的重要地位。

3. 西门豹

西门豹（生卒年不详），复姓西门，名豹，是战国时期著名的水利家。西门豹为国君魏文侯器重，任邺（今河北省临漳县西南）令，为当地最高行政

---

[1] 杨宽著：《中国上古史导论》，上海人民出版社 2016 年，第 257 页。

[2] ［春秋］孔子著：《尚书》，吉林文史出版社 2017 年，第 4 页。

[3] ［晋］郭璞注，［清］郝懿行笺疏，沈海波校点：《山海经》，上海古籍出版社 2015 年，第 401 页。

[4] 《河南治水名人——孙叔敖》，《河南水利与南水北调》2020 年第 8 期，第 22 页。

[5] ［汉］刘安著：《淮南子译注》，上海古籍出版社 2017 年，第 842 页。

[6] 顾浩主编：《中国治水史鉴》，中国水利水电出版社 1997 年，第 9 页。

长官。西门豹见邺地田园荒芜，人烟稀少，境内漳水常常泛滥成灾，决定引漳水溉田，发展农业。通过调查，西门豹了解到那里的官绅和巫婆勾结、编造河伯娶亲的故事危害百姓。因此，工程修建前，西门豹决心首先破除迷信、惩凶除恶、动员群众，随后请来能工巧匠查勘漳水地形，进行规划设计，随即组织开凿十二渠，引漳河水淤灌改良农田、增加粮食产量，对区域社会经济发展影响深远，这就是著名的"引漳十二渠"。《史记·河渠书》记载："西门豹引漳水溉邺，以富魏之河内。"❶ 西门豹治水秉持科学精神，充分考虑漳水多泥沙的特性，遵循河流规律并加以引导利用，至今依然具有十分重要的借鉴意义。

4. 李冰

李冰（生卒年不详），约公元前 256—前 250 年，任蜀郡太守，战国时期著名的水利家。李冰任蜀守期间主持修建了著名的都江堰水利工程。《史记·河渠书》载："蜀守冰凿离碓，辟沫水之害，穿二江成都之中"，使成都平原变为"水旱从人""沃野千里"的天府之国。❷ 为了长久地发挥都江堰的效用，李冰和当地劳动人民一起，创立了科学简便的岁修制度，设立了工程管理机构，选派了专职管水官员，规定一年一小修，五年一大修。除兴建都江堰水利工程外，李冰还在今宜宾、乐山境内开凿滩险，疏通航道，又修建文井江、白木江、洛水、绵水等灌溉和航运工程，为四川地区的水利发展作出了开创性的贡献。李冰修建都江堰充分体现了尊重自然、因势利导、因地制宜的理念，通过工程合理布局，以最小的工程量成功解决了分水、引水、泄洪、排沙等一系列技术难题，体现了人与自然和谐共生的传统治水哲学，都江堰也因此成为世界上最伟大的水利工程和生态水利工程的典范。由于水利工程上的卓越功绩，李冰十分受川民崇敬，被尊称为"川祖"，"川祖庙"几乎遍及全川，受人们瞻仰。

5. 王景

王景（约公元 30—85 年），字仲通，山东即墨人，东汉时期著名的水利专家，历任河堤谒者、徐州刺史、庐江太守等。王景自幼广窥众书，学识渊博，掌握多种技艺，尤其热心于水利工程建设。自公元 11 年黄河第二次大改道后，黄河泛流数十年。公元 69 年，明帝同意了王景提出的方案，发兵卒数十万，由王景主持治河。王景系统修建了荥阳至千乘入海口长达千余里的黄

---

❶ ［汉］司马迁撰：《史记》卷二十九《河渠书》，中华书局 1982 年，第 1408 页。

❷ ［汉］司马迁撰：《史记》卷二十九《河渠书》，中华书局 1982 年，第 1407 页。

河两岸大堤，并将汴渠和黄河分离。王景治河之后，黄河相对安澜近八百年。后任庐江太守期间，王景还修复芍陂、发展农业，不多时境内富饶、五谷丰足。王景忠于热爱的水利事业，科学规划，详细调查，实事求是，制定出了一套完备而可行的治河方案并取得较好的实施效果。历史上对王景的治河功绩充满了赞扬之辞，有"王景治河、千载无患"之说。

6. 马臻

马臻（公元 88—141 年），字叔荐，陕西兴平人，东汉时期著名水利专家。

马臻任会稽（今浙江省绍兴市）太守期间，详考农田水利，科学谋划，于 140 年主持兴建了鉴湖工程，由西起浦阳江、东至曹娥江长达 127 里的湖堤拦蓄南侧会稽山麓发源的众多河溪之水，形成溉田 9000 余顷的鉴湖水库，又辅以斗门、闸、涵、堰等工程设施，使鉴湖水利工程具有防洪、灌溉、航运和城市供水等综合效益。鉴湖的修建是绍兴平原水利发展史上的里程碑。《越中杂识》一书曾如此评价道："（绍兴）向为潮汐往来之区，马太守筑坝筑塘之后，始成乐土。"[1] 但因创湖之始，多淹豪宅，为豪强所诬，马臻被刑。

马臻在浙东平原上首次兴建了具有全局意义的水利工程，被誉为"古代江南最大的水利工程之一"[2]。鉴湖建成，全面改造了山会平原，效益巨大，流泽后世。

7. 姜师度

姜师度（约 653—723 年），河北魏县人，唐朝时期水利专家，历任丹陵尉、龙岗令、易州等地刺史。《旧唐书·良吏列传》记载："师度勤于为政，又有巧思，颇知沟洫之利。"[3] 707 年，在贝州经城县开张甲河排水，随后又在沧州清池县引浮水开渠分别注入毛氏河和漳河；714 年，在华州华阴县开敷水渠排水；716 年，在郑县修建利俗、罗文两灌渠并筑堤防洪；719 年，又引洛水灌溉朝邑、河西二县，堵截河水灌入通灵陂，使荒弃田地二千顷成为上等田，设置十多屯。姜师度每到一地都注重兴修水利，成就显著，有力推动了当时水利事业发展。

8. 苏轼

苏轼（1037—1101 年），字子瞻，号东坡居士，四川眉山市人，北宋时期著名文学家、政治家。

---

❶ 悔堂老人著：《越中杂识》，浙江人民出版社 1983 年，第 6 页。

❷ 汪本学、张海天：《浙江农业文化遗产调查研究》，上海交通大学出版社 2018 年，第 71 页。

❸ ［后晋］刘昫等撰：《旧唐书》卷一百八十五下《良吏列传》，中华书局 1975 年，第 4816 页。

1077 年，黄河决澶州曹村，洪水包围徐州城，时任徐州知州的苏轼领导军民抵御洪水，增筑城墙，修建黄河木岸工程。1089 年，苏轼任杭州太守期间主持修缮六井，解决杭州居民用水问题；同时率领军民大力疏浚西湖，并将挖出来的葑根、淤泥，筑成一条贯穿西湖的长堤，后人称之为"苏堤"。苏轼在不同任上主持或参与的水利工程不胜枚举，除积极参与治水实践之外，还撰写水利著述《熙宁防河录》《禹之所以通水之法》《钱塘六井记》等。

苏轼把水利事业与国家的兴衰联系在一起。在长期的治水实践中，实事求是，因地制宜，坚持科学治水，为当时水利建设事业作出了重要贡献。

9. 郭守敬

郭守敬（1231—1316 年），字若思，河北邢台人，元代杰出的科学家，尤擅长水利和天文历算。郭守敬一生治理河渠沟堰几百所，尤其以修复宁夏引黄灌区和规划沟通京杭大运河最为人著称。1264 年，郭守敬赴宁夏，修复了黄河灌区唐徕、汉延及其他 10 条干渠、68 条支渠，溉田 9 万余顷，使宁夏平原成为"塞外江南"。1271 年，郭守敬升任都水监，掌管全国水利建设。为实现京杭运河贯通，他进行系统勘测、科学规划，先后主持建成会通河、通惠河，南自宁波、北至大都的元明清大运河至此基本成形。郭守敬尊重科学、因法而治，勇于担当奉献，注重实地勘察，在原有水利基础上不断创新，一生在水利事业上成就斐然。在郭守敬的故乡邢台和北京，都有郭守敬纪念馆，向人们展示了郭守敬的治水成就。

10. 潘季驯

潘季驯（1521—1595 年），字时良，号印川，浙江湖州市人，是明朝末年著名的治河专家，也是明代治河对后世影响最大的人物之一，在理论和实践上都有重要建树。潘季驯在嘉靖、万历年间曾四次出任总理河道都御史，负责治理黄河、运河长达十余年。总理河道期间，他一改明代前期治河方略，重点针对黄河多沙特点，提出了"束水攻沙""蓄清刷黄"的理论，并相应规划了一套包括缕堤、遥堤、格堤等在内的黄河防洪工程体系，以及"四防二守"的防汛抢险的修守制度，以期达到"以水治水""以水治沙"，综合解决黄、淮、运问题，这也成为清代奉行的治河方略，一定程度上也发挥了显著功效。潘季驯还著有《两河管见》《河防一览》等水利著作。潘季驯以治水为己任，大胆创新、系统谋划，总结了前人对黄河水沙关系的认识，对后世治黄具有重要历史影响。

11. 林则徐

林则徐（1785—1850 年），字元抚，晚号俟村老人，福建福州人，清代著名的政治家、思想家和治水人物。林则徐近 40 年历官 13 省，从北方的海河到南方的珠江，从东南的太湖流域到西北的伊犁河，都留下了他治水的足迹。1837 年，在湖广总督任上，着重维修长江中游荆江段和汉水下游堤防。1841 年，林则徐被谪戍伊犁，又领导水利屯田，在惠远城水利建设中负责最艰巨的渠首工程建设，在托克逊大力推广"坎儿井"。林则徐认识到水利兴废攸关国家命运和人民生计，注重深入治水实际，因地制宜，科学施策。林则徐治水时间之长、投入精力之多、贡献之大，是清代其他封疆大臣难以比拟的，为水利事业发展作出了突出贡献。

12. 李仪祉

李仪祉（1882—1938 年），名协，字仪祉，陕西省蒲城县人，我国近代著名水利学家和水利教育家。李仪祉先生在德国留学期间，目睹欧洲各国水利之发达，对我国当时水利的颓废十分感慨，立志振兴水利事业、服务国家发展。民国四年（1915 年）学成回国之初，李仪祉任河海工专教授，专注培养水利人才。民国十一年（1922 年），李仪祉任陕西省水利局局长，先后提出建设关中八惠工程计划。民国二十一年（1932 年），泾惠渠建成，当年灌溉农田 50 万亩，郑国渠焕发新生，八惠其他工程此后也陆续实施。李仪祉长期致力于黄河治理研究，他主张治理黄河要上中下游并重，防洪、航运、灌溉和水电兼顾，把我国治理黄河的理论和方略向前推进了一大步，对水利科技发展也作出突出贡献。李仪祉先生是中国水利从传统走向现代过渡阶段的关键人物之一，被誉为"中国近现代水利奠基人"。

三、治河思想

在中华民族与洪水搏斗的几千年历史中，产生了各种防洪思想和治河主张。尤其是关于黄河的治理，在历代都具有代表性。其中有的被付诸实践，有的虽未被采纳，但对后代治河防洪思想产生了一定的影响。总括起来，历史上大致有以下 7 种治河防洪的主张和流派。❶

1. 避洪思想

避洪思想，即避开洪水的思想。避洪思想起初蕴藏于古老神话传说中，

---

❶　关于治河思想部分内容，参考熊达成、郭涛编著：《中国水利科学技术史概论》，成都科技大学出版社 1989 年，第 121－127 页。

相传远古时期洪水泛滥，一场突如其来的大洪水灭绝了人类，只有伏羲、女娲受到雷公的启示，钻进一个大葫芦内才幸免于难。洪水退去，伏羲、女娲历经千辛万苦，承担起重建家园、繁衍人类的神圣职责。这就是以葫芦避洪的传说。早期人类无力抵御洪水侵袭，无法平息河患，只能择葫芦避之，择丘陵处之，这样就形成了避洪的思想。这一思想在历史上多有反映。如宋代，"迁城避洪"的主张备受关注。《行水金鉴》载："宋君臣论治河往往有格言。熙宁五年，神宗语执政曰：'河决不过占一河之地，或东或西，若利害无所较，听其所趋如何？'元丰四年，又谓辅臣曰：'水性趋下，以道治水则无违其性可也。如能顺水所向，徙城邑以避之，复有何患？虽神禹复生不过如此。'此格言也。"❶ 宋代避水迁城的例子较多。以郓州东阿县城为例，北宋开宝二年（969年），东阿县城为避开洪水，将城址搬至南谷镇；太平兴国二年（977年），东阿县城为避开黄河河患，将城址又搬至利仁镇；绍圣三年（1096年），东阿县城为避开黄河大水，再次将城址搬至新桥镇。❷ 南宋时期，避水迁城的事例也不少。宋孝宗乾道二年（1166年），黄河河患严重，阳武决口，洪水泛滥，也曾发生避洪迁城的状况。❸ 这些都是避洪思想的反映。

2. 挡洪思想

挡洪思想是历代防洪思想的主流。挡洪思想最初也蕴藏于远古传说中。《国语·周语》载："昔共工……欲壅防百川，堕高堙庳，以害天下。"❹《山海经·海内经》载："洪水滔天，鲧窃帝之息壤以埋洪水，不待帝命，帝令祝融杀鲧于羽郊（羽山之郊）。"《山海经图赞》云："息壤者，言土自长息无限，故可以塞洪水也。"❺ 共工"壅防百川，堕高堙庳"，鲧"窃帝之息壤以埋洪水"，都是挡洪思想的反映。随着挡洪思想的不断发展，以堤防洪成为挡洪主张的基本措施。这类主张在明清时期发展为"束水攻沙"，即筑堤使河道狭窄，加大水的流速和流量，冲刷河床，减少淤积泥沙。主张筑堤束水冲沙的代表性水利专家是明朝时期的万恭、潘季驯。万恭批判了过去"多穿漕渠以杀水势"的治河观点，指出"水之为性也，专则急，分则缓；沙之为势也，

---

❶ 傅泽洪辑录：《行水金鉴》（第 2 册），商务印书馆 1937 年，第 218 页。

❷ 李大旗：《北宋黄河河患与城市的迁移》，《史志学刊》，2017 年第 13 期，第 55 页。

❸ 李金都、周志芳编著：《黄河下游近代河床变迁地质研究》，黄河水利出版社 2009 年，第 83 页。

❹ 邬国义、胡果文、李晓路撰：《国语译注》，上海古籍出版社 2017 年，第 80 页。

❺ ［晋］郭璞撰，王招明、王暄译注：《山海经图赞译注》，岳麓书社 2016 年，第 386 页。

急则通，缓则淤"，必须因势利导，用堤防约束就范，使之入海，这样才能"淤不得停则河深，河深则永不溢"。❶ 潘季驯在万恭的基础上进一步实践和发展了以堤防洪思想，提出"筑堤束水，以水攻沙"的治河方策。这一方策主要包括以下两方面措施：一是"筑堤束水"，主要采用缕堤、遥堤、格堤，缕堤可塞支强干并固定河槽，遥堤可拦水势并利用洪水冲刷主槽，遥堤、缕堤之间的格堤则可以在洪水漫滩、缕堤冲决之时止住横流，起到淤滩刷槽的作用。二是加强高家堰，充分利用洪泽湖，蓄淮河之水以清刷黄，黄淮二水相汇，河不旁决则槽固定，冲刷力强，有利于排沙入海，"海不浚而辟，河不挑而深"。❷ 潘季驯借水攻沙的治河方策和经验，对后世治河产生深刻的影响。

3. 分洪思想

分洪思想同避洪思想、挡洪思想一样，起源于上古时期。史载："（大）禹凿龙门，通大夏，疏九河，曲九防，决淳水致之海。"❸ 禹疏九河、曲九防，即蕴含着早期的分洪思想。至西汉时期，冯逡、韩牧等人提出了分疏说，是分洪主张的典型代表。汉成帝时期，清河郡都尉冯逡提出利用屯氏河分洪的建议："屯氏河不流行七十余年，新绝未久，其处易浚。又其口所居高，于以分流杀水利，道里便宜，可复浚以助大河泄暴水，备非常。"❹ 为避免郡内河流决溢，冯逡主张疏浚淤塞多年的屯氏河，减轻大河水势，避免决溢灾害。至宋代，大平兴国八年（983 年），巡堤使者赵孚针对滑州河决的灾情，提出"分水势"的主张，建议在澶滑两州河段南北岸开河分水，"治遥堤不如分水势，自孟至郓，虽有堤防，惟滑与澶最为隘狭，于此二州之地，可立分水之制，宜于南北岸各开其一，北入王莽河以通于海，南入灵河以通于淮，节减暴流，一如汴口之法。其分水河，量其远迩，作为斗门，启闭随时，务乎均济。"❺ 至明代，宋濂在《治水议》中提出分流说，指出："河之流不分，而其势益横也"，"河之分不分，其利害昭然"。❻ 徐有贞也主张："一开分水河。凡水势大者宜分，小者宜合。分以去其害，合以得其利。"❼ 至清代，思想家魏源则提出"潴水分洪"的主张，主要体现于魏源的《湖北堤防议》。他说：

---

❶ 黄河水利委员会黄河志总编辑室编：《黄河志》卷十一，河南人民出版社 2017 年，第 112 页。

❷ 黄河水利委员会黄河志总编辑室编：《黄河志》卷十一，河南人民出版社 2017 年，第 114 页。

❸ ［汉］司马迁撰：《史记》卷八十七《李斯列传》，第 2553 页。

❹ 黄河水利委员会黄河志总编辑室编：《历代治黄文选》（上），河南人民出版社 1988 年，第 9 页。

❺ 黄河志编纂委员会：《黄河规划志》，河南人民出版社 2017 年，第 36 页。

❻ 黄河水利委员会黄河志总编辑室编：《历代治黄文选》（上），河南人民出版社 1988 年，第 62 页。

❼ 黄河水利委员会黄河志总编辑室编：《历代治黄文选》（上），河南人民出版社 1988 年，第 63 页。

"江之在上世也，有七泽以漾之，有南云北梦八百里以分潴之"，汉水自钟祥以下，从前各有支流以分其势，今天则百姓"多方围截以成圩。自襄阳南下千余里，则旨大堤以障之"。汉水河床一天天高，堤外之地一天天低，"人与水争地为利，而欲水让地不为害，得乎"？为今之计，只有恢复分洪泄水方法，像黄河自然改道那样，"相其决口之成川者，因而留之，加浚深广，以备支河泄水"。❶ 这一"潴水分洪"的主张体现了"以水治水"的思想。

4. 滞洪思想

滞洪思想，主张滞留洪峰以防决溢，最早始于西汉时期。主要代表人物为贾让、关并等。对于如何消除河患，贾让指出："且以大汉方制万里，岂其与水争咫尺之地哉？"❷ 消除河患的关键在于不应与水争地，而应为过境洪峰留出蓄洪之地。贾让言道："陂障卑下，以为污泽，使秋水多，得有所休息，左右游波，宽缓而不迫"。❸ 即主张在黄河旁低洼之处筑堤，使洪峰有休息的场所。关并进一步发展了贾让的滞洪思想，指出："河决率常于平原、东郡左右，其地形下而土疏恶。闻禹治河时，本空此地，以为水猥，盛则放溢，少稍自索，虽时易处，犹不能离此。上古难识，近察秦、汉以来，河决曹、卫之域，其南北不过百八十里者，可空此地，勿以为官亭民室而已。"❹ "水猥"即蓄洪滞洪区。关并通过考察黄河决溢的特点，指出平原、东郡这一带地形低洼、土松质差，宜作为滞洪区，并建议空出今河南滑县、濮阳一带约180里的地方作为滞洪区。

5. 改道思想

改道思想，主张让河流另改新道，这一治河思想也产生于西汉时期。改道思想的提出，多发生在河患泛滥之季。汉成帝时期，孙禁提出："今河溢之害数倍于前决平原时。决平原金堤间，开通大河，令入故笃马河，至海五百余里，水道浚利。"❺ 孙禁认为，黄河改道从笃马河入海，水道浚利，则可河无大患。其后，王横进一步发展了孙禁的改道思想，指出黄河如果由低洼地带入海，则会受海水的顶托，造成河口一带泛滥成灾，因此，主张黄河改从太行山东麓山前高地入海，以免除河患。明代嘉靖初年，黄绾根据黄河地势

---

❶ 魏寅著：《魏源传略》，朝华出版社1990年，第150页。
❷ 黄河水利委员会黄河志总编辑室编：《历代治黄文选》（上），河南人民出版社1988年，第12页。
❸ 黄河水利委员会黄河志总编辑室编：《历代治黄文选》（上），河南人民出版社1988年，第11页。
❹ 水利部黄河水利委员会《黄河水利史述要》编写组编：《黄河水利史述要》，水利电力出版社1982年，第69页。
❺ 水利部黄河水利委员会《黄河水利史述要》编写组编：《黄河水利史述要》，水利电力出版社1982年，第68页。

特点提出了黄河改道北流至直沽入海的设想。黄绾指出，黄河"在山阜之上"，而"地势西南高、东北下"，"寻自然两高中低之形，……于此浚导使返北流，至直沽入海，而水由地中行。如此治河，则可永免河下诸路生民垫没之患"。❶ 这些主张虽然在路线上有所差异，但目的一致，即通过另辟新道，以防河患。

6. 用洪思想

用洪思想，即以用洪而治洪的主张。这种主张是针对北方多沙河流产生的，主要是通过利用洪水和泥沙进行淤灌和固堤。淤灌，在宋代规模最大，但作为一项治河防洪方案，主要是在清代。清代陈法和顾琮等人主张以不治为治，即设想在黄河和永定河两岸滩地和低洼之地，不做工程，任其洪水漫灌，实行一水一麦。《河渠纪闻》记载："遇大水溢涌，缕堤著重时，开倒沟放水入越堤，灌满堤内，回流漾出，顶溜开行，塘内渐次填淤平满。"❷ 即利用洪水多沙时机，把浑水由倒沟灌入大堤与圈堤之间，待落淤之后，清水再顺沟回入黄河。经过一两个汛期，即能将圈堤内淤平，这种放淤办法，不但加宽了堤身，还降低了临背悬差，是利用洪水淤滩固堤、治河防洪的有效措施。清代乾隆年间，黄河下游用洪治河、放淤固堤达到了高潮，并收到较好的效果。❸

7. 沟洫思想

沟洫思想，是用沟洫防洪治河的主张。沟洫治水源自于大禹，《论语·泰伯》载，大禹治水，"尽力乎沟洫"❹。明代周用对沟洫治水思想进行挖掘、研究，提出运用沟洫治理黄河水患。周用指出："夫天下之水，莫大于河。天下有沟洫，天下皆容水之地，黄河何所不容？天下皆修沟洫，天下皆治水之人，黄河何所不治？水无大治，则荒田何所不垦？一举而兴天下之利，平天下之大患！"❺ 这是治黄史上最早出现的沟洫治黄论。周用认为，治理黄河水患，不应只关注下游洪水泛滥区，应把着眼点放在黄河中上游，做到上中下游兼治，因此，上中下游都需修治沟洫，既可平天下之大患，又可兴天下之利。徐贞明也认为，"河之无患，沟洫其本也"，"沟洫时修，农功毕举"，"划井而

---

❶　黄河水利委员会黄河志总编辑室编：《历代治黄文选》（上），河南人民出版社 1988 年，第 91 页。

❷　黄河志编纂委员会编：《黄河防洪志》，河南人民出版社 2017 年，第 88 页。

❸　郭涛：《古代防洪思想研究》，《人民黄河》，1990 年第 6 期，第 67－70 页。

❹　尹小林主编：《论语》，国际文化出版公司 2018 年，第 48 页。

❺　黄河水利委员会黄河志总编辑室编：《黄河志》卷一，河南人民出版社 2017 年，第 69 页。

沟洫之，亦不难也"。❶"沟洫论"实质上是试图把治河、治田、防旱涝结合为一，将分洪、滞洪、用洪综合一体，将洪水分散于纵横交错的沟渠之中，既兴利，又除害。

上述防洪治河思想流派，大致可以分为三大类：一是消极观，第一种主张"避洪"的意见就属此类，多受唯心论的"天人感应"思想支配，让人们在洪水灾害面前无所作为，抹杀了人在改造自然界中的主观能动性作用；二是治标论，第二、三、四、五种主张（即挡洪、分洪、滞洪、改道）属此类，虽然在一定时期、一定条件下是必不可少的治河防洪手段，而且在一段时间内还行之有效，但是这些主张都未解决防洪的本质问题；三是治本论，第六、七种主张（即用洪、沟洫）属此类，看到了治河问题的根本，从本质上触及了江河的防洪问题，但这些意见在历史上并未受到重视和被采纳，在当时的条件下这些意见难以付诸实践。总之，评价治河防洪思想，必须从当时的历史条件去考察，看在当时的政治、经济和科学技术水平条件下，哪一种主张是最现实可行、最有效的主张，或者是体现了治河防洪的发展方向的先导性意见。❷

---

❶ 黄河水利委员会黄河志总编辑室编：《历代治黄文选》（上），河南人民出版社 1988 年，第 123 页。

❷ 熊达成、郭涛编著：《中国水利科学技术史概论》，成都科技大学出版社 1989 年，第 121 页。

第二节 治 河 工 程

如何治理河患？古代中国人一代又一代进行着矢志不渝的探索，形成了波澜壮阔的治河工程史。在治河工程中，堤防工程是重要的内容。自堤防产生以来，历代兴筑不断，规模越来越大，几乎遍及全国主要的江河水系。黄河大堤、长江大堤、永定河大堤、淮河大堤、珠江大堤、辽河大堤等，这一道道雄伟的"长城"，就是千百年来堤防工程建设成就的伟大标志。本部分以黄河堤防和长江堤防为重点介绍古代河流堤防工程。

一、黄河堤防工程

黄河是中国第二大河，流经青海、四川、甘肃、宁夏、内蒙古、陕西、山西、河南和山东 9 个省、自治区，于山东省垦利区注入渤海。黄河流域是中国文明的主要发源地。黄河的兴利除害，在历史上几乎占中国水利事业的一半，尤以下游防洪用力最多。针对黄河下游泛滥多灾的特点，自古以来，人们不断修筑堤防加以治理。黄河流域堤防在中国各大江河堤防工程中是发展最早的。❶

1. 早期的黄河堤防

自大禹治水（约公元前 21 世纪）至东汉王景治河（公元 69 年），这一时期黄河北流与海河水系相混。相传禹之前有共工氏及禹父鲧以堤堵水失败。洪水滔天，在下游横流。居民迁居丘陵，以水产动植物为主食。大禹治水，以疏导为主，排洪入海，获得成功。居民才下居平原，种植五谷。《禹贡》叙述禹河故道，大致在太行山东麓，斜向东北，至今天津附近入海。周定王五年（公元前 602 年），决宿胥口（今河南淇县东南），是有记载以来黄河第一次大改道，入海口南移。这一时期两岸堤防不多，河流呈漫流状态。到战国时下游东岸的齐国，西岸的赵魏各距河 25 里筑堤防洪，是下游有系统堤防之始。

2. 秦汉的黄河堤防

由于有了堤防，河道迅速淤高，秦汉时已成为地上河。又由于河滩地常被垦占，筑围堤防洪，形成堤中有堤。秦统一全国后曾整顿河川堤防。西汉

---

❶ 黄河水利委员会黄河志总编辑室编：《黄河志》，河南人民出版社 2017 年版，第 4 页。

进行了著名的瓠子堵口工程，汉武帝亲率群臣参加施工。建始四年（公元前29 年），大决馆陶及东郡金堤，淹 4 郡 32 县，次年河堤使者王延世用立堵法堵口，以竹笼装石合龙成功。这一时期，堤防已出现了石堤，主要在今河南北部。到西汉末年，政治混乱，长期决溢失修，黄河汴渠混流；到王莽始建国三年（公元 11 年）大决魏郡（今河北南部），形成了第二次大改道。直至东汉王景治河，才修堤千余里，固定了新道。

3. 东汉王景治河后，黄河堤防的再发展

王景治河后到北宋末年（公元 70—1127 年），在这期间，下游河道大致走今河道之北，在今利津县境入渤海，已与海河水系分开，下游有汴渠和济水分支。唐代时，曾修复黄河堤防，隋、唐 300 多年中有二十几次决溢，后期渐多。五代时，平均两年多一次决溢，修防也不少。北宋治河最勤，168年中平均一两年一次决溢，修防制度严密，投入大量人力物力。这一时期，沿下游有埽工险段几十、近百处，堵口、修堤、护岸等工程技术已有总结提高。但这一时期治水方针不明确，先主修遥堤，又主分流，后争河道路线。景祐元年（1034 年），河决澶州（今河南省濮阳县）横陇埽，东北流称横陇河道，在京东故道（王景河道）之北。庆历八年（1048 年），决澶州商胡埽，至今天津东入海，称为北流，后人指为第三次大改道。宋人第一次挽北流回横陇失败。嘉祐五年（1060 年），河又自大名向东分一支，称二股河或东流，自今天津境入海。用人力大改黄河河道，这是新的尝试。

4. 明清束水攻沙固定河道

明弘治五年至八年（1492—1495 年），黄河在河南金龙口和黄陵岗决口，向北冲断山东张秋运河，清人胡渭指为黄河第五次大改道，但不明显。堵口后为了防止北决冲毁运道，北岸修大堤防御，南岸开支河分流。到隆庆、万历时，徐州以上两岸大堤已经形成。潘季驯主张固定河道，以堤束水，以水攻沙。他的后任则主张分黄导淮。清康熙时靳辅继承发展潘季驯的治河方略，维持了几十年的小康局面。清代重视治黄，维持固定河道，修防制度完备，但乾隆以后河工贪污成风，平均一年多一次决溢，每次堵口往往用银数百万两至一两千万两。直到咸丰五年改道入大清河，形成现在的河道。

5. 黄河堤防的现代大发展

在 1949 年以前，黄河大堤堤身残破，防御能力很低，时常决口为患。1950 年以来，经过了三次大规模的加高加固，黄河筑堤已部分由人力施工发展为机械化施工，并规定堤身土料干容重须达到 $1.5 t/m^3$。1950—1985 年共计完成土方约 7.7 亿 m^3，整修加固险工堤段的石坝及石护岸 5216 道，工程长度 309km，用石逾 1400 万 m³，并大力消灭堤身隐患，捕捉害堤动物，堤旁种树，堤身植草，消杀风浪，加强防守。到 2023 年为止，黄河干流在上游甘肃省和宁夏回族自治区、内蒙古自治区河段均设有堤防。下游在河南省孟津县以下，右岸大堤有两段共长 604.8km，即河南省郑州市邙山脚下至山东省梁山县徐庄长 348.2km；济南市宋庄至垦利区二十一户长 256.6km。平阴和长清区为山岭无堤防。左岸大堤有三段共长 718.8km，即河南省孟州市中曹坡至封丘县长 171.1km；河南省长垣县大车集到台前县张庄长 194.5km；山东阳谷县陶城埠至利津四段长 353.2km。以上两岸临黄河干堤共 1323.6km，孟津县还有 7.6km 的堤防。为防止倒灌天然文岩渠，还修守贯孟堤 9.3km 和太行堤 33km。河口地区还修有堤防 124.4km。以上堤防即黄河大堤，共长 1497.9km。在黄河大堤的保护下，黄河流域现已安度数十年伏秋大汛（图 6-2）[1]。

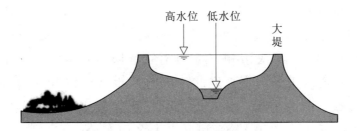

图 6-2　黄河地上悬河示意图

二、长江堤防工程

长江洪水灾害多发生于荆江、汉江中下游及皖北沿江一带。自古以来，防御洪水就是长江中下游百姓生活的主旋律。两千多年来，这里广修堤坝，形成了"水上长城"般的长江堤防。

长江中下游最早出现堤防的是荆江河段，即创建于东晋时期的"万城堤"[2]。以后，堤段逐渐向下游发展。五代十国时期修筑了江陵的寸金堤。宋代在江陵县新筑黄潭堤和沙市附近的长堤。这一时期堤防时坏时修，陆游在《入蜀记》中载述了这一情况："堤防数坏，岁岁增筑不止。"[3] 元代因重开分流穴口，堤防增筑不多。明代因分流穴口又减少，水患愈重，对堤防工程进一步重视。成化初，在黄潭堤段开始用块石砌护外坡，防止冲刷溃决。嘉靖

---

❶ 陆建平编著：《堤防发展探略》，河海大学出版社 2009 年，第 39 页。

❷ 熊达成、郭涛编著：《中国水利科学技术史概论》，成都科技大学出版社 1989 年，第 129 页。

❸ ［宋］陆游著，蒋方校注：《入蜀记校注》，湖北人民出版社 2004 年，第 180 页。

中，堵塞郝穴口，加固新开堤。于是，荆江大堤从堆金台到拖茅埠连成一线，形成整体，长达 124km。

自明初开始，在今武汉市区开始筑堤。武汉市地当江、汉汇流处，地势低洼，湖泊群立，港汊交错。为防止江、汉洪水威胁，正德年间（1506—1521 年）开始在城区沿江段筑驳岸。明代后期，今武汉三镇江、汉沿岸基本形成堤防系统，清代进一步完善加固。从明初至中华人民共和国成立后，完成了全长 300 多 km 的堤防系统，包括：明正德年间开始修建，至清代最后完成的，下起白浒山，上至孙家湾，长约 73km 的武昌堤防；由明崇祯初（1628 年）开始修建的江堤和清光绪三十一年（1905 年）修建的张公堤组成的全长 53km 的汉堤防；由明初修建的街堤——鹦鹉堤，正德年间（1506—1521 年）建的拦江堤和清代修建的沿河堤组成的全长 52km 的汉阳堤。新中国成立后，除就原有堤防加高培厚外，又新建郊区堤防 172km，形成了保卫武汉三镇的完整的堤防系统。

明清时期还在长江中下游的北岸逐步兴筑了黄广大堤（湖北黄梅、广济两县境内，长 87km）、同马大堤（安徽宿松、望江、怀宁县境内同仁堤与马华堤的合称，现长 175km）、无为大堤（安徽无为、和县境内，堤长 125km）。❶ 黄广大堤，为明永乐二年（1404 年）修建，具体为黄梅、广济江堤，位于长江北岸的湖北黄梅、广济两县境内，全长 87km。同马大堤，始建于清道光元年（1821 年），至光绪、民国年间，又续建同仁堤、丁家口堤、初公堤、泾江长堤和马华堤，合称同马大堤，位于长江下游北岸安徽省的宿松、望江、怀宁三县境内，西与黄广大堤相连，全长 175km。无为大堤，明永乐三年（1405 年）开始修建，至清代完成，位于长江下游北岸安徽无为至和县境内，全长 125km。❷

此外，长江下游北岸的江苏沿江各县，历代也为捍御汛潮修建了一些江堤。清代为了控制黄、淮、运入江的水量而兴建的归江十坝，也是江堤的一部分。由于长江南岸丘陵起伏，地势较高，所以江堤多在北岸。除长江干流的堤防外，还有 23000 多 km 密如蛛网的支堤，分布在长江中下游各支流及湖泊地区，其中最重要的有汉江堤防，洞庭湖湘、资、沅、澧"四水"尾闾区的支堤，鄱阳湖水系的赣抚大堤等也大部分是明、清时期修筑。

新中国成立后，对长江堤防进行全面的扩建与培修，经过几次特大洪峰

❶ 熊达成、郭涛编著：《中国水利科学技术史概论》，成都科技大学出版社 1989 年，第 130 页。
❷ 王育民著：《中国历史地理概论》（上），人民教育出版社 1985 年，第 338 页。

的考验，长江大堤均安然无恙，成为确保汛潮沿江地区安全的重要屏障。

所以，长江修筑堤防自"万城堤"肇始，后经历代修治，终于形成目前上起湖北江陵县枣林岗，下至长江三角洲一带，纵贯今湖北、湖南、江西、安徽、江苏五省，主要包括荆江大堤、武汉市堤、黄广大堤、同马大堤、无为大堤等堤段，全长3100多km的长江堤防系统。

第三节　水　运　文　化

在古代，水运工程是交通与经济的大动脉，水运交通是古代水域居民们首选的出行方式之一。船是水运交通工具，因水域不同，船舶各具形态、特色，形成了异彩纷呈的水运文化。本节主要讨论河流上的水运工程、水运船只、船帮，以及水运文化及其特点。

一、水运工程

河流通航在中国的历史十分古老，在云南元谋猿人居住的地方，曾出土一条独木舟，由一根整木中间挖空而成。这就是《易经》所讲的"刳木为舟，剡木为楫"❶的时期。随着商品交换的扩大，促进了河流水运交通的发展，西周以后人工运渠开始出现。战国时期人工运河就开始发达起来。秦汉以降，随着国家大统一局面的出现，人工运河向跨流域、长距离的方向发展，沟通了江河水系，逐步形成四通八达的水运网，促进了国家政治、经济的发展。古代河流水运工程内容丰富，这里着重分析灵渠、京杭大运河典型工程。

1. 灵渠

灵渠，古称秦凿渠、零渠、陡河、兴安运河、湘桂运河，是古代中国劳动人民创造的一项伟大工程，位于广西壮族自治区兴安县境内，于公元前214年凿成通航。灵渠流向由东向西，将兴安县东面的海洋河（湘江源头，流向由南向北）和兴安县西面的大溶江（漓江源头，流向由北向南）相连，是世界上最古老的运河之一，有着"世界古代水利建筑明珠"的美誉。灵渠与四川都江堰、陕西郑国渠并称秦代三大水利工程。

灵渠是我国保存最为完整的古代水利工程之一。秦始皇时代非常重视南海方向的经营。《淮南子·人间》记述："又以卒凿渠而通粮道，以与越人战"。❷所谓"以卒凿渠而通粮道"，即指灵渠工程的开通。《水经注》卷三八《漓水》说，湘水、漓水之间，陆上的间隔，分水岭，称作"始安峤"，宽度只有"百余步"。秦人正是巧妙地利用了"漓水与湘水出一山而分源也"❸，其"分流"处距离仅"百余步"的地理形势，"以卒凿渠"，沟通"湘、漓之间"，

---

❶ 席龙飞著：《中国古代造船史》，武汉大学出版社 2015 年，第 9 页。

❷ 赵宗乙著，孟庆祥等译注：《淮南子译注》下，黑龙江人民出版社 2003 年，第 977 页。

❸ ［北魏］郦道元注，陈桥驿注释：《水经注》，浙江古籍出版社 2001 年，第 595 页。

形成了畅通的"粮道"，为远征军成功运送军需物资。

灵渠最难的技术是弯道代闸。弯道代闸作为中国古代运河工程中的杰出创造，在灵渠的航道设计上得到了充分的体现。灵渠利用弯道延长渠道长度，有效地平缓坡降，解决了因高差变化而带来的航行安全问题。如今这段弯弯的灵渠成为美丽的风景。

灵渠最为经典的设计是渠首大、小天平与铧嘴，它们共同作用，三七分配南渠和北渠的进水量。铧嘴是一座长 70m 的导水堤，是与大、小天平衔接的具有分水作用的砌石坝，把河水劈分为二，其中七分水顺大天平回流到湘江，三分水经小天平和南渠注入漓江，即所谓的"湘七漓三"（图 6 - 3）。[1]

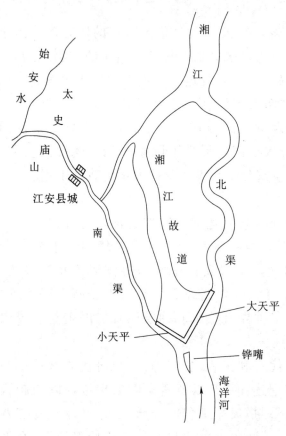

图 6 - 3　灵渠示意图

灵渠工程沟通湘江水道和漓江水道，成为连贯湘桂的人工运河。在最合理的地方，以最便捷的方式，用最经济的成本，实现了通航条件的完备。

灵渠的凿通还在于其连接了长江水系与珠江水系，改变了中国自然水系的格局。在秦一统岭南地区后，灵渠发挥了更多区域间经济、政治、文化融合方面的作用。唐宋以来，人口的激增带来了农业的持续繁荣，灵渠周边地区就成为重要的农业区，这也使灵渠的灌溉作用越来越大，所谓"灵渠胜似银河水，流入人间灌稻粱"。[2]

2. 京杭大运河

京杭大运河是世界上里程最长、工程最大的古代运河，也是最古老的运河之一，与长城、坎儿井并称为中国古代的三项伟大工程，并且使用至今，是中国古代劳动人民

---

❶　嵇果煌著：《中国运河三千年》，上海科学技术出版社 2020 年，第 186 页。

❷　王子今：《灵渠：秦代水利奇迹》，《人民日报》2020 年 10 月 31 日第 5 版。

创造的一项伟大工程，是中国文化地位的象征之一。

大运河南起余杭（今杭州），北到涿郡（今北京），途经今浙江、江苏、山东、河北四省及天津、北京两市，贯通海河、黄河、淮河、长江、钱塘江五大水系，全长1794km，是中国仅次于长江的第二条"黄金水道"。它是世界上开凿最早、长度最长的一条人工河道，长为苏伊士运河（190km）的9倍，巴拿马运河（81.3km）的22倍。❶

京杭大运河全程可分为七段：①通惠河；②北运河；③南运河；④鲁运河；⑤中运河；⑥里运河；⑦江南运河。

大运河开掘于春秋时期，完成于隋朝，繁荣于唐宋，取直于元代，疏通于明清。漫长的岁月里，经历三次较大的兴修过程。最后一次的兴修完成才称作"京杭大运河"。

春秋时期，开凿运河基本都是为了征服他国的军事行动服务。吴王夫差开凿邗沟，魏惠王开凿鸿沟的直接目的是运送军队并征服他国。

隋朝，开凿运河既有经济方面的动机，又有政治军事方面的动机。因经济重心南移，需要加强对南方的政治与经济管理，解决南粮北运、西运的问题。

此后历代对大运河进行疏凿与完善，其动机都是经济、政治、军事三大方面。以运河为基础，建立庞大而复杂的漕运体系，将各地的物资源源不断地输往都城所在地。至元代京杭大运河全线贯通，明、清两代京杭大运河成为南北水运干线。

京杭大运河是真正意义上的南北交通要道，商运繁盛，运河两岸兴起数十座商业城镇，运河对中国南北地区之间的经济、文化发展与交流，特别是对沿线地区农工商业的发展起了巨大作用。

京杭大运河显示了中国古代水利航运工程技术领先于世界的卓越成就，留下了丰富的历史文化遗存，积淀了深厚悠久的文化底蕴。大运河与长城同是中华民族文化身份的象征。

运河水不仅承载着南来北往的船只，而且孕育、滋润着沿岸的运河儿女、运河城市。运河边的建筑，如会馆、河埠、码头、桥梁、船闸及漕运机构等都是为在实际生产中使用而建。运河承载了许多民风民俗，如江苏淮安的运河渔民的"交船头""汛前宴""满载会"等习俗；运河生产过程中创造了许多相关的艺术，是鲜活的历史记忆，经过几百年的传承，成了运河文化标志

---

❶ 王崇焕著：《中国古代交通》，商务印书馆1996年，第124页。

性的重要符号。

二、水运船只

水运船只的发展具有悠久的历史，从先秦至近代逐渐出现了不同类型、功能的船只，促进了水运交通，丰富并发展了航运水文化。

早在先秦时，古人已经掌握了舟车制造和驾驭技术。《周礼·考工记》云："作车以行陆，作舟以行水，此皆圣人之所作也。"❶《越绝书》云："以船为车，以楫为马，往若飘风。"❷ 舟船的使用，提高了古代的交通运输能力，扩大了古人的远行活动范围，正如史书称"舟楫之利，譬犹舆马。辇重历远，以济天下。相风视波，穷究川野。安审惧慎，终无不可"。❸ 秦汉时期，是我国古代造船发展史上出现的第一个高峰。这一时期，船舶制造技术进一步提高，船舱设置隔板、庐室，增加船舱的舒适度和载运量。汉代已经能够制造连体船，称为"舫"或"方舟"，增强了船舶航行的稳定性、安全性和载运量。汉末王粲《赠蔡子笃》诗云："舫舟翩翩，以溯大江。"❹ 除了舫船以外，汉代已能制造大型奢华游船——鹢首龙舟，《淮南子·本经训》云："龙舟鹢首，浮吹以娱，此遁于水也。"❺《汉书音义》曰："鹢，水鸟也。画其象于船首。"❻ 隋朝时期，我国造船业发达，甚至采用榫接结合铁钉钉联的方法建造了特大型的龙舟。唐宋时期是我国古代造船史上出现的第二个高峰。唐宋时期，无论从船舶的数量上还是质量上，都体现出我国造船事业的高度发展。这一时期建造的舟船不仅种类繁、体积大，而且工艺先进、结构坚固、载量大、航运快、安全可靠。至元朝初期，造船业继续发展，仅水师战舰就达17900艘。元朝造船业的大发展，为明代建造五桅战船、六桅战船、七桅战船、八桅战船、九桅战船创造了十分有利的条件，迎来了我国古代造船业的第三个高潮。由于继承和发展了唐宋的先进造船工艺和技术，明朝时期大量建造了各类船只，其数量与质量远远超过前代。明朝时期的造船工场分布之广、规模之大、配套之全，是历史上空前的，达到了我国古代造船史上的最高水平。正是有了这样雄厚的造船业做基础，才有了郑和下西洋的壮举。

---

❶ 李学勤主编：《十三经注疏》（标点本）《周礼注疏》卷三十九《冬官·考工记》，北京大学出版社 1999 年，第 1060 页。

❷ ［汉］袁康、吴平辑录：《越绝书》卷八《越绝外传记地传》，上海古籍出版社 1985 年，第 58 页。

❸ 《艺文类聚》卷七十一"舟车部"引后汉李尤《舟楫铭》，第 1235 页。

❹ ［梁］萧统编，［唐］李善注：《文选》卷二十三引王粲《赠蔡子笃》，中华书局 1981 年，第 1104 页。

❺ ［汉］高诱注：《淮南子》卷八《本经训》，《诸子集成》第七册，第 121 页。

❻ 《史记》卷一百一十七《司马相如列传》引注，中华书局 1959 年，第 3013 页。

在源远流长的水运船只发展史上，可以看出，我国的水运船只种类多样，各具特色。下面着重介绍几种历史文化底蕴深厚、富有地域特征的水运船只类型。

1. 黄河羊皮筏

羊皮筏流行于青海、甘肃、宁夏等地的黄河沿岸，是传统的水上交通运输工具。羊皮筏是大西北黄河沿岸最古老、原始的渡河工具，最早可追溯至汉建武二十三年，迄今已有近2000年的历史，因制作简单被广泛使用。

羊皮筏多用山羊皮制成。皮囊的制作方法一般是：第一步，将羊宰杀后，先去头，然后从颈口处取出肉、骨、内脏，剩下一张完整的皮子。将其放入水中浸泡数日，捞出曝晒一日，将毛刮净，灌入适量食盐、水和植物油，再次曝晒至外皮呈红褐即可。组筏时用口吹充气，扎好口。第二步，制木排，用5根长约2.33m、宽约0.067m的小木杆做纵木，再备长4市尺、直径约半寸的木棍20根做横木，纵木上凿20个孔，将横木贯穿孔内，并以木楔钉加固，使其不脱落，将13个羊皮囊分成3排，按4、5、4数字排列，用绳扎于木排上，绑系时羊皮囊腹部应朝上，可载400km，作为摆渡工具。大型的羊皮筏以41排、460个羊皮囊组成，可载货15t；小型羊皮筏以27排、330个羊皮囊拼合，可载货5t。

羊皮筏作为黄河上古老的水运工具，见证了人们征服黄河、与大自然搏斗的历程，展示了大西北黄河沿岸独特的人文文化，对于黄河传统的交通运输做出了突出贡献。

2. 西藏牦牛皮筏

牦牛皮筏是一种我国藏族同胞以牦牛皮制作的水路交通工具。西藏地区，河流众多，地形复杂，河床沉积巨石，河水湍急。为适应这种自然环境，藏族人创制了牦牛皮筏这种水上交通工具。

牦牛皮筏起源很早，唐代居住在康区境内的东女国与汉地的水路交通就已开始使用牛皮筏。古代康藏广大地区，如傍水而建的道孚、甘孜、邓柯、昌都、拉萨、日喀则等许多城镇，均使用牦牛皮筏。牦牛皮筏吃水浅，牦牛皮入水一经浸泡，有弹性，对水中暗礁等物耐撞击、耐磨，特别适合于西藏河流的特点。牦牛皮筏的构造简单，以坚硬、有弹性的树木做骨架，将牦牛皮拼对缝合，以湿牛皮包在骨架上，用牛皮绳子捆紧绷好、晒干、擦油定型。为避免牛皮缝口处进水，多采用牛羊油加以密封。牦牛皮筏发展到宋代，已经日趋完善，使用范围也从黄河中上游扩展到中下游。到了明代，出现了大量的牦牛皮筏，牛皮"浑脱"的出现，成为牦牛皮筏发展史的一个重要里程碑。至清代，出现了从事长途运货的专业筏户，牦牛皮筏运输兴旺。

牦牛皮筏一般作长途运输用。牛皮囊以生牛皮制作，多不充气，填以羊毛之类，使用寿命可达 72000km。牛皮筏按吨位可分三种：大型牦牛皮筏以 128 个皮囊组拼，需用水手 10 人，载重约 20t；中型牦牛皮筏有 64 个皮囊，用水手 6 人，载重约 10t；小型牦牛皮筏有 32 个皮囊，用水手 4 人，载重约 5t。

牦牛皮筏轻便灵活，船工可随时搬运，遇水可撑舟、上路则背在肩上，十分方便。牦牛皮筏在西藏高原长期盛行不衰，是西藏年楚河、尼洋河、狮泉河、雅鲁藏布江、澜沧江和怒江上重要的传统运输工具。

3. 黑龙江桦树皮船

在黑龙江上游大兴安岭地区，居住着智慧的鄂伦春族，他们创造出了桦树皮船，形成了源远流长而又独特的桦树皮船文化。鄂伦春族世代居住在大兴安岭地区的呼玛县白银纳村和塔河县十八站等地。白银纳村和十八站境内，呼玛河贯流而过，水网密布，年平均降水量约 400mm。丰富的水系为鄂伦春族的夏季渔猎准备了充分条件。在长期狩猎过程中，鄂伦春族先人创造出了便于水上活动的桦树皮船。

桦树皮船是鄂伦春族夏季渔猎生产、生活的必备交通工具，鄂伦春语称为"奥木鲁钦"，它就地取材，制作简便，以大兴安岭的樟子松板条做骨架，以高寒地带生长的白桦树树皮为船体，然后用松木削成的木钉加固，全船不用一根铁钉。成型后在接缝处涂抹松树油，经过烘烤，可达到密不渗水的效果。桦树皮船形如柳叶，轻便快捷，携带方便，陆行载于马上，遇水用之以渡，为鄂伦春族世代相承的独特生产生活用具。

源远流长的大兴安岭鄂伦春族桦树皮船是珍贵的民族工艺瑰宝，它继承鄂伦春民族祖先 3000 多年的优秀传统，成为鄂伦春民族的文化符号。

水运船只为水运交通的发展、社会的进步起到了重要的作用，充分见证江河流域水事活动的物换星移，充分表现江河流域民众不断实践与不断创造的历史脚步，充分孕育江河流域灿若星河的水运文化。

三、水运船帮

内河航运是内陆地区的民生命脉与经济命脉，由此产生了以航运来谋生或谋利的群体，形成了水运船帮。船帮的产生是工商业兴起、水运发展的结果。船帮的首领始称为"帮董"，后又改称为"首人""会首""夫头"等，一般多叫"会首"。除会首外，还有总领、值年，是船帮办事主要骨干，协助会首处理事务，出谋划策。各地船帮选会首时间不一，有的一年一选，有的三年"执政"。会首必须谙熟航运业务，还有的会首能文能武，以此来拓宽本帮的权势与业务范围。各地船帮宗旨不同，按照当地区域的地理状况、货源多少、航道情况而定。船帮都有约定俗成的规章制度，称为"帮规"。"帮规"具有约束力，惩罚条款很严，要求本帮会员严格遵守。有的"帮规"除约束会员外，也有为本船帮谋公益事业的内容，利于水上航运安全。

1. 运河船帮

运河船帮是大运河上的船民组成的互助互利组织，有着悠久的历史，是推动漕运发展和运河航运兴盛的重要组织。

明代漕粮，基本上实行官运（即军运）；清代漕粮则有官运、民运两种。官运、民运，均按行政区省、府、州分帮转运。漕粮运输，称作官运；白粮运输，系由地方府州雇觅民船承运，称作民运。不论官运还是民运，都由船帮组织来完成。军运的漕运把总之下，就是漕帮。帮是漕船运输编队，每帮设有领帮官员。每帮多少船只无统一规定，据万历九年（1581 年）各卫所拥有漕船数量计算，每帮多者船百余艘，少者 20 余艘。民运白粮船帮，一个船帮一般是 18 艘船，每船 18 人。❶

2. 川贵船帮

川贵船帮是四川、重庆、贵州一带的船帮。川江水系船只常年云集，数以千计，因此川贵船帮由来已久。川贵船帮的形成，主要有三个原因：一是单船运输量有限，遇有大客商货单，单凭一家船只难以承运，只有组成船队才能接大单；二是船民以船为家，居无定所，必须团结，其成员大多为亲戚或同乡关系；三是川江滩多浪急，遇险时必须有人倾力相助，唯有船帮靠得住。

川贵船帮的兴起与川江盐运业有着不可分割的关系。贵州古代少盐，历史上销往贵州的主要是川盐。据《中国盐业史》记载："贵州全境多山，地形崎岖，交通阻塞，陆运需要人背马驮，水运要盘滩过载"。❷ 在山峦起伏的贵州地区，自川入黔的盐运促进了水运的不断发展。四川自贡富顺所产井盐主要经长江水路，逆赤水河而上，抵达上游茅台，再经陆路运送省会贵阳及黔省其他一些地区。盐运的发达不仅带动了沿途城镇的兴盛繁荣，推动了贵州船运业的发展，更促成了船帮的形成和发展。

---

❶　高建军：《山东运河民俗》，济南出版社 2006 年，第 116 页。

❷　政协贵阳市委员会编：《贵阳商业的变迁》，贵州人民出版社 2012 年，第 92 页。

到清光绪三年（1877 年），川江之上，以重庆为中心，形成了三大船帮，皆为木船帮派，以朝天门为界，上游的船帮称上河帮，下游的船帮称下河帮，嘉陵江为小河帮。各大帮内又有若干小帮，各自把持大小河和本帮地区的航运业务。上河帮分为七帮：富盐帮、金堂帮、嘉阳帮、叙府帮、合江纳溪帮、江津帮、綦江帮。下河帮分为八帮，其中包括川五帮，即大红旗帮、长涪帮、忠丰石帮、万县帮、云开奉巫帮，还包括长旗帮、短旗帮、庙宜帮。小河帮分四帮：渠河帮、合川帮、遂宁帮、保宁帮。此外，还有往来于重庆的揽载五帮，以及重庆各区县拥有的 9 个船帮，总计以重庆为中心的川江木船运输业共有 33 帮。船帮拥有多艘木船，成批承运食盐等物资，有时也受雇运送客商，是效率较高的川江运输组织。

3. 江西船帮

江西船帮是江西境内赣江、修水、饶河、信江、抚河、鄱阳湖一带的船帮。在古代，江西五河一湖流域商业繁荣兴盛，水路运输繁忙，船帮随之兴起并不断发展，形成了排帮、粮船帮、盐船帮、瓷船帮、渔船帮、茶叶船帮、岸帮等。这些船帮的兴起与江西的瓷器、茶叶、药材、粮食、盐业、矿业发展有着紧密的关系。

江西船帮大多以地域为单位，聚集一起，抱团作业，形成了抚州帮、都昌帮、湖北帮、余干帮、南康帮、南昌帮、信江帮等。以鄱阳港为例，到中华人民共和国成立前，翻阳港的船帮总共约 20 家（表 6－1）。❶ 这些船帮以地域文化与民间乡情语系为纽带，重义重信，形成重要的水运力量。这众多的船帮说明鄱阳港的繁荣与兴盛，反映了江西五河一湖水路运输的繁忙与发达。

表 6－1　　　　　　　　　　鄱 阳 港 船 帮

帮名称	帮主负责人	帮名称	帮主负责人	帮名称	帮主负责人
马口帮	俞子林	湖北帮	刘义刚	南昌帮	涂芳
抚州帮	陈庆龙	麻柘帮	胡樟度	南康帮	黄衡山
合义帮	何光辉	余干帮	何有福	广信帮	徐冬发
都昌帮	黄金太	上饶帮	徐女清	梅漳帮	陈绍有
西河帮	胡康	莲湖帮	张思迪	福昌帮	曹兴贵
大兴帮	秦秋福	永兴帮	丁先智	振兴帮	胡长春
工友帮	陈先国	信江帮	程仁寿		

❶ 中国人民政治协商会议波阳县委员会文史资料研究委员会编：《波阳文史资料》（第 6 辑），中国人民政治协商会议波阳县委员会文史资料研究委员会 1990 年，第 101 页。

江西船帮建有独具特色的船形文化建筑，象征着船舶启航。在江西南城洪门饶坊村和黎川洲湖村都有江西船帮建造的船形古屋建筑。以黎川县城之东北 30km 处华山垦殖场洲湖村为例，古屋建筑始建于清道光二十一年（1841 年），历时 3 年后竣工。船屋坐西朝东，建筑面积约 10 亩，房屋院墙高6m，内有 36 个天井，108 间房，造型奇特，规模宏大，装饰精奥，富丽堂皇。从村后南山俯瞰古宅，可见黛灰色的船屋犹如一艘向西北方向逆水行驶的巨型船舰，6 丈高的院墙犹如船舷，黑色瓦顶连成一片犹如母舰甲板，其西北方向建成尖头状，活像尖尖船头，东南一排平房，像宽阔船尾。船屋有厅有房，既便于帮人在堂议事，又便于帮友住房歇息。这样的船形文化建筑，体现了江西船帮"同舟共济"的文化特色。

四、水运符号——江河号子

号子，又称劳动号子、哨子，是一种伴随劳动而唱的民歌。古代社会，号子文化是人们生产文化的重要符号。这里以黄河号子、长江号子和运河号子为例着重讨论河流水运符号——号子文化。

（一）黄河号子

中华民族的母亲河黄河孕育了五千年的华夏文明，也孕育出了丰富的水运文化符号。黄河号子是黄河水运符号的代表，是古代黄河治河与水运过程中集体劳作时有节奏的"劳动号子"，是黄河上古老民歌的一种歌唱形式。据《宋史·河渠志》记载："凡用丁夫数百或千人，杂唱齐挽，积置于卑薄之处，谓之'埽岸'。"[1] 这种"杂唱"就是黄河号子。黄河号子是黄河的魂，也是中华民族的根，在黄河文化中占有极其重要的地位。黄河号子按照河工的不同工种、抗洪抢险中不同阶段施工的技术要求，形成各种不同的类型，如抢险号子、土硪号子、船工号子等。

1. 黄河抢险号子

黄河抢险号子共分骑马号、绵羊号、小官号和花号 4 种。骑马号，节奏明快，声调高亢。绵羊号，节奏舒缓，常在人们疲倦困乏时使用，以调整紧张情绪。小官号节奏先慢后快，柔中有刚，将紧张气氛化解于轻松愉快之中。花号内容丰富，有历史故事，有名言佳句，曲调优美，能起到消除疲劳的作用。[2]

---

❶ ［元］脱脱等：《宋史》卷九十一《河渠志一》，中华书局 2013 年，第 2266 页。
❷ 李富中、苏自力、刘晖、常素霞：《黄河号子·灿烂文化孕育瑰丽奇葩》，《黄河报》2008 年 7月 8 日第 4 版。

2. 黄河土硪号子

黄河土硪号子主要有老号、新号、缺把号、紧急风、板号、打丁号、二人对号、综合号等。老号，即慢号，具有"一掂一打"的显著特点。新号，即预备号，无号词，一般四句，也是"一掂一打"，但节奏与老号不同。缺把号，也叫挡山号，主要有慢缺把和快缺把两种。紧急风，是比缺把号更快的一种号，领号人喊号口述硪词，每句最后以"呀"结束，应号者则以"嗨呀"相对。板号，也叫沾地起，即石硪沾地后迅速拉起，是速度最快的号。打丁号，即打地基时为增强压实度连打多硪所喊的号子。二人对号，即两硪头互相提问，交替应答，可以起到调节气氛的作用。综合号，即将多种土硪号子串在一起，综合使用，有张有弛，快慢相间。❶ 土硪号子号词通常根据生活中的一些笑料、历史故事或经典经验等编排而成，熟练时即兴创作，充分体现了劳动人民的智慧。

3. 黄河船工号子

黄河船工号子分"拨船号子""行船号子""拉篷号子""爬山虎号子"和"推船号子"等。船工们祖祖辈辈生活在黄河上，漂泊在木船上。他们对黄河了如指掌，视船如命，在与黄河风浪搏斗的实践中，创作出了丰富多彩、独具特色的船工号子。声声号子，抒发了船工们复杂的感情，反映了他们的喜、怒、哀、乐、忧、怨、悲、欢。如"艄公号子声声雷，船工拉纤步步沉。运载好布千万匹，船工破衣不遮身。运载粮食千万担，船工只把糠馍啃。军阀老板发大财，黄河船工辈辈穷"，深刻反映了黑暗岁月中船工的悲惨生活；而"一条飞龙出昆仑，摇头摆尾过三门。吼声震裂邙山头，惊涛骇浪把船行"，则体现了船工们对大自然以及美好生活的向往和热爱。

黄河号子多种多样，大河上下各具特色。黄河号子有领唱、齐唱等演唱方式，它曲调高亢激奋，节奏沉稳有力，调式调性变化频繁。在相对舒缓的劳动中，号子的"领句""和句"较长；而在较为紧张的劳动中，"领句""和句"都十分短促。多数时候，"和句"都是在"领句"唱完后接唱，但也有"和句"在"领句"结束前就进入的情况，此时两个声部构成重叠。紧张的劳动、沉重的负荷使黄河号子形成了以吆喝、呐喊方式演唱的特点，号子也就在黄河边民众一代代的吼唱中延续下来。黄河号子在黄河治理与开发的实践中，发挥着独特的、不可替代的作用，是十分珍贵的非物质文化遗产。

（二）长江号子

长江号子是指长江及其支流上的各种号子。自古以来，长江水急弯大、

---

❶　汤洁：《孟州土硪号子探究》，《艺术评论》2012 年第 7 期，第 150 – 152 页。

地貌复杂。从长江水域的先民们以船只为航渡工具开始，长江号子就得以萌发并逐渐形成丰富多样的内容。下面着重介绍长江号子中地域特色浓厚、久负盛名的峡江号子和酉水号子。

1. 峡江号子

长江三峡一段俗称"峡江"，其中以西陵峡最为险峻，而西陵峡的险峻又以流经秭归的一段为最甚。这里江面狭窄，水势湍急，暗礁险滩比比皆是。2000多年来，巴楚船工在此劳动、生活，形成了抒发胸襟的船工号子。在湖北号子类民歌中，峡江号子最具特色和代表性。长江峡江号子现存126首，其中船工号子94首，包括拖扛、搬艄、推桡、拉纤、收纤、撑帆、摇橹、唤风、慢板等9种号子；搬运号子32首，包括起舱、出舱、发签、踩花包、抬大件、扯铅丝、上跳板、平路、上坡、下坡、摇车和数数等号子。

长江峡江号子以高亢、浑厚、雄壮、有力为特征。音乐旋律与内容融为一体，音调多与语言声调结合，它行腔自由舒展，节奏、速度视具体活路即演唱时所从事的劳动而定。峡江号子行腔中以"腔旋律"居多，也有"韵调旋律"，带有古老的徵羽乐风。其表现形式多为一领众和，领唱者有一整套适合各种行船活路的曲目，有时还会根据具体状况和需要即兴编唱几句行船"行话"以指挥劳动，如起航前喊"活锚号子"，平水时哼"摇橹号子"，顺风时叫"撑篷号子"，等等。长期以来，峡江号子一直在峡江船工中承沿不绝。

长江峡江号子是劳动群众集体创造的生命乐章，它成为峡江地区最富凝聚力、最具标志性的一种文化符号，显示出独特的民俗学、音乐史及地方历史文化价值。

2. 酉水号子

流经湘、鄂、渝、黔四省市边界的酉水是土家族的母亲河，在其流域范围内是中国土家族最大的聚集地区。旧时这里的土家族有很大一部分亦农亦船，在行船过程中逐渐形成了酉水船工号子特殊的歌唱形式，以协调船工动作，统一节奏，调节劳动情绪。

酉水船工号子历史悠久，内容丰富，曲调高亢婉转，领唱伴唱配合默契，带有浓重的土家族音乐特色。其演唱形式主要包括行船的桨号子、橹号子、岸边号子及晚间休闲民歌坐唱等几种。桨号子、橹号子采用一人领唱、众人伴唱的表现形式，桨号子一般在风平浪静的河面上演唱，给人以悠闲、轻松的感觉。橹号子多由船工即兴编唱，往往采用讽刺、夸张、比喻等手法，旋律性不强。岸边号子包括船工齐唱的纤号子和装卸号子等，纤号子系行船遇上险滩，上岸拉纤时所唱；装卸号子系船靠码头，船工上货、下货时所唱。

船工在晚间船靠码头、居于船头休闲或上岸上茶馆时会唱一些土家族山歌及民间小调，代表性的曲目有《老司歌》《篙号子》《桨号子》《橹号子》《纤号子》《装卸号子》《大河涨水小河满》《龙船调》等。（图6-4）。[1] 西水船工号子与土家族船工的生产劳动密不可分，一直在当地民间传沿不绝。

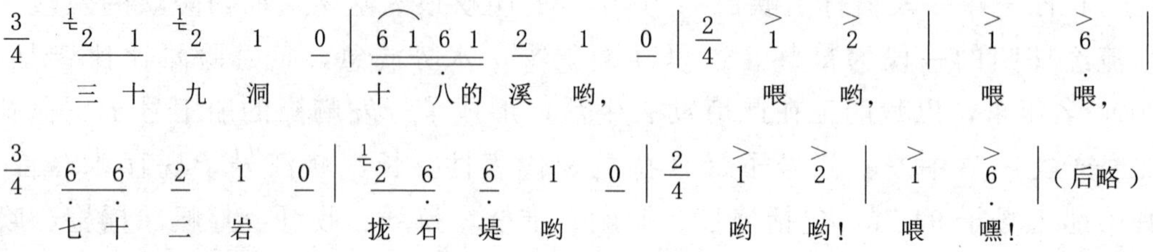

图6-4 桨号子

西水船工号子最初用土家族语言演唱，其内容涵盖了土家族的人文历史、地理风貌、原始宗教信仰、生产生活等多个方面，在土家族的民族文化中具有不可替代的重要价值。

（三）运河号子

京杭大运河是世界上最长的人工运河。它北起北京通州，南至浙江杭州，自隋朝起，是历朝历代南粮北运、物资流通的主要大动脉。在运输的过程中，逐渐形成了运河号子，总的可以分作两类：一类为运河船号，另一类为运河夯号。

1. 运河船号

运河船号是数百年前，祖祖辈辈生活在运河上的船工们，在与大自然的奋力抗争中逐渐形成的。

船号种类繁多，目前已知的船号大致可分为以下10种：起锚号，即开船前，撤去跳板，开始起锚喊的号子；揽头冲船号，即用篙把船头揽正，顺篙冲船，把船冲至深水处喊的号子，此号稳健有力，无旋律，为一领众和；摇橹号，即船到深水处，顺水摇橹时喊的号子，此号简洁明快、坚毅、有弹性；出仓号，即卸装船时喊的号子，此号较自由，旋律性强，为只有上下乐句的单曲体结构；立桅号，即逆水行船前，立起桅杆时喊的号子，此号简洁有力；跑篷号，即升起篷布时喊的号子，此号比立桅号稍慢些；闯滩号，即船搁浅时，船工下水推船时喊的号子，此号用立桅号曲调，只是速度慢些，更扎实，有张力；拉纤号，即纤工背纤拉船时喊的号子，此号悠长、缓慢、稳健，为

---

[1] 朱嘉琪总编：《四川省民族民间音乐研究文集》，大众文艺出版社2008年，第93页。

了增加劳动兴趣，领号人扮成三花脸，头上梳小辫，手拿大扇骨，骨头上挂铃铛，拴着红布条，在前面领逗；绞关号，即休船期把船用绞关拉上岸，推绞关时喊的号子，节奏性增强，也叫"短号"；闲号，即船工休息时喊的船号，此号较自由，旋律性强，为即兴编词演唱（图6-5）。❶ 总之，运河船号是流淌在运河之上的船夫曲，由于船务劳动内容多样，运河上水路和气候情况

拉　纤　号

1=F　2/4

中速稍慢

演唱：徐福田

记谱：川昆、顾珣

图6-5　运河号子之拉纤号

---

❶　李永著：《鲁西南传统音乐史》，苏州大学出版社2014年，第24页。

复杂多变，为应对变化不定的各种情况，运河船号有着不同的系列号子，各种运河号子的用途不同，曲调、节奏、速度和情绪等也有着很大的差别和变化。

2. 运河夯号

运河夯号是劳动人民在修筑运河堤坝和建造房屋时所唱的一种劳动号子。人们使用方石或圆铁饼穿绳，众人牵绳在一起一落中夯实地基，为使这一打夯动作整齐划一，让劳动变得更为轻松和欢快，这时由指挥者带领众人一边歌唱，一边干活，形成夯号，也称为工程号子。劳动的强度和速度，决定了工程号子的歌唱性和节奏。当劳动强度较小时，号子的曲调潇洒而豪爽；当劳动强度较大时，号子的曲调就显得粗犷而沉重。在强度大而节奏紧张的劳动中，号子音乐的节奏快而有力，旋律简单，有时甚至出现单纯的呼号（图6-6）。[1] 运河夯号生动地反映了运河沿岸劳动人民乐观积极的生活态度和勤劳淳朴的坚毅性格。

十 字 花

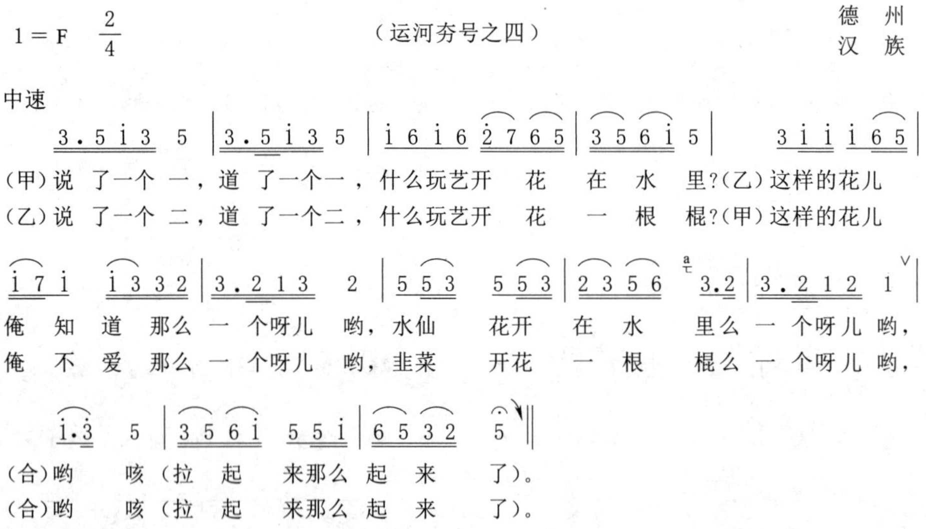

演唱者：谢景明

记录者：占 河

图6-6 运河夯号之十字花

---

[1] 山东省艺术馆编：《山东民间歌曲选》，山东人民出版社1980年，第133页。

第七章 湖 泊 水 文 化

水是生命之源、生存之本，水的物质形态千奇百怪，有大海、江河、湖泊、池塘、水库、溪流、泉水等。湖泊作为水物质形态的重要表现形态之一，好比一颗颗珍珠散落在大地上，镶嵌在地球上，散发出熠熠光芒，对人类的世界产生直接或间接的影响与作用。本章主要讨论从湖泊形成与空间分布、湖泊的历史文化、湖泊的渔俗文化以及具有特色的名湖等，有助于认知湖泊水文化的历史渊源、发展历程及主要特征。

第一节 湖泊的形成与空间分布

湖泊的蓄水量是仅次于冰川的较大水体，其水量是河流蓄水量的 180 倍。据统计，我国目前拥有近 25000 个天然湖泊，湖水面积高达 80000km²。在众多湖泊中，面积超过 1km² 以上的小湖近 2900 个，面积超过 1000km² 以上的大湖有 13 个。此外，还有人工湖泊（水库）近 87000 个。作为水生态重要的载体，湖泊有着独特的历史生成渊源和空间分布特征，其生态意义不可小觑。

一、湖泊的形成与分类

什么叫湖，根据《多功能现代汉语词典》解释，湖是"四周被陆地围着的大片水域"。[1]《现代汉语词典》中"湖"的注释是"被陆地围着的大片积水"。[2]《康熙字典》对"湖"的注释是："《说文》大陂也，《周礼·夏官·职方氏》：扬州其浸五湖，《水经注》五湖，谓长塘湖、太湖、射贵湖、上湖、隔湖，又水名。"[3] 可见，词典对于湖的命名大意就是被陆地围着的一大片水域。再查阅地理词典，《中国古今地理通名汇释》释"湖"为："陆地表面的

---

[1] 《多功能现代汉语词典》，外文出版社 2011 年，第 386 页。

[2] 中国社会科学院语言研究所词典编辑室编：《现代汉语词典》，商务印书馆 2005 年，第 576 页。

[3] 《康熙字典》，中国书籍出版社 1997 年，第 565 页。

天然洼地中蓄积水分的水域；山间的小盆地；指人工开凿的湖泊，即水库"❶。从地理学角度，湖有天然湖、有人工湖，对湖的定义表述得较为完整。这里论述的"湖"主要指天然湖泊。

湖泊形成需要具备两个最基本的条件：一是要有一个能长期蓄水的湖盆，即四周高、中间低的洼地；二是要有充足且能源源不断补给的水源，使湖盆内能长期保有一定的水量。湖泊的形成与演化深受区域地质构造、气候条件、人类活动等多种要素的影响和控制。按湖水排泄条件的不同，我国的湖泊可分为湖水通过江河排入海洋的外流湖和不能流入海洋的内陆湖。但是，对湖泊的划分，最常见的方法是根据湖盆的成因及其湖泊水源补给条件的差异划分为8种类型，即构造湖、火山口湖、堰塞湖、冰川湖、岩溶湖、风成湖、河成湖和海成湖。

事实上，许多湖泊并不是单一原因而形成的，而是多种自然作用综合用力的结果。我国东北境内的镜泊湖，就是在地壳断陷的基础上，后又经火山喷发，熔岩堰塞了牡丹江上游河道而形成的，因此可以称为断陷—堰塞湖。

另外，按照湖水的含盐度进行分类，可以将湖分为淡水湖、微咸水湖、咸水湖等。我国面积最大的湖泊是青海湖，它同时也是我国最大的咸水湖。

1. 构造湖

构造湖指由地壳的构造运动（断裂、断层、地堑）所造成的洼陷，积水而成的湖。特点是湖泊的形状狭长，湖岸平直、湖坡陡峻，深度较大。中国的洱海、青海湖及东非断裂谷中的坦噶尼喀湖等都是构造湖。其中地堑型构造湖更为多见，它的特征是湖泊平面形态比较简单，湖岸线比较平直，一般面积和深度较大。第四纪以来形成的构造湖，在伴随地壳构造运动的过程中，湖底可相对于湖岸发生间歇性下陷，并于湖岸发育有湖岸阶地。湖岸阶地面之间的高度可大致代表构造湖每次下陷的幅度。发育在今大型活动断裂带内的一些构造湖与地震活动有较密切的联系，如贝加尔湖发育于贝加尔裂谷系中。

关于构造湖的具体成因，一般认为是大地表面，可能是高山高原，也许是丘陵、平原的地面发生断裂，并且沿断裂方向出现明显坳陷，后逐渐储水，日积月累后形成湖泊。以云南抚仙湖为例，经研究，抚仙湖就是晚第三纪喜马拉雅运动时期形成的断陷盆地，积水成湖泊。

2. 火山口湖

火山口湖是由死火山口积水从而形成的一种湖泊。火山喷发、熄灭之后，

---

❶　崔恒昇编著：《中国古今地理通名汇释》，黄山书社2003年版，第340页。

冷却的熔岩和碎屑物堆积在火山喷发口周围，使火山口形成一个四壁陡峻、中央深邃的漏斗状洼地，集水后成为火山口湖。火山口湖一般多呈圆形，面积小而深度大。中国长白山主峰白头山顶的天池即为著名的火山口湖，面积 $9.8km^2$，最大水深 373m，湖水从破口溢出，成为瀑布。有的火山口湖在形成后又发生火山的重新喷发，新的火山锥或岛屿就在湖中心出现，如美国俄勒冈州的克莱特湖。

这类湖泊非常有意思。如果火山处于休眠或者死亡状态，湖水会非常清澈。可以直接作为饮用水使用。比如梅扎马火山的火山口湖，是周围城市重要的水源地。而如果火山体处于半休眠状态，湖底也就是火山口会释放出各种酸性气体，导致火山口湖的湖水呈现强烈的酸性和不同颜色。如果气体以二氧化硫为主，和湖水结合形成硫酸，水体成蓝绿色，类似于绿松石的颜色；而如果以二氧化碳为主，则形成碳酸湖，水体呈现出灰白色。这类火山口湖很有危险性。一旦火山喷发，上亿吨湖水混着灼热的火山岩浆被炸飞到天上，并倾泻而下，造成严重灾难。即使不喷发，酸性湖水年复一年地腐蚀着火山口的边缘，原本坚固的岩壁会变得脆弱不堪，不知道什么时候就会坍塌，导致湖水外泄，形成山洪，后果也是极其致命的。

3. 堰塞湖

堰塞湖是由火山熔岩流或由地震活动等原因引起山崩滑坡体等堵截河谷或河床后贮水而形成的湖泊。由火山熔岩流堵截而形成的湖泊又称为熔岩堰塞湖。堰塞湖的形成有 4 个过程，一是原有的水系；二是原有水系被堵塞物堵住；三是河谷、河床被堵塞后，流水聚集并且往四周漫溢；四是储水到一定程度便形成堰塞湖。堰塞湖一旦决口会对下游形成洪峰，处置不当会引发重大灾害。

中国黑龙江省的五大连池和镜泊湖均系火山熔岩流阻塞而成的湖泊，前者形成仅 200 多年历史，1719—1721 年老黑山、火烧山两个火山再次喷发，熔岩流堵塞了原讷莫尔河的支流白河，迫使其东移，从而形成由石龙河贯串的 5 个火山堰塞湖。后者是第四纪玄武岩熔岩流截断了牡丹江的出口，形成了面积 $95km^2$、最大水深 62m 的镜泊湖。1942 年台湾地区阿里山两次山崩，在嘉义境内形成的堰塞湖水深达 160m。因堰塞湖多形成于河道上，故规模一般不大，外形较狭长。

4. 冰川湖

冰川湖是冰川侵蚀作用形成的湖泊。冰川在重力和压力作用下顺谷地向下游移动时，常挟带大量碎屑物，可磨蚀地表，使地表成为凹地，或改变已有的凹地成为湖盆。在冰川融化后，出口被冰碛物所堵塞，积水成湖。

冰川湖主要分布在高山冰川作用过的地区，其中念青唐古拉山和喜马拉雅山区分布较为普遍。冰川湖的海拔一般较高，且湖体较小，多数是有出口的小湖。如藏南的八宿错，它是由扎拉弄巴和钟错弄巴两条古冰川汇合以后，因挖蚀作用加强所形成的冰川槽谷，后谷口被终碛封闭堵塞形成，湖面高程3460m，面积26km²，最大水深60m。藏东的布冲错是由于出口处有四条平行侧碛垄和两条终碛垄围堵而形成的冰蚀湖。湖区古冰川遗迹保留完整，东南岸有一片冰碛丘，沿湖伸展30km以上。新疆境内的阿尔泰山、天山和昆仑山亦有冰川湖分布，它们大多是冰期前的构造谷地，在冰期时受冰川强烈挖蚀，形成宽坦槽谷，冰退时，槽谷受冰碛垄阻塞形成长条形湖泊。如博格达山北坡的新疆天池，古称瑶池，相传是王母娘娘沐浴的地方。

5. 岩溶湖

所谓岩溶湖，又称喀斯特湖，在石灰岩地区分布较广，由喀斯特作用（岩溶作用）所形成的洼地积水而成的湖泊，是侵蚀湖的一种。它可以是由具有溶蚀性的水对可溶岩进行溶蚀作用后，形成了洼地积水；也可以是由地下水溶解土壤中的盐类引起塌陷而生成塌陷湖。岩溶湖主要靠地下水供水，水量一般较稳定。也有部分岩溶湖湖底与地下河相通，此类岩溶湖只在雨季时出现，干旱季节因湖水流入地下河而消失。

岩溶湖面积不大，水较浅。我国的岩溶湖大多分布在岩溶地貌较为发育的滇、黔、桂等省、自治区，如贵州省威宁的草海。

6. 风成湖

风成湖是因沙漠中沙丘间的洼地低于潜水面，由四周沙丘汇集洼地而形成。此类湖泊都是不流动的死水湖，不仅面积小、水浅、无出口，而且湖形多变，常常是冬春积水，夏季干涸成湿地。

在新疆塔里木河下游一带的沙丘间洼地，湖泊分布较多，大多是淡水湖，越近沙漠中心，湖泊渐少。风成湖由于其变幻莫测，常被称为"神出鬼没"的湖泊。例如，非洲的摩洛哥柯萨培卡沙漠的东部高地上有一个"鬼湖"，它变幻莫测。晚上，明明是水深几百米的大湖，一旦天亮后，不仅湖水消失，而且还会变成百米高的大沙丘。其实，地下可能有一条巨大的伏流，有时地层变动（一般在晚上），地下大河（伏流）便涌溢上来，形成了大湖。当刮起大风沙时（一般在白天），风沙又把它填塞，湖就消失而成沙丘。

7. 河成湖

河成湖的形成往往与河流的发育和河道变迁有着密切关系，且主要分布在平原地区。因受地形起伏和水量丰枯等影响，河道经常迁徙，因而形成了多种类型的河成湖。

我国国土辽阔，河成湖类型甚多，主要有下列 5 种。

（1）由于河流挟带的泥沙在泛滥平原上堆积不匀，造成天然堤之间的洼地积水成为湖泊。湖北省长江与汉水的湖群（如洪湖），河北省的注淀湖群（如白洋淀），多属此类湖泊。

（2）支流水系因泥沙淤塞不能排入干流并与干流隔断，支流产水而形成长条形的湖泊，如安徽省境内淮河流域的城东湖和城西湖就是 19 世纪三四十年代受堵而形成的。

（3）支流水系的水流因受干道水流的顶托而宣泄不畅，甚至干流水还倒灌入支流，使支流下游平原因洪水泛滥而形成湖泊，如江西省的鄱阳湖。

（4）洪水泛滥时，河水侵入两岸高地间的低洼地，并形成河湾，在湾口处沉积了大量的泥沙，洪水退后形成堰堤湖，如湖北省江夏区的鲁湖。

（5）1194 年黄河南徙后，泗水下游被拥塞，河水宣泄不畅，储水而形成了一些相连的湖泊，由此而成为南阳湖、独山湖、昭阳湖和微山湖，总称为南四湖。

8. 海成湖

海成湖原为海域的一部分，因泥沙淤积而与海洋分开，形成封闭或接近封闭状态的湖泊。其中最常见的是潟湖，系靠近陆地的浅水海域被沙嘴、沙坝或珊瑚礁所封闭或接近封闭而成。有的潟湖保留有高潮时与海相连的狭长通道，有的则完全不通。中国台湾地区的高雄港就是由潟湖改建而成的。有一些形成年代较久的古潟湖，因长期与海隔离，陆上淡水注入，已逐渐淡化成淡水湖，称残迹湖，如浙江杭州的西湖。

在数千年前，杭州的西湖还是与钱塘江相连的一片浅海海湾，后来由于海潮和河流挟带的泥沙不断在湾口附近沉积，使海湾与海洋完全分离，才形成今日的西湖。西湖古称金牛湖、明圣湖，又名钱塘湖，雅号西子湖，因地处杭州西郊而得名。西湖由潟湖演变以来，曾多次进入沼泽化阶段，经历代劳动人民的多次修浚，才形成现今的风貌。

二、湖泊的空间分布

在我国，就湖泊的分布而言是范围广而又相对集中，大致可以划分为 5 个集中区域，即东部平原湖区、青藏高原湖区、蒙新高原湖区、东北湖区和云贵高原湖区。这 5 个湖区中，又以东部平原湖区和青藏高原湖区的湖泊最多，占比高达全国湖泊面积的 74%，形成东西遥相呼应的两大稠密湖群。东部平原湖区主要分布在长江中下游平原、淮河下游和山东南部，是我国淡水湖最集中的地区，占全国湖区总面积的 1/3。鄱阳湖、洞庭湖、太湖、巢湖、洪泽湖等五大著名淡水湖都聚集在这一区域。

青藏高原不仅是我国重要的湖泊分布地区，而且是世界上最大的高原湖泊群分布区，大部分湖泊海拔均在四五千米以上，仅西藏自治区就有大小湖泊 1500 多个，其中海拔高于 5000m 以上的湖泊有 70 多个。这些湖泊不及海洋那样广阔无垠，也不像江河那样奔腾不息，但它们却大小不定、咸淡各异，以千姿百态的风貌并存着，对人们的生产、生活有着间接或直接的影响。它们不仅拥有丰富的水利资源，如灌溉、水电、航运和对干旱、洪水的调节，而且含有丰富的水产资源、矿物资源、旅游资源等。湖泊与大江、大河一样，是人类文明发展的摇篮。

一般来说，湖泊是指陆地上低洼地区储存大量而不与海洋发生直接联系的水体，与人类社会发展有着千丝万缕的交互关系。湖泊是湿地的重要组成部分，是仅次于冰川的较大水体，其水量是河流蓄水量的 180 倍。可见，湖泊的水体价值相当之高。

自 1949 年至今，我国开展三次湖泊方面的调查与普及。1958—1987 年，中科院南京地理与湖泊研究所等单位陆续开展了全国第一次湖泊资源调查。调查结果显示，全国共有面积大于 $1.0km^2$ 的湖泊 2759 个，总面积 $91019.6km^2$，就面积而言，以特大型湖泊（大于 $1000km^2$）、大型湖泊（$500\sim1000km^2$）、中型湖泊（$100\sim500km^2$）为主体。[1]

第二次全国湖泊调查，自 2007 年起，历时 5 年，通过实地调研和卫星定位等，基本掌握了我国湖泊的现状。全国有自然湖泊 2693 个，分布在除海南、福建、广西、重庆、香港、澳门外的 28 省、自治区、直辖市，总面积为 $81414.6km^2$，约占国土面积的 0.9%。其中湖泊数量最多的三个省份，分布在西藏自治区、内蒙古自治区和黑龙江省。全国最大的咸水湖是青海湖，最大的淡水湖是鄱阳湖，最大的堰塞湖是镜泊湖。拥有湖泊数量最多和面积最大的湖区均是青藏高原湖区，分别占全国湖泊总数量和总面积的 39.2% 和 51.4%。[1]

第三次全国湖泊调查，是 2010—2012 年，普查时段是 2011 年，普查范围是中华人民共和国境内，除香港、澳门和台湾地区外。普查结果表明，常

---

[1]　王圣瑞：《中国湖泊环境演变与保护管理》，科学出版社 2015 年，第 22-23 页。

年水面面积 $1km^2$ 及以上湖泊有 2865 个，水面总面积 7.80 万 km^2（不含跨国界湖泊境外面积），其中淡水湖 1594 个，咸水湖 945 个，盐湖 166 个，其他湖泊 160 个（不含港、澳、台地区）。❶

我国幅员辽阔，湖泊众多、分布广泛，根据分布地区的民族差异，对湖泊的称呼有 30 多种，如湖、泊、池、荡、淀、漾、泡、海、错、氿、诺尔、茶卡、淖、洼、潭、海子、库勒、浣等。例如，我国东部太湖一带称湖泊为荡（黄天荡、元荡）、漾（麻漾、金鱼漾）、塘（官塘、大苇塘）、氿（东氿、西氿）。

东北松辽地区称为泡（月亮泡、查干泡）；内蒙古称诺尔（查哈诺尔、腾格尔诺尔）、淖（察汗淖、九连城淖）、海子（盐海子、碱海子）等；新疆称库尔或库勒（阿克苏库勒、硝尔库勒）；西藏称错（纳木错、羊卓雍错）或茶卡（伊尔茶卡、扎布耶茶卡）；华北一带的湖泊较浅，一般又称作淀（白洋淀、东淀）、洼（团泊洼、文安洼）。这些湖泊的称谓，有着明显的地域分布特征，并深含民族与语言的特色。

我国湖泊众多，名湖灿烂，这些湖以其自然风光闻名遐迩，成为许多古今文人墨客休闲娱乐之地。他们多留下许多名篇佳作，及许多流传千古的故事与传奇，吸引天下名士与游人，如江西鄱阳湖、湖南洞庭湖、安徽巢湖、河北白洋淀、江苏太湖、杭州西湖、济南大明湖、嘉兴南湖、武昌东湖和南京玄武湖等，都是引人入胜的名湖。❷

---

❶　王圣瑞：《中国湖泊环境演变与保护管理》，科学出版社 2015 年，第 22 - 23 页。
❷　王圣瑞：《中国湖泊环境演变与保护管理》，科学出版社 2015 年，第 13 页。

第二节 湖泊塘浦圩田工程

以塘浦圩田工程为代表的湖区水利，是古代比较典型的农田水利工程。恰因为塘浦圩田工程的兴修，这些地区后来都成为古代农业经济较发达的地区。本节梳理几大湖区在历史上塘浦圩田工程，有助于认识湖泊工程文化，汲取经验教训，为当今湖泊水利建设提供一定的思路。

一、鄱阳湖区的圩

江西地形三面高山，群山环抱，东靠武夷山脉，南临九连山脉，西有罗霄山脉，北为幕阜山等，北面如同"洼地"。境内赣江、抚河、信江、饶河、修水五大河流，汇入中国最大的淡水湖——鄱阳湖，形成鄱阳湖水系，经调蓄后由北边的"缺口"湖口注入长江。鄱阳湖古称彭蠡泽，自西汉到唐末五代、两宋时期，彭蠡泽历经沧桑巨变，迅速往东南扩展，大体奠定了现在的范围和形态，在清代时期，水域面积 6000km² 左右。

鄱阳湖作为典型的浅水型淡水湖泊，每年随季节和雨水的变化丰枯交替，丰水时看不见边、枯水时像一条线。鄱阳湖冲积平原区地势平坦、土地肥沃、雨量充足，被誉为"鱼米之乡"，是我国重要的粮食生产供应基地。湖区修堤防洪的历史悠久，最早可追溯至东汉永元年间，当时的豫章太守张躬筑南塘以捍赣水。

鄱阳湖区堤防包括河堤和湖堤两类。明朝以前，鄱阳湖区以修筑河堤、开垦滩地为主，集中于五大河流的中下游。如唐永徽二年（651 年），丰城县城迁至赣江东岸的洲滩上，始筑赣江东堤护城，至宋代保护农田 60 万亩，成为江西最大的圩堤，到民国终于连成一线，保护新干、清江（现樟树）、丰城和南昌农田 120 余万亩，和现在的赣抚大堤范围基本一致。赣抚大堤现保护包括江西省会南昌市在内的多个重要城市，保护面积 1300 多 km²，其中保护耕地近 120 万亩，保护人口近 140 万人，为江西省最大、也是最重要的堤防工程。

明清期间，鄱阳湖三角洲被大量围垦，湖区圩田迅速扩展，此时鄱阳湖修筑以湖堤为主，多数位于五河尾闾的河湖结合区域。南昌市大包圩是中华人民共和国成立前鄱阳湖滨最大的圩堤。该圩地处赣江、抚河尾闾，1870 年以建瑶湖闸为基础，1894 年始并太平、青龙 10 余座小圩，全长 49km，保护农田 10 万亩。1977 年，大包圩纳入红旗联圩。目前，该圩全长 80 多 km，保护面积近 400km²，保护耕地面积 30 多万亩、保护人口 30 多万人，地理位置重要。

至 1949 年，鄱阳湖区建有圩堤 531 座，堤线长 3130km，保护农田 440 万亩。中华人民共和国成立以后，百废待兴，随着人口的迅速增加，粮食需求大幅增加，鄱阳湖围垦速度和规模持续加快加大，其中以 20 世纪 60 年代最盛，50 年代、70 年代较盛，1980 年以后甚少。至 1998 年，鄱阳湖区有千亩以上圩堤 251 座，总面积超 4000km²，其中鄱阳湖以南、五河尾闻的河湖结合部约占 2/3。如今，鄱阳湖区有 3000 亩以上圩堤 155 座，其中重点圩堤 46 座、一般圩堤 109 座，堤线总长 2460km，保护耕地面积 580 万亩。

历史上所修堤防，面积一般都很小，布局极不规则，造成堤线长、排涝量大，管理上各自为战，防汛任务重。联圩——这一新的围垦形式从宋代开始在江南圩区出现。由于堤线缩短，围垦范围增大，管理效率更高，鄱阳湖区已发展出大量 5 万亩以上重点圩堤，并在命名上赋予"联圩"。蒋巷联圩由义成、三集和五丰联圩为主体联并而成，位于赣江南支与中支之间，东临鄱阳湖，四面环水。始于明弘治年间，由 20 座三角洲围垦小堤；1892 年建肖家泄水闸，联并上游 20 座小圩成义成圩。现全长近 90km，保护面积近 150km²，保护耕地 14 万亩、保护人口 7 万多人。

在新建区东北滨湖区域二十四联圩境内，因为圩堤的联并，还出现了一个以"联圩"命名的乡镇——联圩镇。顾名思义，该联圩由二十四条圩堤联并而成。西滨赣江主支，北临鄱阳湖，东靠赣江北支。明洪武四年（1371 年）始建丰实圩，清乾隆年间先后围筑 22 条小圩。民国期间多次联圩堵汊。现全长约 90km，保护面积 181km²，保护耕地约 20 万亩、保护人口 6 万多人。赣西联圩，位于新建区，赣江尾闾主支西岸，南起樵舍，北过高棠分支。元朝后期开始围垦，历明、清两代，不断修筑小圩，1876 年、1896 年先后将杨家、青草等 7 个小圩联并为新增联圩。现全长约 40km，保护面积 100 多 km²，保护耕地近 14 万亩、保护人口 7 万多人。在现有湖堤中，以余干县的信瑞联圩面积最大，现全长近 80km，保护面积达 350 多 km²，保护人口近 30 万人。

鄱阳湖流域雨量丰沛，加之受到江西境内五河来水和长江水顶托的双重影响，历史上的洪涝灾害较为频繁，一旦遭遇最不利因素，鄱阳湖高水位运行时间就会很久。清代都昌举人李乘时目睹鄱阳湖茫茫大水作《途中见水灾感作》："一白何空阔，滔滔世界浮。有村皆水面，无路不山头。客守堤渡边，人撑树梢舟。苍生呼吸里，怅眼泪双流。"鄱阳湖圩堤修筑时就地取材，堤身以砂质土为主，黏性土含量少，长期浸泡后容易软化，抗剪力下降，加之堤防矮小单薄，遭遇稍大洪水极易漫溃垮。

粮食的增产一度让湖区人民淡忘了洪水的可怕。"围湖造田、与水争地"，由于过度围垦，使鄱阳湖洪水调蓄能力严重衰退，埋下了洪灾的隐患。1998年洪水，敲响了警钟最强音。2009年，江西省开始实施"平垸行洪、退田还湖"工程措施，包括"单退"和"双退"两种退田还湖方式。单退圩堤：退人不退田，"低水种养，高水蓄洪"。双退圩堤：退人又退田，自然还河、还湖为水域或滩涂。

同时，江西省启动了湖区保护耕地面积的一般圩堤除险加固建设，在平垸行洪、退田还湖工程和五河尾闾部分河段疏浚实施后，湖区圩堤防洪压力有所减轻，总体防洪能力得到提升，圩堤在历年汛期发挥了明显的防洪减灾作用，社会经济效益明显。但是，当前的湖区工程防洪体系仍不完善，圩堤建设还欠缺较多；历年防洪过程中也暴露出一些问题，影响工程发挥效益。随着鄱阳湖生态经济区上升为国家战略，湖区社会经济建设步入了快车道，对防洪保安的要求也将越来越高，鄱阳湖的保护治理和环鄱阳湖的经济开发关系到江西未来的发展。江西省抓住水利发展改革的大好时机，加大鄱阳湖区圩堤建设投入，提高工程防洪能力和管理水平，逐步完善鄱阳湖区工程防洪体系，适应经济社会快速发展的要求，保障粮食生产安全，为湖区经济社会快速发展和鄱阳湖区生态经济区建设保驾护航，是时代的要求和人民的意愿。❶

二、洞庭湖地区的垸

湖南自唐宋开始有粮食输出，到清代一跃而为全国最重要的粮食输出省份之一，其输出重心由唐宋时的湘江流域至明清时期移到洞庭湖区。洞庭湖区的开发，尤其是围垸垦殖在经济发展中起了重要作用。整个洞庭湖区堤垸纵横交错，堤垸多达278个，耕地面积近870万亩，这是数千年来勤劳的湖区人民长期围垦的结果。

据考古调查，洞庭湖区的围垸垦殖最早可追溯至远古时代，但稽查所存史料，关于这方面的明确记载始于宋、元。清道光年间陶澍、万年淳修纂的《洞庭湖志》记载堤、垸、围、陂等共有219处。特别值得褒赞的是，北宋时

---

❶ 黄浩智、李洪任：《鄱阳湖区圩堤建设回顾与思考》，《江西水利科技》2014年第1期，第67-69页。

期岳州知州滕子京，在短短的 3 年任上，做了四件惠及子孙后代的工程政绩：一是修筑偃虹堤，以防御洞庭湖的洪波巨浪，并利于生民往来；二是修筑万年桥，使岳阳古城更便捷地与外界往来；三是兴办岳州文庙，用以培养人才；四是重修岳阳楼，并请同年进士范仲淹作《岳阳楼记》。《洞庭湖志》对堤垸的记载自此始。当然，宋、元时期，洞庭湖"浩浩汤汤，横无际涯"，尚不具围垸的条件！当时的人们多利用环湖丘陵开垦农田。

明、清时期，荆江南来水沙倍积，渐成湖洲，加之外来移民增多，在官府的刺激下，人们争相垦殖，出现许多新的垸子。湖区围垸垦殖最早的是现在的华容县。光绪《湖南通志》载："（华容）旧为四十八垸，明初筑。"又载："永乐十年（1412），水决四十六垸。"嗣后虽相继修复，但"万历中九载七水，西里半壁无炊烟"，又都沦为泽国，至万历四十年（1612 年），复为 48 垸。

清朝顺治时期，开始对湖区堤垸加高培厚，从而掀起了围垸高潮。民国时期，"四口"和"四水"含沙量逐年增加，滩洲淤高，筑堤围垸增加。20 世纪 30 年代的大水，使堤垸倒溃 2/3 以上。自 1931 年后，开始并垸合修，废除间堤，合修湖堤。有些堤院因无力修复只得废弃还湖。到 1949 年经新围和合修后，共有堤垸 278 个。中华人民共和国成立之后，党和政府将治水上升为保障人民生命财产安全的根本大计，对湖区堤垸统一规划、重点建设。1949—1957 年，经修复溃垸，堵流并垸，最终堤垸由 207 个合并为 77 个，大堤由 1226.1km 缩短到 851km，主要堤防由 170km 增加到 431km。1958—1965 年，境内湖区对防洪大堤加高培厚和整险。到 1965 年，垸内主要防洪大堤达到 622km，一般堤防由 1957 年的 420km 缩短到 322km。

总之，洞庭湖的围垸垦殖，主要分官围和私围两种，从宋、元时期有筑堤记载算起，共三次波峰期：第一次是两宋时期；第二次是清康熙至光绪年间；第三次是中华人民共和国初期。此外，围垸垦殖历来有争议，围垦派与禁围垦派的斗争不断。如清朝雍正年间，湘抚蒋溥针对清廷鼓励围垦的状况，上奏说："湖地垦筑已多，当防河患，不可有意劝垦"。清乾隆时期，湖广总督陈宏谋上疏废田还湖："洞庭湖居民多筑围垦田，与水争地，请多掘水口，使私围尽成废坏，自不敢再筑。"❶

洞庭湖围垸垦殖既然是自然的历史过程，就应遵循自然规律，若乱围滥垦，便会遭受自然的恶性报复。对湖区进行合乎自然的科学围垦，是洞庭湖区

---

❶ 王克英：《洞庭湖治理与开发》，湖南人民出版社 1998 年，第 125 页。

社会经济发展的重要前提和条件。但至今仍不乏乱围滥垦的实例，致使湖面萎缩，生态受损，不堪重负，其结果必然遭受自然界的恶性报复，如咸丰十年（1860年）藕池溃口，道光年间的洪水，20世纪30年代、50年代、80年代的大洪水等。因此，党和政府决定科学平垸行洪、退田还湖，以还自然的本来面目，对于科学地发展堤垸经济，并与生态环境良性互动，是很有意义的。❶

三、太湖地区的塘浦圩田

太湖地区沼泽满布，河港纵横，地势特别低洼，集水量大，水高于田，历来依靠塘浦圩田的独特形式开展水利工程建设，保障农业生产。塘浦圩田的好坏，直接影响到农业生产的丰歉与水旱灾害的严重程度，在悠远的历史长河中，征验不爽。❷

塘浦是太湖地区的河网。沟渠南北向者称为纵浦，东西向者为横浦，又有泾、溇、港等名称。"塘浦圩田"，是在水网密集地带开发的一种综合性排灌工程和土地开发系统：一般来说，是通过浚河、筑堤、建闸、水上交通等水利工程措施，在浅水沼泽区域围堤筑坪，从而将水挡在堤外，使田围在中间，同时在圩内开沟渠、设涵闸，形成有排有灌的系统，从而形成对农田进行灌溉、排洪、排涝的合理布局。这种富有地域特色的综合工程体系，是古代江南劳动人民在长期治水、治田的生产实践中不断摸索总结出来的，不仅对当地丰富的水资源做了合理分配，还在一定程度上预防了水患灾害，且大规模增加了可耕地面积，改善了居住环境，从而获得更大的经济收益，滋养更多人口，促进地区的综合发展。相传塘浦工程起源于商末周初（有文献记载始于汉），至唐代大规模发展。塘浦工程就是开挖塘浦，疏通积水；以挖出之土构筑堤岸，防御外水，保护耕田，所以又称塘浦围田。这一工程形式的特点，是将治水与治田结合起来，是治理湖区和低洼地区的一种最佳形式。不过，因为湖区水利的主要问题是排涝防洪，所以开塘浦以助泄洪，同时可通运。唐代太湖地区人口逐渐增多，对太湖地区的围垦加剧。吴越时期，塘浦围田工程达到高潮，体制更加完备。故南宋之前以"大圩"为主，南宋之后尤其到了明清，由于人口增长，土地需求压力加大，"塘浦圩田"越来越小型化、精细化。

太湖塘浦圩田若以太湖岸线为参照物，与太湖岸线平行的河都属"塘"，

---

❶ 钟兴永、吴顺发：《洞庭湖堤垸的兴废及其历史作用》，《洞庭湖发展论坛文集》，湖南大学出版社2012年，第193－197页。

❷ 缪启愉：《太湖地区塘浦圩田的形成与发展》，《中国农史》1982年第1期，第12页。

大的直接称塘，例如公式塘（俗称大塘）、横古塘（俗称南塘）、织里塘（俗称中塘）、圆通塘（横路、横草路、横路港俗称北塘）。小的直接称港或河，例如横港、南港、南横港、北港、北横港、前港、门前港、后港、庙后港、南联圩河、北联圩河、顺堤河、庙前河等。也有另类名称，例如张港横塘、店埭港、李家河、小清河等。这在南太湖地区被人们理解为横向的，相当于地理学上的"纬"的走向。

在塘浦圩田中与太湖岸线垂直的（通太湖的）或垂直走向的（不直接通太湖的）河都属"浦"。大的有南太湖的伍浦、新浦、石桥浦、汤溇、吴溇等36溇；有叶港、陆家港、庙港、戗港等72港；有潘奇港、陈思港、韭溪港、练聚港等吴江18港；有杨渎港、宿渎港、官渎港、杭渎港等湖州36港。小的有大家港、双石港、李家港、白象港、大船港、虹呈港、长渠港、雨字港、扎网港等。这在南太湖地区被人们理解为纵向的，相当于地理学上的"经"的走向。以纵浦为"经"，横塘为"纬"，织就了一张水网，一张"容水"的网，一张"流水"的网，即塘浦圩田，水网中的网格就是"滤水""净水"的圩田。

历代南太湖人，在编织水网时，巧妙利用天然水域作现成的"经"和"纬"或让其"经纬"兼具，引水上"岗"，服务人民。例旭马家荡、毛家荡、徐家荡、小娘潭、百亩漾等发挥大纵浦的作用或成为大纵浦中的一段；让金鱼漾、栅家漾、蚂蚁漾、谷池漾、倪家漾等成为大横塘中的一段。把太湖、长漾当作天然的大横塘。让荡白漾、孝思漾、东藏荡、西藏荡、刺毛荡、沧州荡、庄西漾等完成横塘纵浦持有的双重任务。

太湖塘浦圩田里，地势分为三个层次。最高层是圩田四周的圩堤旱地，古代用于建村庄、植桑、植树种蔬菜；最低层是水域，用于建水池鱼塘；中间一层是水田，用于种稻、麦、油菜等。在中间层开挖沟渠，堆田埂，以田埂划分成水田的最小单位：田版（田块、田角）。因蓄水排灌的需要，挖水池鱼塘的泥土堆成"田墩"，田墩上植桑、植树、种蔬菜或置冢墓、建歇凉亭等。

古时的南太湖人，都有先建水系、后依水系建村的前瞻，在圩田四周的圩堤选择最佳地址设置"车埠"（水车集中车水的埠头）、车渡、闸门、缺门、斗门等水利设施，然后沿圩堤辟村道建民居形成村落。大大小小的塘和浦把圩与圩隔开，一个圩成了一个小岛，成了一个区域。每个圩都有"圩家（长）"管理和处理塘浦圩田里的事务。如今，太湖塘浦圩田迎来前所未有的发展机遇，现代科学技术给古老的塘浦圩田注入了新元素，古老的塘浦圩田成为现代版的太湖水利工程，仍发挥着极其重要的作用。

第三节 湖泊历史文化

我国淡水湖名湖众多,星罗棋布,有鄱阳湖、洞庭湖、太湖、洪泽湖、巢湖等。因限于篇幅,本节着重讨论鄱阳湖、洞庭湖、太湖和作为世界文化遗产典范的杭州西湖以及作为"华北之肾"的白洋淀。通过梳理这些湖泊的历史文化,进一步了解各大湖泊的水文化。

一、鄱阳湖历史文化

鄱阳湖是中国第一大淡水湖,位于江西省上饶市,长达 110km,宽约 70km,南宽北狭,犹如系在长江上的宝葫芦,润泽着江汉平原与赣鄱大地。鄱阳湖水系发达,主要有赣江、信江、抚河、修水、饶河五大水系,"五水"入湖,鄱阳湖起着很好的长江水位调节与吞吐作用,孕育着鄱阳湖区历史文化。

1. 鄱阳湖的历史

鄱阳湖的成因之说,王育民等认为"鄱阳湖的形成,从地质学考察,与云梦泽、洞庭湖一样,同起源于一亿年前中生代末的燕山运动,在幕阜山,九岭山与怀玉山之间,产生两条近南北向的大断裂,燕山期后,断裂之间陷落形成了一个巨大的洼地——地堑型湖盆。第三纪末期以来,湖盆曾出现过反复多次的升降变化。"[1] 朱宏富等认为,鄱阳湖的形成主要是构造因素,尤其是一系列地震事件,加之全新世以来的海侵等作用的结果。[2] 此外,还有人将其归结为因河成湖。但总的来看,鄱阳湖的形成,应是多种因素复合作用,是地壳运动等自然环境长期演变的结果。

《禹贡》载:"九江孔殷""东为彭蠡""彭蠡既潴、阳鸟攸居",还有《周礼》等一些典籍,记载了许多湖泊、支流等。唯无"彭蠡",可见,"禹贡彭蠡"可能是古长江的拓宽河谷。[3]《汉书·地理志》载:"《禹贡》彭蠡泽在西。"《水经·赣水注》:"其水总纳十川,同臻一渎,俱注于彭蠡也。"这说明彭蠡已经是一大湖泊。

---

[1] 王育民:《中国历史地理概论》,人民教育出版社 1987 年,第 130 - 131 页。

[2] 黄旭初、朱宏富:《从构造因素讨论鄱阳湖的形成与演变》,《江西师范学院学报》1983 年 01 期,第 124 - 132 页。

[3] 《鄱阳湖研究》编委会:《鄱阳湖研究》,上海科学技术出版社 1988 年,第 65 页。

在三国时期，彭蠡亦称"宫亭湖"，湖水扩张到星子县附近的宫亭庙，由此得名。《湖口县志》载："彭蠡湖在治南，一名鄱阳湖，别名宫亭湖，自都昌土目河入境。"❶ 彭蠡湖就是宫亭湖由此印证。

关于唐、五代十国及北宋时期鄱阳湖的变化，王育民认为："长江干支流的径流量相应增大，江水由湖口倒灌入湖，以及赣江来水的顶托，造成彭蠡的扩展。鄱阳平原已完全沦为湖区。湖区的东界，已达今莲花山与波阳（鄱阳）县城之间；南界达康郎山之南德邬子寨；西界则濒临松门山与矶山一线；湖的南端并有族亭湖及日月湖两个汊湖"。❷

元、明时期，鄱阳湖区继续降沉，湖水逐渐向西南方向扩展，这一时期位于赣江三角洲前沿的矶山已"矗立湖中"，族亭湖也并入鄱阳湖。❸ 元朝末年，明太祖朱元璋与陈友谅大战在烟波浩渺的鄱阳湖，大舟舰行走鄱阳湖之上，并进行军事战斗。可见，当时湖面广阔，湖水很深。到清代，民间有"沉鄱阳，浮都昌；沉海昏，起吴城"之说，都昌县和吴城镇的发展与鄱阳湖变迁密不可分，而海昏县故城被鄱阳湖浸没，鄱阳湖水的扩展已达到至高点。如今的鄱阳湖，湖区面积比之明清时期要大许多，其湖域可西达永修、南昌一线，东及鄱阳、田畈街、油墩街，南至进贤、余干等区域。在洪水期，洪水位为 21m 左右时，湖泊长 170km，最大宽 74km，平均宽 17km，面积 2900km²。在枯水期，滩涂裸露，水位下降，湖面有些地带呈蜿蜒曲折的水带，当低水至 10m 左右，面积仅 146km²，出露的滩涂高达 2700 多 km²。

据目前资料统计，鄱阳湖流域面积为 16.22 万 km²，其中 156743km² 位于江西省境内，占整个流域面积的近 97%。江西境内的鄱阳湖流域面积占江西国土面积的 94.1%。因湿地资源丰富，生态多样，水环境好，鄱阳湖湿地享有"大地之肾"之美誉，又有"珍禽王国""候鸟天堂"之美名。

2. 鄱阳湖历史文化

鄱阳湖地区历史悠久，元朝末年朱元璋与陈友谅鄱阳湖大战，至今在湖区广为流传。

（1）朱元璋与陈友谅鄱阳湖大战。鄱阳湖朱元璋与陈友谅大战，是中国历史上一场以弱胜强的大战，也是一场胜负定江山之战。据载，元至正二十三年（1363 年）夏四月壬戌日，陈友谅率兵围洪都（今南昌）85 天未果。朱元璋率军 20 万，于秋七月癸酉日来解洪都之围，陈友谅唯恐腹背受敌，只得

---

❶　[清] 殷礼、张兴言修，周谟等纂：《湖口县志》（同治九年刻本影印），第 26 页。
❷　王育民：《中国历史地理概论》，人民教育出版社 1987 年，第 133 页。
❸　王育民：《中国历史地理概论》，人民教育出版社 1987 年，第 134 页。

东出鄱阳湖，迎战朱元璋，两军相遇在鄱阳湖康郎山（今余干县境内），双方展开了一场决定帝业之战——鄱阳湖康郎山之战。

传说，在大战前夕，一日，朱元璋登临位于湖口的观音岩上，当场赋诗《征伪汉幸上钟观音岩》，诗云："一色山河两国争，是谁有福是谁倾。我来觅迹观音阁，惟有苍穹造化宏。"❶可见，朱元璋深知战局的凶险，也深知此战是一战定江山，故此，朱元璋登临湖口石钟山拜神求佛。

朱元璋求神，表明鄱阳湖大战的凶险与重要，也说明陈友谅的兵势强壮。据明代《明实录》载，战争场面非常惨烈。鄱阳湖大战，结局是陈友谅兵败战死。其失败的原因是多方面的，其一是朱元璋的兵将勇猛与忠心护主，此《余干县志》记载尤为详细。为表彰这些战死的将军，明初，朱元璋下令在余干建忠臣庙祭祀战死的 36 员大将，历经 600 余年，康郎山忠臣庙仍屹立其地。庙宇历经明代、清代、民国及今，庙宇多次毁坏，也多次重建。余干县每年都举行忠臣庙会，远近群众，纷纷前来祭拜求福，形成远近有名的忠臣庙会文化。

朱元璋对战势的把握很恰当。陈友谅兵势强盛，舟舰威猛高大，且将舟舰用铁链连接，形成大的联合体，便于形成战斗力。然而，历史重演，重现三国时周瑜的火烧赤壁，只是这次的计谋者是朱元璋，被烧者是陈友谅伪汉军。巨舟的铁链连接，其弱势也充分暴露，和三国时曹操被周瑜火烧船舰如出一辙，船大难以避让，而且铁链连接，火攻是最佳方案。在这场战斗中，陈友谅被流箭贯目，命归黄泉，时朱元璋最大的对手——陈友谅伪汉军彻底歼灭。

（2）鄱阳湖千年古建筑——落星墩。落星墩位于江西省九江市庐山市南三里的鄱阳湖水边。它是一座小小石岛，高若数丈，纵横周回大约一百余步，总面积不过 1800m²，形如星斗，乍看像是浮在水面。郦道元《水经注》有云："落星石，周回百余步，高五丈，上生竹木，传曰有星坠此以名焉。"唐朝始建"福星龙安院"于石墩上。五代时，落星墩被封为宝石山，宋初曾在其上建亭院，历代都加以维修，明代又加建亭台楼阁，如浮玉楼、玉京轩、岗漪轩、清晖阁等。但由于历尽沧桑日前残存无已。

落星墩一年之中大部分时间都是被浸泡在水中。每到春夏秋三季，鄱阳湖的水面上涨，特别是夏天，落星墩会被完全淹没，人们远远看去，就好像落星墩消失了。冬季，鄱阳湖到了枯水期，落星墩古建筑又露出了水面。这

---

❶　［清］殷礼、张兴言修，周谟等纂：《湖口县志》，同治九年刊本，第 417 页。

才有了一年一现的奇观。每到冬季，游客汇聚于鄱阳湖，一观落星墩古建筑的风采。

落星墩之所以长时间被湖水浸泡还能不腐不朽，主要原因在于落星墩古建筑的材料。古人充分考虑了鄱阳湖的地理环境，在选材时非常考究，且建成之后，后人都会对落星墩进行修缮。我们能看到如今的落星墩，是几千年劳动人民汗水与智慧的结晶。

（3）都昌老爷庙。老爷庙位于多宝乡龙头山首，与庐山市隔湖相望。旧为龙王庙，建庙久远。庙内由上中下三部分组成，上部为正殿，中部为游楼，下部为万年台。庙后面还有朱元璋的"点将台"和"插剑池"遗址。庙左岩上的"水面天心"摩崖石刻，相传是明太祖朱元璋题写的，可见这座庙在古时就小有名气。

同时，这里也极具传奇色彩，有中国"百慕大"之称，虽然很多神奇的现象现在已经有科学解释了，但关于它的传说却永远不会褪色。

该庙基以花岗石条堆砌 7m 高，右侧有阶梯曲折而上，庙群总面积为 600 多 m^2，分主庙、龙王殿、同仁堂、大小客厅、厨房 6 部分，附属建筑分布主庙两侧。主庙面积为 300 多 m^2，高 9m，面宽 14.2m，进深 26.8m，系穿斗与架梁式混合结构，共 52 个立柱。庙内门窗梁坊雕刻花纹并涂以丹漆。装饰精微，构思巧妙，散发出汉民族传统文化的精神、气质、神韵。

据旧县志记载，清康熙二十二年，嘉庆十五年和光绪辛巳年，对此庙进行过三次维修和扩建。光绪辛巳年改称"定江王庙"，群众把王爷称老爷，故后人一直称此庙为老爷庙。民国二十七年（1938 年）遭日寇炸毁，民国三十五年（1946 年）由僧人在来往船商捐助下，按光绪时模样重修。1983 年县政府又进行了修缮，现为江西省文物保护单位。

二、洞庭湖历史文化

洞庭湖的称谓始于春秋、战国时期，因湖中洞庭山（即今君山）而得名。洞庭湖区位于长江中游荆江南岸，跨湘、鄂两省。古时曾号称"八百里洞庭"。据水利部门测算，目前洞庭湖区面积约 3470km^2，比 1978 年扩大了 779km^2，调蓄容积增加了 34.8 亿 m^3。

1. 洞庭湖得名

作为长江流域最重要的调蓄湖泊之一，洞庭湖具备强大蓄洪能力，曾无数次护佑长江洪患化险为夷，使得江汉平原和武汉三镇安全度汛。洞庭湖也是中国历史上重要的战略要地、中国传统文化的重要发源地，湖区名胜繁多，以岳阳楼为代表的历史胜迹是重要的旅游文化资源。此外，它也是中国传统农业发祥地，是著名的鱼米之乡，是湖南省乃至全国最重要的商品粮油基地、水产和养殖基地。

洞庭之名最初是作为山而出现的，始见于《山海经·中山经》："洞庭之山……帝之二女居之。是常游于江渊，澧沅之风，交潇湘之渊。是在九江之门，出入必以飘风暴雨"。关于洞庭之名的来历，唐李思密所作的《湘君庙记略》中有记载："洞庭盖神仙洞府之一也，以其为洞府之庭，故有是称。"但是，洞庭湖作为一个湖泊的名字，不见于《楚辞》之外的先秦、汉代典籍。《尚书·禹贡》是我国最古老的地理著作，记有 11 处较大湖泊，唯独洞庭湖榜上无名；相传为大禹、伯益所作的《山海经》，在其《海内东经》《海内西经》中多次提及的洞庭，皆指洞庭山，而非洞庭水。《汉书·地理治》记载了 30 余处湖泊，唯独不见洞庭湖；古书《水经》，记载了全国的江河水道，也无洞庭；直至北魏郦道元《水经注》问世，洞庭湖才与长江、湘江、资江、沅江、澧江一道载入史册。

从古到今，很多人都认为"云梦泽即洞庭湖"。晋初杜预在《春秋释地·土地名·昭公三年》认定"云梦泽跨江南北"。隋唐之时，是云梦泽由于泥沙淤积而告消亡的时代，"云梦泽即洞庭湖"之说对后世造成了深远的影响。从唐代前期起，文人的诗文开始泛指洞庭湖为云梦泽，一些地方志也把古洞庭湖作为古云梦的一部分。

2. 洞庭湖的人文故事

洞庭湖区雨量充沛，气候温暖，人口密集，物产丰饶，素称"洞庭鱼米乡"。20 世纪 50 年代，湖南考古事业兴起，经过半个世纪的考古调查，发掘了一大批旧石器时代遗址、新石器时代遗址、殷商文化遗址、大批楚墓，出土了大批的历史文化遗物，填补了洞庭湖原始文化的空白，丰富了洞庭湖区民族文化的内涵。

提到洞庭湖的人文历史，绕不开岳阳楼。作为江南三大名楼之一的岳阳楼是我国古代建筑的瑰宝，自古就有"洞庭天下水，岳阳天下楼"之美誉。在中国古代，楼阁是建筑的主要种类之一，岳阳楼能从众多楼阁建筑中脱颖而出，成为楼阁建筑的代表，虽与它的形制及地理位置有关，更与它独特的文化内涵相关。社会学家费孝通在《题岳阳楼》诗中云："天下忧乐出民间，肝胆肺腑见先贤。登临墨客诗千斗，世人偏爱醉后仙"❶，道出了岳阳楼文化

---

❶　湖南省地方志编纂委员会：《岳阳楼志》，湖南人民出版社 1997 年，第 257 页。

的重要内涵。《岳阳楼记》产生于我国封建社会成熟期之宋代，作者范仲淹生于忧患，成于忧患，倾其一生和一个时代来解读这个"忧"字。《岳阳楼记》文情并茂，读之感人肺腑。文中许多警句已成为后人处世待人的格言。其中"先天下之忧而忧，后天下之乐而乐"两句，更为后人所传诵。

关于《岳阳楼记》和洞庭湖文化的关系，可从两个方面来理解：其一，因为洞庭湖所处的区位，历史上重要的政界人士和文化名人大都到过湖区，特别是被贬谪的失意政治人物和遭到流放的文人士大夫，形成了洞庭湖流域地区独特的流寓文化现象。从屈原开始，到贾谊、李白、杜甫、刘禹锡、柳宗元、韩愈、寇准等，蔚为大观。流寓文化从屈原起逐渐形成忠君、爱国、忧民的思想主题，迄至范仲淹应滕子京之邀在河南邓州花洲书院写作《岳阳楼记》，对流寓文化的主题作一个总的概括，那就是儒家主流文化所倡导的"居庙堂之高则忧其民，处江湖之远则忧其君""先天下之忧而忧，后天下之乐而乐"，这条思想的脉络是十分清晰的；其二，范仲淹之后，湖南人不断总结和发扬从屈原到范仲淹的这个文化传统，上升到湖湘文化"心忧天下""敢为人先"的思想内核。年轻时的左宗棠专门用"身无半亩，心忧天下；读破万卷，神交古人"作座右铭，勉励自己。经专门检索清道光年以来有关洞庭湖和岳州府、县的地方志艺文，以忧乐为题材的占近三分之一，然后是吊屈，咏湘君又次之。到目前为止，这几类题材一直成为核心，在诗词、楹联中尤显突出。洞庭湖诗文繁荣发展形成这样的主题特色，在中国的其他几大湖泊是不多见或者是唯一的。

经典之所以是经典，在于人们对其高度的认同。"先天下之忧而忧，后天下之乐而乐"，击中了所有中国人特别是文人士大夫的天下家国情怀。可以从中华优秀传统文化价值导向和范仲淹本人久宦磨炼的人生经历两个方面来考察，缺一而不可得。一是古之仁人志士，他们的上下求索，"是以圣人后其身而身先，外其身而身存""劳苦之事则争先，饶乐之事则能让""古之善将者，养人如养己子。有难则以身先之，有功则以身后之"。前贤的不平凡在于教育开导大家把对待自己子女的态度和方式转换到对待他人。这个说法到"先忧后乐"，只差最后一公里，就缺一位圣贤最后来破题。洞庭湖的神奇在于，历史选择了范文正公最后做总结，也为湖湘文化奠定了一块基石。庆历新政失败后，范仲淹被贬，沦落沉浮于宦海，写《岳阳楼记》时已 58 岁。这个时节是他人生最灰色的阶段，幼年丧父，孤苦伶仃但不失青云之志；晚年倍受政治对手打击，官场失败但意志始终没有消沉。他与滕子京曾同事于泰州，在五言诗中用"君子不独乐，我朋来远方"赓续孟子"独乐乐"不如"众乐乐"

这个话题。

三、太湖历史文化

太湖跨江浙两省，在古时被称作"震泽"，当水位 3.14m 时，面积 2425km^2，是我国第三大淡水湖。太湖西南纳苕溪、荆溪诸水，东经浏河、吴淞江（苏州河）、黄浦江泄入长江，成为江南水网中心，富灌溉、航运、水产之利，沿岸膏腴千里，素称"鱼米之乡"。对于太湖的成因，学者众说纷纭，莫衷一是。

1. 太湖的成因

当前学术界，关于太湖的成因，主要有"潟湖说"[1]与"构造说"[2]两种解释。1930 年，竺可桢等在《大江下流之地文》，说太湖以西有福湖、长荡湖，东有阳澄湖、澄湖、淀山湖，是诸湖者初俱为海，后海岸外伸，渐与之离，上游之水久经灌注，水之咸性失而淡性存焉。1936 年汪胡桢、丁文江指出长江三角洲湖群地区（太湖、阳澄湖、淀山湖等），原是一个与海相通的大盆地，由于扬子江与钱塘江的向东延伸与反曲，改将一部分先海面环抱于内，及至两江江岸相遇，遂成内海。其西侧诸山水流注入，久之盐分消失而成淡水湖。这就是早在 20 世纪 30 年代，一些学者提出的潟湖说。[3]

随着太湖平原上展开的新石器文化遗址的调查和发掘，以及愈来愈多的钻孔揭示，目前普遍认为现代太湖是由浅水海湾演变而来的。潟湖型的说法占据主要地位。但随着对太湖地区研究的深入，在潟湖说内容得到充实的同时，也出现一些矛盾，对潟湖说提出了质疑。

太湖成因的研究在不断深入和发展中，尚未取得一致意见，有其演变复杂性原因。不过，在太湖成因的研究工作中，需要把钻孔分析和地貌研究相结合，把水下研究和陆上研究相结合，采用多种手段和多学科协同配合，应用现代科学的手段，加强综合研究，或能早日查明太湖的演变与成因。

2. 太湖的人文艺术

太湖地区由区域中心城市、县城以及星罗棋布的高密度市镇构成了巨大的商品经济网络，极大地提高了整个地区社会经济文化的水平，为造就大量

---

[1] 陈吉余、虞志英、恽才兴：《长江三角洲的地貌发育》，《地理学报》1959 年第 3 期，第 201 - 220 页。

[2] 杨怀仁、韩同春等：《长江下游晚更新世以来河道变迁的类型与机制》，南京大学学报（自然科学版）1983 年第 2 期，第 341 - 350 页。

[3] 汪胡桢、丁文江：《太湖之构成与退化》，《水利月刊》1936 年第 11 卷第 6 期，第 10 - 15 页。

的各类人才创造了优越的条件。

太湖流域文学炳焕，艺术璀璨，特别是明清以来，已经成为全国文学艺术的中心。有魏晋陆机，唐时有张旭、顾况、李绅、陆龟蒙蜚声，更有韦应物、白居易、刘禹锡三位诗人先后担任苏州刺史，留下"何似姑苏诗太守，吟诗相继有三人"的佳话。宋代范仲淹、张先、贺铸、周邦彦、叶梦得、朱淑真、尤袤、陆游、范成大、姜夔、吴文英、张炎、蒋捷、赵师秀等。元明以来更是盛况空前，袁凯、宋濂、刘基、高启及其"吴中四子"、"北郭十友"、瞿佑、方孝孺、张泰及其娄东三凤、吴宽、王鏊、申时行、唐宋派宗师归有光、唐顺之、茅坤；前七子主将徐祯卿、后七子领袖王世贞及其四十子、东林旗手顾宪成、高攀龙；张采、张溥等；还有英烈诗人陈子龙、夏完淳；李雯、宋徵璧等；小品文大家王思任、张岱；小说家施耐庵、罗贯中、冯梦龙、凌濛初、陆人龙，等等，不一而足。整个清朝，吴越之地，文学家最多，文学流派影响最大。诗有钱谦益为代表的虞山派；吴伟业为代表的娄东派；陆圻、毛先舒等西泠十子；厉鹗为代表的浙派；沈德潜格调派及其吴中七子；钱载为代表的秀水派；袁枚、赵翼为代表的性灵派；沈曾植为代表的同光体浙派；张鸿、曹元忠为代表的西砖派；以及诗界革命派殿军金松岑；柳亚子为代表的南社；还有独树一帜的龚自珍、黄人等。词有朱彝尊为代表的浙西词派；陈维崧为代表的阳羡词派；张惠言为代表的常州词派；戈载、王嘉禄等后吴中七子；以及在苏州光大的以朱祖谋为代表的清末四大家等。文有享清初三大家之尊的汪琬；董以宁等毗陵四子；恽敬为代表的阳湖派；列为曾门四弟子的薛福成；开报章体的王韬等，还有号称骈文中兴的邵齐焘等乾隆八大家。而小说盛于晚清，四大谴责小说大家中李伯元为常州人；曾朴为常熟人；清末民初的鸳鸯蝴蝶派作家则绝大多数为吴越之人。新文学兴起，开创大师如鲁迅、钱玄同、茅盾、郁达夫等，越人尤多。以上所列也只是挂一漏万，但已足见吴越之地文学成就之突出。明清以来，吴越作家几乎演绎成就了中国大半部文学史。

太湖流域更是中国戏曲的摇篮和尽情表演的大舞台。形成于宋代的南戏，作为中国戏曲最早的成熟形式，她的发祥地便在越地永嘉。吴地昆山，元末顾坚始创昆腔，明开国皇帝朱元璋已有所闻。明代嘉靖、隆庆年间寓居太仓的魏良辅在他的同道张野塘、过云适等人协助下，一起进行戏曲革新，在原有基础上吸收海盐腔、余姚腔以及江南民歌小调的某些特点，创造出一种舒徐婉转的新腔，被称为"水磨腔"，与此同时，太学生梁辰鱼结合魏良辅的新腔创作了《浣纱记》，金玉其配，相得益彰。新曲一出，风靡南北。终于在太湖地区的土壤上，培育出了昆曲这朵中国戏曲的瑰宝。昆曲从一开始就体现了浓厚的士大夫的审美情趣，是传统精英文化的一个结晶。她精致典雅，抒情写意，虚实互动，融汇了中国戏曲的各种要素，是中国戏曲最完美的表现形式。吴越以其繁荣的城商经济，丰厚的士林基础，成为中国戏曲的福地，并孕育出一大批剧作家、表演家、演奏家。❶

四、西湖历史文化

2011 年 6 月 24 日，"杭州西湖文化景观"申报世界遗产项目在法国巴黎联合国教科文组织第 35 届世界遗产委员会会议审议，正式列入《世界遗产名录》。西湖是人文与自然结合的完美典范，是申遗工作中的绝世珍珠。杭州西湖这个中国湖泊的明珠，历史悠久，风景迷人，传说千古，西湖是湖泊文化之精品。本节主要介绍西湖的景观文化、西湖的历史与西湖文化故事与传奇。

1. 西湖的成因

关于西湖的成因，主要有三种说法，一种是最早用地质学观点解释西湖成因的日本地质学家石井八万次郎。1909 年，他在东京《地质学杂志》中撰文称，西湖与日本的中禅寺湖相似，南山为古生代岩层的山坡，溪水北流，为西湖北山的火山岩堵塞而成。一种是我国著名科学家竺可桢提出的礁湖说。1920 年，竺可桢考察西湖，首先提出西湖原是一礁湖，是钱塘江口一小湾，后来由于钱塘江夹带的砂土堵塞其湾口而成的假说。一种是章鸿钊之说。1924 年，地质学者章鸿钊发表《杭州西湖成因一解》，对竺氏的观点又进行了补充：西湖之成，其始以潮力所向而积成湖堤，其继以海滩变迁而维持湖面，二者为形成西湖之重要条件。

西湖究竟怎样形成？经过地质工作者的多年勘测研究，"潟湖"说流传最广。这一假说认为，至少距今两千多年前，西湖还是一个浅海湾，除个别山岭外全部淹没在海水之中。随着海水的冲刷，海湾四周的岩石逐渐变成泥沙沉积，使海湾变浅，钱塘江也带来泥沙，在入海口沉积。泥沙越积越多，最终将海水截断，内侧的海水就形成了一个湖。这种现象在地质学上称为"潟湖"。起初，潟湖还随着潮水出没。后来，经过劳动人民多次筑海塘阻拦海水，再加上海平面下降，西湖才正式形成。

今天的人们很难想象，秀美的西湖曾是惊涛拍岸的海湾，千百年前的"沧海变桑田"毕竟在千百年前，假说也尚未完全证实。近年来，有地质学家

---

❶ 马亚中：《论太湖文化》，《东吴研究》2017 年第 1 期，第 97 - 102 页。

提出：确切地说，西湖不是一个典型的潟湖。持这一观点的学者认为，关于西湖形成的详细机制、形成的确凿年代等，至今还是一个谜。

西湖的成因说中，我们须要提到一个人，那就是东汉时期杭州地方官"华信"。如果没有华信在西湖东面筑塘阻碍钱塘江的回潮，那些由自然原因堆积而成的泥沙总不免会被潮水所破而无法保存一个完整的湖泊。所以，华信是西湖治理的第一元勋，在他之后，人类开始了代代对西湖的辛勤整治。西湖与人类历史共同经历着世事更迭，西湖也由此进入世人们的眼帘，并以其美的身姿与故事传说惊艳着千百年。

2. 西湖的名称考证

西湖，位于杭城的西面，故命名为西湖，西湖又名为"武林水""钱塘湖"。东汉班固所著《汉书》卷二十八《地理志》记载："武林山，武林水所到之处出。东入海，行八百三十里。"书称西湖水发源于武林山（现推测武林山为今灵隐、天竺等群山的总称），因此又称为武林水，这是关于西湖名称的最早记载。东汉地方官华信在西湖以东筑塘抵御钱塘江的咸潮，因此西湖又称"钱塘湖"。

西湖的另一称谓"销金锅"。在元代，诗人熊进德说"销金锅边玛瑙坡"，生动地道出西湖的繁华景象。南宋时，宋人游冶奢靡，沉湎于湖光山色，不思复国。"销金锅"这个称谓既是对当时湖山情况的真实写照，又是最为辛辣的讽刺。

西子湖、美人湖，这是西湖最为通用，也是知名度最高的名称。此名出自北宋苏轼的著名诗句："欲把西湖比西子，淡妆浓抹总相宜"。清代有诗人将此二句化为"若把西湖比西子，西湖原是美人湖"之句，因此又有人称其为美人湖，与"西子湖"异曲同工。

纵观这些名称，便能看出西湖作为自然景色在人们心目中的形象。如西子湖、销金锅等不仅体现出西湖作为意象所表现出的审美特点，且涵盖了大量的社会心理内涵。人们将自己内心对西湖自然山水的向往和感受融于其中，正是将西湖人文化的重要过程。

3. 西湖的人文故事

西湖一带的佛教信仰由来已久，五代吴越国时期，历代吴越国王笃信佛教，在西湖周边建立大量寺观塔庙，并在烟霞洞、石屋洞、飞来峰等开凿石龛佛像，使杭州地区拥有"东南佛国"美誉。宝石山上的保俶塔是西湖标志性的佛教建筑，塔身修长挺秀，有"保俶如美女"之称。钱塘江边的六和塔是中国现存最完好的砖木结构古塔的杰出代表之一，取"天地四方"之意，是吴越国国王为镇压钱塘江潮水而建造的佛教建筑。净慈寺是吴越国时期始建的佛教建筑群，时为西湖周围 300 多座寺院之首，见证了杭州地区在 10—13 世纪时作为"东南佛国"的显著地位。灵隐寺始建于东晋，是杭州地区最早的佛教建筑群，迄今仍是我国东南沿海地区最重要的佛教活动场所之一。灵隐寺外的飞来峰造像以元代藏传佛教造像最为突出，在中国石刻艺术史上具有极高的地位。

儒家文化是西湖文化景观中的重要内涵。儒家的忠孝文化传统，以及重文、重学传统影响下的藏书文化传统、书院教育制度等，是"西湖景观"承载和反映的重要儒家文化元素。岳飞墓（庙）是中国家喻户晓的传统忠孝文化传统的楷模、中国历史上最著名的民族英雄岳飞的祠墓，作为人们祭祀、悼念与接受爱国教育的场所，是中国传统道德的重要教育基地，对后世的中国人产生普遍的教育意义。文澜阁是我国唯一保持着书、阁共存的清代皇家敕建《四库全书》的著名的藏书楼，为中国历史悠久的藏书文化传统提供了独特的见证。

道教文化是西湖文化的重要组成部分。西湖南北两面的群山中多座山脉为道教文化胜地，现存多处道教文化遗址，其中最具代表性的是抱朴道院，东晋著名道家葛洪（号抱朴子）曾炼丹于此。此外，城隍山、紫阳山、玉皇山上都建有重要的道教宫观。

杭州历史上曾经是吴越国和南宋的国都，许多史迹留存至今。钱塘门遗址是 12—20 世纪初杭州城西城门的遗址，是南宋都城临湖的三个西城门之一。清行宫是清代多位帝王出行西湖时的居住之地。

西湖也是历代文人寄情山水之地，他们留下了大量的事迹典故和传世名作。北宋时期最具代表性的隐逸诗人林逋曾筑庐舍于西湖孤山，隐居 20 余年，日以赋诗作画、栽梅饲鹤自娱，人称"梅妻鹤子"。近代名人孙中山、林语堂、柳亚子、郁达夫等都曾居住于西湖之畔；高僧弘一法师在西湖之畔出家。1928 年西湖国立艺术院的成立，聚集和培养了一代最优秀的艺术家，使西湖一带成为近代中国艺术核心区之一。著名的西泠印社是中国最早的全国性金石篆刻研究学术团体，集中了全国最具影响力的书画金石名家，社址由园林建筑群组成，园林精雅，景致幽绝，人文景观荟萃。

杭州是中国茶文化的发源地之一。杭州地区自东晋时期开始栽种茶树，约在 8 世纪，西湖一带的茶叶种植与品种记录已经见诸《茶经》。北宋高僧辩才大师居于南山龙井寿圣院，遂使西湖龙井茶闻名于世，并在明清以后发展成为世界绿茶之首。

五、白洋淀历史文化

白洋淀，属海河流域大清河南支水系湖泊，是河北省保定市、沧州市交界 143 个相互联系的大小淀泊的总称，总面积 366km²，年平均蓄水量约 3.2 亿 m³，是河北省最大的湖泊。白洋淀位于太行山前的永定河和滹沱河冲积扇交汇处的扇缘洼地上，从北、西、南三面接纳瀑河、唐河、漕河、潴龙河等九条较大的河入湖，通过湖东北的泄洪闸及溢流堰经赵王新河，汇入大清河。

1. 白洋淀的演变

白洋淀最早见于《水经注》，记有大埝淀、小埝淀，也即大渥淀、小渥淀，西晋时称掘鲤淀，北魏时称西淀，北宋至明嘉靖间称西塘，并出现"白羊淀"名，为史载容城、雄县、安新间九十九淀之一，此后称"白洋淀"。清代，统称西淀。因白洋淀本淀面积居诸淀之首，故今总称白洋淀。

唐以前，白洋淀地区人类影响较小。《新唐书》有："鄚州有九十九淀"的记载。洼淀相连，一片泽野。宋初，在宋辽边境的白洋淀地区大建塘泺作为军事防线，使白洋淀范围一度扩大。而宋代的屯垦开发、元代对大运河的改造，使海河宣泄不畅的情况加剧，河北地区洪涝灾害频发。元在北京建大都，燕山、太行山上游森林植被破坏，水土流失加重，流域泥沙增多，加速了白洋淀的淤积。明代移民屯田加剧淀区缩小，白洋淀几度干涸，到明代弘治年间，白洋淀有些淀泊已经淤成平地，"地可耕而食，中央为牧马场。"明正德年间，杨村河决口，唐河决入白洋淀，形成了徐、漕、萍、一亩、方顺、唐、滋、沙八河入淀，白洋淀才具备了现代的规模。为防洪水泛滥，建设了大规模的堤防。尤其是南岸的千里堤的建设，对白洋淀的水面格局的形成有重要影响。明代清代，继续对白洋淀进行治理，特别是保天运河的开通，至乾隆二十八年（1763 年）白洋淀东、西淀的界限正式确定下来，"大清自雄入，迳张青口（文安县），口西西淀，口东东淀。"到了清末，政府无力大规模开展水利建设，白洋淀地区水旱灾害频繁，加快了其衰废过程。民国以后，对海河流域的治理着重于下游航道的治理，中上游河道淤积严重，也加快了中流洼淀的淤积。白洋淀面积进一步缩小。到了近代，20 世纪 50 年代初白洋淀总面积为 567.6km²，到了 21 世纪 10 年代减少到 366km²。

在行政管辖上，白洋淀原分属于保定、沧州两市的安新、雄县、任丘、容城及高阳五个县市管辖。安新县辖白洋淀西部水域，面积 312km²，占 85%；雄县辖白洋淀东北部水域，面积 18.3km²；任丘市辖东部水域，面积 64.8km²。其余少量部分为北部容城县、南部高阳县所辖。2017 年以前，白洋淀为河北省保定市及沧州市共辖，2017年4月1日，中共中央、国务院决定在雄县、安新县、容城县设立河北雄安新区。至此，白洋淀大部为雄安新区所辖。

2. 白洋淀的革命传统

白洋淀人民具有光荣的革命传统，"雁翎队"抗日和小兵张嘎都是红色文化的代表。早在北洋军阀统治时期，一些早期加入党组织的共产党员就在淀区开展农民运动，播撒革命火种。日军侵华时期，资源物产丰富、航运发达、交通便利、战略意义极其重要的白洋淀沦陷，在中国共产党的组织领导下，淀区人民建立起抗日武装队伍——"雁翎队"，展开了机智勇敢和顽强不屈的抗日斗争。白洋淀周围的安新、高阳、任丘、蠡县等县组织抗日游击队，白洋淀成为当时冀中华北地区最重要的敌后抗日根据地之一。"雁翎队"是抗战过程中活跃于淀区的一支神出鬼没、屡战屡胜的水上奇兵。"雁翎队"成员多为猎户出身，他们水生水长，人人擅长游泳，环境熟悉，使用自制的火药枪"大抬杆"，枪法极准，他们以芦苇为掩护，穿行于壕沟苇地，开展机动灵活的游击战，不断袭击日军汽艇，歼灭敌人，粉碎了日军利用津保航线运送军火物资、扫荡晋察冀边区抗日根据地的企图。他们时而化装巧端敌人岗楼；时而截获敌人的军火物资；时而深入敌人心脏，杀敌除奸；时而头顶荷叶，嘴衔苇管，隐蔽芦苇丛中，伏击敌人包运船，令敌人闻风丧胆。白洋淀人民抗战的事迹被凝结成小兵张嘎的形象搬上银幕，成为一部家喻户晓的经典影片。

无情的自然灾害锻炼了白洋淀人坚毅、勇敢和无畏的意志，也成就了白洋淀文化中质朴而坚强的文化品格；频繁的战争颓毁了家园，也培育了白洋淀人灵活机智、保卫家乡和英勇不屈的革命精神。他们以其历久的坚韧、勇敢、无畏和对正义的坚信，竞争图存，慷慨赴义，以独特的方式谱写了不朽的革命文化战歌，锻造了白洋淀文化不屈的性格，也铸就了保家卫国、奋起抗争的民族魂魄。

白洋淀军民英勇抗日的事迹为文学创作提供了丰富而深广的题材。《荷花淀》、《芦花荡》与《风云初记》开中国诗化小说之先河，奠定了"荷花淀派"的基础，"荷花淀派"文学以现实主义为基础，记录了白洋淀人民依水而战、保家卫国的英雄事迹和光辉形象，此后，《新儿女英雄传》《白洋淀水战》《小兵张嘎》《紫苇集》等文学和影视作品纷纷发表或公映。这些作品使一个个鲜活生动、自强不息的水区儿女形象，跃然于那片美丽而英雄的淀河上，他们热爱生活，热爱水淀，机智顽强，不怕牺牲。"荷花淀派"以其特有的文学形式和优秀的文学硕果，与摄影纪实、连环画册等其他艺术形式一起，将白洋淀军民波澜壮美、真实感人的抗日故事，镌刻在中华民族自强不息的不朽丰碑之上。

第四节　湖 泊 渔 文 化

　　湖泊具有调节大江大河水位、清洁水体、蓄洪灌溉等功能。湖区自古以来是人们宜居的主要地带，临水而居，靠水而生，农渔业经济效益明显，在古代以农为天的社会，农渔生产直接决定着社会经济生产情况，直接决定人们的生产生活状况，因此，湖区多有"鱼米之乡"的美誉。

　　渔文化，广义概念是人类在从事渔业活动的过程中，所创造出来的人与经济水生生物、人与渔业、人与人之间各种有形的无形的关系与成果。比如有关渔神信仰、渔船渔具、渔歌、渔号子、渔风渔俗、渔业伦理、渔业法规与制度等文化事项。狭义而言，渔文化主要指人类在渔业活动中所创造的精神财富的总和。湖泊渔文化兴盛，在这里以鄱阳湖渔俗文化、东洞庭湖渔歌文化、洪泽湖渔鼓舞为例简单阐述。

一、鄱阳湖渔俗文化

　　鄱阳湖，烟波浩渺，水域辽阔，为中国水面最大的淡水湖，著名的鱼米之乡。自古以来，生活在湖边的人民，在与湖同呼吸、共命运的岁月里，不仅创造了自己赖以生存的物质文明；同时，也匠心独具以自己的智慧和风韵，塑造独一无二的渔俗文化，使之成为鄱阳湖文化的重要组成部分。

　　鄱阳湖渔乡历来盛行渔歌。从唐朝开始，文人骚客都曾用诗词歌赋展现鄱阳湖渔歌盛况。唐朝诗人王勃在《秋日登洪府滕王阁饯别序》一文中写道："渔舟唱晚，响穷彭蠡之滨；雁阵惊寒，声断衡阳之浦。"宋代杨时作《鄱阳湖观打渔哥》："纷纷渔舟子，疑若挽可拾。"元代叶兰作《划船歌》："少年结束赛划船，击楫讴歌健如虎。"清代朱廷瑛作《东湖采莲歌》："嗟嗟采菱子，亦念生息艰。"此外，还有中华人民共和国成立前后广为传唱，由赵南元记录的《四季渔歌》："春季里来暖洋洋，东风吹来百花香，鲇鱼成群斗水上，丰收渔歌满湖场。"至今，鄱阳湖湖乡渔家保留了在渔船下水前夜举行仪式、唱渔歌以祈祷风调雨顺的风俗习惯。

　　渔歌是流行在湖口、庐山、都昌等地一个深受渔民喜爱的歌种。渔民们出湖捕鱼的生活不仅艰苦而且充满风险，歌唱成了他们宣泄困扰和想念亲人的手段，而高兴的时候，他们又可以借助歌声传达内心的喜悦之情。沿湖渔民，在摇橹、行船时，喜欢唱山歌；推船下水、捕鱼拉网时喜欢吆喝号子；

织网、晒网从事渔事时，为了解决则喜欢唱小调；而在兴高采烈时，则爱唱情歌以及"莲花落"和"渔鼓"等。湖口、都昌的《桃花春汛》《手扶栏杆叹一声》《请问金银可满舱》等，皆为未婚青年男女互倾爱慕之心的情歌。渔歌形式短小精悍，节奏自由明快；内容健康、乐观，具有进取精神，"鄱阳湖里水飘飘，日起东山风光好。渔民生来真强干，每日打鱼乐陶陶。"体现了鄱湖渔歌的本质特征。

渔鼓，是一种以丰富鄱阳湖渔歌和民间小调为基础的小曲，它不仅能一曲单用、一曲多用、多曲联用，以唱为主，说唱结合，而且形式活泼，具有浓郁湖乡渔民生活气息。每当渔民迎着朝霞出湖捕鱼或结束一天的辛勤劳动回到渔港之后，渔鼓一敲，尽情演唱。各地渔鼓，尤以湖口渔鼓更具特色。相传渔鼓由湖北传入，流行于滨湖地区。湖口渔鼓则吸收当地的渔歌和小调，旋律较为活泼、自由，篇幅较为短小、灵活，多取材于当地民间传说，有《大姑》《绣鞋山》《鞋山塔》等。

渔灯是鄱湖渔俗文化的另一大景观。它所表现的思想内容广泛而朴素，大都反映了渔民的生活和向往。如逢年过节，舞着灯彩走家串户，互相祝福，大大增加了节日的喜庆气氛，陶冶了人们的性情。同时，人们通过灯彩表演，表达驱邪除瘟、去灾祈福、期盼丰收、人人平安的良好愿望。龙灯、采莲船、虾灯、蟹灯、螺灯、蛤蟆灯等各地世代相沿。玩龙灯，为渔人"感龙赐恩"，表演内容主要是出龙、戏水、戏珠、盘龙等。表演时，采用民间打击乐伴奏，情绪热烈欢快，气势威武雄健，动作飞腾翻滚。采莲船，在逢年过节伴随龙灯、花篮灯等灯彩即兴表演，配上新歌词，用锣鼓、二胡、笛子伴奏，舞情活泼风趣。永修的船灯，由艄公、艄婆、姑娘三人表演，姑娘扮成翩翩少女，站在花船中间，行船起舞，艄公、艄婆属丑角，在左右撑船，作出停、摆、撑的动作，配以锣鼓，演唱灯船小调"送喜茶""对歌""正月闹元宵"等。载歌载舞，观之使人娱心悦目。

在长期的生产斗争与日常生活过程中，湖乡人民形成了乐观开朗、热情奔放的情怀。广泛流传的划船舞、蚌舞、渔舞、莲花落、打莲湘民间舞蹈，都源自渔民丰富多彩的生活。驾船、捕鱼、拉纤、扯帆、搬运等，所有充满动感的节律，都是渔乡民间舞蹈语汇的源头。它以其朴实的肢体语言，把湖乡人民的内心世界及特殊的风土人情淋漓尽致地表现出来，就像一幅流动的图画展示在文化长廊之中，美不胜收。诸如蚌舞，是根据成语故事"鹬蚌相争、渔翁得利"创作而成。蚌壳姑娘十分惹人喜欢，渔翁老人动作惟妙惟肖，表演内容异常滑稽有趣，具有一定的故事情节、神奇色彩，形象优美，情感深挚，韵味悠长。

渔乡人民世世代代以水为邻，与鱼为伴，耳濡目染，言传身教，渔文化亦渗透到民俗风情的骨子里。人从出生到死亡，从订婚到嫁娶，各种礼仪风俗，时时活跃着鱼的身影。渔乡女儿出嫁，在婚期的前一天送嫁妆，叫作"行河"，寓意鱼在河里游，女儿是在水边长大的，也要河水河风欢送。嫁妆上要贴各种吉祥谐音的鱼图剪纸。新婚之夜闹洞房，小两口要一起咬那吊着的鲇鱼，表示"心心相连"，要四只手一同抓财鱼，以示婚后"四季发财"。小宝宝出生，襁褓布面上绣的是可爱的大鲤鱼，象征着人生之"礼"的祝福和活泼的生命力。小孩长成了小伙子、大姑娘，就要订婚，讲究的是"双礼（鲤）行贺"，将剪好的大红双喜字，贴在一对鲤鱼上。当人老去世，子孙后代来扫墓，必备鱼祭奠。

湖乡人民，饮食亦有讲究。南湖区的渔民吃鱼不打鳞，意谓吃了打鳞的鱼，鱼鳞会去报信，下次就打不到鱼了。这里，除红马洲人外，渔民们都不吃甲鱼，说甲鱼是鼋将军，鼋将军会打洞。吃了甲鱼，鱼就会从鼋将军打的洞里逃生。北湖的渔民吃鱼用湖水煮湖鱼，肉嫩汤鲜，古代称为鱼羹。吃鱼时不能将鱼翻边，如果翻了边，将会不吉，带来翻船的灾害。禁忌船上锅灶煮白鳝，相传白鳝为龙所投胎，食之有亵船之嫌。在都昌等地沿湖渔家做客，热情的主人在鱼菜丰盛的餐桌上，定会加上一盘鸡蛋炒银鱼，表示对客人的敬意，使客人尝到鄱阳湖佳肴名菜特有的鲜美滋味。这里的渔民每逢过年的时候，家家户户都要腌上两条金丝鲤鱼，象征着家世兴旺、年年有余。湖口的渔家每年都要提前一天过年，吃年饭时，席上必须有一盘鱼，称"吉祥有余"。

鄱阳湖渔俗文化，是人类生存发展史的重要组成，对其抢救、挖掘、传承和保护，有着十分重要的历史、文化、经济价值和现实意义。

二、洞庭湖渔歌文化

洞庭渔歌流传于岳阳市岳阳楼区。此区面积约 $172km^2$，人口 60 多万人，是全市政治、经济、文化中心。它地处湘北，襟带长江，怀抱洞庭，处于湖区与丘陵的结合部，毗邻鄂、赣二省，西临洞庭，北依长江，三面环水，四季分明。因地理环境得天独厚，故物产丰富，素有"鱼米之乡"的美称。洞庭渔歌源自战国时期，最迟在北宋年间，就已广泛流传于古岳阳地区，范仲淹《岳阳楼记》中便有"渔歌互答，此乐何极"的描述。洞庭渔歌曲调流畅、婉转，节奏鲜明，曲调丰富，有浓厚的地方风味。由领歌人起首，一唱众和，有对唱、独唱、合唱等，在湖区广泛流传。代表作有《湖风吹老少年郎》《养女莫嫁驾船郎》《河水哪有我眼泪多》《十二月渔民苦》《我撒网子妻荡桨》《阳雀子唤醒打鱼人》《送郎一条花手巾》《赶郎不到是冤家》《篙子一响船要开》《情姐下河洗茼蒿》《郎想姐来口难开》《蓑衣歌》《情姐爱的打鱼郎》《吃茶歌》《盘渔歌》《洞庭仙》等 300 余首。

洞庭渔歌是岳阳地方文化的重要艺术形式，在演唱上具有乡土味、平民化的特点，语言通俗易懂，旋律简练上口，是当地渔民生活历练的沉淀，也是数代人传唱的生命之歌。"船往滩里行，网从天上落。网撒水中情，船载日月多。""早追汛期抢在先，晚赶渔市快起坡。桨摇浪里爱，渔家新生活。"❶ 这些渔歌见景生情、即兴抒怀、随口编唱，常用比兴手法，艺术形象集中单一，表现的内容直接朴实，与其他民谣有显著的区别。2006 年 6 月，由岳阳市申请的东洞庭渔歌作为民间音乐，列入了第一批湖南省非物质文化遗产名录。洞庭渔歌的素材和形式还被引进高校艺术教学，2009 年 2 月，湖南理工学院的原创节目《洞庭渔歌》赴南京参加全国第二届大学生艺术展演并取得佳绩。洞庭渔歌经过一代又一代人的发展，已经成为不可多得的民间艺术形式，也是湖区传统渔业兴旺史的佐证。

三、洪泽湖渔鼓舞

洪泽湖渔鼓舞作为洪泽湖流域唯一的民间舞蹈形式，距今有 800 多年历史，它伴随洪泽湖的形成而诞生，由最初的湖上渔民迷信活动逐渐演变成祭祀、节庆活动直至现在。这种舞蹈艺术，其发展一直在洪泽湖流域，鼎盛于清末民初，泗阳沿湖乡镇曾涌现较多的渔鼓艺人。

渔鼓在作为渔民娱乐工具之前，是湖区神头（神汉）为渔民烧纸还愿或神坛会祈祷时伴奏所用。在跳神表演时，神头在挂满神像或驱鬼符的神坛上，左手端着鼓，右手扶竹键敲打，口里念念有词、喃喃吟咏，似唱非唱，似说非说，如歌如泣，表演者及其几个人伴奏的渔鼓班子，多是坐着又念又唱，或打圆场，有时屈一足为"商羊腿"，加上几面渔鼓的敲打声，哼呀唱呀浑然一片。"嚷神咒"和"念佛记"就是其中主要曲调，这种以鼓伴奏而吟唱的腔调就是早期渔鼓舞雏形，因当时敲的渔鼓总是一串"咚咚"的叠音组成，故渔民又称之为"咚咚腔"。

洪泽湖渔鼓舞的前身是流行于北方的太平鼓，明末清初，由北方逃荒的

---

❶　赵焱森：《洞庭渔歌（四首）》，《诗刊》1990 年第 4 期。

难民传入洪泽湖流域，当时只是作为乞讨时说唱伴奏的工具。清康熙十九年（1680年）后，随着大洪泽湖的形成，渔鼓又作为渔民用于祭祀活动、家谱会等集体活动时跳神者手中的伴奏工具，并在鼓面增加了大红鲤鱼的图案，寓意"岁岁平安、年年有余"，形成了原始的渔鼓。

渔鼓舞在民间传承发展的主要方式是家族继承制，由长辈向晚辈手传口授。传承者在生产、实践中不断演变，在后期渔鼓舞的表演中吸收了渔歌、肘子鼓以及快板说唱、泗州戏等歌舞曲艺门类，使得渔鼓舞的表演形式和唱腔得到了全面升华，进而不断走向成熟，演变成大型舞台、广场的演出形式；同时，这一表演形式随着时代的发展和高科技的融入，也在不断拓展和延伸，如今，泗阳湖区艺人时常表演的舞鱼、舞蟹、舞虾等简练而实际的节目，就是在渔鼓舞的基础上所作的创新和发展。

洪泽湖渔鼓不仅有歌、有舞，而且在整个表演过程中还加入了很多的乐器进行伴奏。所以说，它是一种非常受欢迎的民间艺术，具有极高的文化价值。在表演内容上，"洪泽湖渔鼓"的唱词和曲调中，蕴含了渔家文化几百年来发展的结晶，体现的是中国古老民族的智慧与信仰；在表演形式上，"洪泽湖渔鼓"的表演流程包含了古代人民祭祀、拜祭等活动的礼节，侧面反映了当时人们的文化程度；在表演场地上，"洪泽湖渔鼓"主要是在渔船上进行表演，这种表演的特殊性是其他文化无法相比的，具有其唯一性。"洪泽湖渔鼓"的鼓调和内容来自民间，反映了当地渔民的生产生活状况，唱出了半城风光和人文风情，抒发了渔民的真情和心愿，同时也满足了渔民对文化生活的需求。❶

---

❶　陈雪韬：《非物质文化遗产"洪泽湖渔鼓"保护研究》，南京农业大学硕士学位论文，2019年。

第八章 海洋水文化

海洋是生命诞生的摇篮，是人类的重要发祥地，在人类社会发展进程中起着举足轻重的作用。我国拥有广阔的海域、漫长的海岸线和众多的海岛渔村，海洋资源丰富多样，海洋文化博大精深。早在先秦时期，韩非子对海洋有着深刻的认识："大人寄形于天地而万物备，历心于山海而国家富。"[1] 一般而言，源自海洋的文化，即 "人类对海洋本身的认识、利用和因有海洋而创造出来的精神的、行为的、社会的和物质的文明生活内涵定义为海洋文化。海洋文化的本质，就是人类与海洋的互动关系及其产物。"[2] 航海文化、海洋民俗、海洋疆域及主权、海岸线堤防工程、潮汐文化等都属于海洋水文化的范畴。海洋水文化是海洋文化的重要组成部分，是水文化教学与研究的重要专题之一。本章着重讨论海塘工程、航海文化和海洋民俗三大内容，以期初步掌握海洋水文化的基本常识和重点内容。

第一节 海 塘 工 程

海塘是一种特殊的堤防工程，用以防御海潮涌浪的破坏侵袭，防止海岸坍塌，保护城镇、农田、盐场和沿海其他设施。中国海岸线漫长，但海塘工程主要分布在潮势汹涌的江浙沿海一带，其他如福建等地也有捍海堤。海塘工程是古代水利建设的重要成就之一，在工程技术上有许多独到的建树。

一、海塘工程的起源和发展

海塘工程的出现和发展，是我国东南沿海地区经济不断开发和发展的结果。它起源较早，规模宏大，现在江苏、浙江一带北起常熟，向东沿长江口

---

[1] 韩非子：《韩非子》，中华书局 2015 年，第 62 页。

[2] 曲金良：《海洋文化概论》，海洋大学出版社 1999 年，第 12 页。

绕上海市区而南，经宝山、浦东、奉贤、金山、平湖、海宁、海盐到杭州，全长约 650km 的海塘工程，是东南沿海发达经济区的重要屏障，经历了漫长的历史过程才逐步形成。据统计，自唐开元元年（713 年）至清乾隆四十五年（1780 年），用工在万人以上，筑塘千丈以上的大型修塘工程共 35 次。海塘工程的发展大体经历了三个时期：起源初期——秦汉时期，初步发展——唐宋时期和大规模发展——明清时期。**❶**

1. 起源初期——秦汉时期

秦始皇时，在杭州一带设置了钱塘县，说明这一带经济已经具备初步的发展规模，需要海塘工程来保护，但这种说法无直接史料依据。海塘工程还有一种可能是起源于东汉。这种分析来自《水经注》所转引的《钱塘记》。《钱塘记》中有段记录，说东汉末年，杭州富人华信建议在钱塘江口修建海塘，他承诺民工每挑一担土付 1000 钱，于是很多人都运来土石，土石运来后，华信却不给钱，人们扔下土石便走，这些土石就堆集成海塘，后来成为钱塘。这一传说曲折地反映了东汉时期钱塘江口的一带居民开始有了为抵御海潮而兴筑海塘的活动。江苏海塘历史悠久，透过其规模和发展的过程，充分反映出它在历史上起到过十分重要的作用。早在东晋时期，就有关于江苏海塘的明确文字记载。

2. 初步发展——唐宋时期

唐宋时期，中国的经济重心转移至江浙一带，与此同时也对抵御海潮、保护生产和生活提出了更高的要求，所以这一时期江浙海塘工程获得了初步发展。唐代盐官（浙江海宁）一带的海塘工程总长达 200 余里，松江县境内兴筑了华亭海塘，苏北的捍海堰已长达 140 余 km。五代吴越钱镠，在杭州钱塘江口大筑海塘，创造了石囤木桩法。自北宋大中祥符起，景祐、庆历、嘉祐以及南宋乾道、嘉熙年间，都不断有大规模的海塘建设。苏北范公堤也是这一时期兴建的重要海塘工程之一。在宋代产生了"柴塘"和石塘。相传王安石任鄞县县令时，还改进海塘断面形式，创造了"坡陀法"。这些技术都增强了海塘的稳定性和冲击性，提高了海塘工程的使用寿命。

3. 大规模发展——明清时期

明清时期，海塘工程作为江浙发达经济区的重要屏障，备受重视。当时的官方明确将海塘工程的安危与朝廷的赋税收入直接关联，提出："东南财赋

---

❶ 郭涛：《中国古代水利技术史》，中国建筑工业出版社 2013 年，第 132 页。

半出于江浙钱漕，是海塘实为目前第一要务。"❶

明清江浙海塘工程的重点是海宁、海盐、松江、宝山、太仓、常熟等地，这些地区的工程险工较多，修筑频繁。明代侧重于海盐，清代侧重于海宁。明代 276 年中，对海盐、平湖两地海塘工程修筑 21 次。清代修海宁鱼鳞大石塘，从康熙末年到乾隆四十八年，70 年间从未间断。在明末，主要海塘工程已改为石塘，并且出现了"五纵五横"的鱼鳞大石塘，清代在海塘基础和断面形式上进一步改进，工程更加坚固耐用。这一时期对海塘工程的技术总结有《海塘录》《海塘揽要》《两浙海塘通志》等。

民国时期，开始试铸新式海塘，出现浆砌石塘、混凝土塘和钢筋混凝土塘等近代结构。

二、古代海塘工程分类

古代海塘工程，在不同的地区，不同时代称谓不尽一致，有捍海堰、捍海堤、捍海堤、海塘等名。按工程的不同位置，有江塘和海塘之分。通常，江塘修在江河入海口内侧，既防海潮，也御江浪；而海塘则建在海边，只御海潮。长江口南岸和钱塘江入海口以上两岸工程均属江塘。

按照海塘建筑材料，古代有以下几类。

土塘：早期海塘工程均是土塘，构筑简单，但抗潮能力差。《宋史》《元史》里都有关于土塘的记录。"咸潮泛溢者，乃因捍海古塘冲损，遇大潮必盘越流注北向，宜筑土塘以捍咸潮。"❷ "其时省宪官共议，宜于州后北门添筑土塘，然后筑石塘，东西长四十三里，后以潮汐沙涨而止。"❸

柴塘：以柴薪和土层相间而筑，创始于北宋。它适应于地基承载力低，不便打桩的地段，抗冲刷能力比土塘强。

土石塘：土石塘是土石混合结构，于五代吴越时创建，筑于杭州一带海岸。用竹笼盛石堆砌成堤，塘前用木桩固定，同时在塘前滩地打挡浪木桩数行，称为"混柱"，用以削弱潮浪对塘身、塘脚的冲刷。塘身填以土料。此塘在地基软弱的地方也常采用。元泰定四年（1327 年）又创建"石囤木柜塘"，筑于海宁一带海岸，该地为粉沙性土质，抗冲力低。当时在沿海 30 余里的海岸线上下，下石囤 44 万多个、木柜 470 多个。石囤和木柜分别以竹笼和木框

---

❶ ［清］富呢扬阿等：《续海塘新志》卷三《修筑上》，《中国水利志丛刊》（第 65 册），广陵书社 2006 年，第 211 - 232 页。

❷ ［元］脱脱等：《宋史》卷九十七《河渠志七》，中华书局 2013 年，第 2402 页。

❸ ［明］宋濂等：《元史》卷六十五《河渠志二》，中华书局 2013 年，第 1639 页。

装石而成，塘前用木桩固定，木柜与木柜之间用横木连接。此塘比"竹笼木桩塘"更加坚固稳定。

石塘：石塘即塘身用条石砌成，北宋王安石在鄞县创建，是在土塘的迎水面斜坡上用条石护砌。明成化十三年（1477 年），杨瑄在浙江海盐仿王安石"坡陀塘"修筑"竖砌坡陀塘"。其筑法先打木桩奠基，基桩上置横石为枕，然后用片石循序竖砌，砌完一排片石，又置一条横石，逐渐向上砌筑，里面用碎石填心，塘背以土培筑。斜坡式石塘能较好地削弱波浪的冲击力，砌筑容易，省工省料，应用比较广泛。

三、海塘工程分布

海塘工程是中国古代在沿海地区修筑的防御海潮侵袭、保护农田和城镇的堤防工程，分布于江苏、浙江、福建、广东沿海一带，其中江浙海塘是历史上重点修筑地段。

江苏海塘以长江为界，分南北两大部分，长江以南的称为江南海塘，长江以北的又分淮南和淮北两段。南朝以后逐渐由零散的工程向系统海塘发展。唐开元元年（713 年）重新修筑海塘 214 里（一作 124 里），北起吴淞江口，南与浙西海塘连接，称为开元海塘。南宋乾道（1165—1173 年）年间在华亭又修"捍海塘堰"，起于嘉定老鹳嘴以南，抵海宁之澉浦以西，后统称为"里护塘"。元大德（1297—1307 年）年间重修。金山段海塘因被冲毁，又新筑一条土塘，称为元大德海塘。明清时海塘逐渐向北延伸至常熟福山港，同时川沙、南汇一带因滩涂外涨，先后增筑了三重海塘。江南海塘以土塘为主，只在宝山、华亭、金山一带明清时筑有局部石塘。淮北海塘主要分布在海州湾地区，始筑于南北朝时期，北齐天保（550—559 年）年间在海州之东修筑长堤一道。古代云台山是海中的孤岛，隋唐时多次在云台山麓修筑桿海堰。清代时因滩涂淤涨，云台山与大陆相连，海堤的作用逐渐消失。淮南海堤始于唐代，大历（766—779 年）年间，在今盐城至海安筑海堤 140 多里，名为"常丰堰"。北宋天圣五年（1027 年）又重筑捍海堰，长 143 里，称为"范公堤"。后代多次维修和增筑，形成北自阜宁庙湾、南至启东吕四的海堤 800 里。

浙江海塘以钱塘江为界，分为浙西海塘和浙东海塘两大部分。浙西海塘始筑于东汉初，唐开元元年（713 年）重筑盐官捍海塘堤，浙西沿海至迟在此时已建成系统的海堤了。因浙西沿海潮势强大，该地海塘为后代重点修筑地段，并根据各段的地质、潮势状况，采用柴塘、土石塘、石塘等多种形式的海塘结构。浙东海塘始修于唐垂拱二年（686年），在萧山、山阴一带筑海塘50里，称为界塘；开元年间又修筑山阴、上虞间海塘100多里。宋代浙东海塘向东延伸至镇海。南宋开始，于险工地段逐步改建成石塘。17世纪末年起，上虞和余姚一带岸外滩涂淤涨迅速，先后在余姚大沽塘外面，修筑了7道海塘。浙东甬江口以南亦修筑有零星分散的海塘。

经历1000多年的接续发展，江浙海塘形成了一道牢固的防海长城，总长1300余里，最大限度地保障了沿海地区的经济发展和社会稳定。历代政府都十分重视管理维护海塘，尤其是浙江海塘。北宋时设专管钱塘江海塘的捍江五指挥，每一指挥下辖捍江兵士400人之多，随时采石维修海塘。明代由浙江水利金事统筹全省水利和海塘工程，设岁修制度，每县设海塘夫。明嘉靖二十一年（1542年），黄光升首创按《千字文》分段编号，每字号长20丈，并在海塘立石标记，设塘长专管。清康熙五十九年（1720年）于绍兴、杭州、嘉兴三府设"海防同知"，专管岁修及海塘维护。清雍正九年（1731年）特设"海防兵备道"，经理塘务，增加士兵以利抢修。清道光以后海塘由杭嘉湖道统管，下设东防、西防和乍防（乍浦防守段）三个海防同知，防下共设七汛，分派千总、把总率马步兵防守。

此外，福建从唐宋时起在沿海一些海湾平原，如福州、莆田、泉州、漳州等地修筑海堤，随着海涂的向外伸展，海堤工程也层层向前推移。广东自宋代起于珠江和韩江三角洲陆续修筑一些海堤，明清时海滩围垦兴盛，海堤发展很快。

四、古代著名海塘工程

1. 五代时期钱镠海塘

钱镠海塘在今钱塘江北岸、杭州城区，属于浙西海塘的一部分。杭州原是"江海故地"，翻江倒海的海潮为患由来已久，筑防海大塘也很早就有了。中唐以后，由于藩镇割据，战乱不断，海塘年久失修，潮患更烈。要筑城墙，巩固杭州安全，还需制服海潮。后梁开平四年（910年）八月，杭州城垣基本完成后，钱镠就开始修筑海塘以遏海潮。钱镠在给梁太祖朱温的《筑塘疏》中写道："江之水源，自街海飓大作，怒涛掀簸，堤岸冲啮殆尽。自秦望山东南十八堡，数千万亩田地，悉成江面，民不堪命……平原沃野，尽成江水汪洋。虽值干戈扰攘之后，即兴筑塘修堤之举。"陈述了筑塘的迫切性和任务的艰巨性。

开始时，他采用传统的"版筑法"。但"江涛昼夜冲激河岸，版筑不能就"。于是，有"钱王射潮"的传说故事。据说钱镠下令"强弩五百以射涛头"，以镇潮神之威；又亲自去胥山祠（即今伍公山上的伍子胥庙）祭拜，还题诗一章，略曰："为报龙神并水府，钱唐借取筑钱城。"既而潮头遂趋西陵，不再冲向北岸。这个故事在杭州民间流传很广，杭州多处地名与此有关。

据《吴越备史》记载，钱镠筑捍海石塘，采用新技术，"运巨石盛以竹笼，植巨材捍之，城基始定。其重濠累堑，通衢广陌亦由是而成"。从此，"沙土渐积，塘岸益固"。这个新技术，据《十国春秋》引《昭勋录》记载，就是以"大竹破之为笼，长数十丈，中实巨石，取罗山大木长数丈，植之横为塘（沉入塘基）""又以（大）木立于水际，去岸二十九尺立九木，作六重"。就是再用数丈的大木垂直穿过竹笼，护入塘基底部结成一个整体以抗冲定位，即塘外植滉柱（深水巨柱）十余行，以折水势。"外加土塘，内筑石堤。"这种用竹笼、巨石、大木筑成的堤塘，在科学技术上是个发明创造，在我国乃至世界筑塘史上都是一个创举。这种技术称为"石囤木桩法"。它标志着筑塘技术已由唐代的土塘"版筑法"，进入了竹笼石塘的新阶段。这种新技术，一直为后世所采用。"筑塘以石，自吴越始"。史称"钱氏捍海塘"，或"钱氏石塘"。此塘自8月开工至10月竣工。塘自六和塔至艮山门一线，全长338593丈，计费109440缗。又建候潮、通江等城门。这么浩大工程在两个月内完成，这也是了不起的成就，是一个奇迹。

钱镠海塘遗迹已多处被发现。例如，1983年7月，在杭州南星桥江城路立交桥施工时，发现了石塘遗址。据考证，在地表3m以下，石塘大堤由沙土筑成，高约6m，底部宽约18m。堤外六行滉柱呈井字形排列，有规则向西倾斜，斜面朝向钱塘江。滉柱以西是一条石堤，滉柱与石堤之间还有实石的竹笼，堤内有木桩护堤，并用横木和榫卯结构加固。这些，与史料记载是一致的。考古专家认为，这样结构复杂、工程讲究的石塘，世所罕见。石塘的建成，在较长时间内解除了杭州的江潮之患，从此塘内"悉起楼台，广郡郭周三十里"。可见石塘对杭州城之重要。

2. 苏北海堤和苏松海塘

江苏海塘分为长江以北的苏北海堤、长江以南的苏松海塘。关于苏北海堤，最早的记载见于北齐时期，杜弼在任职海州（今连云港市西）时，曾"于州东带海而起长堰，外遏咸潮，内引淡水"[1]。唐开元十四年（726年）海州（治今连云港市）刺史杜令昭曾在朐山县（今连云港市）以东二十里筑永

---

[1] ［唐］李百药：《北齐书》卷二十四《杜弼传》。

安堤，"北接山环城，长七里以捍海潮。"❶ 苏松海塘则起于唐代，至宋代记载逐渐增多。南宋高宗绍兴十三年（1143 年），两浙转运副使张叔献曾在华亭新泾塘一带筑咸塘，"以防海潮透入民田"。宋孝宗乾道七年（1171 年），秀州守臣邱崈奏修华亭捍海堰，次年完成，并制定了一些维修、管理制度。❷ 到宋光宗绍熙年间（1190—1194 年），华亭捍海堰已有 150 里长，东北抵松江，西南至海盐。

江苏北部最著名的防海潮工程是北宋时期的范公堤。早在唐代宗大历年间（766—779 年），淮南黜陟使李承就曾在通州（治今江苏省南通市）、楚州（治今淮安）至盐城一带筑捍海堰，长 142 里，主要用于挡御潮水，"遮护民田，屏蔽盐灶"。北宋时这座海堤已经坍毁。宋天圣元年（1023 年），担任泰州西溪盐官的范仲淹建议修复捍海堰，受到转运副使张纶的支持。当时有些人反对修捍海堰，认为堰可挡海潮，但也会造成内涝。张纶则认为海潮的危害占十分之九，而内涝的危害则仅占十分之一，力主修筑。于是张纶推荐范仲淹任兴化知县，主持施工。不久范仲淹因母亲去世而归家守孝。此后工作由张纶直接主持。新筑捍海堰长 180 里，于宋天圣六年（1028 年）竣工。后人称之为"范公堤"。以后海门知县沈起又"筑堤百里，引水灌溉。"❸ 南宋以后，范公堤仍受到历代统治者的重视，曾有多次修筑，并继续向南延伸。元代，范公堤发展到 300 余里。明万历四十三年（1615 年），范公堤"起自吕四场，讫于庙湾场，共八百里有奇。"❹ 由于海岸线不断向外发展推移，明代以后的范公堤已逐渐远离海岸，堤外海滩成为著名的盐场。民国以后，堤外土地逐渐得到开垦。

3. 海宁盐官海塘

海宁盐官海塘，是浙西海塘中的重点工程。宋以前，这一带就有捍海塘工程。南宋时期，盐官（今海宁市盐官镇）一带海潮汹涌，海岸变迁，破坏很大。由于这一带盐灶颇盛，而且逼近南宋首都杭州，嘉定年间，开始在这一带大规模进行海塘的修筑。盐官海塘属条石海塘，工程结构复杂，具有重要的历史价值和工程技术价值。2001 年被列为全国重点文物保护单位。

"八月十八潮，壮观天下无。"浙江钱塘江口呈喇叭形，海潮涌来时，受地形收束影响，潮头陡立，尤以北岸海盐、海宁一段为险，形成了蔚为天下

---

❶ ［北宋］宋祁、欧阳修等：《新唐书》卷三十八《地理志》。
❷ ［元］脱脱等：《宋史》卷九十一《河渠志一》，中华书局 2013 年，第 2255 页。
❸ ［元］脱脱等：《宋史》卷九十三《沈起传》。
❹ 武同举：《江苏水利全书》卷四十三。

奇景的钱塘江大潮。南宋周密《武林纪事》记载，潮水"玉城雪岭，际天而来，大声如雷霆，震撼激射，吞天沃日，势极雄豪"。因潮灾猖獗，塘岸屡遭冲毁，良田、民宅毁坏无数，为御潮患，海塘应运而生。海宁盐官海塘即是其中杰出者。

东汉到明清，钱江两岸的老百姓从未间断修堤筑塘的行动，海塘结构亦日臻完善，从最初御潮力极低的土塘，发展为柴塘、土石塘、石塘。清康熙五十九年（1720 年），海潮江流改道，直逼盐官，始筑石塘 500 余丈，石塘之内培筑土埝。至清乾隆二年（1737 年），盐官南门外绕城鱼鳞石塘建成，乾隆五十九年（1794 年）海宁鱼鳞大石塘基本竣工，至今仍发挥作用。据地方志载，自宋代起，盐官海塘的重大修筑均由中央委官统辖，督办塘工，其中仅雍正一朝 13 年间，共修筑海塘 18 次，计各类塘工 54080 丈，用银 34 万余两，开启后世浙西海塘的岁修制度。

盐官海塘下承木桩，各桩间填土并夯实，塘之高者 18 层，每层条石"丁顺间砌"，各层之宽度自下而上依次递减，相邻条石间用糯米浆和灰浆靠砌，并嵌以铁锭和铁锔，以使互相巩固。石塘之后附土以支持塘身。因海塘侧面呈梯状往上收缩，状似鱼鳞，故又名鱼鳞石塘。清代皇帝曾多次临御，遗有雍正与乾隆之父子碑。数百年来，盐官海塘见证了钱塘江畔先民抵御汹涌潮水的历史，不愧"捍海长城"之誉。盐官海塘为条石海塘，建筑包括天风海涛亭、占鳌塔、中山亭、镇海塘铁牛等。

现存盐官海塘以占鳌塔为中心，全长 1100m，塘面宽 10m，为海宁海塘中历史最久、最有代表性的一段。夕阳西下，但见长堤如龙，进伸海天深处，布列规整的条石如鱼鳞熠熠闪光。海塘上另有天风海涛亭、占鳌塔、中山亭及镇海塘铁牛诸胜，是观潮的绝佳之地。

4. 宁波它山堰

它山堰位于宁波市海曙区鄞江镇西南它山旁，建于 833 年（唐太和七年）。它山堰长 134.4m，面宽 4.8m，皆用长 2～3m、宽 0.2～0.35m 条石砌筑，左右各 36 石级。堰面全部用条石砌筑而成，堰身为木石结构，有逾抱大梅木枕卧堰中，历千余年不腐，被称为"它山堰梅梁"。修建它山堰的目的，是为了抵御潮汐，使海水与江河分流，咸淡阻隔。江河水经过该堰分流两道：一支入月湖，另一支入鄞江和奉化江，灌溉千亩良田，化水害为水利。迄今千余年，它山堰历经洪水冲击，仍基本完好，继续发挥阻咸、蓄淡、引水、泄洪作用。1988 年 12 月 28 日，它山堰被列为国家重点文物保护单位。

据宋代魏岘的《四明它山水利备览》等有关史料记载，王元暐四处勘察，相度地势，选择合理的坝址，最终发现了"两山夹流，铃锁两岸"的它山。它山地势优越，大溪之南沿流皆山脉连绵，北面都是平壤之地，南岸之山与它山夹流，两岸有石趾可据，所以王元暐决定利用这一有利地形兴筑阻咸、蓄淡、引水的渠首枢纽工程，把鄞江上游来水引入内渠南塘河，并在内河与外江之间围堤建闸，将江河分开。古语曰：涝则七分归江，三分入溪，旱则七分入溪，三分归江。在南塘河上分别建乌金碶、积渎碶、行春碶三座碶闸，以启闭蓄泄，使堰和碶形成一个完整的水利系统。它山堰选址合理，设计科学，既能抗旱泄洪，又能调节进入南塘河的水流量，是中国水利史上首次出现的块石砌筑的重力型拦河滚水坝，同时具备较高的历史、科学研究价值，为研究中国古代水利史、建筑史、文化史的研究提供了宝贵的实物资料。

5. 莆田木兰陂

木兰陂位于福建省莆田市城厢区的木兰溪下游感潮河段，距出海口25.8km，是我国现存最完整的古代大型水利工程之一，是中国东南滨海地区拒咸蓄淡灌溉工程的独特创造，被誉为"福建的都江堰"。木兰陂最早建于宋治平元年（1064年），经过三次营筑，于宋元丰六年（1083年）竣工，历经千年，经过无数次洪潮冲击，现仍巍然屹立，继续发挥其水利作用。

宋治平元年（1064年），福建长乐钱四娘筹钱10万缗，来莆田发起筑陂壮举。在将军岩前，"堰溪为陂"，筑起大坝。经过三年努力，工程竣工。当地民、官万分高兴，庆贺壮举成功。但突然溪洪暴至，洪水冲垮大陂。钱四娘功毁一旦，痛不欲生，逐悲愤投水自尽。之后，进士出身的长乐人林从世，路经莆田，为钱四娘动人事迹所感动，决心继承钱四娘遗志，捐家资10万缗，来到异乡莆田，发动群众，在上杭头温泉口筑坡。但在大陂将要落成时，又被怒潮冲毁。宋熙宁六年（1075年），闽侯人李宏响应朝廷兴修水利的号召，举家资7万缗来到莆田继续筑陂。在高僧冯智日的全力协助下，认真总结前两次筑陂失败教训，经过千百万兴化人民的8年苦战，于宋元丰六年（1083年）筑成了技术复杂、样式新颖、工程浩大的木兰陂这一重大的水利工程。

木兰陂水利工程，以引、蓄、排、挡及灌溉、运输多功能，发挥了重要作用，使兴化平原20多万亩农田能旱涝保收，成为美丽、富饶的鱼米之乡。兴化人民深情地怀念钱四娘、林从世、李宏和冯智日这几位无私无畏、一心为公的伟大人物，特在木兰陂畔建立"李长者庙"（即木兰陂纪念馆），祭祀钱四娘、林从世、李宏和冯智日。1962年大文豪郭沫若来此参观，欣然写下了七言绝句6首，高度赞美木兰陂工程。1996年木兰陂被列为全国重点文物保护单位。

第二节　航　海　文　化

　　航海是人类探索和征服海洋的最直接方式,航海文化是海洋文化的主体部分,是中华文化的重要组成部分之一。航海文化,是在文化概念的基础上衍生而来,即人类在长期的航海实践中创造的一切物质财富和精神财富的总和,具体包括航海精神、航海民俗、航海文艺、航海科技、航海贸易、航海政策等。把握航海文化的内涵应当分别从航海物质文化、精神文化、制度文化和行为文化四个层面来解析,其中最核心内容是航海精神文化。❶ 我国具有悠久、灿烂的航海历史和文化传统,"海上丝绸之路"的辉煌就是其见证,它集中反映了我国古代的航海历史、航海技术、海洋文化。作为世界航海文明的发源地之一,中国从古至今从不缺航海人和航海精神。

一、唐代航海第一人杜环

　　早在唐代,我国的中原地区与非洲、阿拉伯之间,就通过海陆交通频繁交往。

　　杜环,又名杜还,是中国唐代旅行家。他的出生地不详,一说为京兆(今陕西西安)人,一说为襄阳郡(今湖北襄阳)人;生卒年也不详。从某种意义上讲,他是历史上第一个以一己之力践行"一带一路"的旅行家。

　　杜环之所以踏上"旅行"的道路,源于唐朝对外战史中一场著名的怛逻斯之战。唐天宝十年(751年),唐将高仙芝长途奔袭700里,却被以逸待劳的大食援军包围,惨败之后,大量的唐军官兵被俘,其中一个名叫杜环的士兵被俘后,流亡大食12年,其后又游历西亚、北非,成为第一个到过北非并有文字著作的中国人。762年夏,杜环寻找机会返回中国,从埃塞俄比亚马萨瓦港踏上回国的征程,到波斯湾后又搭上了大唐的商船,随大唐商船在广州登岸,回到了他阔别多年的中国。

　　回国后,杜环写下《经行记》一书,描述了他从耶路撒冷启程,经过埃及、努比亚到埃塞俄比亚的阿克苏姆王国的见闻。可惜的是,该书久已失传,只有杜佑的《通典》曾引用此书中的1500余字。即便只有"残本"保留至今,也成为研究中西地理交通史与文化交流史的重要史料,颇受学者重视。

---

　　❶ 辛加和:《航海文化》,人民交通出版社2009年,第62页。

近代著名学者王国维，就曾亲笔抄录并校订这 1500 余字；后经近现代学者多番校注与考证，《经行记》是中国最早记载阿拉伯世界风貌和中国工匠在西亚及北非传播生产技术的古籍，还记录了亚非若干国家的历史、地理、物产和风俗人情。《经行记》中逐一记载了拔汗那国、康国、师子国、波斯国、碎叶、石国、大食等国的地理环境、山川河流、土产风物、生活风俗、宗教、节日娱乐等诸方面的情况，为后世研究这些国家的历史文化提供了极为珍贵的原始资料。

据史料记载，唐代从广州出发到波斯湾和东非以及欧洲的海上航线，全程约 14000km，这是 14 世纪以前世界上最长的远洋航线，充分显示了中国古代在航海方面的领先地位。严格意义上讲，杜环不是航海家，只是通过航海商船返程，反映了唐代航海技术的高超和海洋文化的兴盛。

正是有了"杜环周游"式的游历记录，使得世人看待这个世界更多了一份包容与理解；作为世界斑斓、文化多元的忠实记录者，杜环的一生值得被世人铭记。

二、元代航海先驱汪大渊

元至顺元年（1330 年），一位年仅 20 岁的青年航海家，自泉州出发，历时 5 年途经亚洲、非洲、欧洲，开辟了一条时间之久、跨越之广的海上丝绸之路。他一生两次出海，途经 220 余个国家和地区。这一纪录堪称前无古人。75 年后，郑和下西洋，162 年后意大利人哥伦布发现美洲大陆，167 年后葡萄牙人达·伽马抵达非洲南端的好望角。相比较之下，这位 20 岁年轻人的壮举，早了近百年光景。他就是被誉为"东方马可·波罗"的中国航海先驱，也是古代中国通过"海上丝绸之路"加强对外交流的领航者——汪大渊。

汪大渊，字焕章，元朝时期民间航海家。1311 年出生于江西南昌市青云谱区汪家垄。其出生地至今尚存一首排工号子《南昌城南掌故多》："将军渡口波连波嘿；象湖源上风光好哟嗬，施家尧去划龙舟来嘿；王老丞相来迎接哟嗬，相府千金坐花楼罗嘿。汪家垄住航海客哟嗬，漂洋过海到夷洲罗嘿！"❶ 最后两句就是指汪大渊出海远航的事迹。为纪念民间航海家汪大渊，南昌市政府在青云谱汪家垄修建"汪大渊故里"牌楼，以汪大渊的字命名一条道路"焕章路"，在抚河古道边上修建了汪大渊广场，塑造汪大渊纪念碑（图 8-1）。

---

❶ 南昌市青云谱区地方志编纂委员会：《青云谱区志》，方志出版社 2004 年，第 725 页。

图 8 - 1 汪大渊广场与汪大渊雕塑

汪大渊的名字寄予着父亲的期望，希望他走中国传统的读书仕进之路，故而取《论语》中"焕乎有文章"，为他起字曰"焕章"。不过，"大渊"的本意就是大海的意思。南昌自唐朝以来便是重要的造船基地，外边的繁华富饶经过航船口头相传。他少负奇气，仰慕司马迁为写《史记》而足迹遍九州，弱冠之年束装来到泉州居留。泉州当时是中国海上丝绸之路的起点，中外商人众多，航海相当发达，耳濡目染，使汪大渊对海上航行产生了浓厚的兴趣，并且付诸实践。

元至顺元年（1330 年），年仅 20 岁的汪大渊毅然随商船队下西洋。从泉州港出海穿过台湾海峡，途经海南岛，再穿过七洲洋、占城、马六甲、爪哇、苏门答腊、缅甸、印度、波斯、阿拉伯、埃及等地，继而横渡地中海到西北非洲的摩洛哥，再回到埃及，出红海到索马里，折向南直到莫桑比克，再横渡印度洋回到斯里兰卡、苏门答腊、爪哇，再到澳洲，从澳洲到加里曼丹岛，又经菲律宾群岛，最后返回泉州。

元至元三年（1337 年），汪大渊第二次出航，也是从泉州出发，过台湾海峡，渡巴士海峡，循菲律宾群岛南下，过苏禄海、加里曼丹、苏拉威西海至苏门答腊，折返马来半岛、中南半岛，经南海回到泉州，历时约 3 年。汪大渊的两次航海加起来历时约 8 年，航迹遍布东南亚、南亚、西亚、地中海地区，沿途记录 220 多个国家和地区。

每到一地，汪大渊便留下详细的文字记录，生动形象地记载了各地人当时的生活方式、文化传统。他一共航海过 2 次，元代虽然没有留下直接描绘南海诸岛的地图，但是汪大渊去过了并记载和介绍南海诸岛，根据国际法的最先发现原则，南海诸岛归属中国是不能存在异议的。自古以来中国的南大门，岂容他人异议和妄想！

汪大渊后来应泉州地方官之请，整理笔记，写出《岛夷志略》，为后人留下了关于元代中国对外海上贸易的大量一手资料。

在《岛夷志略》里，首先介绍的就是当时已经被元朝纳入中国版图的澎湖地区。根据汪大渊的记载，当时从泉州出发，坐船顺风两昼夜就可以抵达澎湖。澎湖当时隶属泉州晋江县，已经有许多泉州人移居当地。这些泉州人抵达当地之后，因地制宜用茅草搭盖房屋居住，并开始在当地制盐酿酒、种地养羊，一派安居乐业的景象。《岛夷志略》里还记载了他在交趾、占城、真腊、三佛齐、爪哇、苏禄、旧港和天竺等200多个地区的见闻，而这些地区分别位于今天的越南、柬埔寨、马来西亚、印尼、菲律宾、缅甸、印度乃至波斯和阿拉伯等地。而一些近代研究认为，他所记载特番里是指今天埃及北方海港杜姆亚特，另外一个名为挞吉那的地区则很有可能是扼守欧非交界的直布罗陀海峡的摩洛哥重要海港——丹吉尔。

根据《岛夷志略》的后记，汪大渊明确说明书中所记皆是亲眼所见。另外，写作的目的是"记其山川、土俗、风景、物产之诡异"，就是要记载这些地区和中原不一样的事物，所以《岛夷志略》中着重记载了汪大渊所到之地奇特的地理与风俗。

《岛夷志略》除了记载了当时亚非各地的风土人情，还记载了汪大渊在各地游历之时所见到的海外华人生存状态。比如他在到达真腊（现柬埔寨）时，发现当地已经有大量唐人也就是华人生活。而这些华人在当地似乎已经取得了相当高的社会地位。

而在今天的文莱周边，汪大渊看到当地人非常尊敬华人，说华人在当地就算一个人在外面喝醉了酒也没事，因为肯定会有当地人把他搀扶回家。另外还他提到当时在今天新加坡的牛车水，已经存在了华人社区。在印尼爪哇一个名叫勾栏山的地方，他遇到了一些当地的华人后裔。他在记载中明确说这些人是元朝初年忽必烈征讨爪哇时一些留在了当地的"病卒"后裔。这些人在当地定居之后，"唐人与番人从杂而居之"，也就是说他们和当地人混居并繁衍生息，明显已经在当地扎根。

而在今天印度泰米尔纳德邦的沙里八丹平原上，汪大渊看到了一座高达数丈的高塔，上面竟然用汉字写着"咸淳三年八月毕工"。而咸淳是南宋末年宋恭帝的年号，汪大渊说这座塔应该是当时有中国人到当地做生意建造的。

而在波斯（伊朗）境内的马鲁涧，汪大渊还意外地认识了一位来自今天河北省临漳县的陈姓华人地方长官。他在元朝初年是驻扎在今天甘肃张掖周边的元军。而当时统治波斯地区的是由元世祖忽必烈的弟弟旭烈兀所建立的伊儿汗国，伊儿汗国长期对元朝称臣，双方人员往来很多。这位陈姓汉人应该就是在此期间随军队来到了伊朗，后来在此定居，并成了一个重要的地方官员。

《岛夷志略》约2万字100个篇章，其中有40多篇记述了瓷器贸易，有20多篇记载了青花瓷贸易，由此可见中国的瓷器在国外是多么畅销。书中记载的国名、地名多达220余个，所述内容涉及90多个国家的山川险要、方域疆土、土特物品和民情风俗，范围包括南亚、西亚、东南亚以至东非广大地区。

三、明代航海家郑和

《明史·郑和传》记录了我国著名航海家郑和七下西洋的史事。该传全文不过750多字，对于郑和生平的记录，只有30字。对郑和的出身、家庭等均无记载，但仍是研究郑和的最基本史料。

郑和，云南人，世所谓三保太监者也。初事燕王于藩邸，从起兵有功。累擢太监。

成祖疑惠帝亡海外，欲踪迹之，且欲耀兵异域，示中国富强。永乐三年六月，命和及其侪王景弘等通使西洋，将士卒二万七千八百余人，多赍金币。造大舶，修四十四丈、广十八丈者六十二。自苏州刘家河泛海至福建，复自福建五虎门扬帆，首达占城，以次遍历诸番国，宣天子诏，因给赐其君长，不服则以武慑之。五年九月，和等还，诸国使者随和朝见。和献所俘旧港酋长。帝大悦，爵赏有差。旧港者，故三佛齐国也，其酋陈祖义，剽掠商旅。和使使招谕，祖义诈降，而潜谋邀劫。和大败其众，擒祖义，献俘，戮于都市。

六年九月，再往锡兰山。国王亚烈苦奈儿诱和至国中，索金币，发兵劫和舟。和觇贼大众既出，国内虚，率所统二千余人，出不意攻破其城，生擒亚烈苦奈儿及其妻子官属。劫和舟者闻之，还自救，官军复大破之。九年六月献俘于朝。帝赦不诛，释归国。是时，交阯已破灭，郡县其地，诸邦益震詟，来者日多。

十年十一月，复命和等往使，至苏门答剌。其前伪王子苏干剌者，方谋弑主自立，怒和赐不及己，率兵邀击官军。和力战，追擒之喃渤利，并俘其妻子，以十三年七月还朝。帝大喜，赉诸将士有差。

十四年冬，满剌加、古里等十九国，遣使朝贡，辞还。复命和等偕往，赐其君长。十七年七月还。十九年春复往，明年八月还。二十二年正月，旧港酋长施济孙请袭宣慰使职，和赍敕印往赐之。比还，而成祖已晏驾。洪熙元年二月，仁宗命和以下番诸军守备南京。南京设守备，自和始也。宣德五年六月，帝以践阼岁久，而诸番国远者犹未朝贡，于是和、景弘复奉命历忽鲁谟斯等十七国而还。

和经事三朝，先后七奉使，所历占城、爪哇、真腊、旧港、暹罗、古里、满剌加、渤泥、苏门答剌、阿鲁、阿枝、大葛兰、小葛兰、西洋琐里、琐里、加异勒、阿拨把丹、南巫里、甘把里、锡兰山、喃渤利、彭亨、急兰丹、忽鲁谟斯、比剌、溜山、孙剌、木骨都束、麻林、剌撒、祖法儿、沙里湾泥、竹步、榜葛剌、天方、黎伐、那孤儿，凡三十余国。所取无名宝物，不可胜计，而中国耗废亦不赀。自宣德以还，远方时有至者，要不如永乐时，而和亦老且死。自和后，凡将命海表者，莫不盛称和以夸外番，故俗传三保太监下西洋，为明初盛事云。❶

郑和先后率领庞大船队七下西洋，规模之大，人数之多，组织之严密，航海技术之先进，航程之长，都是世界航海史上的一次空前创举。

郑和下西洋之举，促进了明朝对外界的了解。在航海的参与者中，马欢留有《瀛涯胜览》，费信有《星槎胜览》，巩珍有《西洋番国志》，都介绍下西洋途经诸国的情况。在地理认识上，郑和下西洋后，"西洋"一词的含义更为扩大，有了泛指海外诸国、外国之意。

郑和下西洋，还留下了《郑和航海图》。原图呈一字形长卷，明代中晚期时，茅元仪将其改为书本式，并收录在《武备志》中，自右而左，有图20页，共40幅，最后附"过洋牵星图"二幅。海图中记载了530多个地名，其中外域地名有300个，最远的东非海岸有16个。标出了城市、岛屿、航海标志、滩、礁、山脉和航路等。其中明确标明南沙群岛（万生石塘屿）、西沙群岛（石塘）、中沙群岛（石星石塘）。《郑和航海图》是世界上现存最早的航海图集，也是远洋航行的宝贵资料。同时期西方最有代表性的波特兰海图相比，《郑和航海图》制图范围广，内容丰富，虽然数学精度较其低，但实用性胜过波特兰海图。

为弘扬中国优秀的传统海洋文化，2005年4月，经国务院批准，将每年的7月11日确立为中国"航海日"，同时也作为"世界海事日"在中国的实

---

❶ ［清］张廷玉等撰：《明史》卷三百四《宦者列传》，中华书局，2013年，第7766－7768页。

施日期。当年 7 月 11 日，即在北京人民大会堂隆重举行郑和下西洋 600 周年纪念大会。2010 年 7 月 11 日，为庆祝第六个中国航海日，中国邮政发行《中国航海日》纪念邮票一枚。迄今为止，已有北京、上海、大连、青岛、宁波、福州等十余个城市承办了航海日丰富多彩的纪念活动，航海文化实践在全国多处展开。

第三节　海　洋　民　俗

　　民俗通常起源于人民群众生活的需要，在特定的民族、时代和地域中不断形成、扩布和演变，最终固化为民众的日常行为。民俗一旦形成，就成为规范人们的行为、语言和心理的一种基本力量，同时也是民众习俗、传承和积累文化所创造成果的一种重要方式。简而言之，民俗指人民群众在社会生活中世代传承、相沿成习的生活模式，是一个社会群体在语言、行为和心理上的集体习惯。海洋民俗是海洋文化的重要组成部分。海洋民俗文化是指人类受海洋影响而形成的敬畏海洋和利用海洋的观念意识、思维方式、风俗习惯及行为准则。具体而言，就是沿海的人们由于受海洋广阔、宽宏、潮汐、风暴、神秘、流通等特性的影响而衍生的人文特性和精神，以及在政治、经济、文化、生产和生活等方面形成的行为准则、风俗习惯和处世方式等。

一、生活习俗

　　我国闽南地区东临大海，有 3324km 蜿蜒曲折的绵长海岸线，拥有诸多得天独厚的天然深水良港，又有台湾岛作为西太平洋的屏障，受热带风暴的影响相对较小。闽南人长期与海洋打交道，在海洋渔猎、煮海为盐和以海为田的劳动中形成了具有浓厚地域色彩的海洋文化。

　　海洋生活习俗主要指人们在涉海生活中，渐渐形成并稳定下来的与自身生存需要最密切的风俗习惯，主要包括服饰、饮食、居住和交通习俗，它是最基本的文化现象，最能展现渔民的生活情态。

1. 服饰习俗

　　受海洋环境的影响，海南渔民的服饰通常与内陆居民的不一样，如衣服的扣子不是在前面，而是在边侧（腋下），衣服大多围领，颜色多为灰色或棕色；裤子没有皮带，裤口用布条左右交叉紧裹腰部。渔家女的服饰通常衣身、袖管、胸围紧束，衣长仅及脐位，肚脐外露，袖长不到小臂的一半；裤子多为黑色，裤筒甚为宽大。由于与外界联系的增多和生活水平的提高，渔民的服饰在 20 世纪八九十年代发生了很大的变化，以前衣料多选择帆布，因为耐磨又便宜，而且不需要布票，所以渔民就因地制宜，用帆布做起了衣服；而现在，他们的衣服各式各样，有运动衫、恤衫、夹克衫等。

2. 饮食习俗

民谚道："靠山吃山，靠海吃海。"海南沿海渔民的饮食习俗正是"吃海"的例证。海南临高县渔民在每年春季鲜鱼上市时，家家除吃熬鱼之外，还喜欢大如拳头的鱼包子、鱼丸子和鲜鱼面。海南三亚、东方一带的渔民在船上吃鱼的习俗，更具有典型的渔民饮食风俗特征。上船后第一次吃鱼，必须把生鱼头拿到船头祭龙王海神；烹饪时鱼不准去鳞，不准破肚，要整鱼下锅；最大的鱼头必须给"船老大"吃；吃饭时从锅里盛出一盘鱼放下之后，再也不许挪动这一盘，挪动就意味着"鱼跑了"，不是好兆头。吃饭时，只准吃靠近自己的一边，不准夹别人眼前的菜，否则即被称为"过河"。吃过饭后要把筷子扔在船板上，最好让筷子向前滑一段，寓意"顺风顺溜"。在海上几乎顿顿吃鱼，每顿都不许吃光，必须留下一碗鱼或鱼汤，下次煮鱼时投入锅内，这意味着"鱼来不断"。

以海为家的闽南人许多饮食习惯都体现出鲜明的海洋文化：在烹饪鱼的时候，除了一些体形较长的鱼之外，要保留"全鱼"上桌；吃鱼的时候不能翻鱼身，这是由于风里来浪里去的渔民们非常忌讳"翻"这个动词；羹匙不能底朝上地搁置，这个习俗归根结底也是因为渔民忌讳"翻"这一动作；不允许把碗、筷丢下海，否则意味着看不起渔家及其从事的职业。这些饮食习惯都是闽南民俗的海洋性特征的体现。

3. 居住习俗

按照传统习俗，渔民出远海捕鱼，女人是不能同去的，船上只许男子住。但在渔场云集的三亚渔船上却有一些女人，她们带着孩子住在船上，跟随丈夫出海捕鱼，渔船开到哪里，日子就过到哪里，这就是海南有名的"水上人家"。"水上人家"的渔船大小不同，但都具有功能类似的船舱，即"生活舱""储藏舱"和"轮机舱"。有的人家拥有两条渔船，赶赴渔场时，两船并航，到了预定地点，载有女人和孩子的船驶进附近的海港守候，只留一条船出海作业，就这样，留守的渔船渐渐地变成了水上住宅。随着生产力的发展和社会的进步，这些在生产力不发达情况下形成的习俗渐被摒弃。

随着渔业生产的发展和渔民生活水平的提高，长期住在渔船上的渔民越来越少，大部分渔民已经在岸上定居。海南临高沿海一带的渔村建筑颇具特色，无论是居民房屋、街道建设，还是庙宇设计，都有鱼作为装饰。如临高调楼镇调楼居委会，大门口右侧临海处有两根水泥杆，上有对联"调曲弦歌神人共乐天下忠奸斯夕看（上联），楼台凤舞山海同欢古今善恶此宵演（下联）"，上下联的第一个字相结合刚好与镇名相符；大门上有二鱼交叉形的钢丝拱顶。调楼村所有楼顶排水口均为陶制鱼形，临高全县几乎都是这样。调楼村另有一条小巷，巷口过门的拱顶是用很精致的材料做成的二鱼对口的形状。在调楼村的庙门口墙壁上，左右墙上各有泥塑的烧香浮雕，其形状为二鱼相对，香火可以插在鱼的口中。

4. 交通习俗

海南渔民祖先的交通，最初是用独木舟，随着造船业的发展和航海技术的不断改进，渔民的渔船设施逐步得到改善，但很长时间是渔航合一，缺乏专门用于交通的客航船。渔民进出海南岛，要么乘自己的渔船，要么搭乘他人之船。清代时，出现了渔行船，它往来于海南岛与大陆之间，可为渔民提供交通便利，因此俗称"乘便船"或"随船"。到了近代才出现专门往返于海南岛和大陆之间的客航渡轮。❶

二、生产习俗

1. 造船习俗

船具是海上渔民最主要的生产工具，渔民对之重视有加。在海南许多地方，过年时，所有贴对联、放鞭炮、送灯、祭神等节事活动，凡是在家里做的，都要在船上重做一次。这充分显示出渔民对船只的依赖。

造船被渔民认为是一件大事，甚至比造房屋还要郑重其事，海南各地渔民造船都有庄重的仪式。造船要择吉日开工，其时，亲朋送礼。造船时，先把船底"龙骨"竖立起来，像盖房子升梁一样，将红布系在"龙骨"上，名为"拴红标"。渔船造好之后，渔民要在家里养一两只猪，养猪不是为了吃肉，也不是为了卖钱，而是求神用。渔船下水也要请先生择日。下水时，要举行一定的仪式，把"神"请到船上。海南渔船与其他沿海地区的渔船相比，有一个很大的特点，就是渔船上挂满了旗帜。旗帜的特点是一杆两旗，上面为一三角形小旗，下面为一长方形小旗，上写有"华光大帝""都统真君""御史真君""神山明王""辛帝判官""祖师功曹""玄天土帝""英烈天妃""五佛大帝""护法大将军"或"班帅侯王"等四五个字，旗帜镶边，颜色各异，远远望去，赫然醒目。一般来说，大旗周围有十余面小红旗，寓意渔船受到海上保护神的庇佑。

2. 祭海习俗

出海之前首先要祭海。祭海的场面极其隆重。祭海在每年开春之际，

---

❶ 林贤东：《海南岛的海洋民俗文化》，《浙江海洋学院学报》2005 年第 2 期。

一般选正月十三，渔家敲锣打鼓，放鞭炮，将所奉仰的海神从庙宇中抬至沙滩上，设祭坛、烧香点烛，其场面十分隆重而壮观。除了正月祭海，一般在农历六月十三，即为春夏捕鱼结束之后，再次举行祭海活动，以庆贺春夏捕鱼丰收，向大海谢恩。若是歉收，更需向海神祈求恩惠，保佑秋冬开捕时获取大丰收。沿海渔村祭海是十分隆重的事情，组织严密，分工也十分细致，往往由德高望重的老渔民牵头，青壮渔民踊跃参与。祭海的供品是猪（羊）、鸡、鱼（称三牲）和用米粉、面粉、薯粉制成的各色各样寓意吉祥的面食糕点。一切安排就绪后，祭典仪式隆重开场。清晨，穿上节日盛装的男女老少拥簇在金色的沙滩上，祭坛上彩旗迎风拓展，上面写着"水不扬波""满载而归""太平无事""风平浪静""万里海澄"等吉祥词语。主祭人由德高望重的老渔民担任，其程序一般为：第一，开祭、奏乐、鸣鞭炮；第二，上香，由身穿红衣绿褂的小男童（称之香童）燃香点烛，意为童心无邪，纯直善良，上香灵验；第三，念祭文，一般由家族中有学问的长者念读；第四，放海生，即将活体小鱼虾放归大海，祈望生息繁衍，永续不绝；第五，演艺，它使祭海活动达到高潮，滚龙、舞狮、踩高跷、赶早船、藤牌舞……应有尽有，最后由戏班子演出传统戏剧，大戏开台，往往连唱三天三夜。

三、海神信仰

海洋文化是人类在涉海过程中逐步形成的精神的、行为的、社会的和物质文明生活的文化内涵，其本质就是人类与海洋的互动关系及其产物。非物质形态的海神信仰是海洋文化的重要组成部分。[1] 霍布斯在《利维坦》中对神灵是这样定义的：当人类对原因无知的情况下，无从找到祸福的根源，便只有归之于某种不可见的力量。可能就是在这种意义下，神最初由人类的恐惧创造出来。先民们在充满凶险和挑战的涉海生活中，对于大海上未知伟力心怀敬畏，并对其崇拜以寻求的精神护佑。王荣国先生对海神作了这样的定义："所谓海神，是指人类在向海洋发展与开拓、利用的过程中对异己力量的崇拜，也就是对超自然与超社会力量的崇拜"。概而言之，在海洋文化中，海神是人类对超自然与超社会力量——大海抑或大自然未知伟力的敬畏与崇拜而产生的一种文化心理意识。[2]

---

[1]　傅轶、黄少辉：《南海海神信仰文化研究》，《海洋开发与管理》2009 年第 11 期。
[2]　蔡勤禹、赵珍新：《海神信仰类型及其禳灾功能探析》，《中国海洋大学学报》2014 年第 10 期。

（一）海神信仰类型

海神是"人类在向海洋发展与开拓、利用的过程中对异己力量的崇拜，也就是对超自然和超社会力量的崇拜"。[1] 在我国古代神话中，关于海神的记载很多：《庄子》一书记录了黄河之神"河伯"遇到北海神"海若"，叹息自己视野狭隘，见识浅薄。《山海经》中记载了北海之神为"禺强"，东海之神为"禺虢"，南海之神为"不廷胡余"，西海之神为"弇兹"。汉代左思在《吴都赋》中介绍了"江斐于是往来，海童（西海之神）于是宴语"的扑朔迷离的生活片段。海神信仰自远古出现以来，便演化出不同类型。根据海神来源可以划分为五类：动物图腾崇拜与早期的海神、人兽同体的海神、人神同形的海神、由人鬼转化成的海神，其他海神信仰与淫祀。按照海神的功能可以划分为：海洋水体本位神、航海神、镇海神、引航神和全能神。[2] 本书按海神的功能划分展开介绍。

1. 海洋水体本位神

海洋水体本位神指"对海洋水体崇拜而产生的神灵，和由此演化出来的神灵，以及对于栖息在海洋中的水族的崇拜而产生的鱼神、龟神等"。如对于栖息海洋中的水族崇拜，主要是对巨鱼、鲸鱼、鲨鱼等的崇拜；辽东地区视海龟为海神，不准捕捞，无意抓获需要虔诚放生；福建渔民则习惯将海龟看作海中吉祥物，作为渔家保护神的化身；山东沿海地区渔民认为"大鳖不能捕，是仙物"。沿海渔民将鲸鱼、鲨鱼、海龟、鳖等视为海神，是源于早期的海神信仰，这些海神成为海龙王信仰的一部分，成为海龙王麾下管辖的众海神。

2. 航海神

航海神是从事海洋运输、海洋渔业的船员和渔民，为避免遇到海上灾难，保障航行安全而创造出的庇护神。[3] 如流行于江、浙、闽、粤、台等省的晏公信仰，初为闽江流域供奉，后成为妈祖下属的海神临水夫人；流行于浙江台州地区一带保佑捕鱼丰收的"渔师爷"也称"渔师菩萨"；[4]"楚太"信仰流行于江苏海州湾一带；"长年公"则是广东地区潮汕沿海渔民信仰的渔业神；等等。这些航海神，大多是生前为渔民做了很多好事，死后被渔民供奉为海神，是属于由人鬼转化成的海神。

---

[1] 王荣国：《海洋神灵：中国海神信仰与社会经济》，江西高校出版社 2007 年，第 40 页。

[2] 曲金良：《海洋文化概论》，中国海洋大学出版社 1999 年，第 142 - 151 页。

[3] 曲金良：《中国海洋文化史长编·明清卷》，中海洋大学出版社 2012 年，第 628 页。

[4] 苏勇军：《浙东海洋文化研究》，浙江大学出版社 2011 年，第 150 页。

3. 镇海神

镇海神主要是为了镇住大海的狂风怒潮，逃避惩罚，免于海洋灾难的一种海神信仰。先民们认为大海被超自然和超社会的力量控制着，海洋灾害是"海龙王""风神""潮神"等海神发怒的结果。而巨石面对狂风海潮的冲击岿然不动，因此，人们便赋予巨石以灵性。海门的"镇海三将军石"，广东潮汕的"南海郡王"都是镇海灵石，被视为海神供奉。

4. 引航神

引航神是指为渔夫舟子指引航道、航向乃至港道，免于海难而能平安抵达目的地的神灵。如浙江舟山一带供奉的"笼裤菩萨"，慈溪圣山一带供奉的"圣山娘娘"，福建的"苏碧云"和"圣公爷"等都是为渔民引航、指点迷津，死后被尊奉为引航神的由人鬼转化成的海神。

5. 全能神

在海神信仰体系中，龙王、妈祖属于全能神。我国对龙图腾的崇拜由来已久。先人们认为四海之中每个海都有专门的四海神灵来掌管。四海之神人兽同体，体现了先民对鸟图腾和蛇图腾或龙图腾的崇拜。《山海经》的四海海神体现了对蛇（龙）图腾的崇拜。[1] "古代帝王对龙王的推崇和祭祀始于唐代。北宋末年，朝廷正式册封龙王。"[2] 从此，东海龙王敖广、南海龙王敖钦、北海龙王敖顺以及西海龙王敖闰，这四海龙王为人们所熟知。由于龙王管辖降雨，古代帝王祭祀求雨，祈求风调雨顺、五谷丰登的现象十分常见。先民们认为龙王呼风唤雨，神通广大，因此，无论出海祈求丰收还是求雨，都将希望寄托于海龙王。宋代，海龙王信仰大大普及，庙宇广布，各地祭祀大典频繁，龙宫、龙王庙遍布城乡。农历二月二龙抬头、农历六月初十龙王诞辰等节日以及渔民出海捕鱼前和捕鱼回来后等节点，渔民都通过隆重的仪式祭祀龙王，以求得龙王保佑出海安全，年年有鱼。

（二）海神信仰的功能性特征

海神崇拜具有一些独特的功能，主要表现在避难、求鱼、求子三大方面。[3]

1. 避难

由于海上生活艰难，死亡是海上渔民常面临的问题。"个人间的感情和'死亡'一事实的存在——死亡是人生一切事件中最具有破坏性和重组性的一

---

❶ 许桂香：《中国海洋风俗文化》，广东经济出版社 2013 年，第 10 页。

❷ 蔡勤禹、赵珍新：《海神信仰类型及其禳灾功能探析》，《中国海洋大学学报》2014 年第 10 期。

❸ 叶澜涛：《试论海神信仰的功能性特征》，《广东海洋大学学报》2007 年第 5 期，第 28-31 页。

种——恐怕就是宗教信仰的源泉。"❶ 记述海难的文字不绝于史书和地方志等。正是因为存在着如此多的海难事故，海神信仰中最常见的便是避难求生。避难愿望表现在人们崇拜海神伟力的各个方面。例如《山海经》中有一种神被称为"帝"。"帝"分四方，各有所属，这其中便蕴含了古人想安海求生之意。渔民出海，避难是人们最直接的也是最迫切的愿望。

2. 求鱼

渔民除了避难之外，出海最直接的愿望就是多打鱼、打好鱼。求鱼成为海神信仰中比较重要的动力。每年的农历七月十四、十五两天，都是京族的七月节——海神节。这两天都会举行盛大的祭祀仪式，由年长者主持，在中午十一时左右，海水涨潮最高之时，开始焚香、点鞭炮、烧纸钱和五色彩纸，并朗读祭文。祭文的内容除哀悼在海难中丧生的人们外，最主要的内容就是祈祷一年风调雨顺、海产丰收。整个仪式在退潮后结束。❷ 渔民为了求取海上利益，对海神采取各种祭祀仪式。有时，为了保证利益最大化，渔民们还采取诸神合祀的方式。例如，浙江舟山渔船在船菩萨两旁还供奉"顺风耳""千里眼"两个小神偶；福建沿海渔船除了供奉妈祖、龙王外，也供奉关帝。"一般说，合祀数量越多，亦即海神偶像种类越多，在海上渔业生产中的保佑功能也就越多，越齐全。这种合祀现象是漂泊在大海上讨生计的渔民复杂的信仰心理需求的表征。"❸

3. 求子

海神信仰作为一种对海洋神秘力量的崇拜一般不应将求子保赤等功能作为海神崇拜的功能型特征，但"中国人信仰特征之一是信仰的模糊性，许多人信仰神灵，但不太深，不太笃，往往是急时抱佛脚，认为神灵能救人一切灾难，为人谋一切福利，因此在人们心目中并无区别"。❹ 这个特征决定了中国的海神崇拜具有多功能性，求子、灭灾都是人们祈求的内容。兴起于唐宋时期的观音崇拜，除了具有安澜利运的功能外，还有一项功能就是送子祈福，故有"送子观音"之说。福建武平县武东乡太平山上有一座天后宫，相传当年山林失火，村民奋力扑救火势仍然不灭，忽见一位白衣仙姑撑着雨伞缓缓而下，仙姑所过之处，大火熄灭。这位仙姑就是妈祖娘娘。人们为了纪念这

❶ ［英］马凌诺斯基著，费孝通译：《文化论》，华夏出版社 2002 年，第 83 页。

❷ 叶风：《京族的七月海神节》，《中国文化报》2003 年 4 月 16 日。

❸ 王荣国：《明清时期海神信仰与海洋渔业的关系》，《厦门大学学报》2002 年第 2 期，第 134 页。

❹ 曹琳：《海神妈祖信仰在天津之变化及衰落原因再分析》，《中国海洋大学学报》2005 年第 2 期，第 23 页。

位仙姑，修建了妈祖庙。在这座妈祖庙中，主神是妈祖，观音和吉祥哥是陪祀对象。除观音、妈祖这些海神具有求子功能以外，临水夫人也具有这种功能。临水夫人出身"巫觋世家"，因临产而死，死后发誓要帮助世间女子解脱生产之苦。在《八闽通志》卷五十八《祠庙》、万历《古田县志》卷十三及万历《闽书·灵祀志》中都记载有她死后助产的灵异事件。因此，这一原本作为观音在民间施法化身的女神，功能上逐渐从一般为民除妖、平定叛乱等泛功能转变为专业神。"到了清代，在以福州方言为主的闽东、闽北两大区域以至浙江南部的温州、丽水一带，临水夫人俨然成了母亲神，专管扶胎育婴、佑护妇女儿童之职责。"❶

四、海神妈祖

宋代以前的古籍都没有妈祖生卒年的记载，因此可以借助宋代以后妈祖祠庙的建立年代和妈祖信仰的传播发展史来推断妈祖的出生年代。无论从历史记载还是民间传说上看，妈祖是有其原始形象存在的，一般认为她生于北宋建隆元年（960 年）的福建莆田湄洲屿，名叫林默。16 岁时，她"窥井得符"，"身在室中，神游方外，谈吉凶祸福，靡不奇中"。此后，她救助海难，治病救灾，深受人们爱戴。雍熙四年（987 年）九月九日，林默羽化飞升。湄洲民众怀念她的善举，将其称为"妈祖"。

关于妈祖的最早文字记载是南宋绍兴二十年（1150 年），文人廖鹏飞在《圣墩祖庙重建顺济庙记》一文中叙述："世传通天神女也。姓林氏，湄洲屿人。初以巫祝为事，能预知人祸福；既殁，众为立庙于本屿。"妈祖立祠奉祀起步于宋朝，早先在湄洲"仅落落数椽"而已，经历元、明、清等朝代逐渐兴盛，实现了自下而上的逆袭，享受着最高等级的祭祀。

历朝帝王总计授予妈祖 35 次封号，从"夫人""妃""天妃""圣母"到"天后"，还将妈祖祭祀列入国家祭典。湄洲妈祖庙是世界上第一座妈祖庙，占地 3.8 万 m²，庙内山顶有 14 米高的巨型妈祖雕像。2006 年 5 月，湄洲妈祖庙被列入第六批全国重点文物保护单位。

妈祖的成功，取决于自身的精神内核。从封号可以看出，妈祖有"辅国""护圣""庇民"三大功绩。

1. 妈祖"辅国"功绩

"辅国"是妈祖信仰的重要转折点。北宋宣和五年（1123 年），给事中路

---

❶ 叶澜涛：《试论海神信仰的功能性特征》，《广东海洋大学学报》2007 年第 5 期，第 28－31 页。

允迪受命坐船出使高丽，中途遇险。转危为安后，随船福建船工告知船只幸得妈祖搭救，方才平安无事。路允迪回朝复命，请封妈祖庙，宋徽宗亲赐"顺济庙额"，这是妈祖第一次得到官方认可，也实现由地方神向全国神的华丽转身。

宋元时期，统治者对海外贸易实行积极的扩张政策。宋朝在广州、明州、密州、泉州、杭州、上海等地设立市舶司。统治者认识到"市舶之利最厚，若措合宜，所得动以百万计，岂不取胜于民"，由此鼓励妈祖的祭祀和传播。泉州人在航海过程中将妈祖带到全国沿海地区、东南亚乃至东非沿海地区，成为拥有世界影响力的信俗。宋朝一度垄断了南海至印度洋的海外贸易，为此，官方授予妈祖的封号有 14 次之多，一举奠定了妈祖海洋守护神的地位。妈祖的崛起，与古代海洋文化的兴盛密不可分，"辅国"是将信俗和海洋有机整合，对海外贸易有着积极的促进意义。

2. 妈祖"护圣"功绩

如果说"辅国"是妈祖信仰的萌芽期，那么"护圣"就是其发展期。元朝时期，泉州超过广州成为全国第一大港。意大利旅行家马可·波罗曾对泉州港口的壮观场面深感震惊，称它是世界最大的港口。元朝建立了以泉州、广州、明州和密州为主的对外贸易体系。发达的海外贸易带来的商税，成为元朝财政收入的重要来源之一。

除此以外，元朝从运河漕运中受益匪浅。至元十八年（1281 年），元世祖"以庇护漕运"为由封妈祖为"护国明著天妃"。相较宋朝，元朝对妈祖的封号由"妃"升格为"天妃"，明显提高了一级。终元一代，褒封妈祖 5 次，赐天下天妃宫庙额"灵慈"，并派遣使臣在漕运沿途各庙祭祀妈祖。每年妈祖致祭成了官方定例。元朝掀起的新一轮妈祖信俗传播，为妈祖地位的逐步抬升营造了良好氛围。

元亡明兴，明太祖朱元璋实行海禁政策，不过仍然保留外交和外国朝贡贸易，妈祖自然成为使节和船工的护身符。明成祖朱棣在位期间，放宽了海禁，恢复了广州、泉州和宁波等地的市舶司。郑和受命"七下西洋"后，客观上刺激了海外贸易的繁荣。明朝的海洋政策屡有变化，妈祖受封了 2 次，地位与元朝保持一致。

从"辅国"到"护圣"，变化在于妈祖的护佑从海洋航运扩展至内河漕运，这一变化充实和扩大了妈祖信俗的内涵核心和传播范围。

3. 妈祖"庇民"功绩

事实上，"庇民"代表了妈祖信仰的成熟期。康熙二十三年（1684 年），朝廷封谥妈祖为"护国庇民妙灵昭应仁慈天后",这一封号说明妈祖已经提升到了前所未有的高度,其重要性显而易见。

之所以清朝对妈祖大肆封赏,是因为对她众多传说的肯定和褒奖。传说妈祖曾"化草救商",帮助遇险船只化险为夷。她在夜里"焚屋引航",为迷航的外国船只指引航向。妈祖21岁时,莆田大旱,她"祈雨济民"。妈祖扶危济困的传说不一而足。

清朝利用妈祖对生命的尊重和救助,极力维护和宣传妈祖的形象,既塑造了自身亲政爱民的形象,又拉拢了民心,起到一举两得的作用。

正因如此,清朝共封赐妈祖14次,仅咸丰一朝就封了5次,封赐次数和宋朝持平。咸丰七年(1857年),朝廷授予妈祖的谥号多达64个字,是其他诸神不可比拟的。清朝将妈祖祭祀列入国家祀典,命地方官进行与文圣孔子、武圣关公同等规模的春秋谕祭,可见妈祖得到了相当高的待遇。"庇民"实质上是妈祖关怀生命的集中反映,也是妈祖保持旺盛生命力的不竭动力。

妈祖的三大圣迹,不仅仅代表她的主要成就,也是妈祖信俗发展壮大的变化轨迹。简而言之,妈祖作为传统海洋文化的重要化身,她的信俗遍及全世界40多个国家,各地的妈祖庙超过5000座,信众超过3亿人,尤其在我国东南沿海、港澳台地区以及东南亚各国,已成为主要信俗。当前,随着妈祖信俗的传播推广,与其相关的宗教、文化、旅游等方兴未艾,历久弥新。可以预见,"立德、行善、大爱"的妈祖精神内涵和"平安、和谐、包容"的妈祖文化特征,在未来将继续为促进人类和平与进步作出新的历史贡献。

第九章 水文化遗产

从大禹治水至今，已有四千多年的治水历史，从口头传说到文献记载再到治水实践活动，为后世留下了极其丰厚的水文化遗产。这些水文化遗产不仅类型与数量众多，而且空间分布广泛，是中华水文化的重要组成部分。这些水文化遗产有的是静态，有的是活态，"活态的"水文化遗产至今仍然在发挥着防洪、灌溉、排涝、供水、养殖、涵养生态、改善水环境等综合利用功能，充分体现了中华民族治水先人的伟大智慧和创新精神。近十年来，学术界已经关注到水文化遗产保护与利用问题，先后发表和出版了一些研究成果。其中靳怀堉主编的《中华水文化通论》中第七章专门介绍"水文化遗产的保护与开发"，重点介绍"水文化遗产的内涵""水文化遗产现状及其面临的主要问题""国内外水文化遗产管理模式与经验"。❶ 这是国内比较全面地讨论水文化遗产保护与开发问题的研究成果。

第一节 水文化遗产的基本常识

当代水文化遗产的宣传教育是十分有限的，对于非水利行业者来说，水文化遗产仍然是一个新鲜名称，因此有必要加强对水文化遗产的基本常识的宣传教育。本节主要分析水文化遗产的概念、特点、价值、分类以及典型案例等。

一、水文化遗产的内涵

1. 水文化遗产的概念

"遗产"一词，古指人死后留下的财产。《后汉书·郭丹传》记载："丹出

---

❶ 靳怀堉主编：《中华水文化通论》，中国水利水电出版社 2015 年，第 245 - 282 页。

典州郡，入为三公，而家无遗产，子孙困匮。"❶ 后来它成为法律术语，是指自然人死亡后遗留的个人合法财产。近代以来，它又被提升到历史遗产的高度，是指历史上遗留下来的物质财富和精神财富，这就是"文化遗产"提法的起源，但是"文化遗产"概念的正式提出比较晚。

1972 年 11 月 16 日，联合国教育、科学及文化组织大会通过了《保护世界文化和自然遗产公约》，旨在通过提供集体性援助来参与保护具有突出的普遍价值的文化和自然遗产。公约明确界定了"文化遗产"的概念：从历史、艺术或科学角度看具有突出的普遍价值的建筑物、碑雕和碑画，具有考古性质成分或结构、铭文、窟洞以及联合体；从历史、艺术或科学角度看在建筑式样、分布均匀或与环境景色结合方面具有突出的普遍价值的单立或连接的建筑群；从历史、审美、人种学或人类学角度看具有突出的普遍价值的人类工程或自然与人联合工程以及考古地址等地方。这是文化遗产最权威的国际法律解释。

我国于 1985 年加入《保护世界文化和自然遗产公约》，开始重视世界文化与自遗产的申遗、保护与利用工作，经历了世界遗产事业从无到有、从少到多的发展过程，现已拥有 14 项世界自然遗产、4 项自然和文化双遗产，均位列世界第一。

随着人们对世界文化遗产的认知加深和关注聚焦，水利系统开始重视中国治水历史遗留下来的水利遗产，包括物质方面的遗产和精神方面的遗产，广义上讲就是水文化遗产。不言而喻，水文化遗产是文化遗产的重要组成部分。何谓水文化遗产？水利系统和学术界有过广泛的讨论。

靳怀堾主编的《中华水文化通论》中提出：基于国内外关于"文化遗产"的概念，结合其涉水的特点，可以宽泛地讲，水文化遗产是人类社会承袭下来的与水有关的，或反映人与水关系的一切有价值的物质遗存，以及某一族群在识水、用水、治水和护水等过程中形成的能够反映其特殊生活生产方式，世代相传的传统文化表现形式，包括口头传统、传统表演艺术、民俗活动和礼仪与节庆、民间传统知识和实践、传统手工艺技能等以及与上述传统文化表现形式相关的文化空间，是物质水文化遗产和非物质水文化遗产的总和。❷

谭徐明认为：水文化遗产是历史时期人类对水的利用、认知所留下的文化遗存。水文化遗产以工程、文物、知识技术体系、水的宗教、文化活动等

---

❶ ［宋］范晔：《后汉书》卷二十七《郭丹列传》，中华书局 1965 年，第 942 页。
❷ 靳怀堾主编：《中华水文化通论》，中国水利水电出版社 2015 年，第 248－249 页。

性态而存在。[1]

本书认为，对于水文化遗产的概念，简言之，是指人类社会承袭下来的与涉水活动有关的一切有价值的物质遗存或传统文化表现形式。

2. 水文化遗产的特点

水文化遗产的特点，与文化遗产既有相同之处，即都具有民族性、历史性、社会性、原真性、完整性、传承性和可持续性等共性特点，也有不同的个性特点。有人认为水文化遗产具有以下两个特点：一是有些水文化遗产仍在发挥灌溉、防洪、排涝、供水、航运和环境改善等效益，是"在用的""活着的"文化遗产；二是有些水文化遗产是具有自然属性的水体。[2]

就水文化遗产的独特属性而言，本书认为水文化遗产的个性特点主要体现在以下两个方面：

一是水文化遗产涉水属性，与水有关，其核心是水元素，因水域、水体、水工程而产生的水文化遗产，体现了与水紧密相关的属性。

二是至今仍有大量的"活态的"水文化遗产依然在发挥防洪、排涝、灌溉、供水、航运、涵养生态、改善环境等综合效益，体现了水工程功能属性。

因此，与其他文化遗产相比，水文化遗产与水、水体、水工程有着更加紧密的关系，它因水而生，因水工程而兴，几乎不可脱离水、水工程而单独存在。正因为如此，有人认为"'水文化遗产'是兼具文化遗产共性和自身特性的一类文化遗产，更加强调自然与文化的连接"。[3]

3. 水文化遗产的价值

如何评判水文化遗产价值？这是值得探讨的问题。

一般而言，文化遗产价值主要体现在艺术价值、历史价值、社会价值、科学价值四个方面，而作为水利工程类的物质水文化遗产，因为以实用为主体，长期浸泡在水中，其艺术价值并不明显，而其实用功能价值却极其显著。然而，非工程类非物质水文化遗产是以技艺或传统文化为主体，都表现出非常高的艺术价值。

与其他文化遗产价值相比，水文化遗产价值有所不同。有人认为"水文化遗产以核心性态决定遗产所归属的大类，而外延部分则决定了遗产构成和遗产价值。鉴于此，评价要素（或指标体系）应由四部分构成：科学技术价

---

❶ 谭徐明：《水文化遗产的定义、特点、类型与价值阐释》，《中国水利》2012 年第 21 期，第 2 页。

❷ 靳怀堾主编：《中华水文化通论》，中国水利水电出版社 2015 年，第 248 页。

❸ 孔繁恩、刘海龙：《"水文化遗产"的价值特点与认知发展》，《风景园林》2022 年第 2 期，第 64 页。

值、文化价值、生态与环境价值、真实性与完整性"。❶ 科学技术价值、文化价值、生态与环境价值是可以肯定的，但是"真实性与完整性"是水文化遗产的外在表现，不是其内在价值，故不能作为水文化遗产价值要素的内在指标。因此，本书认为水文化遗产价值评价要素应当由科学价值、历史价值、社会价值、生态价值四个维度构成。

（1）科学价值。水文化遗产的科学价值主要表现在对水及周边自然环境的科学认知与判断，包括：科学认识江河水流规律和合理利用水资源；科学建设水利工程或者使用水利器械，合理改善生态环境；水利规划、工程建筑设计及用材、用水管理等符合科学技术标准；水利工程科学技术及工程管理经验值得传承和借鉴。

（2）历史价值。水文化遗产是先辈创造并传承下来的物质财富和精神财富，特别是遗传下来的遗迹、遗物、遗址、遗存等，都是人类历史的产物，被打上了特定时代的烙印。这些遗产承载着民族的历史和记忆，能够帮助人们恢复治水历史的本来面貌，展现人类治水时代的政治、经济、军事、科学技术、文化艺术、宗教信仰、民俗风情等相关方面，甚至可以对治水历史文献具有证明、补充甚至纠正的重大作用。

（3）社会价值。水文化遗产社会价值主要表现在蕴含着水利历史变迁中所沉淀的治水思想、人文精神、传统工艺、道德情操、文化内涵等，展现出思想价值、文化价值、经济价值、审美价值等。这些遗产是一个民族认同的重要依据之一，是一个民族特质的载体之一，是一个民族的重要标识之一，助力塑造民族的文化自信和制度自信。

（4）生态价值。水文化遗产生态价值是指水利工程遗产建设对水域周边自然环境的贡献度，包括：提升水生态涵养，改善生态环境，保护生态多样性，增强水系关联的田园景观、河湖水域景观、山水相映景观等自然景观效果，促进人居环境的有效改善，保障生态系统的安全、健康与完整。

二、水文化遗产的分类

文化遗产是人类留下的宝贵财富，备受学术界的关注，且比较一致地将文化遗产划分为物质文化遗产和非物质文化遗产两大类。对于水文化遗产的分类，通常把水文化遗产分为物质水文化遗产和非物质水文化遗产两大类型。

---

❶ 谭徐明：《水文化遗产的定义、特点、类型与价值阐释》，《中国水利》2012 年第 21 期，第 3 页。

然而，有人提出了不同的观点。张志荣主编的《全国水文化遗产分类图录》一书将水文化遗产分为不可移动水文化遗产、可移动水文化遗产、非物质水文化遗产、水文化记忆遗产、水文化线路、水文化景观六大类别，并按照这六大类别各自的特征进行编排，分上、下两册。作为全国第一部专门展示水文化遗产资源的工具书，该书从普查档案中择取数百个案例，以科学规范的分类，灵活运用水利、考古与博物馆学知识，对水文化遗产进行了客观、生动、形象的图文诠释，向读者传递我国水文化遗产的类型、分布、本体特征以及保存现状等信息。这从侧面反映了历史悠久、积淀深厚的中华水利文化，为广大研究者和社会各界人士提供了参考。❶ 谭徐明认为工程遗产是"具有历史、科学、技术、社会综合价值的人类建构实践所产生的遗存"，工程是社会、政治、科学技术的物质表达，故此"水文化遗产大类的划分不应是物质和非物质的划分，而应是工程和非工程的划分"。❷ 工程类水文化遗产包括水（河）工建筑或遗址、人工水道或遗迹、水利纪事碑、水神实物及其建筑、从属于工程的管理规章制度、本土特有的水利知识与技术体系、水（河）工工具、水管理制度及其文书档案、与工程维护相关的仪式或民俗活动（如都江堰开水节）、水崇拜仪式等。非工程类的水文化遗产具有物质和非物质的性态，主要有水神（石刻、画像等）以及供奉建筑（如禹及禹王庙，河神及河神庙）、祭祀仪式或节日；水行政管理建筑或遗址（如北京都水监遗址）；古代"水"知识体系、技能，通常以著述、工程规范的形式保留。❸ 尽管仁智各见，本书采纳水文化遗产分为物质水文化遗产和非物质水文化遗产两大类的观点。

1. 物质水文化遗产

物质水文化遗产是指涉水活动相关的有科学、历史、文化、生态价值的物质遗存。物质水文化遗产是人类社会利用水资源与土地资源，促使人、水及周边自然环境保持和谐平衡关系的实物见证。物质水文化遗产类型多种多样，主要包括水利工程类水文化遗产、水利设施类水文化遗产和水利物品类水文化遗产❹。

水利工程类水文化遗产，主要有：①灌排工程；②防洪工程；③水运工程；④供排水工程；⑤景观水利工程；⑥水土保持工程；⑦水力发电工程；⑧渔业水利工程；⑨滩涂围垦工程；⑩其他水利工程；⑪综合利用水利工程；

---

❶ 张志荣主编：《全国水文化遗产分类图录》，西泠印社出版社 2012 年。

❷❸ 谭徐明：《水文化遗产的定义、特点、类型与价值阐释》，《中国水利》2012 年第 21 期，第 3 页。

❹ 靳怀堾主编：《中华水文化通论》，中国水利水电出版社 2015 年，第 249－256 页。

⑫提水机具和水力机械。

水利设施类水文化遗产，主要有：①附属于水利工程的各种设施和工具；②水利机构衙署；③水利人物居住场所；④涉水祭祀建筑；⑤涉水交通设施；⑥水利人物墓葬；⑦水文化雕刻；⑧水利纪念物。

水利物品类水文化遗产，主要有：①水文化实物；②水文化艺术品；③水利文献、手稿和图书资料；④治水历史纪念物残片。

2. 非物质水文化遗产

2003 年 10 月，联合国教科文组织第 32 届大会通过了《保护非物质文化遗产公约》，旨在保护以传统、观念表述、节庆礼仪、手工技能、音乐、舞蹈等为代表的非物质文化遗产。公约明确界定了非物质文化遗产的概念，相对于有形的物质遗产即可传承的物质遗产而言，非物质文化遗产是指"被各社区、群体，有时是个人，视为其文化遗产组成部分的各种社会实践、观念表述、表现形式、知识、技能以及相关的工具、实物、手工艺品和文化场所"。同时规定"非物质文化遗产"的具体对象：①口头传统和表现形式，包括作为非物质文化遗产媒介的语言；②表演艺术；③社会实践、仪式、节庆活动；④有关自然界和宇宙的知识和实践；⑤传统手工艺。这种非物质文化遗产可以世代相传，在各社区和群体适应周围环境以及与自然和历史的互动中，被不断地再创造，为这些社区和群体提供认同感和持续感，从而增强对文化多样性和人类创造力的尊重。

非物质水文化遗产是指与水事活动相关的各种社会实践、观念表述、表现形式、知识、技能以及相关的实物、手工艺品和文化场所。主要体现在❶：

（1）治水口头传统和表现形式。如女娲补天神话、大禹治水传说、永定河传说、河伯娶妇故事等，以及与水有关的歌谣与谚语等。

（2）传统水事活动表演形式。如川江号子、湖南澧水船工号子、江西吴城号子等；陕西蓝田普化水会音乐、山西文水鈲子、朝鲜族顶水舞等。

（3）传统水事活动、礼仪与节庆。如云南傣族泼水节、新疆塔吉克族引水节、四川都江堰放水节、广东佛山赛龙舟、浙江绍兴大禹祭典等。

（4）有关治水的传统知识与实践。如分水制度、水管理乡规民约等。

（5）传统治水工艺技能。包括提水机具和水力机械的制作技艺，如拉萨甲米水磨坊制作技艺、兰州黄河大水车制作技艺，以及卷埽技术等其他治水工艺。

---

❶ 靳怀堾主编：《中华水文化通论》，中国水利水电出版社 2015 年，第 256－258 页。

三、水文化遗产的典型案例

考虑到水文化遗产内容十分丰富，本书遴选了两个不同时代的典型的水文化遗产个案进行讨论，分别是福寿沟、红旗渠。

1. 福寿沟

福寿沟位于江西省赣州市城区，是北宋时期都水丞刘彝主持修建的一个设计巧妙、精细成熟的古代城市地下排水系统。根据赣州城区街道、住房布局和地形地势的特点，采取分区疏导排水的原则，设计并建成两个排水沟的主干道系统。由于两条排水沟的走向形似篆体的"福""寿"二字，故此得名"福寿沟"。福寿沟全长 12.6km，共设计有 12 个排水口，每个排水口都有一扇圆形水窗，既有利于排水，又可以自动关闭，防止江水倒灌入城。

赣州福寿沟的主体工程分为三大部分，简要介绍如下：

一是下水道改造成矩形断面，用砖石砌垒，断面宽约 90cm，高约 180cm，沟顶用砖石垒盖，纵横遍布城市的各个角落，将城市的污水收集排放到贡江和章江。福寿沟内部高度可以行人。900 年前就有如此超前的设计，今人叹服。

二是将福寿二沟与城内的三池（凤凰池、金鱼池、嘶马池）以及清水塘、荷包塘、蕹菜塘、花园塘、铁盆塘等几十口池塘连通起来，一方面增加了城市暴雨时的雨水调节容量，减少了街道淹没的面积和时间；另一方面可以利用池塘养鱼、淤泥种菜，形成生态环保循环链。当时赣州城的水塘面积约 0.6km^2，占整个城市用地的 4.3%。

三是建设了 12 个防止洪水季节江水倒灌并造成城内内涝灾害的水窗，这种水窗结构由外闸门、度龙桥、内闸门和调节池四部分组成，运用水力学原理，江水上涨时，利用水力将外闸门自动关闭；若水位下降到低于水窗，则借水窗内沟道的水力将内闸门冲开。

福寿沟与赣州城市建设有机结合，形成完善且高效的古代城市防洪排涝系统，是中国四千年城市文明发展的成功典范，此类水利工程遗产极为罕见。福寿沟历代修缮维新留下丰富的实物遗存和历史信息，是赣州宋城千年历史的实物见证，是中国古代城市排水工程建设的珍贵实证资料。2019 年 10 月 7 日，福寿沟被国务院公布为第八批全国重点文物保护单位。

2. 红旗渠

红旗渠位于河南省林州市，该工程于 1960 年 2 月动工，至 1969 年 7 月全面完工，历时近十年。这是 20 世纪 60 年代林县（今林州市）人民在极其艰难的条件下，从太行山腰修建的引漳入林的工程，被称之为"人工天河"。日本《朝日新闻》称"红旗渠是世界第八大奇迹"。

在修建过程中，林县人民面临种种困难和问题：①三年困难时期；②财政资金只有 300 万储备金；③粮食只有 3000 万斤；④技术人才短缺，全县水利技术人员 28 人，最高学历为中专毕业生；⑤水源短缺，为保证水量必须到漳河上游山西境内修坝引水。

修渠民工发扬无产阶级革命斗争精神，自行克服所有困难：没有住房，民工随地简单安住工地；没有器具，民工自带工具上工地；没有石灰，民工创造了明窑堆石烧灰法；没有炸药，民工自己办厂，自制炸药；没有水泥，民工自办水泥厂……

在这样艰难的条件下，林县人民硬是创造了人类工程建造史的神话般奇迹。

红旗渠总干渠全长 70.6km，下分为一、二、三干渠。主要有渠首引水枢纽工程、河口、青年洞、空心坝、南谷洞渡槽、分水岭分水闸等水利工程。其中青年洞工程比较典型，它是总干渠最长的隧洞，洞长 623m，高 5m，宽 6.2m，累计投工 13 万个，用款仅 20.3 万元。该洞由 320 名青年在极其艰苦的条件下，以愚公移山、艰苦奋斗的精神，经过一年零五个月的奋战，凿通隧洞。为表彰青年们艰苦奋斗的业绩，将此洞命名为"青年洞"，1973 年郭沫若同志亲笔题写了洞名。

红旗渠工程总投资 1.2504 亿元，其中国家投资 4625 万元，占 37%，社队投资 7878 万元，占 63%；参与群众 7 万人。红旗渠投入很少，成效却极大！

红旗渠工程竣工，具有重要的现实与历史意义：一是现实意义。红旗渠的建成，解决了 56.7 万人和 37 万头家畜吃水问题，54 万亩耕地得到灌溉，粮食亩产由红旗渠未修建初期的 100kg 增加到 476.3kg，因此，红旗渠被林州人民称为"生命渠""幸福渠"，它彻底结束了林州十年九旱、水贵如油的苦难历史。二是历史意义。红旗渠是毛泽东时代林州人民发扬"自力更生、艰苦创业、自强不息、开拓创新、团结协作、无私奉献"精神创造的一大奇迹，红旗渠的修建孕育了伟大的红旗渠精神，它已成为民族精神的一座丰碑，中华文化的一个符号。

第二节　水文化遗产保护利用及其存在的问题

人类社会在长期的兴水利、除水害过程中，产生了丰厚的水文化遗产，特别是有一部分古代水利工程遗产至今仍在发挥水利功能的综合效益。但是，在中国式现代化发展过程中，不可避免地出现一些"建设性破坏"。如何保护好水文化遗产？如何传承和弘扬优秀的传统水文化？这是近十年来水文化研究者重点关注的课题。21世纪以来，水文化遗产的科学保护和可持续利用问题越来越受到社会各界的关注和重视。

一、水文化遗产保护利用

水文化遗产是前人留下来的弥足珍贵的历史文化遗产，保护好、传承好、利用好水文化遗产是功在当代、利在千秋的大事。全国各地相关单位为进一步保护利用好水文化遗产，已经开展了大量卓有成效的保护利用工作。

1. 开展水文化遗产普查工作

2009年，水利部委托中国水利水电科学研究院编制《在用古代水利工程与水利遗产总体保护规划》，首次开展了以省为单位的全国水利遗产调查，同年颁发了《关于在用古代水利工程与水利遗产保护与利用规划的批复》。[1]

2011年，水利部颁发的《水文化建设规划纲要（2011—2020年）》提出水文化建设的重点任务中第八项是加强水利遗产的保护和利用。文件提出，要深入挖掘传统水文化遗产，摸清传统水文化遗产的内容、种类和分布等情况，认真梳理传统水文化遗产的科学内核，切实保护好各种物质水文化遗产和非物质水文化遗产。

（1）水利文献与档案的整编、分析与共享。采集整编水利文献与档案，并借助科技手段实现网络共享，同时分析挖掘其中蕴含的科技价值。

（2）水利遗产的资源调查。结合水利文献与现有研究成果，对我国现存水利遗产的分布进行梳理，按照水利遗产的类型，对其地点、数量、工程规模、所有权属、管理状况、利用现状和工程效益等基本情况进行调查，建立水利遗产数据库。

---

[1]　王英华、谭徐明、李云鹏、刘建刚：《在用古代水利工程与水利遗产保护与利用调研分析》，《中国水利》2012年第21期，第5—7页。

（3）水利遗产的认定。制定水利遗产国家级名录标准，逐步开展水利遗产的认定工作。

（4）水利遗产的保护和利用。分析总结我国水利遗产的现状及存在的问题，根据其价值，探讨水利遗产的保护对策。针对具有重大价值的水利遗产，编制并实施相应的保护与利用规划。

（5）水利遗产的宣传与展示。通过原址展示、陈列展览、实物复原、虚拟现实技术复原、科普著作和数字影视作品发行等技术手段，对社会公众进行宣传。

2012年，水利部办公厅先后下发《关于开展水文化遗产调查工作的通知》和《关于对大运河沿线河道及水利工程有关情况开展调查的通知》，要求水利系统认真摸底排查水文化遗产情况，组织对大运河全线河道及水利工程情况开展全面调查。2013年7月，水利部精神文明建设指导委员会印发了《水文化建设2013—2015年行动计划》，对加强传统水文化遗产的发掘和保护作出了具体安排。截至2013年，全国共有22个省（自治区、直辖市、计划单列市）水利（水务）厅（局）和3个流域机构上报水文化遗产调查表，调查水文化遗产共计4232处（项）。其中古代水利工程与水利遗产的普查，发现600多处具有较高文化价值的古代水利工程一直服役并持续发挥工程效益，有更多古代水文量测、水权标识、水利纪事碑等文物分散在基层水管理单位。❶

全国各省市仍然在开展水文化遗产调查工作，进一步摸清区域水文化遗产"家底"。如浙江省水利厅颁发了《关于开展重要水文化遗产调查工作的通知》（浙水办〔2021〕7号）文件，在全省范围内开展水文化遗产初步调查摸底工作，调查对象为两类：一是1949年以前（含1949年）的水利工程遗产、相关物质类水文化遗产和非物质类水文化遗产；二是反映中国共产党带领人民治水，具有突出"红色文化""革命文化"属性的水利工程。调查内容为两大方面：一是物质水文化遗产，包括水利工程遗产、涉水相关物质类水文化遗产的名称、具体地址、所在单位等；二是非物质水文化遗产，包括遗产名称、所在地址、所在单位和主要内容等。

浙江省水利厅办公室关于印发《2021年浙江省水文化工作要点》中，要求抓好水文化遗产保护传承：一是开展水文化遗产调查。编制《浙江省水文化遗产调查方案》，开展全省水文化遗产调查，完成浙江省范围内重要水利工

---

❶ 谭徐明：《水文化遗产的定义、特点、类型与价值阐释》，《中国水利》2012年第21期，第2页。

程遗产、涉水相关物质类和非物质类水文化遗产调查。以市、县（市、区）为单元，摸清家底，建立名录，形成遗产数据库，分市分步出版重要水利遗产集萃，推进水文化数字化应用开发。二是推动水利工程遗产申报。支持符合条件的对象积极申报国家级水情教育基地、水利风景区等，发挥遗产综合效用。研究制定浙江省水利工程遗产认定标准，逐步开展省级遗产认定。

2. 组织申报各级文物保护单位

随着水利系统职工的文物保护意识增强，越来越多的水文化遗产遗址受到水利部门的重视和保护。为保护水文化遗产遗址，县、市水利局联系文物保护单门积极申报县、市、省或国家级文物保护单位。现有不少"活态"的水文化遗产工程被纳入了县、市、省或国家文物保护单位。

据不完全统计，截至 2018 年年底，全国被列为文物保护单位的水文化遗产至少有 581 处，其中全国重点文物保护单位 72 处，省级文物保护单位 77 处，自治区、市级和县级文物保护单位 474 处，对水文化遗产遗址保护起到积极作用。[1] 其中有一大部分水利工程类水文化遗产既是省级文物保护单位，又是全国重点文物保护单位，如四川省成都市都江堰、江西省泰和县槎滩陂、江西省赣州市福寿沟等。

3. 积极申报各类世界遗产

与水文化遗产相关的世界遗产有世界文化和自然遗产、世界灌溉工程遗产、全球重要农业文化遗产等类别。现有青城山—都江堰、杭州西湖、红河哈尼梯田、京杭大运河、良渚古城遗址 5 处水文化遗产列入世界文化和自然遗产名录；还有四川乐山东风堰、浙江丽水通济堰、福建莆田木兰陂、湖南新化紫鹊界梯田、诸暨桔槔井灌工程、寿县芍陂、陕西泾阳郑国渠、江西吉安槎滩陂、福建福清市天宝陂、陕西渭南市龙首渠引洛古灌区、江西省宜春市潦河灌区等 26 处水文化遗产列入世界灌溉工程遗产名录，以在用的活态遗产为主。通过申报世界遗产的方式，较好地保护了古代水文化遗产并弘扬和展示了遗产所蕴含的文化价值及古代劳动人民的智慧和创新精神。

世界灌溉工程遗产是国际灌溉排水委员会（ICID）主持评选的世界文化遗产保护项目，始于 2014 年，与其他世界遗产不同，世界灌溉工程遗产重点在于挖掘与宣传灌溉工程发展史及其对人类文明的影响。截至 2021 年底，我国的世界灌溉工程遗产总数已多达 26 项（表 9-1），占世界灌溉工程遗产总

---

[1] 彭友琴、周平平、杨亚辉：《关于水文化遗产保护与利用的思考》，《水利发展研究》2019 年第 12 期，第 68-69 页。

数的 25%。

表 9 - 1 　　　　　　　　　现有世界灌溉工程遗产统计表

序号	遗 产 名 称	所在省份	所 在 位 置	获批年份
1	东风堰	四川省	乐山市夹江县	2014
2	通济堰	浙江省	丽水市莲都区	2014
3	木兰陂	福建省	莆田市城厢区	2014
4	紫鹊界梯田	湖南省	娄底市新化县水车镇	2014
5	诸暨桔槔井灌工程	浙江省	诸暨市赵家镇	2015
6	芍陂	安徽省	寿县	2015
7	它山堰	浙江省	宁波市海曙区	2015
8	郑国渠	陕西省	泾阳县	2016
9	槎滩陂	江西省	泰和县	2016
10	溇港	浙江省	湖州市	2016
11	宁夏古灌区	宁夏回族自治区	银川市贺兰县	2017
12	汉中三堰	陕西省	汉中市汉台区	2017
13	黄鞠灌溉工程	福建省	宁德市蕉城区	2017
14	都江堰	四川省	成都市都江堰市	2018
15	灵渠	广西壮族自治区	桂林市兴安县	2018
16	姜席堰	浙江省	龙游县	2018
17	长渠	湖北省	襄阳市南漳县	2018
18	河套灌区	内蒙古自治区	巴彦淖尔市	2019
19	千金陂	江西省	抚州市临川区	2019
20	天宝陂	福建省	福州市福清市	2020
21	龙首渠引洛古灌区	陕西省	渭南市	2020
22	白沙溪三十六堰	浙江省	金华市	2020
23	桑园围	广东省	佛山市	2020
24	里运河—高邮灌区	江苏省	高邮市	2021
25	潦河灌区	江西省	奉新、靖安、安义三县	2021
26	萨迦古代蓄水灌溉系统	西藏自治区	日喀则市	2021

4. 开展水文化遗产科学保护与维修工作

近十年来，水利系统越来越重视水文化遗产的保护工作，遗产认知与保护意识逐渐增强，并在认知范围内开展了一些收集和保护工作。对于水利工程类和水利设施类水文化遗产，根据水利工程运行要求和功能发挥，水利部门依据水利工程技术规范和管理条例，开展了一些水利工程的保护与维修工作。《中华人民共和国水法》第四十一条规定："单位和个人有保护水工程的义务，不得侵占、毁坏堤防、护岸、防汛、水文监测、水文地质监测等工程设施。"同时规定严禁侵占、毁坏水工程及堤防、护岸等有关设施，严禁毁坏防汛、水文监测、水文地质监测设施；严禁在水工程保护范围内，从事影响水工程运行和危害水工程安全的爆破、打井、采石、取土等活动。

同时，根据水利、市政等专项资金，定期维护和修缮水利工程堰坝、堤坝、取水井、灌溉渠系、分水石、排水系统等，有效地保护了水文化遗产。对于水利物品类水文化遗产，如治水碑刻、治水工具、治水器械、治水历史纪念残片、水利工程志、水利工程设计手稿和图书资料等，水利部门或相关文物保护部门进行了收集、清理、整理及简易的保护工作，有效地保护了这些现存的水文化遗产。积极推进保护和维修水文化遗产，其目的就是充分发挥水文化遗产的科学教育功能，传承先进的水文化，启迪人智、激励人心和凝聚力量。

5. 积极推进水文化遗产合理利用

在科学保护水文化遗产的基础上，一些地方水利部门适度开展水文化遗产合理利用工作，协调处理好水文化遗产保护、修复、传承与利用的关系，实现水文化遗产资源的可持续发展。全国各地水利部门在科学保护古代水利工程遗址遗迹的原真性和整体性基础上，充分运用现代科学技术修复古代水利工程遗产，利用 3D、VR 等技术手段重新再现和展示了古代水利工程遗产，以深入挖掘水文化遗产的历史价值、考古价值和科学价值，继承和发展古代水利工程遗产的科学技术。同时，开展水文化遗产非物质因素研究，寻求传统水文化遗产与现实水利事业发展实践相联系的结合点，并将其转化为服务于当代水利建设的重要文化资源，且在当代水利实践中合理继承和发扬。[1]

有些地方政府把保护和传承水文化遗产和开展爱国主义教育活动结合起来，展示中华民族光辉灿烂的文明进步成就，特别是保护和传承红色水文化遗产，激发了参观者的爱国热情和民族自尊心、自豪感，增加了民族文化自信心。有些地方政府把保护和传承水文化遗产与促进地方社会经济发展结合起来，打造了特色水文化遗产和水利旅游品牌，加快发展了水文化创意产业链，充分发挥了本地水文化遗产的资源优势和特色优势。有的地方政府结合水利风景区建设，将纳入世界灌溉工程遗产名录的水利工程遗产综合开发水利工程遗产旅游精品线路，大大地拓展了地方旅游产业结构和发展空间，增加了地方财政收入。

二、水文化遗产保护利用存在的问题

水文化遗产是水文化传承的重要内容，是文化遗产的重要组成部分。水

---

[1] 陈雷：《保护水文化遗产 弘扬先进水文化》，《中国文物报》2011 年 6 月 1 日第 001 版。

文化遗产类型多、数量多、分布广泛，使水文化遗产保护和利用具有复杂性特点❶，加上长期以来因缺乏明确的针对性保护政策法规和举措，所以当前水文化遗产的保护与利用仍存在一些问题。

1. 保护意识亟待提高

水文化遗产保护意识亟待提高，缺乏专门的保护机构。截至目前，水文化遗产概念的提出已经有十余年，在水利系统以外，对于多数人来说它还是一个崭新的概念；关于水文化遗产的研究，仍处于起步阶段，还没有一支专门研究水文化遗产的高水平学术队伍，理论研究和应用研究成果都较少，关键性保护技术仍需要进一步研究；或许是人们对水文化遗产的认识较少，研究成果推广利用与宣传不够，所以仍然不足以引起全国各地各级政府的高度重视；一些比较突出的水利工程类水文化遗产由县博物馆或文物管理所通过申报县、市、省、国家重点文物保护单位来加以保护，但对于众多普通的水文化遗产则难以得到保护；加上其他诸多因素，各级地方政府无法组建专门的保护机构来稳定推进水文化遗产保护工作。

2. 体制机制不完善

水文化遗产保护与利用的体制与法律保障体系不完善。水文化遗产的保护与利用是一个比较复杂的问题，涉及水利、文物、文化、农业农村、乡镇等多个政府部门，目前仍属于多头管理、各自为政的局面，在管理体制上出现无法避免的不顺畅、矛盾多的现象，特别是在缺乏水文化遗产认定标准、水文化遗产保护法、水文化遗产管理条例、水文化遗产推广利用条例等规范性文件和法规情况下，水文化遗产保护工作举步维艰。

为加强对文物的保护，国家制定了《中华人民共和国文物保护法》；为加强非物质文化遗产保护，国家制定了《中华人民共和国非物质文化遗产法》；为加强对世界文化遗产的保护和管理，履行《保护世界文化与自然遗产公约》的责任和义务，国家制定了《世界文化遗产保护管理办法》。然则，至今却没有针对水文化遗产的保护法规。因此，水文化遗产保护与利用的体制与法律保障体系不完善，制约了水文化遗产保护与利用工作的推进。

3. 资金投入不足

对水文化遗产保护与利用的资金投入不足。水利部门水利工程建设资金属于专款专用，无法用于工程以外的文化建设，仅对"活态"的工程类水文

---

❶　彭友琴、周平平、杨亚辉：《关于水文化遗产保护与利用的思考》，《水利发展研究》2019 年第 12 期，第 67－68 页。

化遗产可以投入适量资金进行水利工程本体的维修与养护，而对其他非物质水文化遗产无法投入资金加以保护。非物质水文化遗产往往被视为属于文化部门的业务，而文化部门只能通过申请市级、省级和国家级非物质文化遗产来予以保护，大多数水文化遗产难以得到政府的专项资金支持。地方政府往往热衷于把水利文化遗产前期申报为世界灌溉工程遗产，但是申报成功后却难以持续投入资金以保护水文化遗产。

4. 专业人才缺乏

水文化遗产保护、修复与利用仍处于起步阶段，关键性保护与修复技术仍需要进一步研究，目前政府部门和高校还没有建立起一支专门保护与修复水文化遗产的高水平专业技术队伍。水文化遗产保护与利用工作十分精细且重要，但是高水平专业技术人才缺乏，严重制约了水文化遗产保护与利用的发展。

第三节 水文化遗产保护与利用的举措

人类悠久的治水史创造了光辉灿烂的水文化，留下了弥足珍贵的水文化遗产。这些水文化遗产承载着中华民族的悠久历史，凝聚着中华民族的辉煌创造，镌刻着中华民族的伟大精神，是水文化传承的重要载体，也是中华民族的文化瑰宝。水文化是中华文化的重要组成部分，而水文化遗产是中华文化遗产的精髓之一，保护好、传承好、弘扬好、利用好水文化遗产，具有十分重要的现实意义。关于水文化遗产保护与利用的对策，学术界已经有相关研究成果。例如靳怀堾认为水文化遗产保护与利用的对策主要有：一是树立强烈的水文化遗产保护意识，二是大力开展水文化遗产研究，三是全面摸清水文化遗产的家底，四是切实保护好水文化遗产，五是充分发挥水文化遗产"以文化人"的作用。❶ 这些成果为本书提供了重要参考。

一、提高思想认识，强化组织领导

1. 加强舆论宣传，提高保护意识

现在遗留下来的水文化遗产是不可替代、不可再生的珍贵遗产文化资源，重视水文化遗产保护和利用，既是一项光荣而崇高的事业，也是一项长期而艰巨的任务。我们要以习近平新时代中国特色社会主义思想为指导，贯彻落实习近平总书记关于文物工作的重要论述和重要指示精神，提高水文化遗产保护利用的思想认识，增强水文化遗产保护与利用责任意识。

2. 强化组织领导，明确保护机构

由于水文化遗产管理涉及政府多个部门，应当组建由水利、文物、文化、发改、财政、交通、建筑、环保、自然资源、农业农村、公安、乡镇、河湖长办等部门主要领导构成的水文化遗产保护与利用领导小组，由省、市、县、区分管水利领导任组长，水利部门领导任副组长，办公室设在水利部门，指定专门人员负责日常管理与协调工作，以加强部门之间的沟通联系；定期召开领导小组会议，协调处理水文化遗产保护和利用中出现的各种问题，确保水文化遗产保护和利用工作有序开展，形成上下协调、左右联动的机制，以

❶ 靳怀堾：《试论水文化遗产的保护与利用》，《2013年中国水利学会水利史研究会学术年会暨中国大运河水利遗产保护与利用战略论坛》会议论文集，2013年11月30日，第4-10页。

开创水文化遗产保护利用事业新局面。

3. 做好普查工作，摸清资源家底

做好水文化遗产的保护和利用工作，起步工作就是开展全国水文化遗产普查，摸清全国水文化遗产的"家底资源"，这既是保护和利用水文化遗产的基本前提，又是水文化遗产教学、研究与建设的基础工作。在全国第一次水利普查中，中国水利博物馆开展了水文化遗产调研工作，对水文化遗产进行了详细分类，为今后全国水文化遗产普查工作奠定了基础。为进一步做好全国水文化遗产保护与利用工作，还需要积极争取文物、旅游、农业农村、乡镇等相关部门的大力支持，结合水利行业的实际情况，全面彻底普查全国水文化遗产的数量、分布、本体特征、基本数据、保存环境和传承情况，建立全国水文化遗产档案和信息管理系统，逐步构建全国水利文化图谱。❶

二、完善保护利用的体制和法律保障体系

1. 建立水文化遗产评估体系和技术标准

尽快建立全国水文化遗产价值评估体系，构建全国水文化遗产分类评级系统，研究并制定全国水文化遗产等级分类评价标准和申报程序，开展全国水文化遗产评级认定工作，分期、分批确定全国水文化遗产保护名录，逐步建立国家级、省级、市级、县级水文化遗产名录体系，最终建成全国水文化遗产名录系统。

水利部应当组织专家编制全国水文化遗产保护技术标准。全国各省、自治区、直辖市水利部门应当根据国家水文化遗产保护技术标准拟定相关的实施细则与要求，根据水文化遗产的类型、现状与特点，明确界定水文化遗产的保护范围、保护技术和修复建设要求，规范指导各省、自治区、直辖市开展水文化遗产的保护与利用工作。

2. 完善水文化遗产管理体制

完善水文化遗产管理体制是当前亟待解决的重要问题。要加强对水文化遗产保护的管理，必须进一步理顺水文化遗产保护的体制机制，制定水文化遗产保护利用条例及管理办法，明确相关单位（部门）的管理责任和义务。❷编制水文化遗产保护利用规划导则，责成地方政府部门落实并制订切实可行的水文化遗产保护利用规划，明确今后15年水文化遗产保护利用的目标、原

---

❶ 陈雷：《保护水文化遗产　弘扬先进水文化》，《中国文物报》2011年6月1日第001版。

❷ 靳怀堃：《试论水文化遗产的保护与利用》，《2013年中国水利学会水利史研究会学术年会暨中国大运河水利遗产保护与利用战略论坛》会议论文集，2013年11月30日，第8页。

则、重点任务和主要措施、行动计划等，为水文化遗产保护利用工作提供科学依据。"要坚持保护优先的原则，依据水文化遗产普查结果，围绕水利改革发展战略，研究制订水文化遗产保护规划，依据保护对象性质、形态、价值进行科学分类，针对保护、管理与利用的实际需要，提出切实可行的保护措施，同时开展对各地相关规划、建设项目的水文化遗产保护评估和论证，注重对水文化遗产生存环境的保护。"❶

制定水文化遗产保护利用监测制度，建立水文化遗产日常监测办法，明确水文化遗产监测主体、监测对象、监测范围、监测要求、监测台账和监测填报制度，切实做好管理流程档案记录；完善水文化遗产保护利用专业人才的培养与引进制度，完善水文化遗产保护利用的激励机制，切实提高水文化遗产管理水平，助推水文化遗产有效保护和开发利用，助力地方社会经济的高质量发展。

3. 推进水文化遗产保护立法

推进水文化遗产保护立法是当前水文化遗产保护与利用的重要议题。为进一步保护水文化遗产，水利部门应当依据《中华人民共和国水法》《中华人民共和国文物保护法》《中华人民共和国非物质文化遗产法》《世界文化遗产保护管理办法》等相关法规，推动水文化遗产保护立法，推进制定水文化遗产保护管理条例、水文化遗产推广利用管理条例等规范性文件或法规，制定具有针对性的保护管理办法，形成系统、完善的法律法规保障体系。

三、增加保护利用资金投入

1. 设立水文化遗产保护专项资金

水文化遗产是古代传承至今、不可替代、不可再生的弥足珍贵的传统的优秀的文化资源，特别是"活态"的优秀传统水文化遗产具有极其重要的科技价值、历史价值、社会价值和生态价值等。为保护利用"活态"的水文化遗产和"静态"的水文化遗产，需要水利部门积极争取各级政府、财政、文物、文旅等相关部门的支持，划拨水文化遗产保护专项资金，确保水文化遗产保护和维修养护各项资金到位、各项工作落到实处。

发挥政府引导作用，积极争取国家专项资金。应从省财政或省水利资金中划出一定比例的资金，设立水文化遗产保护专项资金。专项资金用于支持水文化遗产抢救性保护、申报、编制保护利用规划、基础设施维修、水文化

---

❶　陈雷：《保护水文化遗产　弘扬先进水文化》，《中国文物报》2011 年 6 月 1 日第 001 版。

展陈及相关服务设施建设，以及信息和服务体系建设、专技人员培训、宣传推广等。各市、县、区政府应从实际出发，依据省水文化遗产保护专项资金管理办法，建立地方水文化遗产保护专项配套资金，增加保护利用资金投入，推进水文化遗产的保护利用工作。

2. 鼓励社会资本参与投入

在积极争取各级政府财政对水文化遗产保护资金的基础上，地方政府与水利部门应鼓励社会资本投入水文化遗产保护利用中，鼓励社会资本、金融机构为水文化遗产保护利用项目提供相应的信贷支持，探索以水利工程类水文化遗产的物权作为抵押物进行贷款融资。鼓励符合条件的外来资本、民营资金、融资平台公司通过直接、间接融资方式进入水文化遗产保护和开发利用建设领域。各级地方政府应鼓励重点水文化遗产保护与开发利用建设借助市场运作，采取 PPP 模式、BOT 模式、BTO 模式、TOT 模式、ABS 模式、互联网融资和众筹等方式，多渠道争取社会投资，增强水文化遗产保护与利用的投入力度。

四、加强人才培养与引进工作

1. 联合培养水文化遗产保护利用专业技术人才

水文化遗产保护与利用涉及水利、文物、文化、土木、规划、设计、管理、生态等诸多学科的专业知识，属于交叉学科范畴。水文化遗产保护与利用，需要大量具备这些交叉学科基础知识和专业技术的人才，用人单位可以与大中专院校或科研机构建立联合培养人才的合作模式，定向培养所需人才；也可以委托合作单位承担人才的继续教育或培训业务工作，为持续提升专职员工的专业技能、保护意识和管理能力提供专业技术保障。以水利为特色的高等院校应当积极开展水文化遗产保护利用研究，适时申请和设立水文化遗产保护利用本科专业和专硕方向，培养符合水文化遗产保护利用发展需要的复合型人才和专业技术人才。高等院校和科研机构积极开展水文化遗产保护利用专项研究，既可为水文化遗产保护利用提供智力储备和决策咨询，又能促进高等院校水文化遗产保护利用学科的建设与发展。

2. 适度引进水文化遗产保护利用专业技术人才

水利系统本身应通过引进人才、培养人才等多种途径，提升水利系统人力资源水平。水文化遗产保护利用专业技术人才属于稀缺性人才，为保障水文化遗产保护和开发利用的科学性、合理性，地方政府和水利部门应根据水文化遗产保护利用的发展需要，适度引进经验丰富的专业技术人才或者高素质复合型人才，专门从事水文化遗产保护、修复、开发利用、管理等工作；适度聘任高层次人才作为水文化遗产保护利用的专业技术咨询顾问，定期为水文化遗产保护与开发利用建设提供针对性指导和建设性意见。

此外，通过整合全国文博、水利文博、水利高等院校和水利科研单位的优质人才资源，同时发挥在水文化遗产保护利用研究方面的专家学者和其他社会力量的作用，建立起全国水文化遗产保护利用研究人才库，为全国水文化遗产保护利用研究、咨询与实践操作提供可持续的人才保障。

第十章 水文化创意产品及其设计

文化创意产业是一个新兴的朝阳产业，越来越受到社会各界的关注和重视，在国民社会经济发展中地位与作用日渐突出。水文化创意产业是文化创意产业的重要组成部分，水文化创意产品设计是水文化创意产业的核心内容，是传统水文化保护好、传承好、利用好的重要体现，是传统水文化的创造性利用和创新性转化成果的重要标志。本章内容重点在于了解文化创意产业及水文化创意产品的基本概念，认识水文化创意产品的要素、特征、价值和意义，具备对水文化创意产品的认知和鉴赏能力，掌握水文化创意产品的设计原则和方法，并能够用于水文化创意产品的设计实践。

第一节 文化创意产业与文化创意产品

文化创意产品既是文化创意产业发展的产物，也是文化创意产业的重要组成部分。本节从主要从定义、类别、范围等方面来梳理文化创意产业与文化创意产品的基本概念。

一、文化创意产业的概念

文化创意产业是指在经济社会中为社会公众提供文化产品和文化服务的生产活动集合。文化创意产业是在知识经济背景下产生的以创新、创意为核心的新兴产业。各个国家由于政治、经济、文化、社会发展背景的差异，对文化创意产业的理解和定义也不尽相同，如英国称为"创意产业"，美国称为"版权产业"，日本称"内容产业"，我国则称为"文化创意产业"。国内外众多学者也从不同角度对文化创意产业进行了分析界定，主要有以下几种：从知识产权的角度，创意产业之父约翰·霍金斯认为"创意产品都处于知识产权法保护的经济部门范畴之内，通过创意资本的投入将相关产业聚集到一起"。[1] 从文化经济学

---

[1] ［英］约翰·霍金斯：《创意经济：如何点石成金》，上海三联书店 2006 年，第 267 页。

的角度，美国经济学家理查德·E.凯夫斯认为"创意产业是提供广泛与文化、艺术、娱乐价值相关联的产品与服务的产业"。❶ 从文化创意产业的来源角度，王缉慈等认为"创意产业是具有自主知识产权的创意性内容密集产业"。❷ 从文化创意产业的发展路径角度，金元浦认为"文化创意产业是以科技手段为支撑，以新媒体传播方式为主导的文化艺术与市场经济全面结合的新型产业"。❸ 从文化创意产业的特征角度，张京成等认为"文化创意产业是以文化为内核，依托人类的智慧和创造力，通过科技手段和市场运作方式，可以产业化的活动的集合"。❹ 综上所述，各个国家和不同学者对文化创意产业的界定虽有所差异，但其理解都非常接近，均认同文化创意产业是为大众提供文化产品和文化服务的新兴产业，其核心是创新和创意。

文化创意产业是发达国家经济结构转型过程中的重要产物，由于其高附加值、高增长速度、可持续发展的特征，已成为世界经济增长的新动力，引领着全球未来经济的发展。随着知识经济时代的到来，文化创意产业越来越为各国所重视，发展文化创意产业已成为当今世界经济发展的新潮流和众多国家的发展战略选择。在"十三五"期间，我国文化创意及相关产业规模和总量持续快速增长，在推动社会经济发展、优化经济结构方面发挥了重要作用。文化创意产业的蓬勃发展，催生了大量形式丰富、内涵深厚的文化创意产品，丰富了人民群众的物质文化和精神文化生活，产生了良好的经济效益和社会效益。

由于地域经济文化的差异，不同的国家和地区对于文化创意产业的定义有不完全一致的认识和表述。依据相关参考文献，各个国家和地区对文化创意产业的称谓和分类大致如表10-1所示。

表 10-1　　　　　　　　各国文化创意产业定义与范围

国家	产业名称	涵 盖 内 容
美国	版权产业	核心版权产业、部分版权产业、发行类版权产业、版权及相关产业
英国	创意产业	广告、建筑艺术、电视广播、电影及影像制作、出版业、互动游戏软件、时装设计、时尚设计、音乐制作、表演艺术、艺术品与文物交易、软件开发、工艺品制作

❶ ［美］理查德·E.凯夫斯：《创意产业经济学——艺术的商业之道》，新华出版社2004年，第301页。

❷ 王缉慈、齐勇锋、张晓明、惠鸣、闫玉刚：《关注文化创意产业（续）》，《前线》2006年第4期，第24-28页。

❸ 金元浦：《当代世界创意产业的概念及其特征》，《电影艺术》2006年第3期，第5页。

❹ 张京成、刘光宇：《创意产业的特点及两种存在方式》，《北京社会科学》2007年第4期，第3页。

国家	产业名称	涵 盖 内 容
日本	感性产业	内容制造产业、文化休闲产业、时尚产业
韩国	文化内容产业	影视、广播、影像、游戏、动漫、卡通形象、演出、文物、美术、广告、出版印刷、创意性设计、传统工艺品、传统服装、网络及相关产业
中国台湾	文化创意产业	视觉艺术、音乐与表演艺术、广播电视、文化展演业、工艺业、电影、出版、广告、数字休闲娱乐、时尚品牌设计、设计业、建筑设计、创意生活
中国香港	创意产业	艺术品、古董与手工艺品、音乐、表演艺术、数字娱乐、电影与影像、软件、广告、建筑、电视与电台、出版业

依据全球多个国家对文化创意产业的分类，结合我国行业划分特点，将我国文化创意产业大致分为以下四类：

（1）文化艺术产业是指以文化艺术产品或服务为主体的市场经济活动，这种活动包括艺术市场化生产、运营和艺术服务等。它以市场为导向，按照产业化和市场化的方式来运作，以此带动市场经济的发展。文化艺术产业生产的是一种精神性的商品和服务，因此，文化艺术产业的发展有助于繁荣社会文化生活，营造和谐的社会环境（包含了绘画、音乐、舞蹈、表演、戏曲、戏剧等艺术形式）。

（2）创意设计产业是指以创意设计人才为主体，通过形象思维和艺术手段，生产出具有创性新和创意价值的设计方案，并将其成果推向市场获得回报的新兴产业。它以创新为核心，以设计为手段、以知识产权为重要依托，实现文化创意与实体经济有机结合，是文化创意产业的重要组成部分（包含了产品设计、建筑与环境设计、服装设计、视觉传达设计、媒体设计等）。

（3）文化传媒产业是指传播各类文化信息、知识的传媒实体部分所构成的产业群，它是生产、传播各种以文字、图形、艺术、语言、影像、声音、数码、符号等形式存在的信息产品以及提供各种增值服务的特殊产业（包含了出版、网络媒体、影视与动漫、广播等）。

（4）信息服务产业是指信息服务业是利用计算机和通信网络等现代科学技术对信息进行生产、收集、处理、加工、存储、传输、检索和利用，并以信息产品为社会提供服务的专门行业的综合体，指服务者以独特的策略和内容帮助信息用户解决问题的社会经济行为（包含了互联网信息服务、软件服务、广播电视传输等）。

二、文化创意产品的概念

各界对于文化创意产品的定义具有不同阐述。多数学者认为文化创意产品是将文化内涵、产品创意和设计方法相结合,生产出来的适应当代社会需求的产品。联合国教科文组织对文化创意产品的定义是:具有传达意见、符号与生活方式的消费物品。从文化创意产品的产品创意设计来看,智婉莹指出文化创意产品具有科技含量高、差异性大的特点,在风格、基调、艺术等方面具有多样性、装饰性和娱乐性。❶ 颜曦认为文化创意产品的设计具有文化性、创新性、情感性、功能性、艺术性、可行性的特点。❷ 在文化创意产品消费需求分析方面,凯夫斯认为创意产品需要多种要素,创意产品具有需求的不确定性、产品的独特性和差异性、营利的持久性等特点。❸ 江天若从博物馆文化创意产品与消费者角度来说,认为文化创意产品有文化性、创新性、品牌性、宣传性、教育性的特点。❹ 综上可见,文化创意产品是以某种特定文化为基础,通过挖掘归纳其内涵与特征,依托现代设计方法与技术,创造性地与物化或非物化载体相融合,所形成的以传播文化和满足消费者物质与精神需求为目的的高附加值产品。文化创意产品是文化创意行业的重要组成部分,文化内涵则是文化创意产品的核心价值所在,这也是文化创意产品与一般产品的最大区别。

三、文化创意产品的分类

对于文化创意产品的分类,目前国内外尚未形成一致的定义和分类,参照世界各国和地区对文化创意产业和文化创意产品的定义,可以从以下几个角度对文化创意产品进行分类。

1. 从范围上分类

从范围上可以将文化创意产品分为广义和狭义两大类。从广义上来讲,文化创意产品是指文化创意产业所创造的所有文化产品和文化服务。具体地讲就是以文化思想性、艺术性、创新性为核心的产品或服务,包括新闻、出

---

❶ 智婉莹:《文化距离对中国文化创意产品贸易影响的实证研究》,东北财经大学,2013 年,第 19 页。

❷ 颜曦:《文创产品设计方法浅析》,《艺术品鉴》2016 年第 11 期,第 2 页。

❸ [美] 理查德·E. 凯夫斯:《创意产业经济学——艺术的商业之道》,新华出版社 2004 年,第 116 页。

❹ 江天若:《博物馆文创产品开发研究——以台北故宫博物院和苏州博物馆为例》,2016 年陕西科技大学硕士论文,第 9 页。

版、影视、文化旅游、文艺演出等。狭义的文化创意产品则是指具有文化内涵和创新价值的具体产品。具体地讲就是依靠创意人的智慧、技能和天赋，借助于现代科技手段，对文化资源、文化用品进行创造与提升，通过知识产权的开发和运用，而产出的具有高附加值的具体产品。

2. 从产品功能角度分类

产品的功能是产品存在的物质基础。为对应用户不同层次的功能需求，产品的功能可以分为使用功能、审美功能和象征功能三个层次。文化创意产品的设计必须遵循产品的功能性原则，是否能够满足用户对产品功能的需求是一款文化创意产品能否具有市场价值的必要条件。因此，从产品功能的角度对文化创意产品进行分类可分为以满足日常使用需求为主的生活日用品类（服饰、饰品、文具、家居产品、食品等）、以满足审美需求为主的工艺美术品（陶瓷、玉器、首饰、漆器、染织刺绣品等）和以满足象征功能和情感寄托需求的纪念品类（奖章、纪念章、纪念册等）三大类。

3. 从具体应用场景分类

任何产品都具有一定的应用场景范围，根据产品设计目标的不同，这个范围可以定位很精准，也可以适用范围很宽泛。产品的用户使用场景包括产品使用时的环境、地理位置、时间、使用状态、用户特征等。在产品设计过程中如果目标场景不清晰或用户群体不明确，都将造成产品开发的失败。产品最核心的设计使用场景如果与用户实际使用场景高度契合，将有效提升用户使用体验的满意度，增加用户黏性。结合实际情况，从具体应用场景对文化创意产品进行分类可以分为旅游纪念品、文化艺术衍生品、影视与动漫衍生品、生活美学产品、活动与展会文化创意产品、企业与品牌文化创意产品六个大类。

4. 从制造材料与加工工艺角度分类

设计材料是产品功能形态的物质载体之一，不同的材料具有不同的物理化学特性。在满足产品功能结构需要的同时，材料的色彩、纹理和质感在表现产品的设计品质特征方面具有重要的作用。因此，从制造材料与加工工艺角度对文化创意产品进行分类，大致可以分为陶瓷与金属类、纺织品与竹木类、塑料与玻璃类、泥塑与皮革类以及其他综合材料类五个大类。

由于文化创意产品内涵丰富、种类繁多，并在大多数时候具有多重属性，因此，无论从哪一个角度对文化创意产品进行分类，都难以严格地对其进行界定。

第二节　水文化创意产品概述

新时代国家文化发展战略和治水理念为水文化创意产品的创新发展提供了极好的社会机遇。党的十八大以来，习近平总书记多次强调"绿水青山就是金山银山"，引领我国经济社会走向绿色发展之路。在党的十九大报告中习近平总书记又提出：深入挖掘中华优秀传统文化蕴含的思想观念、人文精神、道德规范，结合时代要求继承创新，让中华文化展现出永久魅力和时代风采。❶ 这为当前水文化创意产品设计及其产业的发展提供了理论指南和政策依据。本节重点分析水文化创意产品的发展背景、概念、价值与意义，为水文化创意产品设计要素研究提供了相应的理论基础和依据。

一、水文化创意产品的概念

水文化创意产品是以水文化为基础，通过挖掘归纳其内涵与特征，依托现代设计方法与技术，创造性地与物化或非物化载体相融合，所形成的以传播水文化和满足消费者物质与精神需求为目的的高附加值产品。

水文化创意产品是水文化的物质载体，是对水文化资源进行创造性的开发和利用。通过对水文化内涵的探索和挖掘，将设计师创造性的工作和适应的物质载体相结合，创造出具有文化价值、使用价值、审美价值和教育价值的文化创意产品。

二、水文化创意产品的要素与特征

（一）水文化创意产品的要素

1. 文化要素

依据文化的基本概念，广义水文化是指人类为了生存和发展，在治水兴利过程中所积累的物质财富和精神财富。水文化创意产品则是针对水文化资源所蕴含的文化要素，在重新审视的基础上，通过现代设计方法与手段，开发的具有附加价值的产品。其文化要素可以分为外在、中间、内在三个层次，其中外在层次是用户能够看到、触摸到的产品物化形式；中间层次是用户在

---

❶ 习近平：《决胜全面建成小康社会　夺取新时代中国特色社会主义伟大胜利——在中国共产党第十九次全国代表大会上的报告》，《人民日报》2017 年 10 月 28 日。

使用过程中能够感受到并理解的部分；内在则是无形的，需要消费去意会的文化内涵。水文化创意产品最重要和独特之处便是所承载的水文化精神内涵和文化信息。水文化创意产品与一般文化创意产品的区别就在于是否承载了特定的水文化要素。

2. 创新要素

创新性是评价产品的重要标准之一，也是增强产品竞争力的有效途径。产品设计的创新都来源于产品使用场景中的痛点和用户需求。评判水文化创意产品是否具有创新性的标准是水文化与产品两个要素是否通过创造性地融合，解决产品在使用场景中的痛点和满足用户需求。具体到产品物质层面，是指产品在形式上、功能上与现有的产品比较是否具备新颖性；在精神层面，是指能否将文化内涵巧妙地融合到物化的产品当中并能够有效传递；在体验层面，则是指是否有助于用户独特的感官体验营造、有趣的使用体验创造与情感体验唤醒。

3. 产品要素

水文化创意产品的产品要素包括形式要素和功能要素两个方面。形式是指产品的物化表象，是使用者对水文化创意产品最直观的印象，形式要素包含了形态、材质、色彩、机理、装饰等方面。功能则是产品能够给使用者提供的使用价值，也是产品形式存在的基础。水文化创意产品以具有使用功能的产品为载体，以水文化为内涵，通过创新、创意设计赋予产品使用、宣传、纪念、审美和教育等多种功能。

4. 体验要素

心理学研究表明，产品在使用中产生的情景共鸣能与使用者产生高效的互动，从而有利于产品承载信息的传递。水文化创意产品作为水文化承载和传播的重要媒介，传递文化内涵是其重要功能。与使用者建立情感联系产生情感共鸣是水文化创意产品设计的重要切入点之一。用户对产品的体验和互动，能有效打破单一的视觉互动，形成多维深度交互，将无形的文化内涵转化成可以感知的用户体验并传递给用户。与此同时，基于共鸣理论，通过用户体验对用户的沉浸感知加以重构，建构起一种难忘的经历体验或情感氛围场景，通过情感共鸣的方式让水文化内涵有效传递给用户。

（二）水文化创意产品的特征

水文化创意产品的核心是水文化内涵与创意设计的有机结合，通过现代创新的设计手段，将水文化、创意、科技、审美与用户体验融入物质产品载体当中，以满足人们现代生活方式中物质和精神层面的需求。因此，水文化创意产品应当具有物化水文化的基本特征，具体可以总结为以下几个方面：

（1）社会性。众所周知，水是万物之源，是人类社会发展不可或缺的自然资源和不可替代的环境要素，从这个角度可以将水文化视为人类文化的母体文化，它对人类社会的发展具有重要的影响，具有广泛的社会性。因此以水文化内涵为核心的水文化创意产品应当具备广泛的社会性，以适应社会发展的需要。

（2）地域性。地域文化是特定区域的自然环境与资源同当地文化氛围、文化脉络和人文背景的融合，具有鲜明的地域性和乡土性的地域文化是一种宝贵的文化资源。水文化是地域文化的深化、演变和表现形式，因此水文化创意产品应当具有鲜明的地域性特征。

（3）民族性。在我国，水文化是中华民族文化的重要组成部分，不同民族对水的认知、风俗习惯和信仰都不尽相同，这造就了水文化丰富多彩的民族性特征。作为水文化的载体，水文化创意产品亦应具有独具特色的民族性特征。

（4）科学性。自古以来，为了生存和发展，治水兴利一直贯穿于人类社会发展的全过程。在生产力不断发展过程中，水文化是科学技术水平和生产实践经验的总结与升华，由此可见，水文化具有鲜明的科学性特征，因此在水文化创意产品的设计过程中，应当重视其科学性特征的诠释。

（5）艺术性。水独具魅力的形态在给人直观美感的同时也是人类审美的重要媒介。在人类历史发展过程中，有大量以水为主题的文化艺术作品，水文化则是水的艺术性特征的升华与凝结。水文化创意产品的艺术性特征既符合水文化的艺术性内涵，也能满足人们审美的精神层面的需求。

（三）水文化创意产品的价值和意义

水文化创意产品的价值可以分为两个方面：一是文化创意价值，二是经济价值。文化创意价值是指产品所蕴含的水文化内涵及其社会影响；经济价值是指水文化创意产品将水文化内涵以有形物化的形式，通过市场定价与销售的途径，产生直接和间接的就业促进和经济增长，这些经济效益的总和就是水文化创意产品的经济价值。

（1）水文化创意产品的设计研究有利于水文化的传承、创新与发展。文化创意产品的灵魂是"文化"，核心是"创意"。文化创意产品是文化的现代表达形式，是文化内涵的物质载体。水文化创意产品能让水文化的内涵，通过创意设计转化到产品的使用功能当中，并融入人们的日常生活，让每一位使用者都能在轻松、愉悦、便捷的使用过程中，去了解和认知水文化的内涵，让水文化"活"在人们的生活中，从而有利于水文化的传承。人民群众是水文化创新的主体，传承、发展和创新则是水文化创新发展的根本途径，水文化创意产品所服务的对象正是广大的人们群众。水文化创意产品的研究与开发是一种社会实践活动，其研究开发的过程则是传承优秀传统文化、不断推陈出新让传统文化焕发生机与活力的过程。

（2）水文化创意产品的设计研究有利于水文化的传播。水文化作为人类文化的重要组成部分，能够在人们认识世界、改造世界的过程中对社会发展产生深刻的影响。有效的媒介和载体对水文化的传播具有重要的价值和意义。优秀的文化创意产品能够让传统文化得到现代化的阐释，其正在成为传播传统文化、让文化内涵融入社会群体的重要载体。水文化创意产品作为水文化的物质载体，在具备使用功能的基础上，其最核心的价值是文化价值和文化传播价值。水文化创意产品能有效地拓展水文化传播的渠道，拉近水文化与人们的距离，增加人们对水文化的认同感和归属感，是水文化传播的重要方式。水文化创意产品是使概念水文化向实体水文化转化的重要手段，它能让水文化更加生动有趣和平易近人，以充分发挥其引导和教育功能，让人们更好地爱水、护水、惜水、节水，保护水资源，维护生态环境，从而有利于水文化的传播和人类社会的可持续发展。

（3）水文化创意产品的设计研究有利于水文化品牌的打造。文化品牌是文化产业高度发展的标志，它具有引领性、创新性、市场性和可持续发展性等特点。文化品牌的打造有利于扩大文化消费的市场需求、激发人民群众的消费意识、改善文化消费的环境和体验，从而有利于文化的传承、创新与发展。水文化创意产品是水文化品牌塑造的重要内容和载体，在精神层面，优秀的水文化创意产品符合主流意识形态的基本要求，能够阐释民族精神的核心价值诉求，富有鲜明的时代特征和引领价值；在物质层面，优秀的水文化创意产品能以创新性的设计、良好的市场性融入消费者的日常生活中，让消费者在水文化活动和水文化消费的过程中切身体验到水文化的内涵和引领价值。由此可见，水文化创意产品作为水文化品牌的重要组成部分，其设计研究和开发有利于水文化品牌的打造。

第三节 水文化创意产品的设计原则与方法

以水文化创意产品的要素为依据，系统地分析水文化创意产品的设计原则和方法，有助于提升用户对水文化创意产品的认知和鉴赏能力，为水文化创意产品的设计实践提供理论指导。

一、水文化创意产品的设计原则

关于水文化创意产品的设计研究，台湾艺术大学设计学院的教授林荣泰对文化创意产品设计提出了"文化三层次"的概念，这也是设计师进行文化创意产品设计的基本思路。文化三层次可分为外在层次、中间层次和内在层次。从文化的角度来看，外在层次是有形的，中间层次是仪式习俗，内在层次是无形精神；从产品属性的角度来看，外在层次讲的是外形，中间层次强调的是功能和操作，内在层次是指情感和精神诉求。水文化创意产品使用的过程，就是对产品功能、形态、符号特征和内涵寓意等的解读过程。在这个过程中，使用者将逐步感知到产品所蕴含的水文化内涵的三个层次。为了有效传达水文化创意产品设计过程中所蕴含的文化内涵，除了要体现水文化创意产品的四个要素以外，还应当遵循一定的设计原则。依据水文化创意产品的特点可以将其归纳为实用性原则、审美性原则、可持续性原则和教育性原则。

1. 实用性原则

"以物载道，日用即道"的设计理念来源于明代哲学家王艮提出的"百姓日用即道"，又称为"百姓日用之学"和"百姓日用之道"。王艮主张圣人之道存在于老百姓的日常生活中，应当从生活方式和生活态度中发掘老百姓的物质精神追求。日用之道是人的行为之道，也是生活之道。❶ 以普通大众的日常生活作为衡量世间万物的标尺，这种超前的思想意识在当今的产品设计领域仍然具有重要的指导意义。设计造物的根本目的是满足人的需求。水文化创意产品是文化内涵的物质载体和传播途径，其设计不能仅仅体现符号化的装饰功能，更应当体现满足人们日常生活需求的实用价值。在水文化创意产

---

❶ 徐燕、陆晓云：《基于"日用即道"理念的文创产品设计策略》，《包装程》2018 年第 18 期，第 176 页。

品设计和生产流通的过程中，增加产品的实用性可以有效提升其在日常生活中的利用率，降低被废弃的可能性，在一定程度上降低对自然生态的影响。人是自然生态和社会生态的重要组成部分，水文化创意产品设计，以人们的日常生活需求为出发点，以实用性原则为指导，用朴素的设计语言表达人们对美好生活的追求，以提升人们的生活的品质，有利于自然生态与社会生态的平衡、和谐与统一，符合水文化的内在要求。因此，实用性原则是水文化创意产品设计应当遵循的基本设计原则之一。

产品设计的实用性原则是建立在产品功能基础上的，依据马斯洛需求层次理论，产品的功能可以归纳为使用功能、审美功能和象征功能。产品的使用功能是产品存在的基础，在设计开发水文化创意产品的过程中，必须从用户日常需求出发，用设计的思维和方法创造性地解决人们的产品功能需求，设计出主体使用功能明确、附加使用价值合理的文创产品。产品的审美功能是通过其外在的形态特征、材质机理、色彩装饰等设计元素给人以舒适愉悦的审美感受。水文化创意产品的设计开发，必须符合时代的审美趋势，在深入人们的日常生活、了解审美需求的基础上，合理利用形态、材质、色彩、机理、装饰等设计语言，创造出能够唤起人们的生活情趣和审美价值体验的文创产品。产品符号价值是以消费者的心理需求为导向，在约定俗成的社会制度文化背景下，借助符号化、形象化的直观思维设计方法，赋予创意产品具有独特意味的艺术形式，满足消费者超越产品实用功能之外的社会制度与文化心理等高级层面的精神诉求。在水文化创意产品开发设计的过程中，必须密切关注用户群体的社会属性，遵循形式符号与象征意义统一的社会约定，运用设计的方法和语言，来实现产品社会象征功能的设计目标，从而更好地满足人们对水文化创意产品象征功能的需求。

2. 审美性原则

产品设计中的审美性原则是指产品应具有满足审美主体审美需要、引起主体审美感受的属性。人类具有追求美的天性。从人类历史发展进程中出现的各类精美绝伦的工艺品，到现代审美与实用相结合的各类日常用品，都体现了人们对艺术审美孜孜不倦的追求。设计是创造美的活动。设计师设计产品的过程既体现了自身的审美休养和标准，也获得了审美的感受；而消费者使用产品的过程则是一个参与审美的过程，在物质使用功能获得满足的同时也得到了审美感受。"智者乐水，仁者乐山"，这是先哲寄情山水的审美理想与艺术哲学的精辟总结。审美的和谐属于人的主观意识，属于美学的深层次问题，是主体对客体的独特视觉与心理感受，包括了当时社会的思想意识、等级观念、宗教信仰、民族风俗。水文化创意产品的审美性是指产品所呈现的视觉效果令人感到愉悦和谐，这也是对美感最高境界的追求。因此，水文化创意产品作在设计过程中应当遵循审美性的原则，通过视觉感受和使用体验让使用者获得精神愉悦的审美感受。

3. 可持续性原则

在生态理念的整体框架下，设计领域掀起了绿色设计的浪潮，并逐步向可持续设计的方向发展演变。绿色设计的基本理念是在产品设计的过程中遵循 3R 原则：减少原则（Reduce）、再利用（Reuse）和再生原则（Recycle）。减少原则，即通过设计物品数量、体量的减少来实现降低产品生产与流通过程中的环境负担的目的；再利用原则，即通过合理的设计让使用寿命即将终结的产品或产品部件重新回到使用过程中，通过再利用延长产品的使用寿命，以降低对环境的影响。再生原则，则是将构成产品或产品部件的材料回收后再加工，以新的资源形式进行重复利用，通过减少低污染排放的方式保护自然环境。在绿色设计的基础之上发展起来的可持续设计原则是一种更为系统化的设计方式。与绿色设计关注于产品设计、制造、流通中的某一点不同，可持续设计所考虑的范围更广，它从更多的维度去研究设计在环境保护中所承担的责任。如可持续设计原则在考虑产品绿色设计与制造的同时还要考虑产品的商业模式和经济性、用户群体的情感、社会伦理和道德问题等，通过设计引导和满足消费的同时，维持人类社会的可持续发展。可持续设计主张人与自然、环境、社会的和谐发展。设计的产品、服务和系统，既要能满足当前人们的物质精神需要，还必须兼顾保障子孙后代的可持续发展需要。可持续设计具有以下四个基本特征：①自然性特征是指寻求一种最合理的自然生态系统，使其在保证生态完整性的同时满足人类发展的需要，使人类的生存环境能够可持续发展；②社会性特征是指在不超过生态系统承载能力的前提下，实现提升人们的生活品质的目的；③经济性特征是指在保持自然生态资源质量和承载能力的前提下，尽可能地使经济效益最大化；④科技性特征是指发展和利用更为高效、清洁、绿色的科学技术，构建低资源消耗和污染排放的先进工业技术体系。可见可持续设计与水文化内涵具有高度的一致性，水文化创意产品设计，必须遵循可持续性的设计原则，系统考虑和研究产品设计过程中的材料选择、工艺处理、消费流通、情感关怀、经济效益、科技引领等要素，才能让水文化创意产品的设计、开发和流通与绿色发展、循环发展、低碳发展的生态发展理念保持高度的一致。

4. 教育性原则

人类社会的发展创造出了丰富多彩的文化，而人类文化的传承和创新与教育息息相关，教育从诞生之日起就是传承人类文化的重要手段，而文化则不断丰富教育的内容。可见人类文化与教育密切相关、相辅相成。水文化作为人类文化的重要组成部分，是人们在治水兴利过程中所创造的物质财富和精神财富的总和，在科学与人文知识教育、审美教育和思想道德教育方面发挥着重要的作用。如人们谈到作为灌溉工具的水车，首先会想到东汉毕岚的发明和魏晋时期马钧的革新；如建设三峡大坝所形成的高峡平湖美景，具有依高峡之险峻、傍长江之雄浑、怀平湖之秀美的审美特质和美育功能；如人们谈及治水兴利的水利工程，首先会想到大禹，和"三过家门而不入"所体现的家国情怀。

水文化创意产品作为水文化的物质载体同样具有鲜明的教育属性。文化创意产品的产生建立在文化的基础之上，其本身就赋予了文化创意产品丰富的文化内涵。文化通过物化的产品传达其文化价值和精神内涵，能对使用者产生知识传递、美育熏陶和思想教育的影响，这就发挥了文化创意产品的教育功能。在知识传递层面，水文化创意产品源于水文化丰富的物质精神内容。水文化创意产品的设计可以将水文化中的科学和人文知识有机融入其中，并在人们使用的过程中认识体会到其中所蕴含的科学人文知识，从而起到知识传递的教育功能。在美育熏陶层面，水文化创意产品是设计师以水文化为基础进行创造性的加工，设计和生产出满足消费者使用以及精神和文化需求的产品。其不是对水文化的一种简单的复制，而是通过系统的设计思维和方法对物质水文化、行为水文化和精神水文化进行再创造，运用形态、材质、色彩、机理、装饰等多种设计语言，创造出艺术与文化内涵丰富、满足现代人审美需求的文化创意产品，从而实现其美育熏陶的教育功能。在思想教育层面，水文化创意产品融入人们的日常生活，可以培养使用者爱水、护水、惜水、节水，保护水资源的可持续发展水生态文明理念和人与自然和谐相处的生态观。利用现代设计方法和手段将水文化资源的丰富内涵转化为人民群众乐于接受的优质水文化创意产品，使其具备知识传递、美育熏陶、思想教育等多方面的教育功能，是水文化创意产品设计发展的重要方向和原则。

二、水文化创意产品的设计路径与方法

1. 水文化内涵的深入挖掘

文化创意产品最核心的价值在于其文化内涵，这是它与其他工业产品的本质区别。在文化创意产品设计的过程中，应当遵循文化性原则，但要避免

对文化概念狭隘的理解，造成文化元素的滥用，使文化元素浮于产品表面。在遵循文化性原则的设计过程中，应当深入全面地挖掘文化元素的内涵和规律，对文化的表达做到形神兼备。如"水光潋滟晴方好，山色空蒙雨亦奇；欲把西湖比西子，淡妆浓抹总相宜"，苏轼在《饮湖上初晴后雨》中把西湖比作西子，向人们展示了西湖之美；"泉眼无声惜细流，树阴照水爱晴柔"，杨万里写出了小池之水的柔美；李白的"飞流直下三千尺，疑是银河落九天"，把庐山瀑布之水的雄壮跃然纸上……大量文学作品不仅挖掘了水的自然之美，更畅其精神、激其心志，以至发之于笔墨，成为山水画、山水诗词、山水游记，或谱之于曲，成为风光音乐，或再现于自己的居住环境成为山水园林，等等，这些既是意蕴丰厚的水文化，也是民族文化中瑰丽的精神宝藏。在水文化创意产品设计的过程中，应当从不同的角度去深入挖掘水文化元素的内涵和精髓，并将其物化于形、内化于心地融入水文化创意产品当中，做到形神兼备，让文化元素与物质载体有机融合，最终形成文化内涵丰富、形式独特的水文化创意产品。

经过千余年的积淀，杭州西湖积累了丰富的水文化资源，西湖传说典故中的女性形象和气质便是西湖水文化的重要组成部分之一。"西子卿卿"系列文化创意产品选取祝英台、李慧娘、苏小小、白娘子四位西湖女性核心人物形象，通过对人物文化内涵的深入挖掘构建了特征鲜明的文化 IP 形象，并以"一个人物形象、一个象征物、一处西湖景点、一首诗、一句唱词、一句宣传语"的方式使每个文化 IP 形象丰满、特征突出，情景交融地讲述西湖边发生的动人故事，并将故事中的文化内涵融入手账本、书签、帆布袋、镜子、扇子、雨伞等文化创意产品当中，取得了良好的经济效益和社会效益。

2. 视觉符号的提取和再设计

符号主要来源于约定俗成或规定，是指具有某种特定意义的标识。符号种类繁多，形式简单，具有极强的信息传达能力。视觉符号就是以线条、光线、色彩等符号要素以特定形式所构成的用以传达各种信息的媒介载体。我国水文化历史悠久、内涵丰富，形成了独具特色的视觉符号系统。[1] 这些视觉符号具有高度的审美特征和文化价值，也是中华民族价值观和人生观的具体体现。如：大家熟悉的玄武图案便是传说中的水神符号；"海涛纹""海水纹"是中国传统吉祥纹饰之一，在各类器具中具有广泛的应用；马家窑文化中的大量精美水波纹样，体现了先民对水的敬畏、歌颂和崇拜。好的视觉符号可

---

[1]　王进修：《世界遗产景区博物馆视觉符号研究》，《设计》2015 年第 18 期，第 121 页。

以转化为好的产品，并具有极高的辨识度。水文化中大量的视觉符号可以通过提取和再设计的方式应用于现代水文化创意产品当中。在水文化创意产品设计的过程中，设计师的重要工作之一便是将创新、创意的理念用具体的功能和形式载体展现出来。产品的形式则包含了形态、色彩、机理、质感等视觉要素。对于水文化创意产品而言，可以从水文化中提取具有视觉冲击力和较高认知程度的视觉符号进行再设计。具体的设计方法可以采用复制、抽象、衍生、变化、组合、解构、叠加的方式将水文化视觉符号融入产品形式当中，建构出能有效传达水文化内涵信息的文化创意产品。

故宫"锦鲤跃浪"祥瑞系列文化创意产品就是以故宫博物院馆藏的印彩鲤鱼海水纹布的蓝白两色水波纹图案和鲤鱼跃动图案为视觉符号，融合"吉庆有余"和"鱼化龙升"的传说，通过重新排列组合和色彩重构形成了具有视觉冲击力的时尚祥瑞符号。

3. 传统文化的传承与创新发展

中华民族在几千年历史中创造和延续的中华优秀传统文化，是中华民族的根和魂，它为中华民族克服困难、生生不息提供了强大精神支撑。在新时代，要坚持古为今用，厚植文化自信，推动中华优秀传统文化创造性转化、创新性发展，让传统文化更好地融入现代生活，继续为中华民族伟大复兴凝心聚力铸魂。文化创意产品最核心的价值在于其文化内涵，这是它与其他工业产品的本质区别。传统文化丰富的艺术手法和形式，有着深沉、恢宏、灵秀、简约、质朴和精致的特质。❶ 将传统文化元素应用于创意产品的设计中，不仅可以实现产品质量的提高，还可以有效提升文化品位。在水文化创意产品设计的过程中，融入传统文化元素，能够形成具有民族文化特色的设计风格，这既是对传统文化的有效传承，也是对传统文化的创新发展。传统文化的传承与创新发展既能提升水文化创意产品的经济价值，也是实现产品民族化、趣味化、多样化的有效途径。传统文化与现代设计相结合的融合创新，是水文化创意产品符合社会需要、复兴传统文化、实现可持续发展的有效保障。因此，在水文化创意产品的设计过程中，应当深入全面地挖掘传统文化元素的内涵和规律，做到取其精华、去其糟粕、古为今用、面向世界、博采众长，并在此基础上进行创新和发展。

洛可可创新设计集团出品的高山流水香插以烟代水，将文化元素与现代设计理念和制造工艺有机融合，生动地诠释了"一石知山，方寸之间容纳天

---

❶ 申晟、许雅柯：《传统文化在创意产品设计中的运用》，《包装工程》2019 年第 2 期，第 236 页。

地气象；空山无人，水流花开，山水之间容纳天地气象"的文化内涵。

4. 传统功能构造的再利用

自古以来，为了生存和发展，治水兴利一直贯穿于人类社会发展的全过程。人们在创造水利工程、水设施、水工具、水建筑的过程中凝结了无数的智慧结晶。这些设施和产品有许多巧妙的功能和构造，也蕴含了丰富的水文化内涵。如我国古代最著名的农业灌溉机械翻车，又名龙骨水车，它是一种刮板式连续提水机械，可以通过手摇、脚踏、牛转、水能或风能驱动。翻车以龙骨叶板用作链条，卧于矩形长槽中，车身斜置河边或池塘边，下链轮和车身一部分没入水中。驱动链轮，叶板就沿槽刮水上升，到长槽上端将水送出。如此连续循环，把水输送到需要之处，可连续取水，具有很高的效率。其设计之巧妙、结构之合理，充分体现了古人的治水用水智慧。运用现代的产品设计语言和方法，可以为传统水设施、水产品的功能和构造创造新的可能。通过对水文物和水文化历史文献资料的研究，提取可以应用于现代生活场景的功能和构造，通过创新、创意的设计赋予其适当的形式，是水文化创意产品设计的重要途径。

古代中国劳动人民不仅创造了用水力推动鼓风机铸铁的方法，而且进一步发明了利用水力、杠杆和凸轮原理加工粮食的机械，这种用水力把粮食皮壳去掉的机械称作水碓（图 10 - 1）。水碓结构巧妙，工作效率非常高，其基本原理和结构也可以应用于水文化创意产品的设计之中。儿童水碓玩具（图 10 - 2）就是依据水碓的原理结构衍生设计出的水文化创意产品。其整体采用木质拼装结构设计，可使用水力和电力两种方式驱动，展示了古代劳动人民智慧和创造力。

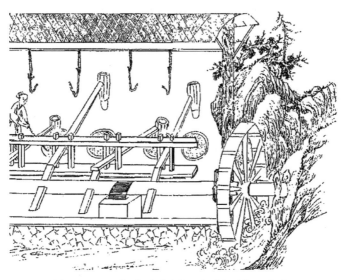

图 10 - 1　水碓示意图（出自王祯《农书》）

图 10 - 2　儿童水碓玩具（付鑫辉设计作品）

5. 材料与工艺的创新应用

随着文化创意产品多元化市场、多层次消费结构的形成，个性化、时尚化、创新化逐渐成为文化创意产品发展的重要趋势。材料与工艺作为文化创意产品的物质载体，不仅要实现产品的功能与构造，还要满足消费者不同层次的消费需求，如产品的文化特性、交互特性、审美特性、辨识度、情感体验和安全可靠性等。因此，合理的材料与工艺选择是文化创意产品能否设计开发成功的关键要素之一。水文化创意产品作为文化创意产品的分支，在开发过程中，材料与工艺是其产品形式要素的重要组成部分。产品的形态、材质、色彩、机理、装饰等都必须依托材料与工艺实现。不同的材料和工艺能实现不同的形式和功能，也能造就不同的情感体验。从材料与工艺创新应用的角度开展水文化创意产品设计，坚持使用地域特色材料和工艺，能有效避免产品同质化现象的产生。与此同时，在充分掌握材料和工艺特性的基础上，将先进材料和现代加工制造工艺与水文化相结合，针对现代生活日用场景进行文化创意产品开发，也是一种行之有效的设计方法。

如环氧树脂水晶滴胶具有固化物透明度佳、硬度高，表面平整、光亮，无气泡，附着力强的特性。利用其与不同材料相结合制作的文创产品，可以惟妙惟肖地模拟海洋水体丰富的色彩和层次效果，提供独特的视觉感受和情感体验。

6. 传说典故的设计演绎

认知心理学家 Roger Schank 指出，人类大脑的原始构造，并不适合理解逻辑，而更适合理解故事。❶ 以此为依据的故事演绎设计方法在产品设计开发中有着较为广泛的应用。如美国普拉特学院布鲁斯·汉纳曾指出，"设计师都是讲故事的人，设计师叙述的故事是由设计品带出的行为，设计从某种角度而言是故事的产出物"。❷ 在水文化创意产品设计中用传说典故演绎的设计方法，可以让使用者切身地想象产品的使用情境，有效满足消费者的感情需求。传说典故既是人类对历史的记忆，也可以激发人类对万物的思考和探索。我国数千年的历史积累了丰富的水文化传说与典故，它们是华夏优秀传统文化的重要组成部分。从盘古开天地到鲧、禹父子两代人奉命治水，从李冰父子治水到张渤治水，从红旗渠造福千秋到抗洪精神护江河安澜都传播着水文化的传统和价值观念。这些水文化传统和价值观念以创意产品的物化形式演绎出来，通过与使用者的深度体验与交互，能引起使用者的情感共鸣，从而有效地提升水文化创意产品的文化价值。

20 世纪 60 年代，为结束河南林县（今林州市）十年九旱的历史，林县县委带领 10 万英雄儿女，在千峰如削的太行山上，建成全长 1500km 的红旗渠，形成的"自力更生、艰苦创业、团结协作、无私奉献"的红旗渠精神，永远镌刻在中华民族的精神史册上。为更好地传承和弘扬红旗渠精神，红旗渠风景区坚持"守正创新"原则，通过创意设计对红旗渠精神进行了演绎衍生，开发出了一系列实用、有趣、有内涵的文化创意产品。

7. 体验与交互的深度融合

传统的产品设计侧重于功能与形式，交互设计则侧重于产品的使用体验。在现代文化创意产品的消费场景中，消费者已经不满足于产品功能形式层面的体验，希望在产品所蕴含的文化内涵、情感诉求、创新创意思维等方面也能够得到深入的体验。因此，在水文化创意产品的设计中应引入交互设计理念，从人造系统、产品和使用环境互动所产生的用户行为出发，以构建交互设计思维为导向，从构建用户模型、用户行为设计、定义体验媒介和掌握用户目标四个方面开展水文化创意产品的设计。在设计过程中除了视觉体验的设计以外，还应该重视听觉、触觉、嗅觉等多重感官体验的设计。与此同时，还应当把产品创新点向用户互动体验和满足消费者内心情感聚焦，从而有效提升用户忠诚度，提高消费者黏性，丰富产品内容，打造出更加符合时代特色和消费者需求的水文化创意产品。

---

❶ 转引刘洋、门梦菲、田蜜、解真：《文创产品的创新设计方法研究》，《包装工程》2020 年第 14 期，第 288 页。

❷ 转引姜颖：《写故事，做设计》，《装饰》2006 第 2 期，第 116 页。

　　阿基米德取水器被誉为世界上最早的水泵装置，它打破了传统水往低处流的惯性思维，实现了将水从低处运送至高处的目的，大大节省了人力和时间，是一种用于灌溉的机械装置。以其为原型设计的互动装置可以让儿童在体验与交互中了解与取水原理相关的物理知识和与农业灌溉相关的知识，具有很高的科普价值和文化推广价值。图 10 - 3 为巴彦淖尔三盛公水利风景区以阿基米德取水器为原型设计的互动取水装置。

图 10 - 3　巴彦淖尔三盛公水利风景区
互动取水装置（温乐平拍摄）

8. 文创品牌化的发展策略

　　文化品牌是文化产业高度发展的标志，它具有引领性、创新性、市场性和可持续发展性等特点。目前，社会对水文化的认知程度偏低，"水文化"概念至今尚无权威的定论，这容易使水文化创意产品难以得到广泛的社会认同，从而缺乏消费群体支持。政府水利和文化主管部门间缺乏有效的协同创新机制，也在一定程度上制约了水文化创意产品的发展。水文化文创品牌的打造、宣传和推广有利于提升社会对水文化的整体认知和水文化创意产品的认同；有利于水文化创意产品形成聚类相应，扩大水文化创意产品消费的市场需求，激发用户的消费意识，改善产品消费的环境和体验；水文化文创品牌的塑造还有助于提高其衍生产品的整体水平，伴随着品牌形象的提升，将进一步优化产品结构，提升产品品质，形成品牌产品相互促进的良性循环；与此同时，水文化文创品牌的塑造还有利于水文化资源的进一步整合优化，有效提升水文化自身的文化价值。

　　故宫文创品牌的发展便是文创品牌化的经典案例之一。故宫文创经过多年的发展，推出了大量精美、实用、时尚、创意十足的文创产品，构建起了文创产品聚类，有效地塑造了故宫文创品牌。如今故宫文创已经成为与故宫博物院和故宫文物齐名的又一张文化名片，具有重要的社会价值、文化价值和经济价值。

9. 地域特色水文化的展示

地域特色文化是一种极具代表性的宝贵文化资源，地域文化的差异为文化创意产品的设计提供了广阔的空间。国内基于地域文化所开发设计的产品种类非常多，例如四川拥有许多得天独厚的旅游文化资源，聚集了如"三国文化""古蜀文化""熊猫文化"等独具特色的地域文化，并衍生出了众多特色鲜明的地域文化创意产品，取得了良好的社会效益和经济效益。我国幅员辽阔、民族众多、南北—东西地理环境差异巨大。自然地理条件的不同和民族文化的差异造就了丰富多彩的地域特色水文化。如"海纳百川、有容乃大"的海洋水文化，"不积小流，无以成江海"的江河水文化，"水光潋滟晴方好，山色空蒙雨亦奇"的湖泊水文化等。各地的水文化既具有水文化的一般共性，也具有自己独特的地域特色。在文化创意产品设计同质化日益严重的今天，将地域文化元素融入水文化创意产品的设计中，可以增加产品独特的创意属性和传播效果，提升其文化价值和经济价值。因此，在水文化创意产品的设计过程中，应当从物质基础和文化内涵两个方面深入全面地研究当地特色水文化，对地域特色水文化元素进行解析、归纳、凝练和转换，提炼出最具有代表性的水文化设计元素，打造具有地域文化特色的水文化创意产品。

蓝印花布是我国特有的一种极具民族特色的手工印染工艺品，采用了蓼蓝草本染料和传统的镂空版白浆防染印花工艺，又称靛蓝花布，流传至今已有一千三百多年的历史。乌镇特色蓝印花布工艺和水乡地域特色水文化元素相结合设计出了富有江南古镇水乡风韵的水文化创意产品。

10. 产品族群的生态化衍生

在市场竞争日益加剧的今天，产品研发成本不断提升，迭代速度逐步加快，使得越来越多的企业不再各自为政，而是加入并构建了一个研发成本低、生产效率高、信息资源共享、多产业协同发展的商业生态系统。这种互联网时代兴起的商业思维和运作方式对于水文化创意产品的设计和开发具有积极的指导意义和借鉴价值。目前，水文化创意产品的开发大多呈分散、单一状态，没有形成产品族群体系，更未能形成有机统一的商业生态链，造成了产品单一、营销不利、后续开发难以为继的困顿局面。在互联网时代，商业生态链的构建能最大化地发挥协同创新的优势，提升产品开发能力，促进产品的聚类效应，提升营销水平。利用互联网思维，打造水文化创意产品的商业生态链，以某一企业、产品或服务为核心，围绕其打造周边产品生态族群，通过合作、投资、孵化、IP 授权等模式引入社会不同领域的资源投入到水文化创意产品商业生态链的建设中，将有利于水文化创意产品开发水平的提升和水文化品牌的塑造与推广。

第四节　水文化创意产品设计案例分析

水文化创意产品形式多样、品类丰富，目标人群和适用场景都不尽相同，但其设计过程都将遵循基本的设计原则和方法。本节将以设计实践案例的形式展示不同设计类型的水文化创意产品设计。实践案例在遵循基本设计原则的基础上，综合采用了文化内涵挖掘、传统故事演绎、新材料工艺应用等设计方法进行水文化创意产品设计与开发。

一、传统文化传承与创新类案例

古人称"匡庐瀑布，首推三叠"，三叠泉瀑布被誉为"庐山第一奇观"，它由大月山、五老峰的涧水汇合，从大月山流出，经过五老峰背，由北崖悬口注入大盘石上，又飞泻到二级大盘石，再喷洒至三级盘石，形成三叠，故得名。以庐山三叠泉瀑布为元素的水文化创意灯具设计，用抽象简练的线条勾勒出庐山与三叠泉瀑布层叠错落的优雅形态，涟漪状底座富含水的意蕴；金属材质的冷峻和天然木材的温润形成强烈对比，红色的珠状开关更起到画龙点睛的作用。灯具将中国传统文化中的五行元素蕴含其中，是一款融艺术性、装饰性和实用性于一体的文化创意灯具产品（图 10-4）。

二、地域特色水文化类案例

中国传统文化源远流长，博大精深，囊括世间万物，饱满丰富的哲理。《易·系辞上》云："形而上者谓之道，形而下者谓之器。"疏曰："道是无体之名，形是有质之称。凡有从无而生，形由道而立，是先道而后形，是道在形之上，形在道之下，故自形外已上者谓之道也，自形内而下者谓之器也。形虽处道、器两畔之际，形在器，不在道也。既有形质，可为器用。"❶ 意思是说，"形而上"称之为"道"，"形而下"称之为"器"。道是宇宙的本源，形而上的本体，是超越一切物质的存在；而"器"是有形的存在，包括器的文字、真理、公理，是"道"的载体。这个传统哲理为中国器具设计、制作、装饰提供了文化理论依据。

---

❶ ［魏］王弼、［晋］韩康伯注，［唐］孔颖达疏，于天宝点校：《宋本周易注疏》，中华书局 2018年，第 427-428 页。

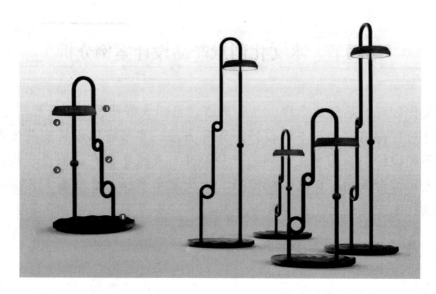

图 10-4　三叠泉文化创意灯具设计

（段鹏程设计作品）

　　花器为一种插花器具，在古人眼中，它不仅仅是一件陈设品，也是一个展现文化品位的窗口，更是表达宇宙天人之学问的重要载体。安徽宏村的人工水系自西北而南，贯穿全村，虚实相间，构成了一座奇特的牛形古村落，其山水相融、粉墙黛瓦的特征，呈现出徽州村落特有的水韵美景。以徽州村落的地域特色水文化为元素设计的徽州水韵创意花插，采用了铁艺表现徽派建筑的符号特征，玻璃材质的花插（图 10-5），融入其中体现了"浣汲未妨溪边路，家家门前有清泉"的文化意境。

图 10-5　徽州水韵创意花插设计（段鹏程设计作品）

三、传说典故设计演绎类案例

"鲤鱼跃龙门"是我国民间广为流传的神话故事，相传只要鲤鱼能够跳过龙门，就会变化成为真龙，比喻逆流前进、奋发向上的精神。唐朝大诗人李白特意为这个故事题诗道："黄河三尺鲤，本在孟津居，点额不成龙，归来伴凡鱼。"以"鲤鱼跃龙门"故事为元素设计的水文化创意儿童玩具（图 10-6），通过产品设计方法对故事场景进行抽象和重构，采用椴木层板为原材料，通过激光雕刻加工工艺构成榫卯拼插结构，让小朋友在提升动手实践能力的同时接受中华传统文化的熏陶。

图 10-6 "鲤鱼跃龙门"
水文化创意玩具
（郑伊雯设计作品）

四、水利风景区标识标牌设计类案例

鄱阳湖水文生态科技园水利风景区位于江西省九江市都昌县周溪镇棠荫村，由棠荫岛、蛇山岛、鸟子山、石头山、马鞍山、瓢山、甑皮山 7 个小岛及其周边水域组成，处鄱阳湖中心位置，被喻为"鄱湖之眸"，属于自然河湖型水利风景区。

鄱阳湖水文生态科技园水利风景区以生态文明、生态水利、生态旅游的理论为引领，因地制宜，统筹考虑棠荫岛的资源功能、环境功能、生态功能，对自然资源和人文资源进行科学规划、合理开发、优化配置，进一步保护水资源、改善水环境、弘扬水文化、发展水经济，全面融入都昌县旅游发展规划以及环鄱阳湖经济区建设，积极引导棠荫村渔民转业转产并参与风景区建设管理，把棠荫岛景区建设成为以水科普水文化为特色的省级水利风景区、国家水利风景区、重要的水文生态监测科研基地、国际鄱阳湖水文生态科研合作与交流平台、国家水情教育基地、国家 3A 级旅游景区和鄱阳湖生态旅游目的地，打造成为"宜学、宜业、宜居、宜游"的全国闻名的最美乡村岛屿。棠荫岛景区标识系统的设计（图 10-7）采用了鄱阳湖水系整体轮廓为主体元素，融入了江豚、白鹤等设计元素，采用正负形构成的方式设计，凸显了景区的地域特征和生物特性，具有较高的品牌识别价值。

图 10 - 7　棠荫岛景区标识系统设计

（段鹏程设计作品）

瑶湾水利风景区位于南昌工程学院校园内，依托赣抚平原灌区六干渠水利工程和南昌工程学院整体校园环境而创建，规划总面积为 1.28km²，其中水域面积 0.05km²，属于城市河湖型水利风景区。该景区以弘扬水文化、宣教水科普为特色，是集文化教育、科普研学、观光益智、休闲娱乐、运动健身等功能于一体的公益性水利风景区。瑶湾水利风景区标识系统（图 10 - 8）在设计过程中采用了简洁流畅的水波纹抽象图案为主体元素，配色则以蓝白相间搭配，在契合水利风景区特质的同时与南昌工程学院整体视觉识别系统保持一致，有助于塑造瑶湾水利风景区整体品牌形象。

图 10 - 8　瑶湾水利风景区标识系统设计

（段鹏程、李前程设计作品）

本章通过灯具、玩具、家具用品和景区宣传展示牌等文化创意产品设计案例，展示了水文化创意产品的多样性和广泛的环境适应性，用设计实践的方式对水文化创意产品的设计原则和设计方法进行了进一步的阐释。

参 考 文 献

一、古籍类文献

［1］　司马迁．史记［M］．北京：中华书局，1959.

［2］　班固．汉书［M］．北京：中华书局，1962.

［3］　范晔．后汉书［M］．北京：中华书局，1965.

［4］　陈寿．三国志［M］．北京：中华书局，1982.

［5］　房玄龄．晋书［M］．北京：中华书局，1982.

［6］　魏收撰．魏书［M］．北京：中华书局，2013.

［7］　李延寿撰．南史［M］．北京：中华书局，2013.

［8］　刘昫撰．旧唐书［M］．北京：中华书局，1975.

［9］　欧阳修，宋祁撰．新唐书［M］．北京：中华书局，2013.

［10］　沈约撰．宋书［M］．北京：中华书局，1974.

［11］　脱脱等．宋史［M］．北京：中华书局，1977.

［12］　张廷玉等撰．明史［M］．北京：中华书局，2013.

［13］　王弼，韩康伯注，孔颖达疏，于天宝点校．宋本周易注疏［M］．北京：中华书局，2018.

［14］　郑玄注，贾公彦疏．周礼注疏［M］．十三经注疏整理本．北京：北京大学出版社，2000.

［15］　孔安国传，孔颖达正义，黄怀信整理．尚书正义［M］．十三经注疏，上海：上海古籍出版社，2007.

［16］　郑玄注，孔颖达疏．礼记正义［M］．十三经注疏整理本．北京：北京大学出版社，1999.

［17］　左丘明著，孙建军主编．左氏春秋［M］．长春：吉林文史出版社，2017.

［18］　邬国义，胡果文，李晓路撰．国语译注［M］．上海：上海古籍出版社，2017.

［19］　王先谦，刘武．庄子集解·庄子集解内篇补正［M］．新编诸子集成．北京：中华书局，2012.

［20］　陈鼓应注译．老子今注今译：第29章［M］．北京：商务印书馆，2007.

［21］　陈鼓应注译．庄子今注今译［M］．北京：商务印书馆，2007.

［22］　罗吉芝译注．诗经［M］．成都：四川人民出版社，2019.

［23］　黎翔凤撰，梁运华整理．管子校注［M］．北京：中华书局，2004.

［24］　王先谦．荀子集解．诸子集成本［M］．北京：中华书局，1954.

［25］　程树德撰，程俊英，蒋见元点校，论语集释［M］．北京：中华书局，1990.

[26]　杨伯峻. 论语译注 [M]. 北京：中华书局，2017.

[27]　杨伯峻. 孟子译注 [M]. 北京：中华书局，2013.

[28]　韩非著，陈奇猷校注. 韩非子·内储说上 [M]. 上海：上海古籍出版社，2000.

[29]　吕不韦. 吕氏春秋 [M]. 诸子集成本. 北京：中华书局，2006.

[30]　高诱注. 淮南子 [M]. 诸子集成本. 北京：中华书局，1954.

[31]　刘向撰，卢元骏注译. 说苑今注今译 [M]. 北京：商务印书馆，1977.

[32]　许慎撰，段玉裁注. 说文解字注 [M]. 上海：上海古籍出版社，1981.

[33]　郭璞注，郝懿行笺疏，沈海波校点. 山海经 [M]. 上海：上海古籍出版社，2015.

[34]　郦道元著，陈桥驿校证. 水经注校证 [M]. 北京：中华书局，2007.

[35]　王祯撰，缪启愉，缪桂龙译注. 农书译注 [M]. 济南：齐鲁书社，2009.

[36]　徐光启撰，石声汉校注，石定枎订补. 农政全书校注 [M]. 北京：中华书局，2020.

[37]　司马光. 资治通鉴 [M]. 北京：中华书局，1963.

[38]　刘天和撰，卢勇校注. 问水集校注 [M]. 南京：南京大学出版社，2016.

[39]　吴楚材，吴调侯编著. 古文观止 [M]. 武汉：崇文书局，2010.

二、今人著作

[40]　王育民主编. 中国历史地理概论 [M]. 北京：人民教育出版社，1987.

[41]　鄱阳湖研究编委会编. 鄱阳湖研究 [M]. 上海：上海科学技术出版社，1988.

[42]　黄河水利委员会黄河志总编辑室编. 历代治黄文选：上、下 [M]. 郑州：河南人民出版社，1988.

[43]　熊达成，郭涛编著. 中国水利科学技术史概论 [M]. 成都：成都科技大学出版社，1989.

[44]　周魁一等. 二十五史河渠志注释 [M]. 北京：中国书店，1990.

[45]　高文学主编. 中国自然灾害史总论 [M]. 北京：地震出版社，1997.

[46]　顾浩主编. 中国治水史鉴 [M]. 北京：中国水利水电出版社，1997.

[47]　冯天瑜，何晓明，周积明. 中华文化史 [M]. 上海：上海人民出版社，1998.

[48]　李剑平主编. 中国神话人物辞典 [M]. 西安：陕西人民出版社，1998.

[49]　曲金良. 海洋文化概论 [M]. 青岛：中国海洋大学出版社，1999.

[50]　中国水利文学艺术协会编. 中华水文化概论 [M]. 郑州：黄河出版社，2008.

[51]　苏勇军. 浙东海洋文化研究 [M]. 杭州：浙江大学出版社，2011.

[52]　曲金良. 中国海洋文化史长编 [M]. 青岛：中国海洋大学出版社，2012.

[53]　张志荣主编. 全国水文化遗产分类图录 [M]. 杭州：西泠印社出版社，2012.

[54]　张碧波，庄鸿雁. 中国文化考古学 [M]. 哈尔滨：黑龙江人民出版社，2012.

[55]　许桂香. 中国海洋风俗文化 [M]. 广州：广东经济出版社，2013.

[56]　郭涛. 中国古代水利科学技术史 [M]. 北京：中国建筑工业出版社，2013.

[57]　李水弟，高週全主编. 大学生水文化教育 [M]. 北京：中国水利水电出版社，2014.

［58］ 余甲方. 中国古代音乐史［M］. 上海：上海人民出版社，2014.

［59］ 靳怀堾主编. 中华水文化通论［M］. 北京：中国水利水电出版社，2015.

［60］ 李可可编著. 水文化研究生读本［M］. 北京：中国水利水电出版社，2015.

［61］ 王圣瑞主编. 中国湖泊环境演变与保护管理［M］. 北京：科学出版社，2015.

［62］ 冯骥才. 画史上的名作：中国卷［M］. 北京：文化艺术出版社，2016.

［63］ 蒋文光主编. 中国历代名画鉴赏［M］. 北京：金盾出版社，2004.

［64］ 黄河水利委员会黄河志总编辑室编. 黄河志：第 11 卷［M］. 郑州：河南人民出版社，2017.

［65］ 黄河志编纂委员会编. 黄河防洪志［M］. 郑州：河南人民出版社，2017.

［66］ 都江堰市文物局编. 都江堰市考古资料集［M］. 成都：四川科学技术出版社，2018.

［67］ 许渊冲译. 汉魏六朝诗选［M］. 北京：五洲传播出版社，2018.

［68］ 刘海龙，孔繁恩，商瑜. 中国古代园林水利［M］. 北京：中国建筑工业出版社，2020.

［69］ 温乐平编著. 江西水利风景区发展研究［M］. 南昌：江西人民出版社，2020.

［70］ 兰思仁. 中国水利风景区发展报告（2020）［M］. 北京：社会科学文献出版社，2020.

三、其他参考文献

［71］ 中华书局辞海编辑所主编. 辞海［M］. 6 版. 上海：上海辞书出版社，2009.

［72］ 中国社会科学院语言研究所词典编辑室编. 现代汉语词典［M］. 7 版. 北京：商务印书馆，2018.